全国水利行业“十三五”规划教材（职业技术教育）
（“互联网+”创新型教材）
中国水利教育协会策划组织

# 水力分析与计算

（修订版）

主　编　邢菊香
副主编　薛元琦　赵秀凤　郑慧玲
　　　　斯庆高娃　汪小妹　程研博
主　审　宋春发



黄 河 水 利 出 版 社
·郑　州·

## 内 容 提 要

本书是全国水利行业“十三五”规划教材，是根据中国水利教育协会职业技术教育分会高等职业教育教学研究会制定的水力分析与计算课程标准编写完成的。全书共分 11 个项目，内容包括：水力分析与计算基础、水工建筑物壁面静水荷载分析与计算、恒定管流水力分析与计算、明渠恒定均匀流水力分析与计算、明渠恒定非均匀流水力分析与计算、孔口与管嘴出流水力分析与计算、堰流水力分析与计算、闸孔出流水力分析与计算、泄水建筑物下游消能水力分析与计算、渗流水力分析与计算、高速水流基础，每个项目附带任务。

本书可作为高职高专水利水电建筑工程专业教材，也可供水利类相关专业教学使用及相关专业工程技术人员参考。

**图书在版编目(CIP)数据**

水力分析与计算/邢菊香主编. —郑州：黄河水利出版社，2018.7 (2022.5 修订版重印)

全国水利行业“十三五”规划教材. 职业技术教育

ISBN 978-7-5509-2008-8

Ⅰ.①水… Ⅱ.①邢… Ⅲ.①水力计算-高等职业教育-教材 Ⅳ.①TV131.4

中国版本图书馆 CIP 数据核字(2018)第 054680 号

组稿编辑：王路平 电话：0371-66022212 E-mail：hhslwlp@163.com

田丽萍 66025553 912810592@qq.com

出 版 社：黄河水利出版社 网址：www.yrcp.com

地址：河南省郑州市顺河路黄委会综合楼 14 层 邮政编码：450003

发行单位：黄河水利出版社

发行部电话：0371-66026940、66020550、66028024、66022620(传真)

E-mail：hhslcbs@126.com

承印单位：河南承创印务有限公司

开本：787 mm×1 092 mm 1/16

印张：16.5

字数：380 千字 印数：3 101—6 100

版次：2018 年 7 月第 1 版 印次：2022 年 5 月第 2 次印刷

2022 年 5 月修订版

定价：45.00 元

# 前 言

本书是贯彻落实《国家中长期教育改革和发展规划纲要(2010～2020年)》、《国务院关于加快发展现代职业教育的决定》(国发〔2014〕19号)、《现代职业教育体系建设规划(2014～2020年)》和《水利部 教育部关于进一步推进水利职业教育改革发展的意见》(水人事〔2013〕121号)等文件精神,依据中国水利教育协会水教协〔2016〕16号文《关于公布全国水利行业“十三五”规划教材名单的通知》,在中国水利教育协会精心组织和指导下,由中国水利教育协会职业技术教育分会组织编写的全国水利行业“十三五”规划教材。教材以学生能力培养为主线,适当增加了二维码链接,具有鲜明的时代特点,体现了实用性、实践性、创新性的特色,是一套水利高职教育精品规划教材。

为不断提高教材质量,编者根据近年来国家及行业颁布的最新标准、规范及教学中发现的问题,于2022年5月对全书进行了修订完善。

本书的所有项目都设有“学习目标”和“技能目标”,目的是让学生在学习一个项目之前清楚学习内容和学会的技能是什么;用二维码的形式介绍一位水利专家,让学生知道水利行业前景广阔,可以尽情施展自己的才能。每个项目的任务除思考题和计算题外,还配有二维码的自测题,以增加学生的学习兴趣。

本书采用我国《水利技术标准汇编》和《室外给水设计标准》(GB 50013—2018)中推荐的计算方法,使学生能及时掌握最合适的水力计算方法,能直接参与水利工程的水力计算。

考虑到各学院的专业及课程教学的学时差异,本书的项目较多,各学院可根据自己的实际选择讲授的项目。

本书编写人员及编写分工如下:内蒙古机电职业技术学院邢菊香编写导论、项目9,内蒙古机电职业技术学院魏学敏编写项目1,内蒙古机电职业技术学院斯庆高娃编写项目2、项目3,山西水利职业技术学院薛元琦编写项目4、项目5,河南水利与环境职业学院赵秀凤编写项目6、项目7,吉林水利电力职业学院程研博编写项目8,内蒙古机电职业技术学院郑慧玲编写项目10,湖北水利水电职业技术学院汪小妹编写项目11。本书由邢菊香担任主编,并负责全书统稿,由薛元琦、赵秀凤、郑慧玲、斯庆高娃、汪小妹、程研博担任副主编,由安徽水利水电职业技术学院宋春发担任主审。

本书在编写过程中,得到了各院校的专家、教授以及黄河水利出版社的支持、帮助,同时参考了不少相关资料、著作、教材,对提供帮助的同仁及资料、著作、教材的作者,在此一并致以诚挚的谢意!

虽然我们在编写本书时力求做到尽善尽美,但由于时间和水平有限,书中的不足之处在所难免,欢迎广大读者提出宝贵的意见和建议,以便今后更好地改进和提高。

编　者

2022 年 5 月

本书互联网全部资源二维码

# 目 录

# 导 论

## 1 水力分析与计算的研究对象

水和人类生活、社会生产有着十分密切的关系。早在几千年前,我国劳动人民就已开始与洪水灾害进行不懈的斗争。随着生产发展的需要,在与水害做斗争的同时,兴修了许多利用水的巨大的灌溉工程和航运工程。人类在与水打交道的过程中,防止水害、兴修水利的理念逐步深入,逐渐认识了水的运动规律,反复循环,不断提高,加上现代科学与试验技术的发展,逐渐形成了一门专门研究以水为代表的液体静止和运动的规律,探讨以水为代表的液体与各种边界之间的相互作用,并应用这些规律解决实际问题的学科,这门学科即为水力分析与计算。

## 2 水力分析与计算的任务及学习目标

自古以来的人类活动,乃至现代化工农业生产的各个部门,无不与水有着密切的联系。因此,水力分析与计算已成为解决与液体运动有关的各种工程技术问题的重要手段之一,并不断丰富和完善。水力分析与计算在水利水电工程的勘测、规划、设计、施工和运用管理中有比较广泛的应用。例如,为了满足防洪、供水、发电的需要,通常要在河道上修闸筑坝形成水库,用来控制与调节水位和水量。水库蓄水形成水库后,便会出现以下需要分析和计算的问题:

(1)闸坝除挡水外还要控制水流,从水库向下游宣泄洪水、供水和引水发电,需要修建溢洪道、泄洪洞及引水洞等建筑物,泄水建筑物需要多大的孔口尺寸才能满足通过的设计流量。

(2)闸坝挡水后,会受到巨大的水压力,这个水压力会使闸门、坝体有向下游倾倒或移动的趋势。另外,水压力还是闸门、坝体的重要荷载之一。因此,正确计算水压力是闸坝稳定计算与结构计算的必要条件。

(3)从泄水建筑物下泄的水流一般为高速水流,流速很大,会冲刷河床和岸坡,危及建筑物的安全,采取怎样的措施改善水流条件,消除多余的动能和预防冲刷,避免对水工建筑物及河道的冲刷等。

(4)闸坝挡水后,抬高了上游水位,形成水库,为估算淹没和迁移范围,必须要估算库区的淹没范围和淹没损失,需要推算上游的水面线。

(5)闸坝的基础为岩石或土壤,大多能够透水。闸坝挡水后在上、下游水位差的作用下,有一小部分水在水压力的作用下会经坝体、坝基和两岸向下游渗流,渗流是否会造成过多的水量损失,能否对坝体、坝基产生破坏作用,需要进行渗流计算。

归纳起来,在水利水电工程中经常遇到的水力分析与计算主要有六个方面:一是水对水工建筑物的作用力(如闸、坝、挡墙是否会在水压力作用下滑动);二是水工建筑物及河渠的过流能力及尺寸计算(如渠道、管道的断面形状及尺寸、能过多少水);三是水流机械能的利用和损失(如下泄水流是否会冲刷破坏、水泵能否抽水、虹吸能否发生等);四是河渠水面线计算(确定河渠的清淤及堤防顶高程);五是水流的流态及泄水建筑物下游水流的消能计算(如何防止下泄水流的冲刷破坏);六是建筑物的渗流(如井的设计,大坝、闸的防渗等)。此外,还有一些特殊的计算,如管、渠非恒定流,高速水流中的空蚀、振动、掺气,夹沙水流,破浪运动等。它们之间也不是孤立的、截然分开的,而是水流与边界的相互作用从不同角度的反映,在分析研究时需要综合考虑。

学习水力分析与计算这门课程的目标:一是培养同学们的职业技能,如计算水对建筑物的压力,设计城镇给水排水管网,设计灌溉管、渠,进行泵站、电站的水力计算,进行虹吸管、渡槽、涵洞、消能的水力计算等;二是为专业及后续专业课如水工建筑物、给水排水、水文学、城市水务、水电站、港航、农业排灌等打下基础。同时,水力分析与计算也是专升本、考取研究生的必修课程。

从事水利工程建设,是一项伟大而神圣的职业,若参与建设如图 0-1、图 0-2 所示的水利工程,那是多么自豪。通过学习,读者会理解三峡船舶"爬楼梯"过大坝的原理,也会清楚三峡 77 个孔口泄流量的计算方法,还会明白水利工程中确定移民数量及泄流建筑物下游消能设计等。

图 0-1　长江三峡水利枢纽工程

图 0-2　乌江渡水电站

## 3　液体的基本特性

自然界的物质一般有三种存在形态,即固体、液体和气体。液体的基本特性主要是从力学的角度,研究其与固体、气体的区别。固体由于分子间的距离很小,内聚力很大,所以它能够保持固定的形状和体积,能够承受一定大小的拉力、压力和剪切力。与固体相比,液体分子间的距离较大,内聚力较小,它只能保持一定的体积,没有固定的形状。液体几乎不能承受拉力而抵抗拉伸变形,在静止状态下也不能承受剪切力,极易发生剪切变形或流动,但液体与固体一样能够承受压力。气体分子之间的距离很大,几乎不存在内聚力,分子可以自由运动,因此气体不仅没有固定的体积,也没有固定的形状,它可以任意扩散而充满其所占据的有限空间,所以气体极易膨胀和压缩。液体与气体相比,液体的压缩性很小,但它们都具有易流动性,所以液体、气体又统称为流体。

从微观角度看,液体分子之间具有空隙,并且进行着复杂的微观运动,是不连续、不均匀的。液体和其他物质一样，都是由分子或原子组成的。由于分子或原子间存在间距，产生空隙，致使液体各物理量在时空上产生不连续变化，给分析液体运动带来困难。由于水力分析与计算是为水利工程服务的，是分析计算液体的宏观机械运动，并不关心液体分子的微观运动，所以在水力分析与计算中引入了液体具有连续性的假定，即认为液体是由无数液体质点组成的中间没有空隙存在的连续介质。所谓液体质点，是指由许多分子组成、无微观运动、体积很小可以忽略不计的小水团，它是水力分析与计算的液体的最小单位。另外，在水力分析与计算中，一般还认为液体具有均匀等向性，即认为液体的各个部分和各个方向的物理性质是一样的。这样就可以运用数学中的连续函数来分析水力分析与计算问题。实践证明，这一假定对水力分析与计算的问题有足够的精确性。因此，液体的基本特性可以总结为易流动、不易压缩、均质等向。

## 4　液体的主要物理力学性质

液体受外力作用做机械运动与自身的物理性质有关，分析液体的机械运动应首先了解液体的物理性质。液体的物理性质是多方面的，下面着重讨论与液体运动有关的几种主要物理力学性质。

### 4.1　惯性

物体所具有的保持原有运动状态的物理性质叫惯性。液体与其他物体一样也具有惯性。惯性用质量度量，质量愈大，惯性愈大。当物体受其他物体的作用而改变运动状态时，物体反抗改变原有运动状态而作用于其他物体上的反作用力称为惯性力。设物体的质量为 $m$，加速度为 $a$，则惯性力为

$$F = -ma$$

式中，负号表示惯性力的方向与物体的加速度方向相反。

按照国际单位制的规定，质量的单位为千克(kg)，长度的单位为米(m)，时间的单位为秒(s)，力的单位为牛(N)或千牛(kN)。

对于均质液体，其质量大小可以用密度来表示，单位体积的液体所具有的质量称为密度，以符号 $\rho$ 表示。体积为 $V$，质量为 $m$ 的均质液体的密度为

$$\rho = \frac{m}{V}$$

在国际单位制中，密度的单位为千克/米$^3$(kg/m$^3$)。

对于均质液体，其质量大小可以用密度来表示，液体的密度与液体的种类有关，同一种液体的密度随压强和温度的变化而变化，但变化甚微，一般情况下可视为常数。在水力计算时，通常把一个标准大气压下，温度为4 ℃时水的最大密度值 $\rho = 1\ 000$ kg/m$^3$ 作为计算值，也就是在水力计算中认为水的密度是一个常量。

### 4.2　万有引力特性

物体之间具有相互吸引力的性质，称为万有引力特性。地球与物体之间的引力称为重力，也叫物体的重量，用符号 $G$ 表示。液体的运动一般只考虑地球对液体的引力。设物体的质量为 $m$，重力加速度为 $g$，水力分析与计算中取 $g = 9.8$ m/s$^2$，则重力为

$$G = mg$$

国际单位制中重力的单位为牛(N)或千牛(kN),质量的单位为kg。

对于均质液体,其重力的大小可以用容重来表示,单位体积的液体所具有的重量称为容重,也叫重度或重率,用符号$\gamma$表示。对于体积为$V$,重量为$G$的均质液体,其容重为

$$\gamma = \frac{G}{V}$$

将$G = mg$代入上式可得

$$\gamma = \rho g \quad 或 \quad \rho = \gamma / g$$

采用国际单位制时,容重的单位为牛/米$^3$($N/m^3$)或千牛/米$^3$($kN/m^3$)。

液体的容重与液体的种类有关,同一种液体的容重随温度和压强的变化而变化,但变化很小,水力计算中也常以一个标准大气压下,4 ℃时水的容重$\gamma$ = 9 800 牛/米$^3$($N/m^3$)作为计算值,也就是说,在水力计算中认为水的容重是一个常量。几种常见液体的容重值见表0-1,不同温度条件水的容重值见表0-2。

**表0-1 几种常见液体的容重$\gamma$值(一个标准大气压)**

| 液体名称 | 汽油 | 纯酒精 | 蒸馏水 | 海水 | 水银 |
|---|---|---|---|---|---|
| 温度(℃) | 15 | 15 | 4 | 15 | 0 |
| 容重($kN/m^3$) | 6.664~7.350 | 7.778 3 | 9.800 | 9.996~10.084 | 133.280 |

**表0-2 不同温度条件下水的物理性质(1个标准大气压)**

| 温度(℃) | 密度$\rho$($kg/m^3$) | 容重$\gamma$($kN/m^3$) | 动力黏滞系数$\mu$($\times10^{-3}$ Pa·s) | 运动黏滞系数$\nu$($\times10^{-6}$ $m^2/s$) | 体积压缩系数$\beta$($\times10^{-9}$/Pa) | 体积弹性系数($\times10^9$ Pa) | 表面张力系数$\sigma$($\times10^{-2}$ N/m) | 汽化压强($kN/m^2$) |
|---|---|---|---|---|---|---|---|---|
| 0 | 999.9 | 9.805 | 1.781 | 1.785 | 0.495 | 2.02 | 7.56 | 0.60 |
| 5 | 1 000.0 | 9.807 | 1.518 | 1.519 | 0.485 | 2.06 | 7.49 | 0.87 |
| 10 | 999.7 | 9.804 | 1.306 | 1.306 | 0.476 | 2.10 | 7.42 | 1.18 |
| 15 | 999.1 | 9.798 | 1.139 | 1.139 | 0.465 | 2.15 | 7.35 | 1.70 |
| 20 | 998.2 | 9.789 | 1.002 | 1.003 | 0.459 | 2.18 | 7.28 | 2.34 |
| 25 | 997.0 | 9.777 | 0.890 | 0.893 | 0.450 | 2.22 | 7.20 | 3.17 |
| 30 | 995.7 | 9.764 | 0.798 | 0.800 | 0.444 | 2.25 | 7.12 | 4.24 |
| 40 | 992.2 | 9.730 | 0.653 | 0.658 | 0.439 | 2.28 | 6.69 | 7.38 |
| 50 | 988.0 | 9.689 | 0.547 | 0.553 | 0.437 | 2.29 | 6.79 | 12.16 |
| 60 | 983.2 | 9.642 | 0.466 | 0.474 | 0.439 | 2.28 | 6.62 | 19.91 |
| 70 | 977.8 | 9.589 | 0.404 | 0.413 | 0.444 | 2.25 | 6.44 | 31.16 |
| 80 | 971.8 | 9.530 | 0.354 | 0.364 | 0.455 | 2.20 | 6.26 | 47.34 |
| 90 | 965.3 | 9.466 | 0.315 | 0.326 | 0.467 | 2.14 | 6.08 | 70.10 |
| 100 | 958.4 | 9.399 | 0.282 | 0.294 | 0.483 | 2.07 | 5.89 | 101.33 |

### 4.3 黏滞性

摩擦力是自然界中普遍存在的物理现象。两块具有不同运动速度叠放在一起的木

板，在其接触面上存在着阻碍两木板相对运动的摩擦力，同样，具有不同流速的相邻两流层（两层水流），在其接触面上也存在着阻碍两流层做相对运动的摩擦力，液体在静止状态下不能够承受剪切力抵抗剪切变形，但是运动的液体，当液体质点之间发生相对运动时，液体内部能够产生内摩擦力抵抗剪切变形，这种特性称为液体的黏滞性。液体间的内摩擦力又称为黏滞力。单位面积上的摩擦阻力称为黏滞切应力或切应力，以 $\tau$ 表示。自然界中所有的液体都有不同程度的黏滞性，黏滞性是液体的一种固有物理属性。

如图 0-3（a）所示，液体沿固体表面做平行直线流动，设流动方向为 $x$，与流动方向垂直的为 $y$，并且认为水流分层流动，各层液体质点在流动过程中互不混掺。因为液体具有黏滞性，紧靠固体表面的液体质点与固体表面无相对运动，速度为零，沿 $y$ 方向流速逐渐增大。若距固体边界为 $y$ 的流层的流速为 $u$，在相邻流层 $y+\mathrm{d}y$ 处的流速为 $u+\mathrm{d}u$，由于两流层的速度不同，则液体质点必然存在相对运动，在两流层之间就会产生一对大小相等、方向相反的内摩擦力。上层流速大的液体对下层流速小的液体的作用力方向与流动方向相同，下层流速小的液体对上层流速大的液体的作用力方向与流动方向相反。于是在两层之间产生内摩擦力，快层对慢层的内摩擦力是要使慢层快些；而慢层对快层的内摩擦力是要使快层慢些，即所发生的内摩擦力是抵抗其相对运动的。

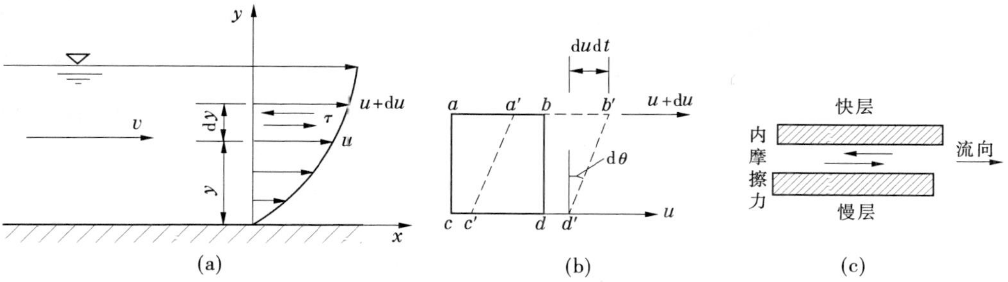


图 0-3

早在 1686 年，牛顿根据试验成果首先提出：对于平行直线流动，液体的内摩擦力 $F$ 与液体的性质有关，与流速梯度 $\frac{\mathrm{d}u}{\mathrm{d}y}$ 和流层接触面积 $A$ 成正比，与接触面上的压力无关，其表达式为

$$F=\mu A\frac{\mathrm{d}u}{\mathrm{d}y}$$

式中　$\mu$——动力黏滞系数（见表 0-2）。

这一结论得到了后人验证，被称为牛顿内摩擦定律。

由于液体的内摩擦力与作用面平行，单位面积上的内摩擦力又称为黏滞切应力，以符号 $\tau$ 表示。

$$\tau=\frac{F}{A}=\mu\frac{\mathrm{d}u}{\mathrm{d}y}$$

作用在两相邻液层之间的黏滞切应力 $\tau$ 数值相等、方向相反。

液体的黏滞性还可以表达为动力黏滞系数 $\mu$（见表 0-2）与液体密度 $\rho$ 的比值，用符号

$\nu$ 表示。

$$\nu = \frac{\mu}{\rho}$$

式中 $\nu$ ——运动黏滞系数(见表0-2),国际单位制中 $\nu$ 的单位是米$^2$/秒($m^2/s$),也可使用 $cm^2/s$。

不同液体的动力黏滞系数 $\mu$ 和运动黏滞系数 $\nu$ 是不同的。同一种液体,它们随压强和温度的变化而变化。对于常见的液体,黏滞系数随压强变化很小,一般可以忽略,温度是影响黏滞系数的主要因素。

黏滞性对液体运动有两个重要作用:一是传递运动,保证液体运动空间的连续性;二是消耗能量,液体运动要克服液体质点间的摩擦力做功,其能量来自于运动液体自身的机械能,导致机械能沿流程减少。黏滞性是运动液体能量损失的根源。

### 4.4 压缩性

物体在外力作用下产生变形、体积缩小的性质,称为压缩性;当除去外力后(在弹性范围内)能恢复原状的性质,称为弹性。因为液体只能承受压力,抵抗体积压缩变形,当压力除去后能恢复原状,所以这种性质称为液体的压缩性或弹性。当液体受外力作用产生压缩变形时,在其内部将产生企图恢复原状的内力,从而影响液体的运动状况。

水的压缩性很小,10 ℃时,体积模量 $K = 1.96 \times 10^6\ kN/m^2$,容易推算,每增加1个大气压,水的体积相对压缩量约为1/20 000。一般情况下,可认为水是不可压缩的,在实用上已经足够精确,只有在个别情况下,才需要考虑弹性的影响。例如,对于水电站中的高压输水管道,当水电站出现事故进水闸门紧急关闭时,由于水体的惯性,管道中的水体将受到压缩,压力急剧升高,这时产生的弹性力对水流运动的影响就不能忽略了。

### 4.5 表面张力特性

液体的自由表面是液体和气体的分界面,由于两侧分子引力不平衡,使自由面上液体分子间存在微小的拉力,称为液体的表面张力。表面张力使液体有尽量缩小其表面的趋势。

表面张力的大小可用表面张力系数 $\sigma$ 度量。$\sigma$ 表示液体表面单位长度上所受的拉力,单位是牛/米(N/m)。$\sigma$ 值随液体的种类和温度而变化,20 ℃时水和水银的 $\sigma$ 值分别为0.072 8 N/m 和0.514 N/m。

表面张力很小,一般情况下可忽略不计。但是,当液面的曲率很大时,表面张力的影响就必须加以考虑。例如,在水力试验中,经常用盛有水或水银的细玻璃管量测压强,由于表面张力的作用,使管中的液面与容器中的液面不在同一水平面上,如图0-4所示,这就是物理学中所说的毛细管现象。由于玻璃与水分子之间的附着力大于水分子之间的吸引力,管中弯液面高于容器中的液面。玻璃与水银分子之间的附着力小于水银分子之间的吸引力,则管中弯液面低于容器中的液面。管子与容器中的液面高差 $\Delta h$,除与液体的性质有关,还与管径有关。管径愈小,差值就愈大。为了减少测量误差,测压管的内径不宜太小,一般应大于10 mm。

上述液体的五种物理力学性质中,惯性、万有引力特性和黏滞性较为重要,它们对水流运动的影响较大。压缩性只在某些情况下才予以考虑,而表面张力一般都可以忽略

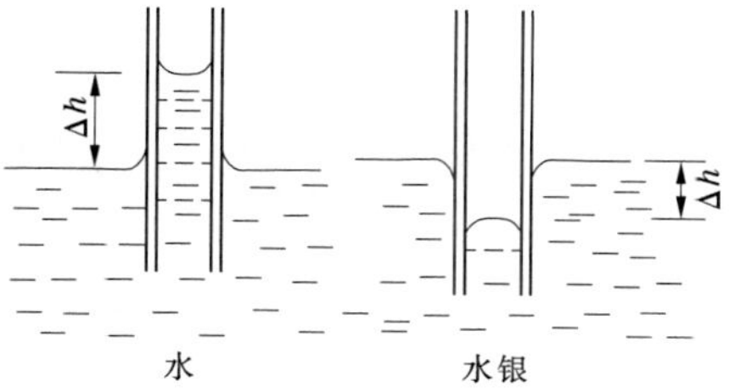


图 0-4

不计。

## 5　理想液体

实际液体，水利工程中的主要介质就是水，除具有惯性、万有引力等特性外，还存在黏滞性、压缩性、表面张力，这些特性都会对液体运动产生一定的影响，但影响程度有很大差别。例如，压缩性和表面张力只有在一些特殊情况下才产生比较大的影响，一般情况下可以忽略，而黏滞性使水流运动变得十分复杂，给分析计算液体运动带来很大困难。为了简化问题，便于分析计算，便提出分析液体运动的简化模型——“理想液体”。

所谓“理想液体”，就是把液体看作不可压缩和膨胀、没有黏滞性、没有表面张力的连续介质。在水力分析与计算中，常采用通过对“理想液体”进行分析得到一定规律，再考虑实际液体的黏滞性等加以修工的方法。

总之，水力分析与计算的液体主要是水。计算中认为水的密度和容重是常量，它是容易流动、不易压缩、均匀等向的连续介质。

# 导论任务

**一、思考题**

1. 水利工程中经常遇到的水力分析与计算问题有哪些？
2. 液体的基本特性是什么？
3. 密度和容重之间有何关系？
4. 水力分析与计算中，水的密度、容重计算值是如何确定的？

自测题

**二、计算题**

1. 体积为 2.5 $m^3$，重量为 17.1 kN 的液体，其容重、密度各为多少？
2. 一个大气压下。4 ℃时，1 L 水的重量和质量各为多少？
3. 水的容重 $\gamma=9.71\ kN/m^3$，动力黏滞系数 $\mu=0.599\times10^{-3}\ Pa\cdot s$，求其运动黏滞系数 $\nu$。空气的容重 $\gamma=11.5\ N/m^3$，运动黏滞系数 $\nu=1.57\times10^{-5}\ m^2/s$，求其动力黏滞系数。

# 项目1 水力分析与计算基础

【学习目标】

1. 掌握静水压力及压强的概念及特性；
2. 掌握水流运动的基本要素及恒定水流三大方程的应用；
3. 掌握水头损失的计算；
4. 熟悉压强的单位及表示方法；
5. 熟悉三大方程的应用条件；
6. 了解水流运动的两种型态。

专家介绍

【技能目标】

1. 熟练计算静水对平面壁和曲面壁建筑物的压力；
2. 熟练计算管道及容器内的压强；
3. 能应用恒定流连续方程、能量方程、动量方程进行水力计算；
4. 能正确选择标准和规范中的公式，计算工程中的管流、渠流水头损失。

## 任务1.1 静水力学分析

### 1.1.1 静水压力

各种水利工程建筑物中与水直接接触的部分（如闸门、坝面等）都有水压力的作用，这些接触面称为受压面。就是在水体的内部，一部分水体对相邻部分的水体也有压力的作用，这种压力称为水压力，用 $P$ 表示，其单位为力的单位，一般用牛（N）或千牛（kN）来表示。当水处于静止状态时，水压力就是静水压力。

### 1.1.2 静水压强

如图1-1所示的平板闸门上任取一点 $K$，围绕 $K$ 点取一微小面积 $\Delta A$，作用于该面积上的静水压力为 $\Delta P$，当 $\Delta A$ 趋近于0时，则平均压强 $\Delta P/\Delta A$ 的极限称为 $K$ 点的静水压强，用小写字母 $p$ 表示，即

$$p = \lim_{\Delta A \to 0} \frac{\Delta P}{\Delta A} \tag{1-1}$$

注：水力学中的压强，如果不特别说明，一般指点压强。

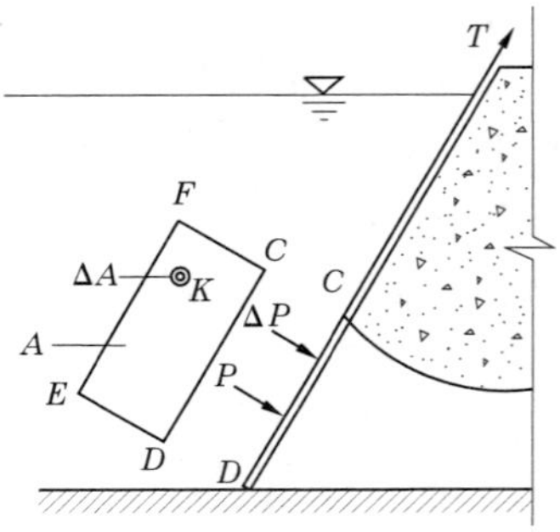

图1-1

在国际单位制中，静水压强的单位为牛/米²（$N/m^2$）或千牛/米²（$kN/m^2$），分别又称为帕（Pa）或千帕（kPa）。

### 1.1.3　静水压强的特性

静水压强有如下两个基本特性：

第一个特性：静水压强的方向永远垂直并指向受压面。因为静止液体不能承受剪力，否则静止液体就会沿壁面产生分力，液体会朝着分力方向流动，液体也不能承受拉力，否则会发生膨胀运动。这些都与水的静止状态不符合，所以静水压强只能垂直指向受压面。

第二个特性：静止液体中任一点所受各个方向的压强大小相等。

为证明这一特性，在静止液体中取微小四面体 $OABC$，如图 1-2 所示。取四面体的三个边 $OA$、$OB$、$OC$ 相互垂直且分别与 $OX$、$OY$、$OZ$ 轴重合，长度分别为 $dx$、$dy$、$dz$。作用于四面体的四个面 $OBC$、$OAC$、$OAB$ 及 $ABC$ 上的平均静水压强分别为 $p_x$、$p_y$、$p_z$ 及 $p_n$，四面体所受的质量力仅有重力。以 $dA$ 代表 $\triangle ABC$ 的面积，由于液体处于静止状态，所以四面体在三个坐标方向上所受外力的合力均等于 0，即

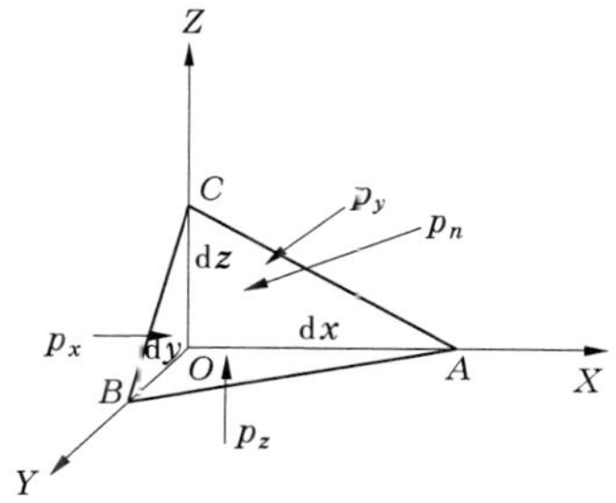


图 1-2

$$\left.\begin{aligned}\frac{1}{2}p_x\mathrm{d}y\mathrm{d}z - p_n\mathrm{d}A\cos(n,x) &= 0\\ \frac{1}{2}p_y\mathrm{d}x\mathrm{d}z - p_n\mathrm{d}A\cos(n,y) &= 0\\ \frac{1}{2}p_z\mathrm{d}x\mathrm{d}y - p_n\mathrm{d}A\cos(n,z) - \frac{1}{6}\gamma\mathrm{d}x\mathrm{d}y\mathrm{d}z &= 0\end{aligned}\right\}\tag{1-2}$$

当 $dx$、$dy$、$dz$ 趋于零时，$p_x$、$p_y$、$p_z$ 和 $p_n$ 即为作用于 $O$ 点而方向不同的静水压强。因 $\frac{1}{6}\gamma\mathrm{d}x\mathrm{d}y\mathrm{d}z$ 属于三阶微量，可以忽略不计，且由于

$$\left.\begin{aligned}\mathrm{d}A\cos(n,x) &= \frac{1}{2}\mathrm{d}y\mathrm{d}z\\ \mathrm{d}A\cos(n,y) &= \frac{1}{2}\mathrm{d}x\mathrm{d}z\\ \mathrm{d}A\cos(n,z) &= \frac{1}{2}\mathrm{d}y\mathrm{d}x\end{aligned}\right\}\tag{1-3}$$

则有

$$p_x = p_y = p_z = p_n \tag{1-4}$$

由于 $p_n$ 的方向是任意的（四面体的斜面 $\triangle ABC$ 可任意取），所以式(1-4)就说明作用于 $O$ 点各个方向的静水压强的大小均相等。

静水压强的第二特性表明，静止液体中各点压强的大小仅随空间位置的变化而变化，与受压面的方向无关。

## 1.1.4　静水压强基本方程及意义

### 1.1.4.1　静水压强基本方程

当水处在静止状态时,作用在水体上的力只有重力。如图 1-3 所示,在静水中任取一点 $A$,该点在水面以下的淹没深度为 $h$($h$ 也称为淹没水深),压强为 $p$ ,水面压强为 $p_0$。围绕点 $A$ 取一微小面积 d$A$,以 d$A$ 为底、$h$ 为高取一铅直液柱为脱离体进行受力分析。

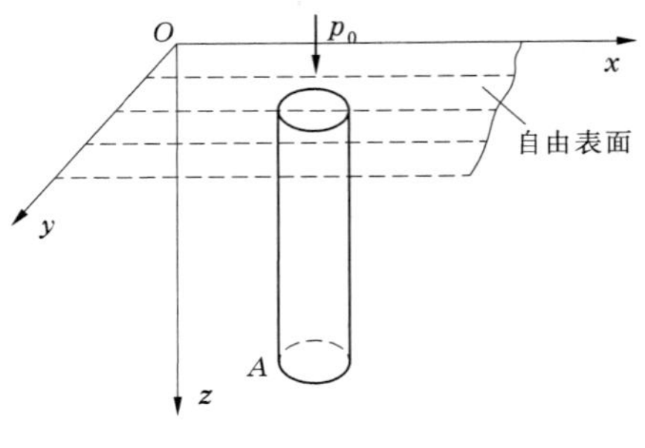


图 1-3

(1)小水柱的自重(重力)为 $G$, $G = \gamma h\mathrm{d}A$ ,方向铅直向下。

(2)作用于小水柱上表面所受静水总压力为 $p_0\mathrm{d}A$ ,方向铅直向下,作用于小水柱底面上的总压力为 $p\mathrm{d}A$ ,方向铅直向上。

(3)作用于小水柱侧面上的水压力,因其侧面皆为铅直面,则侧面上所受的水压力皆为水平力,因小水柱处于平衡状态,水平方向上的力相互抵消。在铅直方向,因小水柱处于平衡状态,作用于小水柱上的所有外力之和等于零,小水柱沿铅直方向的平衡方程为

$$p\mathrm{d}A - p_0\mathrm{d}A - \gamma h\mathrm{d}A = 0 \tag{1-5}$$

方程两边同除以 d$A$ 并整理得

$$p = p_0 + \gamma h \tag{1-6}$$

式(1-6)为仅在重力作用下的液体平衡方程式,也称为静水压强基本方程。它表明仅在重力作用下的静水中任一点静水压强 $p$ 等于水面压强 $p_0$ 和该点在水面以下的深度 $h$ 与水的容重 $\gamma$ 的乘积之和( $\gamma h$ 也叫水重压强)。如果把式(1-6)中水的容重换成其他液体,也有同样的规律。通过式(1-6)可以看出:液体表面压强可以大小不变地传递到液体内部任何一点,这就是帕斯卡原理。

淹没在水下所有点都要符合式(1-6)表达的基本规律,如果淹没在水下有任意 1、2 两点,两点压强分别为 $p_1$ 和 $p_2$ ,淹没水深分别为 $h_1$ 和 $h_2$ ,则不难看出两点压强差为

$$p_1 - p_2 = \gamma(h_1 - h_2) \tag{1-7}$$

也就是说,水下任意两点压强差为两点淹没水深的差值乘以水的容重。

### 1.1.4.2　静水压强基本方程的意义

以下主要从能量的角度对静水压强的基本方程加以说明。

对于如图 1-4 所示的容器,围绕水深为 $h_1$ 的 1 点取 d$m$ 的水体,则该水体的位置势能为 d$mgz_1$ ;在水深为 $h_1$ 的边壁上开个小孔,在孔口连接垂直向上的开口玻璃管,根据静水

压强基本方程，1 点处的压强 $p_1 = \gamma h_1$，即 $h_1 = p_1/\gamma$，在压强的作用下，可以使质量为 d$m$ 的水体上升 $p_1/\gamma$ 的高度，这说明 1 点处的压强具有潜在的做功能力，称为压强势能，1 点处的压强势能为 $\mathrm{d}mgp_1/\gamma$，则位于 1 点处质量为 d$m$ 的水体所具有的总势能为

$$\mathrm{d}mgz_1 + \mathrm{d}mg\frac{p_1}{\gamma} = \mathrm{d}mg(z_1 + \frac{p_1}{\gamma}) \tag{1-8}$$

水利工程中常把单位重量的水体所具备的能量，称为单位能量，也叫水头，则 1 点处单位势能为

$$\frac{\mathrm{d}mgz_1 + \mathrm{d}mg\dfrac{p_1}{\gamma}}{\mathrm{d}mg} = z_1 + \frac{p_1}{\gamma} \tag{1-9}$$

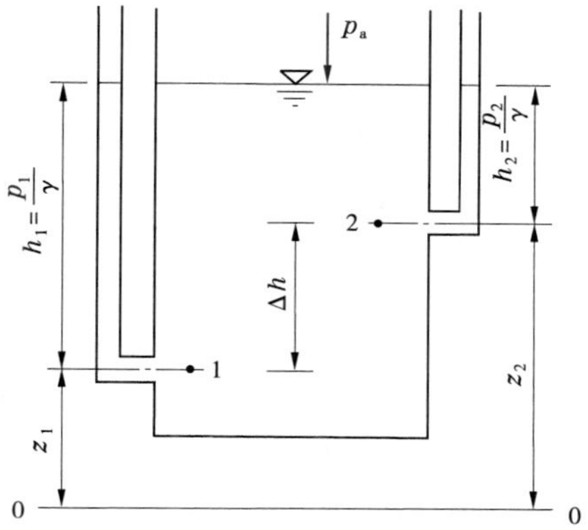


图 1-4

式中 $z_1$——1 点处单位重量的液体所具有的位置势能，叫单位位能，它又表示距离基准面的垂直高度，所以又称为位置水头；

$p_1/\gamma$——1 点处单位重量的液体所具有的压强势能，叫单位压能，它又表示该点压强具备使水质点达到某个位置高度的能力，所以又称为压强水头；

$z_1 + p_1/\gamma$——水的总单位势能，又称为测压管水头，在工程中常用符号 $E_{势}$ 来表示。

$$E_{势} = z_1 + \frac{p_1}{\gamma} = z_2 + \frac{p_2}{\gamma} = C \tag{1-10}$$

式（1-10）表明，仅在重力作用下的静止液体，各点的单位势能 $E_{势}$ 均相等。常数 $C$ 的大小随基准面的位置而变，选定了基准面，$C$ 值就确定了。式（1-10）说明水库中水面、水底、水中各点的单位势能均相等。因此，大坝越高，库容越大，储存的能量越大，将来可利用的能量越大，这就是修建高坝大库的原因。

由压强大小相等的点所构成的平面或曲面为等压面。由式（1-10）可以看出，仅在重力作用下静止液体中，位置高度相等的点压强大小相等，即等压面是水平面。也可以说，仅在重力作用的均质连通静止液体中，水平面为等压面，这就是连通器原理。

## 1.1.5 压强的单位

在水力学中，压强有三种单位，即应力单位、大气压和液柱高。

### 1.1.5.1 应力单位

应力单位是水力分析与计算中的基本单位，用单位面积上的力来表示，单位为 Pa，1 Pa＝1 牛/米$^2$（1 N/m$^2$），由于在水利工程中 Pa 是比较小的单位，所以还常用 kPa、MPa 表示，1 MPa＝$10^3$ kPa＝$10^6$ Pa。

### 1.1.5.2 以大气压表示

地球表面大气所产生的压强称为大气压强。物理学中规定：以海平面的平均大气压

760 mm 高水银柱的压强为 1 标准大气压(英文大气压缩写为 atm),其应力单位数值为

$$1\ \text{atm}=1.033\ \text{kgf/cm}^2$$

上式中 $\text{kgf/cm}^2$ 为我国工程单位制中的压强单位,为了计算方便,水利工程中用工程大气压来代替当地大气压,工程大气压用 Pa 表示。1 个工程大气压为 98 kPa,注意:工程计算中均使用工程大气压。

$$1\ \text{工程大气压}=1.0\ \text{kgf/cm}^2=98\ \text{kN/m}^2=98\ \text{kPa}$$

#### 1.1.5.3 以液柱高度表示

由于一般液体的容重可看作常量,液柱高 $h=p/\gamma$ 即能反映压强的大小。因水的容重大家比较熟悉,所以水利工程中常用水柱高作为压强单位。

因 10 m 水柱产生的压强为 $9.8\ \text{kN/m}^3\times 10\ \text{m}=98\ \text{kPa}$,即 1 工程大气压。而 1 工程大气压相应的水银柱高度为

$$h=\frac{p}{\gamma}=\frac{98\ \text{kN/m}^2}{133.3\ \text{kN/m}^3}=0.735\ \text{m}=735\ \text{mm} \tag{1-11}$$

所以三种压强单位时间的换算关系为:1 工程大气压 = 98 kPa,相当于 10 m 水柱或 0.735 m 水银柱。

需要注意的是,用液柱高度为单位表示压强时,必须在数值后面写明相应的液柱类型,如 10 m 水柱或 0.735 m 水银柱。

**【例 1-1】** 某点压强为 0.5 工程大气压,若用应力单位和水柱单位表示,其数值为多少?

**解**:根据三种压强单位的换算关系有:

(1)用应力单位表示

$$\frac{0.5\ \text{工程大气压}}{1\ \text{工程大气压}}\times 98\ \text{kPa}=49\ \text{kPa}$$

(2)用水柱表示

$$\frac{0.5\ \text{工程大气压}}{1\ \text{工程大气压}}\times 10\ \text{m 水柱}=5\ \text{m 水柱}$$

### 1.1.6 压强的表示方法

计算压强大小时,因起算基准的不同,可表示为绝对压强和相对压强。

#### 1.1.6.1 绝对压强

前面提到 1 工程大气压 = 98 kPa,地球上所有物体都受到这一压强,在计算物体所受压强时,计入大气压所求得的压强称为绝对压强,以设想没有空气存在的完全真空状态作为零点计量的压强称为绝对压强,以 $p_{绝}$ 表示。

#### 1.1.6.2 相对压强

以当地大气压强作为零点计量的压强称为相对压强,用符号 $p$ 表示。根据定义,某点的相对压强与绝对压强之间相差一个当地大气压强 $p_a$,其关系为

$$p=p_{绝}-p_a \tag{1-12}$$

如自由液面上的压强 $p_0$ 为当地大气压强,即 $p_0=p_a$ 时,如水池中的水,采用相对压强计算水体中的压强时,式(1-6)可改写为

$$p = \gamma h \tag{1-13}$$

因所有物体都受大气压强，因此计算时不再计入大气压强这部分相同值，所以如果不特指，工程中求某点压强均是指相对压强。

1.1.6.3　**真空、真空值及真空高度**

绝对压强总是正值，而相对压强可正可负。当液体中某点的绝对压强小于当地大气压强时，该点相对压强为负值，称为负压，或者说该点存在着真空。真空的大小以真空度 $p_v$ 或 $p_{真}$ 表示。真空度是指该点绝对压强小于当地大气压强的数值，即

$$p_v = p_a - p_{绝} = -p \tag{1-14}$$

图1-5为绝对压强、相对压强及真空值关系示意图。从图中可以看出，当绝对压强大于大气压时，相对压强是绝对压强超出大气压的部分；当绝对压强小于大气压时，其不足一个大气压的部分就是真空值；当绝对压强为零时，真空值达到最大。工程中利用离心泵、虹吸管吸水时，泵内或虹吸管内理论最大真空值为一个大气压，理论最大吸程不可能超过10 m。

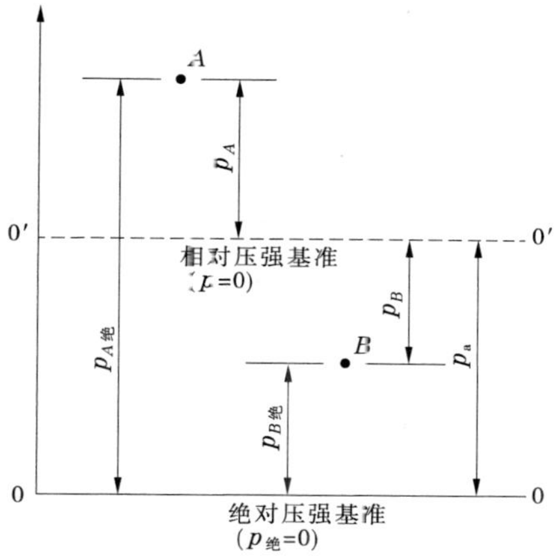


图1-5

【例1-2】　利用水泵提水，吸水管中某点绝对压强为72.0 kPa，试求出该点的相对压强和真空度，并分别用工程大气压和水柱高表示。

**解**：

$$p = p_{绝} - p_a = 72.0 - 98 = -26.0(\text{kPa})$$
$$= -0.265\ 工程大气压 = -2.65\ \text{m}\ 水柱高$$

因为相对压强是负值，所以产生了负压或真空，则

$$p_{真} = |p| = 26.0\ \text{kPa} = 0.265\ 工程大气压 = 2.65\ \text{m}\ 水柱高$$

【例1-3】　求水库水深为2.5 m处的绝对压强和相对压强。

**解**：因水库水面为大气压，则

$$p_{绝} = p_a + \gamma h = 98 + 9.8 \times 2.5 = 122.5(\text{kPa})$$
$$p_{相} = \gamma h = 9.8 \times 2.5 = 24.5(\text{kPa})$$

# 任务1.2　水流运动分类

## 1.2.1　描述水流运动的两种方法

描述水流运动，不像描述固体运动那样往往可以用一个质点代替，水流内部也会产生相对运动，又因为水是透明液体，观察运动十分困难，需要用其他方法描述水流运动。描述水流运动的方法很多，下面只介绍质点系法和流场法。

1.2.1.1　**质点系法**

质点系法是以液体中单个液体质点作为研究对象，选定一个坐标系，跟踪每个质点，研究每个质点的运动状况，并通过综合各个液体质点的运动情况来获得一定空间内整个

液体的运动规律。由于水流的质点很多,每个质点的运动轨迹各不相同,无一定的规律性,因此用这种方法来研究水流运动是非常困难的。

1.2.1.2　**流场法**

流场法跟踪的不是水体各个质点,而是着眼于考察分析水体质点在通过不同固定空间点时的运动要素的变化情况来获得整个水体的运动规律。此种方法避免了研究复杂的质点运动带来的麻烦,是工程中描述水流运动情况常用的一种方法。

显然,流场法与质点系法在描述液体运动时其着眼点不同,质点系法着眼于液体质点,而流场法则着眼于液体运动时所占据的空间点。流场法是用流线来描述水流运动的。流线是指某一瞬时,在流场(液体流动所占据的空间)绘出的一条曲线,在这些曲线上的水流质点的流速方向都与该点所在曲线处的切线方向相同(见图1-6),流线能够表示某时刻各点的流动方向。

根据流线的概念,流线有以下特征:

(1)流线上任一点的切线方向即为该点的流速方向,一个水流质点只能有一个方向,如图1-6所示。一般地讲,流线是一条光滑的曲线,既不能转折,也不能相交。如果流线有折点或两条流线相交,则在流线折点或交点处,一个水流质点在同一瞬时就会有两个流动方向,显然,这是不可能的。

(2)流线上的液体质点只能沿着流线运动。由于流线不可相交,所以位于流线上的某质点,不可能有横越流线的流动,只能沿着所在的流线流动。

在具有一定边界尺寸的流场中,某一瞬时绘制一簇有代表性的流线,就构成了流线图,它可形象地描绘出该瞬时整个水流的流动趋势。

图1-7是描述水流通过溢流坝的流线图。从图1-7可以看出,流线图具有以下特点:

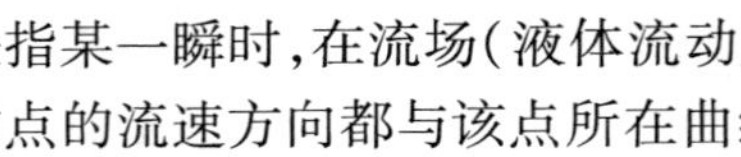


**图1-6**

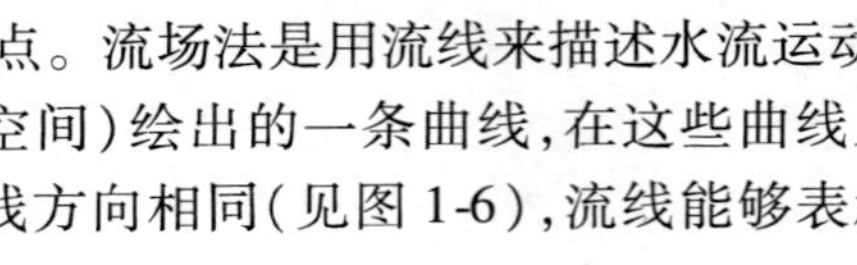

**图1-7**

(1)流线分布的疏密程度反映了流速的大小。流线密的地方流速大,流线疏的地方流速小。

(2)流线的形状与固体边界形状有关。离边界愈近,边界的影响愈大,流线的形状愈接近边界的形状。

**【例1-4】**　图1-8为消防水枪射流某一瞬间的照片,如何描述此瞬间水枪射流中各质点的运动状态呢?

**解:**图1-8记录的是某一瞬间水枪射流中各连续质点所处的运动状态,这簇曲线表示该时刻各水流质点的运动方向,即用流线可描述此瞬间水枪射流中各质点的运动状态。

## 1.2.2　水流运动的基本要素

为了研究问题方便,在流场法的基础上,水力学从不同角度对液体的运动进行了分类,并建立了有关液体运动的基本概念,从而为更好地解决实际问题奠定了理论基础。

### 1.2.2.1　流管、元流、总流、过水断面

1. 流管

在流场中任取一封闭曲线，通过封闭曲线上各点画出许许多多条流线所构成的管状结构，称为流管。根据流线特征，流管内液体质点不能穿越流管壁流动，如图1-9(a)所示。

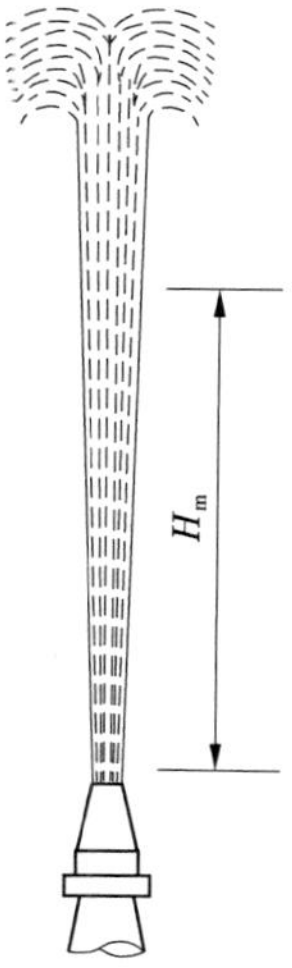


图1-8

2. 元流

充满以流管为边界的一束液流称为元流，元流也叫微小流束，如图1-9(b)所示。元流过水断面面积很微小，各点的运动要素在同一时刻一般可认为是相等的。由于元流的外包面是流管，所以元流与束外液体无能量、质量和动量的交换。

3. 总流

由无数元流组成的、具有一定边界尺寸的实际水流，称为总流。如管流和明渠均匀流。

4. 过水断面

凡与元流或总流流线正交的过水横断面都称为过水断面。过水部分的横断面面积叫过水断面面积，常用符号 $A$ 表示。例如，直径为 $d$ 的充满水的圆形管道，其过水断面面积为 $A = \pi d^2/4$。

如果水流的流线相互平行，则过水断面为平面，如图1-10中的断面1—1；否则就是曲面，如图1-10中的断面2—2。水力分析与计算中，常采用水流的流线相互平行的断面作为计算断面，面积容易确定是其中一个重要原因。

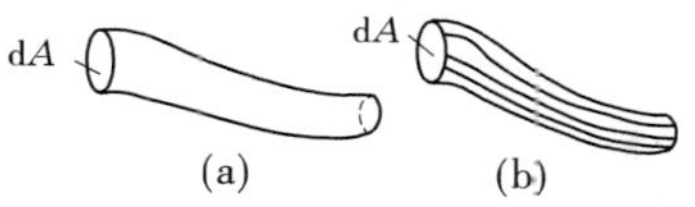


图1-9

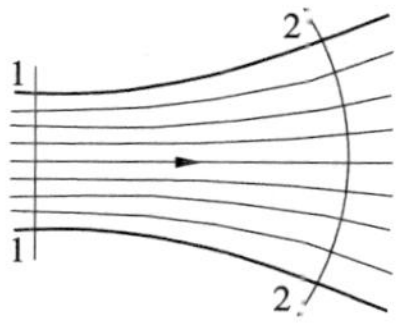


图1-10

### 1.2.2.2　流量、断面平均流速

1. 流量

单位时间内通过某一过水断面的液体体积称为流量，用 $Q$ 表示。其单位为米$^3$/秒($m^3$/s)或升/秒(L/s)。流量是衡量过水断面过水能力大小的一个物理量。一般来说，由于水有黏滞性，总流过水断面上各点的流速 $u$ 不相等。例如，水流在管道内流动，靠近管壁处流速小，管轴线上流速大，如图1-11(a)所示，若在总流中任取一元流，其过水断面面积为 d$A$。由于元流 d$A$ 上同一时刻各点的流速相等，过水断面又与流速方向垂直，若令 d$A$ 上各点的流速为 $u$，则单位时间内通过元流过水断面的液体体积即为元流的流量 d$Q$，即

$$dQ = u\,dA$$

设总流的过水断面面积为 $A$，则总流的流量应等于无数个微小流束的流量之和，即

$$Q = \int_Q \mathrm{d}Q = \int_A u\mathrm{d}A \tag{1-15}$$

水工建筑物的过水能力大小、管道的过水量多少常用流量表示。

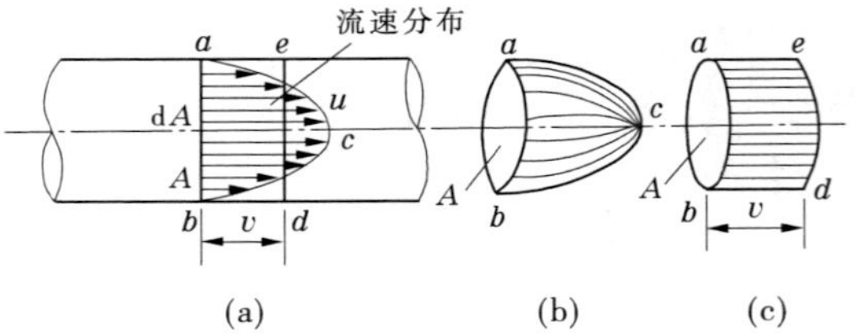


图 1-11

2. 断面平均流速

水体流动的快慢用流动速度即流速表示。流速是指水体质点在单位时间内运动的距离，常用的单位是 m/s。

断面平均流速是一种设想的流速，即假定总流同一过水断面上各点的流速大小均等于 $v$，方向与实际流动方向相同。即液体质点都以同一个速度 $v$ 向前运动，如图 1-11(b)、(c)所示，此时通过 $A$ 断面的流量与该过水断面的实际流量相等，流速 $v$ 就称作断面平均流速，即

$$Q = \int_A u\mathrm{d}A = vA \tag{1-16}$$

所以

$$v = \frac{\int_A u\mathrm{d}A}{A} = \frac{Q}{A} \tag{1-17}$$

#### 1.2.2.3 湿周与水力半径

过流断面上流体与固体壁面接触的周界线，称为湿周，常用$\chi$表示。

过水断面面积与湿周之比即为水力半径，表达式为

$$R = A/\chi \tag{1-18}$$

**【例 1-5】** 直径为 $d = 400$ mm 的圆管，当充满水流时，水力半径是多少？

**解：**面积 $A = \pi d^2/4$，$\chi = \pi d$，故水力半径为

$$R = \frac{A}{X} = \frac{\frac{\pi d^2}{4}}{\pi d} = \frac{d}{4} = \frac{0.4}{4} = 0.1(\mathrm{m})$$

### 1.2.3 水流运动的基本类型

#### 1.2.3.1 恒定流与非恒定流

根据水流中某空间点的运动要素是否随时间变化，可将液流运动分为恒定流和非恒定流。凡水体流动空间中任一固定点的所有运动要素都不随时间而变的水流称为恒定流；反之，称为非恒定流。例如，在水箱侧壁上开有孔口，当箱内水位保持不变（$H$ 为常数）时，孔口泄流的形状、尺寸及运动要素均不随时间而变，这就是恒定流（见图 1-12

(a))；反之，箱中水位由 $H_1$ 连续下降到 $H_2$，此时泄流形状、尺寸、运动要素都随时间而发生了变化，这就是非恒定流(见图1-12(b))。

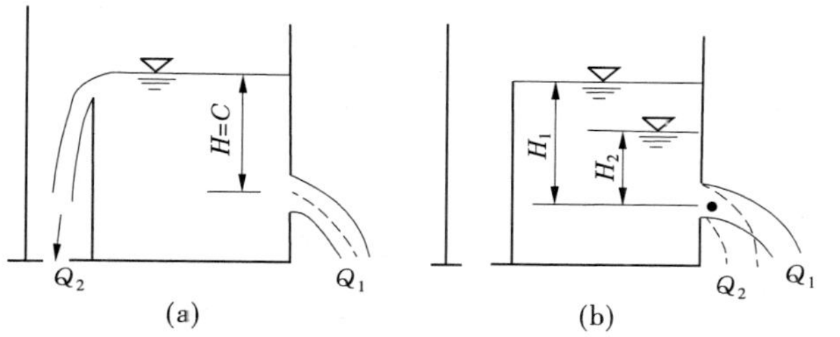


图1-12

本书中的水力分析与计算主要针对恒定流，以后如果不作特别说明，涉及的水力分析与计算的内容均指恒定流。

1.2.3.2　**均匀流与非均匀流**

在恒定流中，根据液体运动要素是否沿流程变化，又可将液流分为均匀流与非均匀流两种。凡断面平均流速与流速分布沿程不变的水流叫均匀流(或叫等速流)；反之，断面平均流速与流速分布沿程变化的水流叫非均匀流(或叫变速流)。

均匀流中，同一流线上水体质点流速的大小和方向沿程不变，流线为一组相互平行的直线，均匀流没有离心力，过水断面为平面。均匀流中同一断面上动水压强符合静水压强分布规律，即同一断面上各点的测压管水头相等，但不同断面上的测压管水头不同。非均匀流中，同一流线上液体质点流速的大小和方向沿程变化，流线不是平行直线，相邻流线间有夹角，是一组曲线，过水断面不是平面而是曲面。

1.2.3.3　**渐变流与急变流**

在非均匀流中，根据流线的不平行程度和弯曲程度，可将水流分为渐变流与急变流。

凡流线间的夹角很小，流线的曲率不大时，流线可近似地认为是平行的直线，这种水流叫渐变流；凡流线的曲率较大，流线间夹角较大，这种水流叫急变流。如图1-13(a)所示的溢流坝附近，图1-13(b)所示的管道直径变化部位和转弯处均为急变流。

渐变流流线较平缓，离心力很小，在计算中可忽略不计，过水断面可近似当作平面，同一断面上动水压强近似符合静水压强分布规律，类似均匀流，即同一断面上测压管水头为一常数，但在不同的过水断面上具有不同的常数。水力分析与计算常采用均匀流或渐变流断面作为计算断面，其中一个重要原因是压强分布与静水压强分布规律相同。如图1-13(a)所示的溢流坝与坝后较远部分，图1-13(b)所示的管道直径变化、转弯部位的上下游均为渐变流。

1.2.3.4　**有压流与无压流**

根据水流在流动过程中有无自由水面，可将其分为有压流与无压流。

水体靠外部压力作用产生的流动，称为有压流。其特征是没有自由水面，水体充满整个管道断面。有压输水管道的水流都属于有压流，也叫管流。

水体靠自身重力作用而产生的流动，称为无压流。其特征是具有自由水面。渠槽江河和无压管道中的水流都属于无压流，也叫明渠水流。

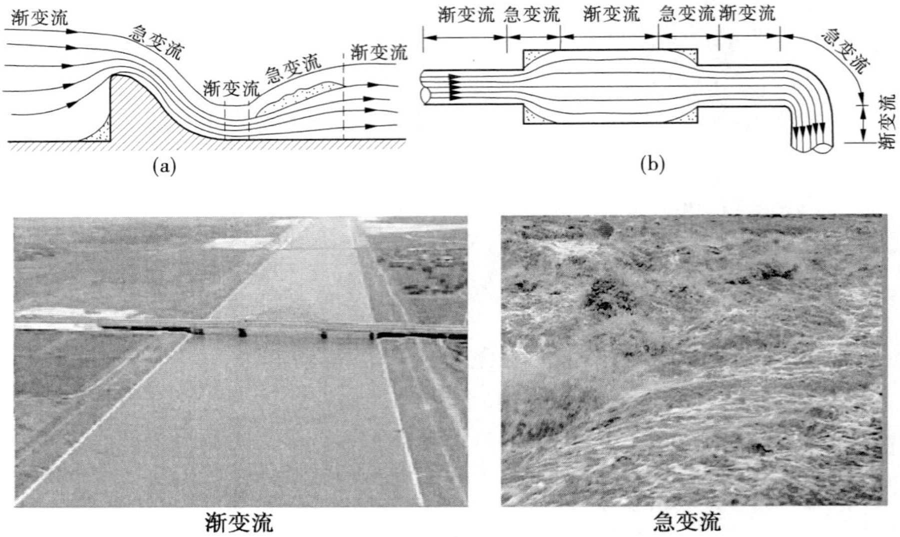


图 1-13

### 1.2.3.5 自由出流与淹没出流

对于管流，管道出口的水流流入大气，称为自由出流。当管道出口淹没在下游水面以下时，管道过流量受下游水位的影响，这种出流叫淹没出流。对于明渠水流，下游水位对出流不造成影响，称为自由出流。

**【例 1-6】** 图 1-14 中水流为恒定流，指出哪一种是自由出流？哪一种是淹没出流？

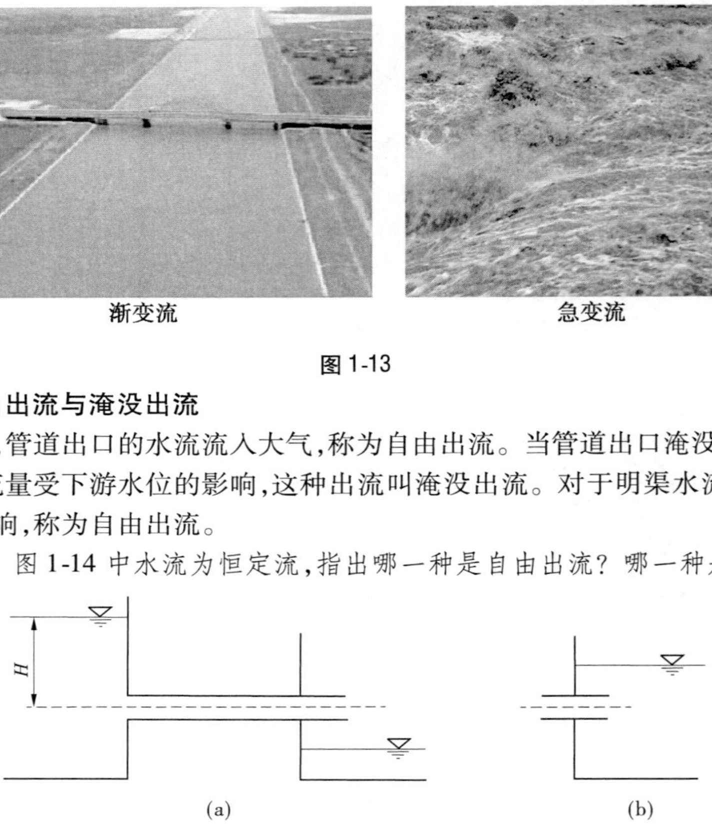


图 1-14

**解**：图 1-14(a)为自由出流，图 1-14(b)为淹没出流。

另外，根据液流运动要素所依据的空间自变量的个数，可将液流分为一元流、二元流、三元流。

## 任务 1.3　恒定流连续性分析与计算

### 1.3.1　恒定流连续性方程

水流运动和其他物质运动一样，也必须遵循质量守恒定律。恒定流连续性方程，实质上就是质量守恒定律在水流运动中的具体体现。

如图1-15所示,在过水断面1—1和过水断面2—2之间取一微小流束,设过水断面1—1的微小流束面积为 $dA_1$,流速为 $u_1$;过水断面2—2的微小流束面积为 $dA_2$,流速为 $u_2$。考虑到恒定流微小流束的形状和尺寸不随时间而改变,根据质量守恒定律,在 $dt$ 时段内,流入断面1—1水体的质量等于流出断面2—2水体的质量,即

$$\rho u_1 dA_1 dt = \rho u_2 dA_2 dt$$

一般认为水是不可压缩和连续的,$\rho$ 为常数,于是有

$$u_1 dA_1 = u_2 dA_2$$

或

$$u_1 dA_1 = u_2 dA_2 = dQ = 常数 \tag{1-19}$$

式(1-19)表明:在恒定流中,流经任一过水断面的流量不变。

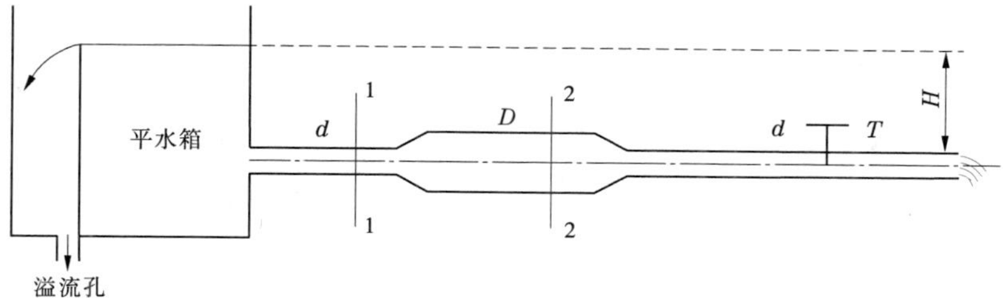


图1-15

总流是无数个微小流束的总和,想得到总流断面上的流量,只需将微小流束的连续性方程在总流过水断面上积分,就可得到总流连续性方程,即

$$\int_Q dQ = \int_{A_1} u_1 dA_1 = \int_{A_2} u_2 dA_2 \tag{1-20}$$

得

$$Q = v_1 A_1 = v_2 A_2 = 常数 \tag{1-21}$$

或

$$\frac{v_2}{v_1} = \frac{A_1}{A_2} \tag{1-22}$$

式(1-21)即为恒定总流的连续性方程,式中的 $v_1$ 与 $v_2$ 分别表示过水断面 $A_1$ 及 $A_2$ 的断面平均流速。连续性方程表明:

(1)对于不可压缩的恒定总流,流量沿程不变。

(2)任意两个过水断面的平均流速的大小与过水断面面积成反比。断面大的地方流速小,断面小的地方流速大。

上述总流的连续性方程是在流量沿程不变的条件下建立的,当沿程有分叉或支流的情况时,也可应用连续性方程(如图1-16所示),即

$$Q_1 = Q_2 + Q_3 \tag{1-23}$$

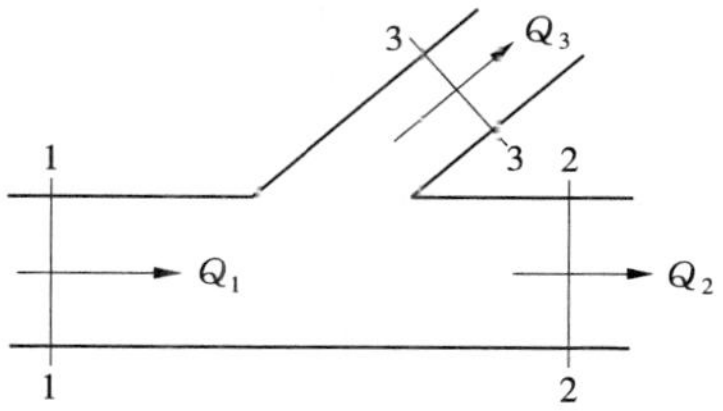


图1-16

## 1.3.2 恒定流连续性方程水力计算

**【例1-7】** 如图1-15所示的变直径恒定

管流，已知断面 1—1 的直径 $d=150$ mm，断面 2—2 的直径 $D=300$ mm，已测得断面 1—1 的平均流速 $v_1=1$ m/s，试计算断面 2—2 的平均流速 $v_2$。

**解**：可由连续性方程求解

$$A_1=\frac{\pi}{4}\times d^2=\frac{3.14\times 0.15^2}{4}=0.018(\mathrm{m}^2)$$

$$A_2=\frac{\pi}{4}\times D^2=\frac{3.14\times 0.3^2}{4}=0.071(\mathrm{m}^2)$$

$$v_2=\frac{A_1v_1}{A_2}=\frac{0.018\times 1}{0.071}=0.25(\mathrm{m/s})$$

**【例 1-8】** 有一河道在某处分为两支：内江和外江，如图 1-17 所示。为便于引水灌溉农田，在外江设溢流坝一座，用于抬高上游水位。已测得上游河道流量 $Q=1\ 400\ \mathrm{m^3/s}$，通过溢流坝的流量 $Q_1=350\ \mathrm{m^3/s}$。内江过水断面面积 $A_2=380\ \mathrm{m^3/s}$，求通过内江的流量 $Q_2$ 及断面 2—2 的平均流速。

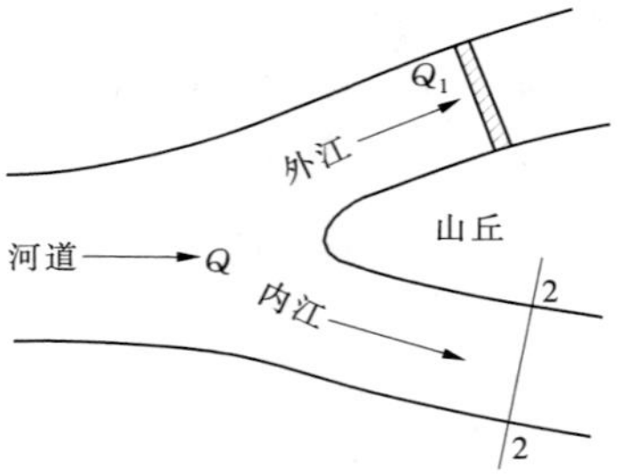


图 1-17

**解**：设内江流量为 $Q_2$，根据有支流存在的连续性方程(1-23)得

$$Q_2=Q_1-Q_3=1\ 400-350=1\ 050(\mathrm{m^3/s})$$

由恒定总流的连续性方程式(1-21)，对于内江 $Q_2=A_2v_2=$ 常数，可知内江断面2—2 的平均流速

$$v_2=\frac{Q_2}{A_2}=\frac{1\ 050}{380}=2.76(\mathrm{m/s})$$

# 任务 1.4　恒定流能量守恒及转换分析

## 1.4.1　恒定流能量方程

恒定流的连续性方程虽然揭示了液流断面平均流速与过水断面面积之间的关系，但却不能解决工程实际中常涉及的作用力和能量问题。为此，还需进一步研究液体运动所遵循的其他规律。恒定流的能量方程就是应用能量转化与守恒原理，分析液体运动时动能、压能和位能三者之间的相互关系。它为解决实际工程的水力计算问题奠定了理论基础。

### 1.4.1.1　微小流束的能量方程

如图 1-18 所示，在实际液体恒定流中取出一段微小流束，选取断面 1—1 与断面 2—2 之间的水体作为研究对象。设断面 1—1 和断面 2—2 的面积分别为 $dA_1$ 和 $dA_2$，动水压强分别为 $p_1$ 和 $p_2$，相应的流速分别为 $u_1$ 和 $u_2$。经 d$t$ 时段后，1—2 之间的水体运动到 1′—2′ 的位置，其动能亦发生相应变化。由于流管是封闭的，所以没有水流流进、流出微小流管，并且水流是恒定流，在 d$t$ 时段内，由于流段 1′—2 这部分水体的质量，各点的流速、动能均没有变化，所以整个流段的动能变化仅仅体现在由 1—1′段的动能流动到 2—2′段的动能变化。作用于所取流段 1—2 的外力有重力、边界上的动水压力和摩擦阻力。它们在 d$t$

时段内,各外力对该流段所做的功分别如下。

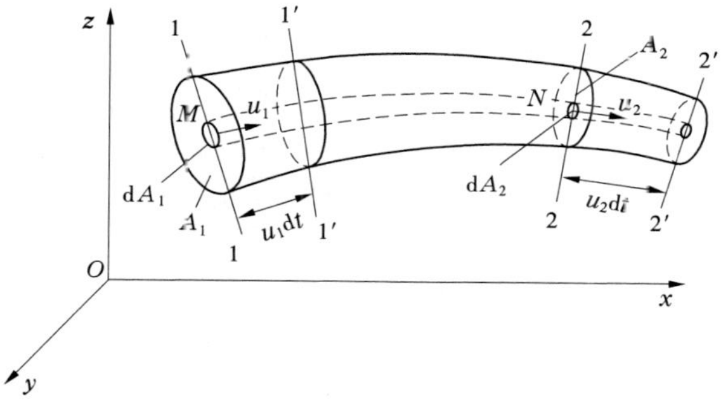


图 1-18

1. 重力做功 $W_1$

在 $dt$ 时段内,重力对共有段 1′—2 不做功,只考虑重力将水体 1—1′移到 2—2′的位置所做的功。流段 1—1′和流段 2—2′的体积 $dV$ 很小,其重心距基准面的高度可分别近似看成断面中心距基准面的高度 $z_1$ 和 $z_2$,则重力所做的功为

$$W_1 = \gamma dV(z_1 - z_2) \tag{1-24}$$

2. 动水压力做功 $W_2$

作用于微小流束上的动水压力有两端断面上的动水压力和微小流束侧表面上的动水压力。侧面的动水压力垂直于流动方向,在流动方向上没有分力,侧面动水压力不做功。断面 1—1 和断面 2—2 上的动水压力与流动方向一致,沿流动方向做功。作用于断面 1—1 上的动水压力为 $p_1dA_1$,移动距离为 $ds_1$,做功为 $p_1dA_1ds_1$(力和位移方向一致,取正号),断面 2—2 上的总压力为 $p_2dA_2$,移动距离为 $ds_2$,做功为 $-p_2dA_2ds_2$(力和位移的方向相反,取负号)。所以,动水压力做功为

$$W_2 = p_1dA_1ds_1 - p_2dA_2ds_2 \tag{1-25}$$

根据水流连续原理有

$$dA_1ds_1 = dA_2ds_2 = dV \tag{1-26}$$

所以

$$W_2 = dV(p_1 - p_2) \tag{1-27}$$

3. 阻力做功 $W_3$

对于实际液体,由于黏滞性的存在,液体运动时必须克服内摩擦阻力,消耗一定的能量,因此阻力所做的功为负功。以 $h'_{w1-2}$ 表示从流段 1—1′移到流段 2—2′的位置摩擦阻力做功所消耗的水头,则摩擦阻力所做的功为

$$W_3 = -\gamma dVh'_{w1-2} \tag{1-28}$$

那么所有外力对微小流束所做的总功应该等于上述三项外力所做功的代数和,即

$$W_1 + W_2 + W_3 = \gamma dV(z_1 - z_2) + dV(p_1 - p_2) - \gamma dVh'_{w1-2} \tag{1-29}$$

在恒定流条件下,共有段 1′—2 的质量和各点的流速不随时间而变化,所以动能也不随时间变化,因此微小流束段动能的增量就等于 2—2′段动能与 1—1′段动能之差。根据动能原理,即单位时间内流段动能的增量等于外力对流段所做的功之和,则

$$\gamma dV(\frac{u_2^2 - u_1^2}{2g}) = \gamma dV(z_1 - z_2) + dV(p_1 - p_2) - \gamma dV h'_{w1-2}$$

上式中各项同时除以 $\gamma dV$，整理后得单位重量液体功和能之间的关系式：

$$z_1 + \frac{p_1}{\gamma} + \frac{u_1^2}{2g} = z_2 + \frac{p_2}{\gamma} + \frac{u_2^2}{2g} + h'_{w1-2} \tag{1-30}$$

式(1-30)就是不可压缩液体恒定微小流束的能量方程，该式是由瑞士的物理学家和数学家伯努利在1738年首次推导出来的，故又称为伯努利方程。

微小流束的能量方程反映了恒定流同一微小流束中任意两个断面上的液体所具有的机械能的相互关系。利用微小流束能量方程，可以用来求解任一微小流束在不同断面上(不同点)的流速、压强和位置高度间的数值关系。

工程实际中要解决和更应注重的是具有一定边界尺寸实际水流(总流)的水力计算问题，这就需要将微小流束的能量方程式推广到总流。

### 1.4.1.2　恒定总流的能量方程

微小流束的能量方程只能反映微小流束内部或边界上各点的流速和压强的变化，为了解决工程实际问题，还需将微小流束的能量方程加以推广，得出恒定总流的能量方程。

设通过微小流束液体的流量为 $dQ$，则单位时间内通过微小流束液体的重量为 $\gamma dQ$，将式(1-30)各项分别乘以 $\gamma dQ$，并分别积分，就可得到单位时间内通过总流两过水断面的总能量之间的关系式，即

$$\gamma\int_Q\left(z_1 + \frac{p_1}{\gamma}\right)dQ + \gamma\int_Q \frac{u_1^2}{2g}dQ = \gamma\int_Q\left(z_2 + \frac{p_2}{\gamma}\right)dQ + \gamma\int_Q \frac{u_2^2}{2g}dQ + \gamma\int_Q h'_{w1-2}dQ \tag{1-31}$$

(1)若所取的总流过水断面符合均匀流或渐变流条件，则断面上各点的单位势能 $z + \frac{p}{\gamma}$ = 常数，则

$$\gamma\int_Q(z + \frac{p}{\gamma})dQ = \gamma(z + \frac{p}{\gamma})\int_Q dQ = \gamma(z + \frac{p}{\gamma})Q \tag{1-32}$$

(2)一般情况下，总流过水断面上各点的流速是不相等的，且分布规律不易确定，所以直接积分比较困难。若考虑用断面平均流速 $v$ 代替断面上各点的流速 $u$，即用 $\frac{\gamma}{2g}\int_A v^3 dA$ 来代替 $\frac{\gamma}{2g}\int_A u^3 dA$，但二者实际并不相等。根据数学上有关平均值的性质，有 $\int_A u^3 dA > \int_A v^3 dA$，用平均流速代替积分号里的点流速需要乘以一个大于1的修正系数 $\alpha$，才能使之相等，则有

$$\frac{\gamma}{2g}\int_A u^3 dA = \frac{\gamma}{2g}\alpha v^3 A = \frac{\alpha v^3}{2g}\gamma Q \tag{1-33}$$

式中　$\alpha$——动能修正系数，表示过水断面上实际流速积分与按断面平均流速积分计算所得结果之比，即 $\alpha = \frac{\int_A u^3 dA}{v^3 A}$。

$\alpha$ 值取决于总流过水断面上的流速分布情况，流速分布愈均匀，$\alpha$ 值愈接近于1。当

水流为均匀流或渐变流时，一般可取 $\alpha = 1.05 \sim 1.10$，实际工程计算中，常取 $\alpha = 1.0$。

(3)设 $h_w$ 为总流单位重量液体在断面1—1流到断面2—2间的平均机械能损失，则

$$\gamma\int_Q h'_w \mathrm{d}Q = h_w\gamma Q \tag{1-34}$$

用式(1-32)、式(1-33)分别表示断面1—1和断面2—2各积分项并和式(1-34)一同代入式(1-31)两端，同时除以 $\gamma Q$ 得

$$z_1 + \frac{p_1}{\gamma} + \frac{\alpha_1 v_1^2}{2g} = z_2 + \frac{p_2}{\gamma} + \frac{\alpha_2 v_2^2}{2g} + h_{w1-2} \tag{1-35}$$

式(1-35)即为不可压缩液体恒定总流的能量方程，它能够反映总流各断面上单位重量液体的平均位能、平均压能和平均动能之间的能量转化关系，是水力分析与计算中三大基本计算方程之一，该式表明机械能沿程减小，减少的水流机械能转化成热能而损失掉了。

#### 1.4.1.3　恒定流能量方程的应用条件

从方程式的推导可以看出，能量方程式(1-35)有一定的适用范围，应满足以下条件：

(1)水流必须是恒定流，不可压缩，且总流流量沿程不变。

(2)两个过水断面必须是均匀流断面或渐变流断面，这样就符合断面上各点测压管水头等于常数，且作用的质量力只有重力等条件，至于两个断面之间，可以存在急变流。

(3)式(1-35)表示两个断面之间没有其他机械能的输入与输出。

但因总流能量方程中各项均指单位重量液体的能量，所以在水流有能量加入或分出的情况下，仍可分别对每一支水流建立能量方程式。

对于有外界能量的加入（如水泵），则能量方程应加入单位机械能，如图1-19(a)所示。

$$z_1 + \frac{p_1}{\gamma} + \frac{\alpha_1 v_1^2}{2g} + H = z_2 + \frac{p_2}{\gamma} + \frac{\alpha_2 v_2^2}{2g} + h_{w1-2} \tag{1-36}$$

式中　$H$——水泵扬程。

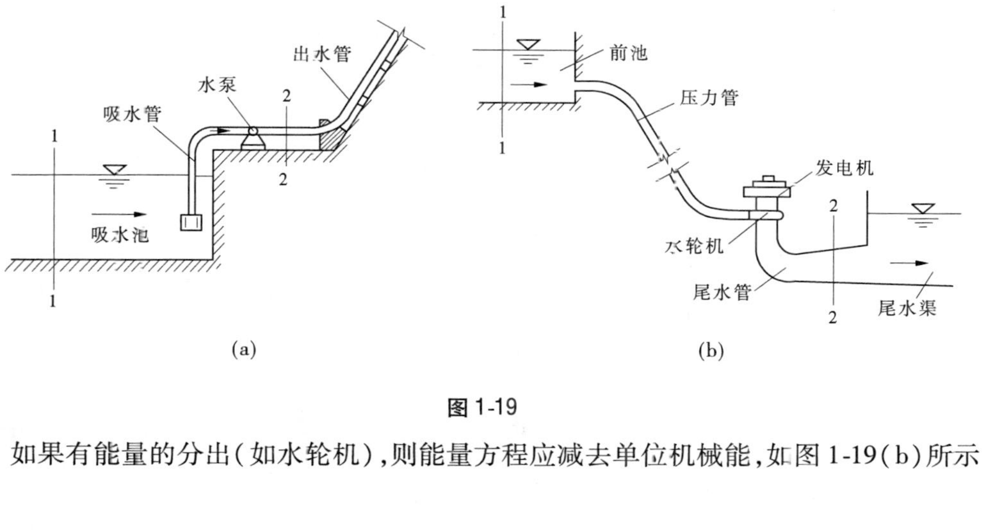


图1-19

如果有能量的分出（如水轮机），则能量方程应减去单位机械能，如图1-19(b)所示。

$$z_1 + \frac{p_1}{\gamma} + \frac{\alpha_1 v_1^2}{2g} - H = z_2 + \frac{p_2}{\gamma} + \frac{\alpha_2 v_2^2}{2g} + h_{w1-2} \tag{1-37}$$

式中 $H$——水轮机水头。

## 1.4.2 恒定流能量方程的物理意义和几何意义

### 1.4.2.1 恒定流能量方程的物理意义

从能量方程的建立过程可知，能量方程中各项都是表示过水断面上单位重量水体所具有的不同形式的能量，意义如下：

$z$——单位重量液体的位置势能；

$\frac{p}{\gamma}$——单位重量液体的压强势能；

$z + \frac{p}{\gamma}$——总流过水断面上单位重量液体的平均势能，即位置势能与压强势能之和；

$\frac{\alpha v^2}{2g}$——单位重量液体的动能；

$h_{w1-2}$——总流单位重量液体的能量损失；

$z + \frac{p}{\gamma} + \frac{\alpha v^2}{2g}$——单位重量液体的总机械能，通常用 $H$ 或 $E$ 表示。

### 1.4.2.2 恒定流能量方程几何意义

能量方程中的各项表示了某种高度，因为都具有长度单位，可以用几何线段表示，所以在水力分析与计算上习惯称为水头。

$z$——总流过水断面上某点的位置高度，称为位置水头；

$\frac{p}{\gamma}$——压强水头，$p$ 为相对压强时，也叫测压管高度；

$z + \frac{p}{\gamma}$——测压管水头，用 $H_p$ 表示；

$\frac{\alpha v^2}{2g}$——流速水头，也是液体以速度 $v$ 垂直向上喷射到空中时所达到的高度；

$h_{w1-2}$——水头损失；

$z + \frac{p}{\gamma} + \frac{\alpha v^2}{2g}$——总水头，通常用 $H$ 或 $E$ 表示，故总水头与测压管水头之差等于流速水头。

### 1.4.2.3 图示恒定流能量转化——水头线

由于总流能量方程中各项均表示单位重量液体所具有的能量或水头，且各项的单位都是长度单位，因此可用几何线段来表示，使能量沿流程的转化情况更形象、更直观地体现出来。

如图 1-20 所示为一段总流机械能转化的图示。首先选取基准面 0—0，并画出总流的中心线。总流各断面中心点离基准面的高度就代表了该断面的位置高度 $z$，所以总流的中心线就表示位置水头 $z$ 沿程的变化，即位置水头线。

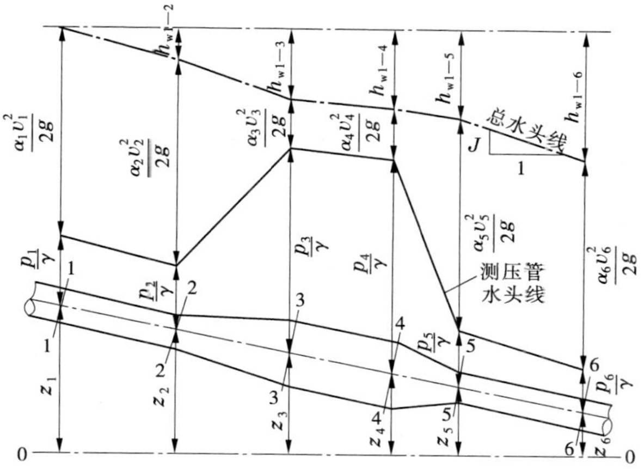


图 1-20

在各断面的中心上作铅垂线，并在铅垂线上截取高度等于中心点压强水头 $p/\gamma$ 的线段，得到测压管水头 $(z+p/\gamma)$，即各断面上测压管水面离基准面的高度，如将各断面的测压管水头用线连起来，就得到测压管水头线。测压管水头线反映了水流势能沿流程的变化情况。测压管水头线和位置水头线之间的铅垂距离反映了压强水头沿流程的变化情况。如测压管水头线在轴心线位置以上，压强为正，反之为负。

在铅垂线所标示的测压管水头线以上截取高度等于流速水头 $\frac{\alpha v^2}{2g}$ 的线段，得到该断面的总水头 $H=z+\frac{p}{\gamma}+\frac{\alpha v^2}{2g}$，各断面总水头的连线称为总水头线，它反映了液流总机械能沿流程的变化情况。

根据能量方程，实际液体一定存在水头损失，因而总水头线为一条逐渐下降的直线或曲线。任意两个断面间总水头线下降的高度就是它们之间水流的水头损失。总水头线沿流程的下降情况可用单位流程上的水头损失表示，即用水力坡度 $J$ 来表示。当总水头线为曲线时，水力坡度为变值，在某一断面处可表示为

$$J=\frac{\mathrm{d}h_{\mathrm{w}}}{\mathrm{d}L}=-\frac{\mathrm{d}H}{\mathrm{d}L} \tag{1-38}$$

当总水头线为直线时，可用下式计算

$$J=\frac{H_1-H_2}{L}=\frac{h_{\mathrm{w}}}{L} \tag{1-39}$$

因为总水头增量 d$H$ 一定为负值，为使水力坡度为正值，式(1-38)中要加负号。

能量方程图示法可以清晰地表示出水流沿流程各断面位置水头、压强水头、流速水头、测压管水头和总水头的变化情况。在管流的水力设计中，常用这种方法分析问题。

## 1.4.3 恒定流能量方程的应用

### 1.4.3.1 应用能量方程的步骤

为了更方便、快捷地应用能量方程解决实际问题，能量方程在应用时应遵循以下步

骤：

（1）选好基准面。基准面是计算位置水头 $z$ 的标准，为一水平面。基准面 0—0 可以任意选取，并不影响计算结果，以计算方便为原则，为避免位置水头 $z$ 出现负值的情况，基准面一般不要选得过高。在同一能量方程中，计算两断面的位置水头时，必须采用同一基准面。

（2）选好过水断面。过水断面的选择一方面必须符合均匀流或渐变流断面的条件；另一方面应尽量选在未知量较少的断面上及与待求物理量有关的断面上，这样便于求解问题。

（3）选好代表点。渐变流同一过水断面上任一点 $(z+p/\gamma)$ 值是相等的，因此具体选择哪一点来计算 $(z+p/\gamma)$ 值以计算方便为原则。通常，对于管道选管轴形心点为代表点，对于明渠选自由水面上的点为代表点。

（4）方程两边压强水头 $p/\gamma$ 值，用相对压强或绝对压强计算都可以，但在同一方程中必须采用同一标准。计算中多数用相对压强计算。

（5）要注意能量方程与连续性方程联合应用。

**【例 1-9】** 图 1-21 为一水库的溢流坝，坝下游河床高程为 105.0 m，当库水位为 120.0 m 时，坝址处收缩断面 $C$—$C$ 处的水深 $h_C=1.2$ m。设溢流坝的水头损失 $h_w=0.1v_C^2/(2g)$，求 $C$—$C$ 断面的平均流速 $v_C$。

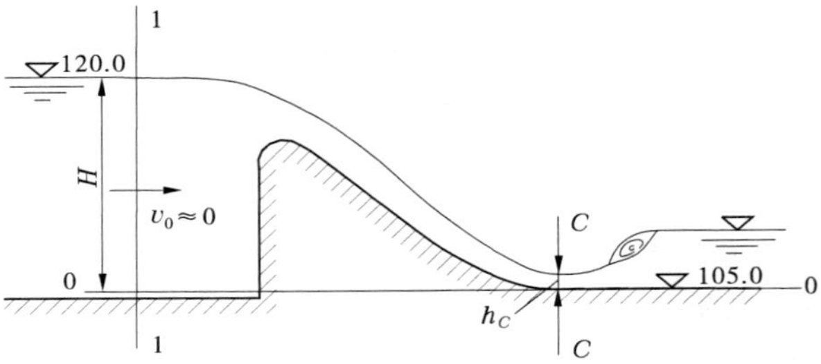


**图 1-21**

**解**：（1）选基准面。以通过下游河床的水平面 0—0 为基准面。

（2）选过水断面。因坝面水流为急变流，第一个过水断面应选在距坝顶上游一段距离的水库中的渐变流断面 1—1，因水库面积相当大，可认为行近流速 $v_1$ 约等于零；另外，选取该断面为计算断面可使所列出的能量方程未知量减少。因坝下游收缩断面处的水流流线近似平行，可近似地看作是渐变流，该断面的流速正是待求的未知量，所以将断面 $C$—$C$ 作为第二个过水断面。

（3）选代表点。由于前面所选的两个计算断面均为渐变流断面，且水流为明渠水流，因此代表点选在水面上一点，其相对压强 $p_1$、$p_2$ 均为零，$H=120.0-105.0=15.0$(m)。

（4）由断面 1—1、断面 $C$—$C$ 列能量方程求流速 $v_C$。

$$H+\frac{\alpha_1 v_1^2}{2g}=h_C+\frac{\alpha_C v_C^2}{2g}+h_w$$

$$H + 0 = h_C + \frac{\alpha_C v_C^2}{2g} + 0.1\frac{v_C^2}{2g}$$

$$v_C = \frac{1}{\sqrt{\alpha_C + 0.1}}\sqrt{2g(H - h_C)} = \frac{1}{\sqrt{1 + 0.1}} \times \sqrt{2 \times 9.8 \times (15.0 - 1.2)} = 15.68(\mathrm{m/s})$$

**【例1-10】**　一水位不变的敞口水箱如图1-22所示，通过下部一条直径 $d = 200$ mm 的管道向外供水，已知水箱水位与管道出口断面中心高差为3.5 m，管道的水头损失为3 m，试求管道出口的流速和流量。

**解**：设以通过出口断面的水平面0—0为基准面，选取水箱自由表面断面1—1和管道出口断面2—2作为计算断面，计算点分别选在断面1—1的水面上和断面2—2的轴线上，列断面1—1和断面2—2的能量方程：

$$z_1 + \frac{p_1}{\gamma} + \frac{\alpha_1 v_1^2}{2g} = z_2 + \frac{p_2}{\gamma} + \frac{\alpha_2 v_2^2}{2g} + h_w$$

式中：$z_1 = 3.5$ m，$p_1/\gamma = 0$，$z_2 = 0$，$p_2/\gamma = 0$，$h_w = 3$ m。

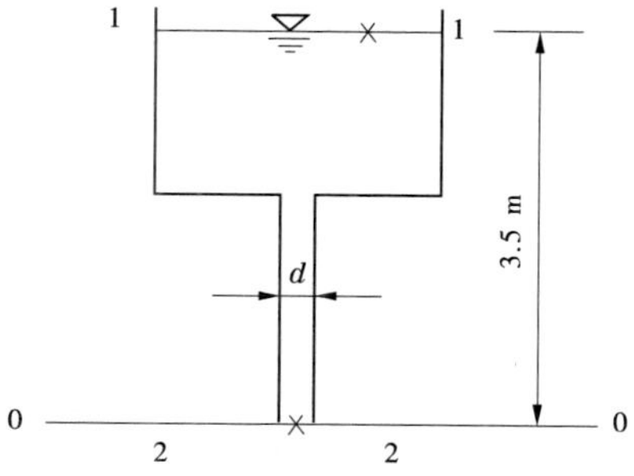

图1-22

由于水箱水面比管道出口断面大得多，其断面平均流速比管道出口平均流速小得多，故可认为 $\frac{\alpha_1 v_1^2}{2g} \approx 0$，取 $\alpha_2 = 1.0$ 代入能量方程，得

$$3.5 + 0 + 0 = 0 + 0 + \frac{v_2^2}{2g} + 3$$

整理得

$$\frac{v_2^2}{2g} = 0.5$$

则管道出口流速为

$$v_2 = \sqrt{2g \times 0.5} = \sqrt{2 \times 9.8 \times 0.5} = 3.13(\mathrm{m/s})$$

管中流量为

$$Q = v_2 A_2 = v_2 \times \frac{\pi}{4}d^2 = 3.13 \times \frac{3.14}{4} \times 0.2^2 = 0.0983(\mathrm{m^3/s})$$

### 1.4.3.2　应用仪器——毕托管

毕托管是一种常用的测量流体点流速的仪器，用以测流速水头和流速。它是亨利·毕托在1703年首创的，其测量原理就是能量的转化和守恒原理。简单的毕托管就是一根弯成90°的开口细管。如图1-23所示，它是弯成直角的两端开口的细管，将弯管前端管口置于 $A$ 点并正对水

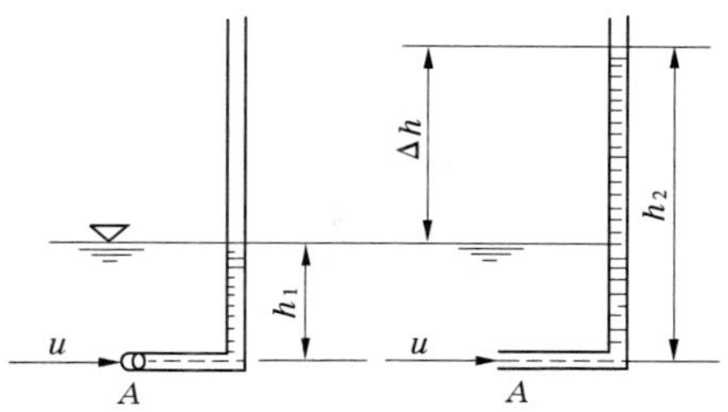

图1-23

流方向，就可测得场中 $A$ 点的流速。此时，弯管的管口由于水流的顶冲，该点处水流质点的动能将全部转化为压能，管中的水面将上升至 $h_2$ 的高度，正对水流方向管口 $A$ 点处的流速变为零，该点称为驻点。管中的水柱高度 $h_2$ 是 $A$ 点处的动水压强水头 $p_A/\gamma$ 与由该点流速水头 $u_A^2/(2g)$ 转化的压强水头之和，即

$$h_2 = \frac{p_A}{\gamma} + \frac{u_A^2}{2g}$$

若用同样一根细弯管，前端管口封闭而侧面开口，以同样的方式置于 $A$ 点处，此时 $A$ 点的压强水头就等于管中液面上升的高度 $p_A/\gamma = h_1$。注意：由于管口垂直水流方向，所以流速在开口方向没有分量，也就是 $h_1$ 只有该点处的压强水头。

$$h_2 - h_1 = \left(\frac{p_A}{\gamma} + \frac{u_A^2}{2g}\right) - \frac{p_A}{\gamma}$$

这样就可以计算出 $A$ 点的流速，即

$$u_A = \sqrt{2g(h_2 - h_1)} = \sqrt{2g\Delta h} \tag{1-40}$$

式中　$\Delta h$——两根管中的水面高差。

如图 1-24 所示，实际上的毕托管是将两根细管纳入同一根弯管之中，只是将前端的小孔和侧面的小孔（可以是多个）分别连通到两支测压管上。测量流速时可以分别读出两支测压管上的读数，计算得出 $\Delta h$，由于毕托管前端的小孔和侧面小孔的位置不同，加之考虑毕托管放入水中所产生的扰动影响，需对式（1-40）加以修正，即

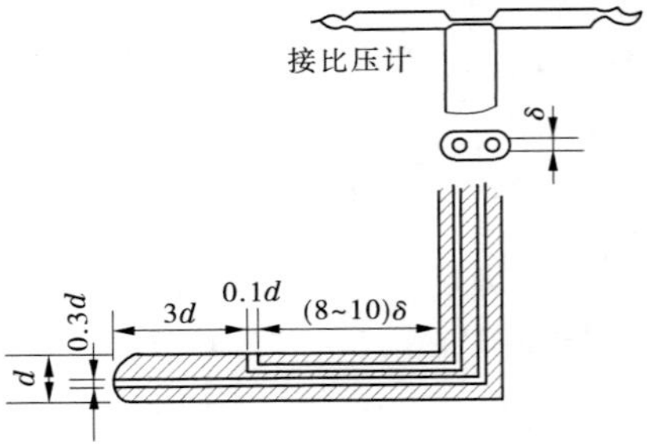


图 1-24

$$u_A = c\sqrt{2g\Delta h} \tag{1-41}$$

式中　$c$——毕托管的校正系数，一般取 0.98～1.0，毕托管出厂时，产品说明书上给有 $c$ 值，若使用时间长了，$c$ 值应重新率定。

利用能量方程还可以做成文丘里流量计测管流中流量，计算小孔口的出流量，这里不再一一介绍。

## 任务 1.5　恒定流动量守恒及转换分析

利用前面介绍的连续性方程和能量方程，已经能够解决许多实际水力计算问题，但对于某些较复杂的水流运动问题，尤其是涉及计算水流与固体边界间的相互作用力问题，如水流量作用于闸门的动水总压力，以及水流经过弯管时，对管壁产生的作用力等计算问题，用连续性方程和能量方程则无法求解，因而必须建立动量方程来解决这些问题。

### 1.5.1　恒定流动量方程

由物理学可知，动量定理可表述为：运动物体在单位时间内动量的变化量等于物体所

受各外力的合力。下面根据动量定理,推导恒定总流的动量方程。在不可压缩的恒定流中,截取一渐变流断面1—1为进口,断面2—2为出口(见图1-18)。把液体从断面1—1、断面2—2和固体边界范围内取出,作为脱离体。在脱离体中任意选取微小流束$MN$,微小流束$MN$在d$t$时段内,从位置1—2运动到新位置1′—2′处,从而动量发生了变化。设其动量的变化为d$K$,它应等于时段末流段可得1′—2′的动量$K_{MN1'-2'}$与时段初流段1—2的动量$K_{MN1-2}$之差,则

$$\mathrm{d}K = K_{MN1'-2'} - K_{MN1-2} = (K_{MN1'-2} + K_{MN2-2'}) - (K_{MN1-1'} + K_{MN1'-2}) = K_{MN2-2'} - K_{MN1-1'}$$

令微小流束断面1—1的面积为$\mathrm{d}A_1$,流速为$u_1$,则微小流束流段1—1′内的液体动量$K_{MN1-1'} = m_1u_1$,$m_1 = \rho \mathrm{d}V_1 = \rho u_1 \mathrm{d}t\mathrm{d}A_1$,把微小流束扩充到整个脱离体,即对微小流束积分,用$K_{1-1'}$表示d$t$时段内断面1—1和断面1′—1′间水体的动量,则

$$K_{1-1'} = \int_{A_1} u_1 \rho u_1 \mathrm{d}t\mathrm{d}A_1 = \rho \mathrm{d}t\int_{A_1} u_1 u_1 \mathrm{d}A_1 \tag{1-42}$$

令断面2—2的面积为$\mathrm{d}A_2$,流速为$u_2$,$K_{2-2'}$表示d$t$时段内断面2—2和断面2′—2′间水体的动量,同理得

$$K_{2-2'} = \int_{A_2} u_2 \rho u_2 \mathrm{d}t\mathrm{d}A_2 = \rho \mathrm{d}t\int_{A_2} u_2 u_2 \mathrm{d}A_2 \tag{1-43}$$

因为总流过水断面上的流速分布不均匀,若过水断面符合均匀流或渐变流条件,可以认为断面平均流速的方向和实际的方向一致,用断面平均流速$v$代替流速$u$,产生的误差用系数$\beta$修正,则式(1-42)、式(1-43)可改写成

$$\left.\begin{aligned} K_{1-1'} &= \rho \mathrm{d}t\int_{A_1} u_1 u_1 \mathrm{d}A_1 = \rho \mathrm{d}t\beta_1 v_1 v_1 A_1 = \rho \mathrm{d}t\beta_1 v_1 Q_1 \\ K_{2-2'} &= \rho \mathrm{d}t\int_{A_2} u_2 u_2 \mathrm{d}A_2 = \rho \mathrm{d}t\beta_2 v_2 v_2 A_2 = \rho \mathrm{d}t\beta_2 v_2 Q_2 \end{aligned}\right\} \tag{1-44}$$

在均匀流或渐变流断面上,流速$u$和断面平均流速$v$的方向是一致的,故$\beta$的表达式为

$$\beta = \frac{\int_A u^2 \mathrm{d}A}{v^2 A} \tag{1-45}$$

式中　$\beta$——动量修正系数,$\beta > 1.0$,对于渐变流$\beta = 1.02 \sim 1.05$,为计算简便常取$\beta = 1.0$。

由连续性方程可知,$Q_1 = Q_2 = Q$,令$\Delta K$表示总流流段动量的变化量,则有

$$\Delta K = K_{2-2'} - K_{1-1'} = \rho Q \mathrm{d}t(\beta_2 v_2 - \beta_1 v_1) \tag{1-46}$$

设$\sum F\mathrm{d}t$为时段内作用于总流1—2流段上所有外力冲量的矢量和,由动量定律可以得到

$$\sum F\mathrm{d}t = \rho Q \mathrm{d}t(\beta_2 v_2 - \beta_1 v_1) \tag{1-47}$$

式(1-47)两端同除以d$t$得

$$\sum F = \rho Q(\beta_2 v_2 - \beta_1 v_1) \tag{1-48}$$

式(1-48)为不可压缩液体恒定总流的动量方程。它表明在单位时间内,恒定总流流段动量的变化量等于作用于该流段上所有外力的合力。作用于流段两端断面的外力包括动水压力$P$、重力$G$和边界对脱离体的作用力$R$。

式(1-48)为矢量式,其中的力和速度都是矢量,为了便于计算,可以建立直角坐标系对各矢量进行分解,则式(1-48)可以分解为三个投影表达式

$$\left.\begin{aligned}\sum F_x &= \rho Q(\beta_2 v_{2x} - \beta_1 v_{1x})\\ \sum F_y &= \rho Q(\beta_2 v_{2y} - \beta_1 v_{1y})\\ \sum F_z &= \rho Q(\beta_2 v_{2z} - \beta_1 v_{1z})\end{aligned}\right\} \tag{1-49}$$

式中　$v_{1x}$、$v_{1y}$、$v_{1z}$、$v_{2x}$、$v_{2y}$、$v_{2z}$——总流上游过水断面 1—1 和下游过水断面 2—2 的平均流速 $v_1$ 和 $v_2$ 在三个坐标方向上的投影;

$\sum F_x$、$\sum F_y$、$\sum F_z$——作用在断面 1—1 与断面 2—2 间液体上的所有外力在三个坐标轴方向投影的代数和。

## 1.5.2　恒定流动量方程的应用条件及步骤

### 1.5.2.1　恒定流动量方程的应用条件

在上述推导过程中,对于总流的动量方程也做了一些重要假设:一是水流必须是连续的,二是选取的断面是均匀流断面或渐变流断面,三是用断面平均流速 $v$ 来代替各点流速 $u$。所以,恒定流动量方程应用时,必须满足以下要求:

(1)水流为恒定流。

(2)水流是连续的、不可压缩的均质液体。

(3)脱离体两端的断面必须是渐变流断面,但脱离体内部可以存在急变流。

### 1.5.2.2　恒定流动量方程的应用步骤

应用动量方程可在一定条件下求解水流对建筑物的作用力。下面说明应用动量方程求解水流作用力的一般方法步骤:

(1)选脱离体。根据具体问题的要求,把所研究的两个渐变流断面之间的流段(水体)取出作为脱离体,并对其进行受力分析(常受的力有脱离体两个渐变流断面上的动水总压力 $P_1$、$P_2$,脱离体的水重 $G$,边界作用于脱离体上的外力 $R$)。

(2)建立直角坐标系。根据流速求解力,选定坐标轴 $x$、$y$、$z$ 的方向,并把流速和各力投影到各坐标轴上,确定它们的大小和方向,并将其标注在受力分析图上。

(3)建立动量方程的投影式并求解。根据求解的力选合适的投影式,并代入投影式求解。注意:当外力、流速与坐标轴方向相同时为正,与坐标轴方向相反时为负。对未知力可先假定方向,如未知力解出后为正,说明假设方向正确;如未知力解出后为负,说明实际方向与假设方向相反。

另外,注意动量方程与能量方程及连续性方程联合应用;注意边界对水流的作用力 $R$ 与水流对边界的作用力 $R'$ 互为作用力与反作用力,它们大小相等、方向相反。

## 1.5.3　恒定流动量方程的应用

**【例 1-11】**　管路中一段水平放置的弯管,如图 1-25 所示,弯管进口断面 1—1 中心点的压强 $p_1 = 123.0$ kPa,断面直径 $d_1 = 200$ mm,弯管出口断面 2—2,直径 $d_2 = 150$ mm,转角 $\theta = 60°$,管道中通过流量为 85 L/s。若不计弯管水头损失,计算水流对弯管的作用力。

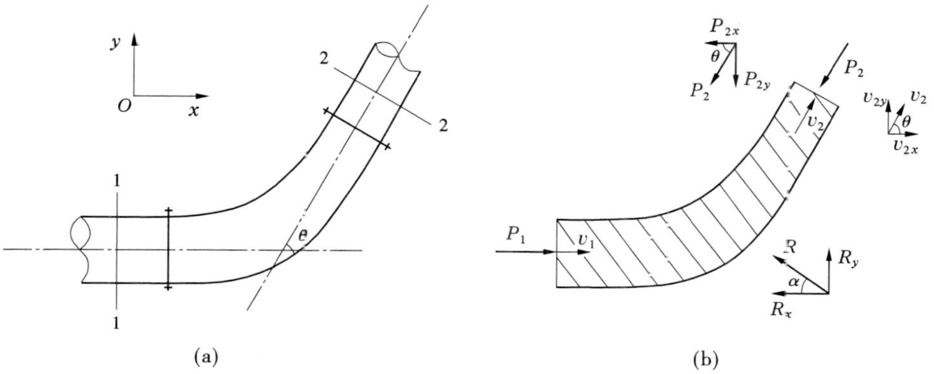


图1-25

**解：**(1)取脱离体。选取断面1—1和断面2—2以及弯道边壁之间的水体为脱离体。

(2)选取直角坐标系。取水平面为$xOy$坐标平面，为简单起见，设$Ox$方向与进口水流方向一致。因弯管水平放置，重力在$xOy$平面上没有分力，所以整个脱离体所受到的外力为进、出口水压力$P_1$、$P_2$，其中$P_2$未知。管壁对水流的作用力为$R$，设$R$在$Ox$、$Oy$方向的分力为$R_x$、$R_y$，水流流速为$v_1$、$v_2$，但$v_1$、$v_2$未知，各矢量方向如图1-25(b)所示。运用动量方程计算$R$之前首先计算确定$p_2$和$v_2$。

(3)根据水流连续性方程和能量方程计算进、出口断面流速$v$和断面2—2压强$p_2$。

$$A_1 = \frac{1}{4}\pi d_1^2 = \frac{1}{4} \times 3.14 \times 0.2^2 = 0.031\,4(\text{m}^2)$$

$$A_2 = \frac{1}{4}\pi d_2^2 = \frac{1}{4} \times 3.14 \times 0.15^2 = 0.017\,7(\text{m}^2)$$

$$v_1 = \frac{Q}{A_1} = \frac{0.085}{0.031\,4} = 2.71(\text{m/s})$$

$$v_2 = \frac{Q}{A_2} = \frac{0.085}{0.017\,7} = 4.80(\text{m/s})$$

设管道基准面通过管轴线，因不考虑弯管水头损失，列断面1—1与断面2—2能量方程

$$z_1 + \frac{p_1}{\gamma} + \frac{\alpha_1 v_1^2}{2g} = z_2 + \frac{p_2}{\gamma} + \frac{\alpha_2 v_2^2}{2g} + h_{w1-2}$$

其中：
$$z_1 = 0\ ,\ z_2 = 0\ ,\ h_{w1-2} = 0$$

$$\frac{p_2}{\gamma} = \frac{p_1}{\gamma} + \frac{\alpha_1 v_1^2}{2g} - \frac{\alpha_2 v_2^2}{2g} = \frac{123.0}{9.8} + \frac{2.71^2}{2 \times 9.8} - \frac{4.80^2}{2 \times 9.8} = 11.75(\text{m})$$

断面2—2形心处的压强$p_2 = 9.8 \times 11.75 = 115.15(\text{kPa})$；

断面1—1平均压力$P_1 = p_1 A_1 = 123.0 \times 0.031\,4 = 3.86(\text{kN})$；

断面2—2平均压力$P_2 = p_2 A_2 = 115.15 \times 0.017\,7 = 2.04(\text{kN})$。

(4)选动量方程的投影式计算。取$\beta_1 = \beta_2 = 1.0$：

$$\sum F_x = \rho Q \beta (v_{2x} - v_{1x})$$

$$\sum F_x = P_1 - P_2 \cos\theta - R_x$$

$$\rho Q\beta(v_{2x} - v_{1x}) = \rho Q\beta(v_2\cos\theta - v_1)$$

$$\begin{aligned}R_x &= P_1 - P_2\cos\theta - \rho Q\beta(v_2\cos\theta - v_1)\\ &= 3.86 - 2.04 \times \cos60° - 1 \times 0.085 \times (4.80 \times \cos60° - 2.71)\\ &= 2.87(\text{kN})\end{aligned}$$

$$\sum F_y = \rho Q\beta(v_{2y} - v_{1y})$$

$$\sum F_y = 0 - P_2\sin\theta + R_y$$

$$\rho Q\beta(v_{2y} - v_{1y}) = \rho Q\beta(v_2\sin\theta - 0)$$

$$\begin{aligned}R_y &= P_2\sin\theta + \rho Q\beta v_2\sin\theta\\ &= 2.04 \times \sin60° + 1 \times 0.085 \times 4.80 \times \sin60°\\ &= 2.12(\text{kN})\end{aligned}$$

得到的 $R_x$ 与 $R_y$ 都是正值，表示假设方向正确，合力大小为

$$R = \sqrt{R_x^2 + R_y^2} = \sqrt{2.87^2 + 2.12^2} = 3.57(\text{kN})$$

外力 $R$ 的方向为

$$\alpha = \arctan\frac{R_y}{R_x} = \arctan\frac{2.12}{2.87} = 36.45°$$

水流对弯管的作用力与 $R$ 大小相等，方向相反。

**【例 1-12】** 某溢流坝（如图 1-26 所示），上游渐变流断面 1—1 处的水深 $h_1 = 2$ m，下游渐变流断面 2—2 处的水深 $h_2 = 0.8$ m，若忽略水头损失，试求水流作用于 1 m 坝宽上的水平推力。

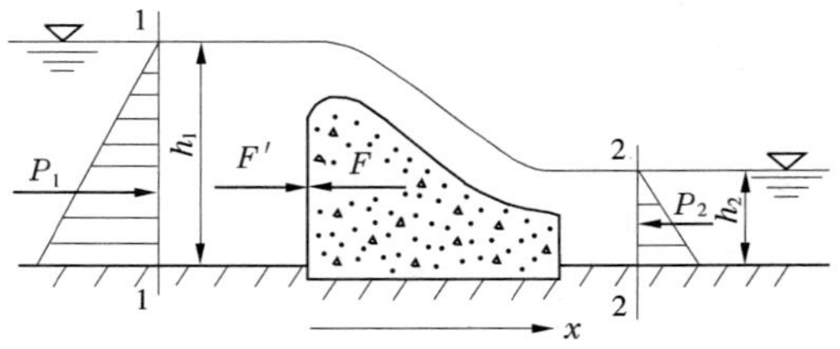


**图 1-26**

**解**：(1) 取脱离体。选取断面 1—1 和断面 2—2 之间的水体为脱离体。

(2) 选取直角坐标系。建立 $x$ 轴坐标方向。脱离体内水体沿 $x$ 轴方向所受的外力有：断面 1—1、断面 2—2 上的动水压力 $P_1$ 和 $P_2$；溢流坝对水流的作用力 $F$，它实际上是水流对溢流坝水平推力 $F'$ 的反作用力。

(3) 建立动量方程的投影式并求解。取动量修正系数 $\beta_1 = \beta_2 = 1.0$，列出 $x$ 轴方向上的动量方程为

$$\rho Q(v_2 - v_1) = P_1 - P_2 - F$$

则

$$F = P_1 - P_2 - \rho Q(v_2 - v_1) \tag{1}$$

断面 1—1 动水压力为

$$P_1 = \frac{1}{2}\gamma h_1^2 b = \frac{1}{2} \times 9.8 \times 2^2 \times 1 = 19.6(\text{kN})$$

断面2—2动水压力为

$$P_2=\frac{1}{2}\gamma h_2^2 b=\frac{1}{2}\times 9.8\times 0.8^2\times 1=3.136(\mathrm{kN})$$

为求流量,取底部0—0面为基准面,列出断面1—1和断面2—2上的能量方程为

$$h_1+\frac{v_1^2}{2g}=h_2+\frac{v_2^2}{2g} \tag{2}$$

由连续性方程可得

$$v_2=\frac{A_1}{A_2}v_1=\frac{2}{0.8}v_1=2.5v_1 \tag{3}$$

将式(3)代入式(2),得

$$2+\frac{v_1^2}{2g}=0.8+\frac{(2.5v_1)^2}{2g}$$

所以

$$v_1=\sqrt{\frac{2g\times(2-0.8)}{2.5^2-1}}=2.12(\mathrm{m/s})$$

$$v_2=2.5v_1=2.5\times 2.12=5.3(\mathrm{m/s})$$

$$Q=v_1A_1=2.12\times 2\times 1=4.24(\mathrm{m^3/s})$$

将已求得的$P_1$、$P_2$、$v_1$、$v_2$及$Q$值代入式(1)得

$$F=19.6-3.136-1\times 4.24\times(5.3-2.12)=2.981(\mathrm{kN})$$

因为$F$为正值,说明所设$F$方向正确,所以作用于坝体上的水平推力$F'=2.981$ kN,方向与$F$相反。

# 任务1.6 水头损失及水流运动的两种型态

## 1.6.1 水头损失产生的原因

液体的黏滞性是液流能量损失的根本原因。有黏滞性就有水头损失,无黏滞性就无水头损失。因为黏滞性的存在,当水体在固体边界(管道、渠道)内流动时,紧贴固体壁面的很薄一层水和固体边壁没有相对运动,流速为零,而由边界至水流内部,流速由零变大,过水断面上的各点流速不相等,相邻两流层之间发生了相对运动,黏滞性的作用使有相对运动的两流层之间产生了内摩擦力。水流在流动过程中为克服内摩擦阻力做功,消耗了自身的能量,所消耗的机械能转化为热能而散失,形成了能量损失,即能量方程中的$h_w$项。当固体边界发生突然变化,在这些地方水流容易脱离边界形成漩涡,在漩涡区水质点的剧烈运动将会使摩擦阻力急剧增大,在局部区域造成额外的水头损失。

**【例1-13】** 图1-27中实际液体在流动过程中有水头损失,水头损失在水流运动过程中有什么规律?

**解:**由图1-27可以看出,由于管道中为恒定流且水平放置,各断面的位置水头相等,各断面中测压管的水面连接起来就是该管段的测压管水头线。

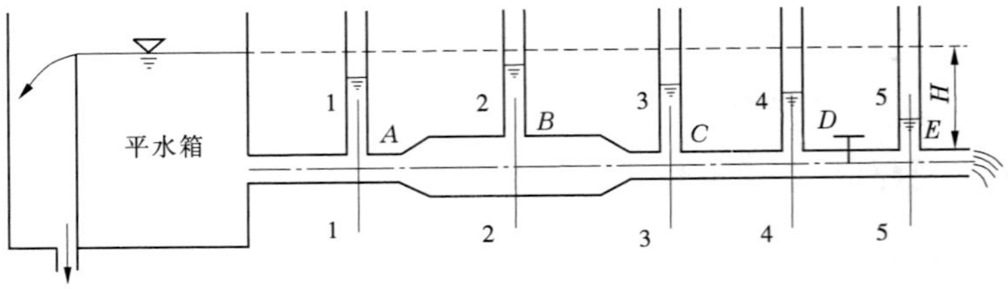


图 1-27

(1)管道从 $A$ 处到 $B$ 处测压管水头升高了,原因是断面 2—2 直径大于断面 1—1,断面 1—1 流速水头大于断面 2—2 流速水头,部分流速水头转化成了测压管水头;水流从断面 1—1 流动到断面 2—2 时,产生了能量损失,造成总水头下降;但总体来说,流速水头转化为测压管水头大于水头损失。

(2)从 $C$ 处到 $D$ 处管径 $d$ 不变,故 3—3、4—4 两断面处的断面平均流速 $v$ 均相等。又因为管轴水平,两断面位置高度 $z$ 也相等,但断面 4—4 测压管液面高度低于断面 3—3 测压管液面高度,说明单位压能减小了,显然,减小值是在流动中消耗了。

(3)从 $D$ 处到 $E$ 处管径 $d$ 不变,同样可以看到断面 4—4 到断面 5—5 的测压管中测得的水面也呈下降趋势,其下降量更大,这说明水流经阀门也有水头损失,其损失往往要比相等长度的直管段大。

### 1.6.2 水头损失的类型

水流在不同边界情况下的流动情况是十分复杂的,为了便于计算水头损失,通常把水头损失分为两类。

一类发生在均匀流中,均匀流总是发生在长、直且形状尺寸沿流程不变的固体边界上,在这种边界上产生的水头损失沿程都有,并随流程长度增加,所以把均匀流中的水头损失叫作沿程水头损失,用 $h_f$ 表示。如输水管道、隧洞和河渠中的均匀流流段内的水头损失,就是沿程水头损失。

另一类发生在急变流中,因为急变流总是发生在固体边界发生突变的局部范围,所以把发生在急变流中的水头损失叫作局部水头损失,用 $h_j$ 表示。由于固体边界的形状、尺寸急剧变化,如管道过水断面的突然扩大、缩小、转弯或安装阀门的地方,使水流结构发生急剧变化所形成的水头损失就是局部水头损失。

液体流经整个流程上的水头损失 $h_w$ 等于液流各段沿程水头损失和全部流程上各个局部水头损失的总和,即

$$h_w = \sum h_f + \sum h_j \tag{1-50}$$

式中 $h_w$ ——总流中平均每单位重量液体在整个流程中的水流能量损失,简称水头损失;

$\sum h_f$ ——总流中平均每单位重量液体在流程中各均匀流段的沿程水头损失之和;

$\sum h_j$ ——总流中平均每单位重量液体在流程中各种局部水头损失之和。

液流边界纵向轮廓有两种液流:均匀流与非均匀流。均匀流段只有沿程水头损失。非均匀流的渐变流段局部水头损失可忽略不计,只考虑沿程水头损失;非均匀流的急变流

段既有沿程水头损失又有局部水头损失。可见,液流边界横向轮廓影响水头损失的大小,液流边界纵向轮廓影响水头损失的种类。

## 1.6.3 水流运动的两种型态

1883 年英国物理学家雷诺(Reynolds)对水流现象进行试验研究,发现水流分为两种型态:层流和紊流,而且在这两种型态中,$h_f$ 随 $v$ 的变化规律不同。

### 1.6.3.1 雷诺试验

雷诺试验装置如图 1-28 所示。在水箱侧面安装一根水平带喇叭口的玻璃管,管的下游末端装阀门 $K$ 以调节管内流量,在喇叭口处安有可注入颜色水的针形小管。水箱设有溢流板的平水装置,以保持试验时水箱水面不变,使管内水流为恒定流。

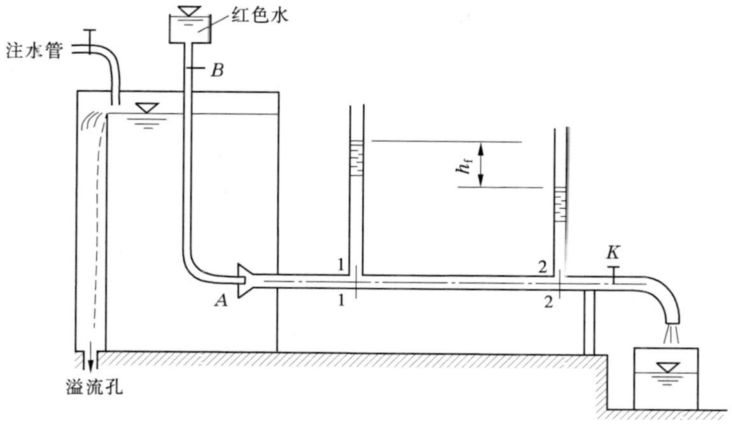


图 1-28

试验时,先将阀门 $K$ 慢慢开启,管内水流以很小的速度流动,然后将颜色水开关 $B$ 打开。随着颜色水流入玻璃管内,可以看到玻璃管内出现了一条细而直的红色水流,如图 1-29(a)所示。此红色水流呈直线运动,各液体质点不相互混掺,这种水流质点作分层流动型态称为层流。

如逐渐开大阀门 $K$,管中水流的流速逐渐增大,着色的直线水流开始颤动,并弯曲成波形,如图 1-29(b)所示,水流处于这种状态的流速范围比较小。继续逐渐开大阀门 $K$,红色线逐渐变粗,先在个别地方出现断裂,失去原清晰形状;最后完全破裂形成漩涡,向四周扩散,使全部水流染色,水流质点在运动过程中相互混掺,如图 1-29(c)所示,水这种流动型态称为紊流。

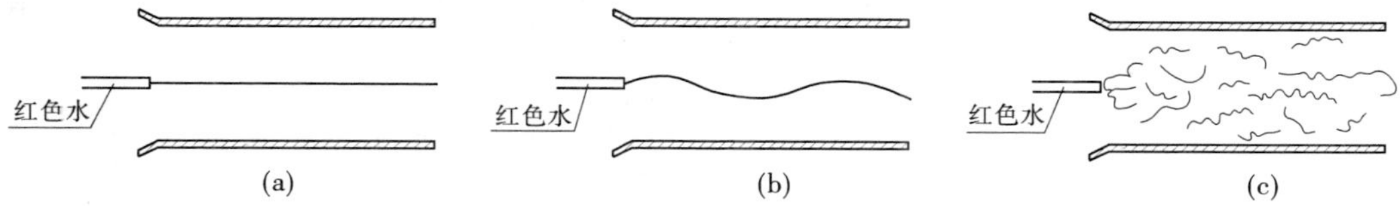


图 1-29

如果上述过程和观察到的现象是可逆的，阀门从大开度逐渐变成小开度，上述现象会反过来重复发生，水流从紊流状态逐渐过渡到层流状态。

雷诺试验清楚地表明，在管中流动的水流，当其流速不同时，水流具有层流和紊流两种不同的流动型态。

### 1.6.3.2 两种型态的判别

两类水流型态转换时的流速称为临界流速。紊流变层流时的临界流速较小，称下临界流速 $v_k$；层流变紊流时的临界流速较大，称上临界流速 $v'_k$。但临界流速会随水温、管径或液流种类变化，所以不能作为流态判别的依据。

雷诺对不同种类的液体进行了大量试验，发现影响流动型态的因素有液流强度、液体流动边界条件和液体黏滞特性，所以雷诺选用反映水流强度（断面平均流速 $v$）、边界条件（管径 $d$）和液体黏滞特性（运动黏滞系数 $\nu$）的三个物理量，组成无量纲的综合指标——雷诺数 $Re$ 来判别充满圆管液流的流态，即

$$Re = \frac{vd}{\nu} \tag{1-51}$$

对于渠道和河道这类明槽流动，雷诺数可写为

$$Re = \frac{vR}{\nu} \tag{1-52}$$

式中 $R$——过水断面的水力半径。

层流和紊流转换时的雷诺数叫临界雷诺数，层流变紊流的雷诺数称为上临界雷诺数，紊流变层流时的雷诺数称为下临界雷诺数。下临界雷诺数比较稳定，而上临界雷诺数随流动起始条件和试验条件不同，其值差异很大，而且在实际工程中，上、下雷诺数之间的流态极不稳定，只要有微小扰动，就可以使层流变紊流，所以实用中都将过渡区的流态看作紊流，因此把下临界雷诺数作为判别标准，称为临界雷诺数，用 $Re_k$ 表示。

判别方法：当实际雷诺数 $Re > Re_k$ 时，水流流动型态为紊流；当实际雷诺数 $Re < Re_k$ 时，水流流动型态为层流。试验表明：临界雷诺数仅与边界条件有关，边界条件相同时，临界雷诺数为常数。

试验测得：对于圆管流动，临界雷诺数 $Re_k = 2\ 320$；对于明槽流动，临界雷诺数 $Re_k = 500$。

人工渠道和天然河道中的水流、输水管中的水流，其水流流速和固体边界的几何尺寸均比较大，水流的流态一般都是紊流。只有在地下渗流、沉沙池和高含沙的浑水中，或输油的管道中，水流速度很小时才有可能发生层流。

**【例 1-14】** 管道直径 $d = 100$ mm，输送水流量 $Q = 0.01\ \text{m}^3/\text{s}$，水的运动黏滞系数 $\nu = 1 \times 10^{-6}\ \text{m}^2/\text{s}$，求水在管中的流态。若输送 $\nu = 1.14 \times 10^{-4}\ \text{m}^2/\text{s}$ 的石油，保持前一种情况下的流速不变，流动又是什么型态？

**解**：(1)

$$v = \frac{Q}{A} = \frac{4Q}{\pi d^2} = \frac{4 \times 0.01}{3.14 \times 0.1^2} = 1.27(\text{m/s})$$

$$Re = \frac{vd}{\nu} = \frac{1.27 \times 0.1}{1 \times 10^{-6}} = 1.27 \times 10^5 > 2\ 320$$

所以，水流流态是紊流。

(2) $$Re=\frac{vd}{\nu}=\frac{1.27\times0.1}{1.14\times10^{-4}}=1\ 114<2\ 320$$

所以,石油在管中是层流。

【例1-15】 某实验室的矩形试验明槽,底宽 $b=0.20$ m,水深 $h=0.10$ m,今测得其断面平均流速 $v=0.15$ m/s,室内水温为20 ℃时 $\nu=1.003\times10^{-6}$ m²/s,试判别槽内水流的型态。

**解**:(1)计算明槽过水断面的水力要素。

$$A=bh=0.20\times0.10=0.02(\text{m}^2)$$

$$\chi=b+2h=0.20+2\times0.10=0.40(\text{m})$$

$$R=\frac{A}{\chi}=\frac{0.02}{0.40}=0.05(\text{m})$$

(2)判别水流的型态:

$$Re=\frac{vd}{\nu}=\frac{0.15\times0.05}{1.003\times10^{-6}}=7\ 478$$

因为 $Re>500$,故明槽中的水流为紊流。

## 1.6.4 水头损失分析与计算

### 1.6.4.1 沿程水头损失的分析与计算

沿程水头损失的计算,有理论公式和经验公式两类。理论公式即达西－威斯巴赫公式,经验公式有谢才公式。

1. 沿程水头损失的理论计算公式——达西－威斯巴赫公式

在均匀流中,对任意两断面列能量方程,并通过改变试验条件分析得出影响沿程水头损失的因素主要包括流速水头、水力半径 $R$、流程长度和水流型态,通过研究得到沿程水头损失的计算公式

$$h_f=\lambda\frac{l}{4R}\frac{v^2}{2g}\tag{1-53}$$

式中 $\lambda$——沿程水头损失系数,它反映了水流型态、边界粗糙度对水头损失的影响,是无量纲数。

式(1-53)就是沿程水头损失计算公式,即达西－威斯巴赫公式。对于圆管,$R=d/4$,故圆管沿程水头损失的表达式可写为

$$h_f=\lambda\frac{l}{d}\frac{v^2}{2g}\tag{1-54}$$

利用达西－威斯巴赫公式时,首先要计算管流的雷诺数,判断流态和紊流分区,然后根据不同的流态及雷诺数,选用不同的沿程阻力系数计算公式,最后计算沿程水头损失。

2. $\lambda$ 的变化规律

1925年普朗特在研究边界层时发现,即便在紊流中,也不是全部水流都处在紊流区。在靠近固体边界附近的地方,由于固体边界对水的黏附,该处的流速梯度很大,黏滞切应力的作用大于惯性力的作用,使固体表面始终存在着一层极薄的做层流运动的流层,通常称该流层为黏性底层,在黏性底层以外水流才是紊流。黏性底层的厚度 $\delta$ 很小,通常只有

几分之一毫米，甚至更薄。$\delta$ 随雷诺数 $Re$ 的增大而减小，黏性底层的存在对水流阻力和水头损失的影响是很大的。

由于固体边界是粗糙不平的，所以黏性底层也不是十分均匀的。固体边界的粗糙程度一般用 $\Delta$ 表示。由于实际固体壁面粗糙状况极不均匀，无法直接测量出其绝对粗糙程度，一般用当量粗糙度表示，就是用与实际水流具有同一沿程水头损失系数 $\lambda$ 值的人工贴砂加糙的粗糙度 $\Delta$ 来代表实际固体边壁绝对粗糙度。表 1-1 是常用边壁材料当量粗糙度值。

**表 1-1　常用边壁材料当量粗糙度值**

| 序号 | 边界种类 | 当量粗糙度(mm) | 序号 | 边界种类 | 当量粗糙度(mm) |
|---|---|---|---|---|---|
| 1 | 新的无缝钢管 | 0.04 ~ 0.17 | 8 | 橡皮软管 | 0.01 ~ 0.03 |
| 2 | 一般状况的钢管 | 0.19 | 9 | 磨光的水泥管 | 0.33 |
| 3 | 旧的生锈钢管 | 0.60 | 10 | 木管 | 0.45 ~ 0.60 |
| 4 | 新的铸铁管 | 0.20 ~ 0.30 | 11 | 混凝土及钢筋混凝土管 | 1.8 ~ 3.5 |
| 5 | 旧的铸铁管 | 0.5 ~ 1.6 | 12 | 混凝土衬砌渠道 | 0.8 ~ 9.0 |
| 6 | 镀锌管、白铁皮管 | 0.15 | 13 | 土渠 | 4 ~ 11 |
| 7 | 铜或玻璃的无缝管 | 0.001 5 ~ 0.01 | 14 | 卵石河床 | 30 ~ 60 |

根据对水管和明渠中的大量试验资料的分析发现，水流随雷诺数 $Re$ 变化和相对粗糙度 $\frac{\Delta}{d}$（或 $\frac{\Delta}{R}$）的不同，出现四个流区。在不同的流区中，水头损失系数 $\lambda$ 遵循着不同的规律，下面以圆管流动为例加以说明。

(1)近壁层流区( $Re < 2\,320$ )，整个水流都是层流，绝对粗糙度 $\Delta$ 完全掩盖在层流中。这时 $\lambda$ 与边壁粗糙度 $\Delta$ 无关，而仅与 $Re$ 有关。根据管道试验资料 $\lambda = \frac{64}{Re}$，层流区的特征是水头损失与断面平均流速的一次方成正比。

(2)紊流水力光滑区( $\frac{\Delta}{\delta} \leqslant 0.4$ )，水流是紊流，流速较大，绝对粗糙度 $\Delta$ 仍完全被淹没在黏性底层中，对外部紊流不产生影响。此时，$\lambda$ 与绝对粗糙度 $\Delta$ 无关，仅与 $Re$ 有关，紊流水力光滑区的特征是水头损失与断面平均流速的 1.75 次方成正比。

(3)紊流水力过渡区( $0.4 < \frac{\Delta}{\delta} \leqslant 6$ )，水流是紊流，流速很大，$\delta$ 已不能完全掩盖住绝对粗糙度 $\Delta$。这时 $\lambda$ 既与 $Re$ 有关，又与 $\frac{\Delta}{d}$ 有关。紊流过渡区的特征是水头损失与断面平均流速的 1.75 ~ 2 次方成正比。

(4)紊流水力粗糙区( $\frac{\Delta}{\delta} > 6$ )，水流是紊流。流速 $v$ 和雷诺数 $Re$ 已足够大，近壁黏性底层厚度 $\delta$ 比绝对粗糙度 $\Delta$ 小得多，近壁层流对边壁的粗糙不能掩盖。这种管道称为水力粗糙管，这时 $\lambda$ 与 $Re$ 无关，仅与相对粗糙度 $\frac{\Delta}{d}$ 有关。紊流水力粗糙区的特征是水头损失与断面平均流速的平方成正比。由于 $h_f$ 与流速的平方成正比，故水力粗糙区又称为阻力平方区。

在计算确定 $\lambda$ 时，必须考虑水流所处的区域，但由于实际工程中 $\delta$、$\Delta$ 难以精确测定，所以往往根据经验进行判断。

3. 沿程水头损失计算的经验公式——谢才公式

1769 年法国工程师谢才对明渠均匀流进行了研究，总结出断面平均流速 $v$ 与水力坡度 $J$ 的经验公式，至今仍称为谢才公式，是现今明渠和管道水力计算的基本公式，其形式为

$$v = C\sqrt{RJ} \tag{1-55}$$

式中 $v$ ——断面平均流速；

$R$ ——水力半径；

$J$ ——水力坡降，即单位流程上的水头损失；

$C$ ——谢才系数。

将式(1-55)中的水力坡降 $J$ 用沿程水头损失与流段长度比表示，则式(1-55)可改写为

$$h_f = \frac{v^2}{C^2 R} l \tag{1-56}$$

式(1-56)中的谢才系数常用的计算公式——曼宁公式为

$$C = \frac{1}{n} R^{\frac{1}{6}} \tag{1-57}$$

式中 $R$ ——水力半径；

$n$ ——粗糙系数，简称糙率，它是衡量边界形状不规则和边壁粗糙度影响的一个无量纲综合系数。

这里要注意：上述各公式中水力半径的单位均采用米(m)。

目前，$n$ 值选定已积累了较多资料，为工程界所采用。不同输水管道表面各种材料的粗糙系数 $n$ 值见表 1-2，以供查用。曼宁公式形式简单，计算方便，且能获得较满意的结果，因此被较广泛地采用。

**表 1-2 不同输水管道表面各种材料的粗糙系数 $n$ 值**

| 输水管道表面性质 | 表面粗糙程度 | | |
|---|---|---|---|
| | 较光滑 | 中等 | 较粗糙 |
| 1. 玻璃管、有机玻璃管 | 0.007 5 ~ 0.008 3 | — | — |
| 2. 铸铁管、钢管 | 0.011 | 0.012 5 | 0.014 |
| 3. 木质管道、木槽 | 0.011 | 0.013 | 0.015 |
| 4. 陶土管(缸瓦管) | 0.012 | 0.013 | — |
| 5. 混凝土管道或渠道： | | | |
| 抹灰的混凝土或钢管混凝土护面 | 0.011 | 0.012 | 0.013 |
| 不抹灰的混凝土 | 0.013 | 0.014 ~ 0.015 | 0.017 |
| 喷浆面 | 0.016 | 0.018 | 0.021 |

需要注意的是：曼宁公式形式与水流流动所在区域无关，只反映了边界形状的不规则性和边壁粗糙的影响，因此只能使用于特定的流态。在进行河渠水力计算时，一般可以直接利用公式计算，但在进行管道计算时，根据经验，如果管道流速超过 1.2 m/s，可以直接

采用谢才公式进行计算，如果管道的流速小于 1.2 m/s，需要对谢才公式加以修正。

谢才公式和达西－威斯巴赫公式实质上是一致的，由式(1-53)和式(1-56)可得出如下关系

$$\lambda = \frac{8g}{C^2} \quad 或 \quad C = \sqrt{\frac{8g}{\lambda}} \tag{1-58}$$

**【例 1-16】** 有一混凝土衬砌的引水隧洞，洞径 $d = 2.0$ m，洞长 $L = 1\ 000$ m。求引水隧洞通过流量 $Q = 5.65\ m^3/s$ 时的沿程水头损失。

**解**：计算隧洞的水力要素

$$A = \frac{\pi}{4}d^2 = \frac{3.14}{4} \times 2.0^2 = 3.14(m^2)$$

$$v = \frac{Q}{A} = \frac{5.65}{3.14} = 1.80(m/s) > 1.2\ m/s$$

$$R = \frac{A}{\chi} = \frac{d}{4} = \frac{2.0}{4} = 0.5(m)$$

查表 1-2，糙率 $n = 0.014$，根据式(1-56)和式(1-57)得

$$C = \frac{1}{n}R^{1/6} = \frac{1}{0.014} \times 0.5^{1/6} = 63.6(m^{1/2}/s)$$

$$h_f = \frac{v^2}{C^2R}l = \frac{(5.65/3.14)^2}{63.6^2 \times 0.5} \times 1\ 000 = 1.602(m)$$

**【例 1-17】** 一压力管道水平铺设，长 200 m，内径为 10 cm，管道粗糙系数 $n = 0.015$，测得沿程水头损失 24.6 m，确定流量是多少？

**解**：过水断面 $A = \frac{\pi}{4}d^2 = \frac{3.14}{4} \times 0.1^2 = 0.007\ 85(m^2)$

湿周 $\chi = \pi d = 0.1 \times 3.14 = 0.314(m)$

水力半径 $R = \frac{A}{\chi} = \frac{0.007\ 85}{0.314} = 0.025(m)$

水力坡度 $J = \frac{h_f}{l} = \frac{24.6}{200} = 0.123$

谢才系数 $C = \frac{1}{n}R^{1/6} = \frac{1}{0.015} \times 0.025^{1/6} = 36.05(m^{1/2}/s)$

管道流量 $Q = AC\sqrt{RJ} = 0.007\ 85 \times 36.05 \times \sqrt{0.025 \times 0.123} = 0.015\ 7(m^3/s)$

#### 1.6.4.2 局部水头损失的分析与计算

当流动边界发生突变时，水流将产生局部水头损失。边界突然变化的形式是多种多样的，如断面的突然扩大、突然缩小、转弯和连续扩大等，断面的突变对水流运动产生的影响具有两个共同的特点：

(1)在断面突变处，水流因受惯性力作用，将不紧贴壁面流动，与壁面产生分离，并形成漩涡。漩涡的分裂和互相摩擦要消耗大量的能量，因此漩涡区的大小和漩涡的强度直接影响局部水头损失的大小。

(2)由于主流脱离边界形成漩涡区，主流或受到压缩，或随着主流沿程不断扩散，流

速分布急剧调整，因而质点内部相对运动加剧，碰撞、摩擦作用加剧，如图1-30所示，相应地加大了能量损失。

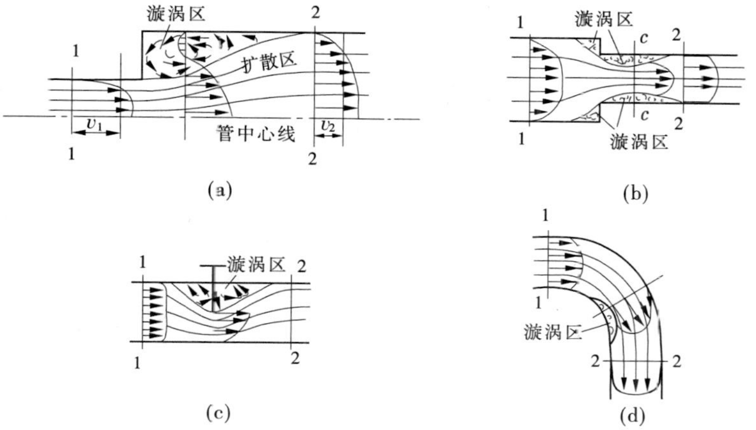


图1-30

局部水头损失产生的边界条件各种各样，相当复杂，目前还没有理论计算公式，通常用一个流速水头与一个局部水头损失系数的乘积来表示，即

$$h_j = \zeta \frac{v^2}{2g} \tag{1-59}$$

其中$\zeta$为局部水头损失系数，由试验测定，列于表1-3中。必须指出，$\zeta$是对应于某一流速水头而言的，因此在选用时应注意二者的关系，以免用错了流速水头。与$\zeta$相应的流速水头在表1-3中已标明，若不加特殊标明，该$\zeta$值皆相应于局部阻力后的流速水头而言。

表1-3　管路各种局部水头损失系数

| 名称 | 简图 | | 局部水头损失系数$\zeta$值 |
|---|---|---|---|
| 断面突然扩大 | 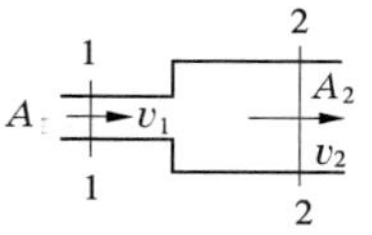 | | $\zeta' = (1 - \frac{A_1}{A_2})^2$　（应用公式 $h_j = \zeta' \frac{v_1^2}{2g}$）<br>$\zeta'' = (\frac{A_2}{A_1} - 1)^2$　（应用公式 $h_j = \zeta'' \frac{v_2^2}{2g}$） |
| 断面突然缩小 | 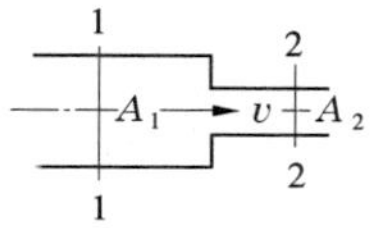 | | $\zeta = 0.5(1 - \frac{A_2}{A_1})$ |
| 进口 | 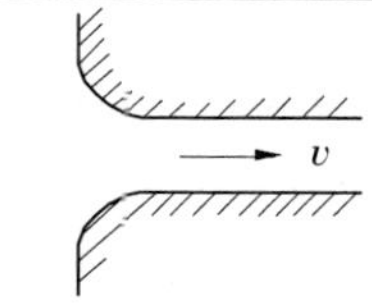 | 完全修圆 | 0.05～0.10 |
| | | 稍微修圆 | 0.20～0.25 |
| | 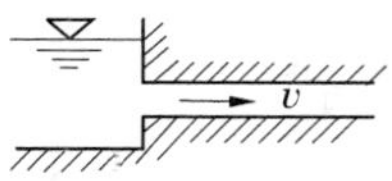 | 没有修圆 | 0.50 |

续表 1-3

<table>
<tr><th>名称</th><th colspan="2">简图</th><th colspan="10">局部水头损失系数 $\zeta$ 值</th></tr>
<tr><td rowspan="3">出口</td><td>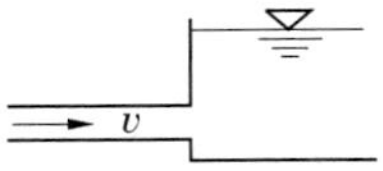</td><td>流入水库（池）</td><td colspan="10">1.0</td></tr>
<tr><td rowspan="2">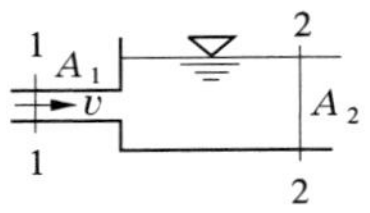</td><td rowspan="2">流入明渠</td><td>$A_1/A_2$</td><td>0.1</td><td>0.2</td><td>0.3</td><td>0.4</td><td>0.5</td><td>0.6</td><td>0.7</td><td>0.8</td><td>0.9</td></tr>
<tr><td>$\zeta$</td><td>0.81</td><td>0.64</td><td>0.49</td><td>0.36</td><td>0.25</td><td>0.16</td><td>0.09</td><td>0.04</td><td>0.01</td></tr>
<tr><td rowspan="4">急转弯管</td><td rowspan="4">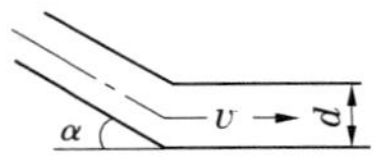</td><td rowspan="2">圆形</td><td>$\alpha(°)$</td><td>30</td><td>40</td><td>50</td><td>60</td><td>70</td><td>80</td><td colspan="3">90</td></tr>
<tr><td>$\zeta$</td><td>0.20</td><td>0.30</td><td>0.40</td><td>0.55</td><td>0.70</td><td>0.90</td><td colspan="3">1.10</td></tr>
<tr><td rowspan="2">矩形</td><td>$\alpha(°)$</td><td colspan="2">15</td><td colspan="2">30</td><td colspan="2">45</td><td colspan="2">60</td><td>90</td></tr>
<tr><td>$\zeta$</td><td colspan="2">0.025</td><td colspan="2">0.11</td><td colspan="2">0.26</td><td colspan="2">0.49</td><td>1.20</td></tr>
<tr><td rowspan="7">弯管</td><td rowspan="2">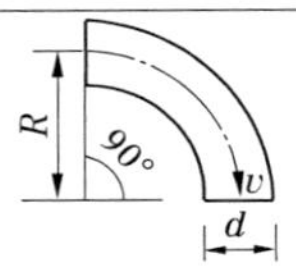</td><td rowspan="2">90°</td><td>$R/d$</td><td>0.5</td><td>1.0</td><td>1.5</td><td>2.0</td><td>3.0</td><td>4.0</td><td colspan="3">5.0</td></tr>
<tr><td>$\zeta_{90°}$</td><td>1.2</td><td>0.80</td><td>0.60</td><td>0.48</td><td>0.36</td><td>0.30</td><td colspan="3">0.29</td></tr>
<tr><td rowspan="5">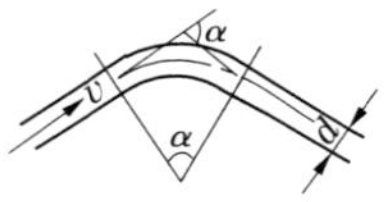</td><td rowspan="5">任意角度</td><td colspan="10">$\zeta_{\alpha°}=a\zeta_{90°}$</td></tr>
<tr><td>$\alpha(°)$</td><td>20</td><td>30</td><td>40</td><td>50</td><td>60</td><td>70</td><td colspan="3">80</td></tr>
<tr><td>$a$</td><td>0.40</td><td>0.55</td><td>0.65</td><td>0.75</td><td>0.83</td><td>0.88</td><td colspan="3">0.95</td></tr>
<tr><td>$\alpha(°)$</td><td>90</td><td>100</td><td>120</td><td>140</td><td>160</td><td colspan="4">180</td></tr>
<tr><td>$a$</td><td>1.00</td><td>1.05</td><td>1.13</td><td>1.20</td><td>1.27</td><td colspan="4">1.33</td></tr>
<tr><td rowspan="9">闸阀</td><td rowspan="9">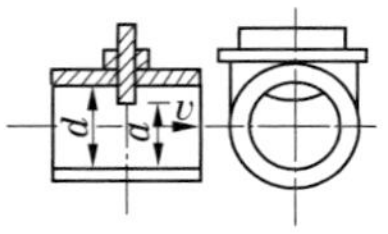</td><td rowspan="9">圆形管道</td><td colspan="10">当全开时（$a/d=1$）</td></tr>
<tr><td>$d$(mm)</td><td>15</td><td>20 ~ 50</td><td>80</td><td>100</td><td>150</td><td colspan="4">200 ~ 250</td></tr>
<tr><td>$\zeta$</td><td>1.5</td><td>0.5</td><td>0.4</td><td>0.2</td><td>0.1</td><td colspan="4">0.08</td></tr>
<tr><td>$d$(mm)</td><td colspan="3">300 ~ 450</td><td colspan="3">500 ~ 800</td><td colspan="3">900 ~ 1 000</td></tr>
<tr><td>$\zeta$</td><td colspan="3">0.07</td><td colspan="3">0.06</td><td colspan="3">0.05</td></tr>
<tr><td colspan="10">当各种开启度时</td></tr>
<tr><td>$a/d$</td><td>7/8</td><td>6/8</td><td>5/8</td><td>4/8</td><td>3/8</td><td>2/8</td><td colspan="3">1/8</td></tr>
<tr><td>$A_{开启}/A_{总}$</td><td>0.948</td><td>0.856</td><td>0.740</td><td>0.609</td><td>0.466</td><td>0.315</td><td colspan="3">0.159</td></tr>
<tr><td>$\zeta$</td><td>0.15</td><td>0.26</td><td>0.81</td><td>2.06</td><td>5.52</td><td>17.0</td><td colspan="3">97.8</td></tr>
<tr><td>截止阀</td><td>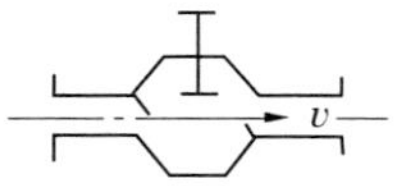</td><td>全开</td><td colspan="10">4.3 ~ 6.1</td></tr>
</table>

续表1-3

<table>
<tr><th>名称</th><th colspan="2">简图</th><th colspan="13">局部水头损失系数 $\zeta$ 值</th></tr>
<tr><td rowspan="3">莲蓬头（滤水网）</td><td>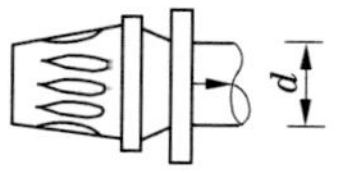</td><td>无底阀</td><td colspan="13">2 ~ 3</td></tr>
<tr><td rowspan="2">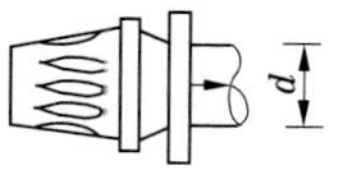</td><td rowspan="2">有底阀</td><td>$d$ (mm)</td><td>40</td><td>50</td><td>75</td><td>100</td><td>150</td><td>200</td><td>250</td><td>300</td><td>350</td><td>400</td><td>500</td><td>750</td></tr>
<tr><td>$\zeta$</td><td>12</td><td>10</td><td>8.5</td><td>7.0</td><td>6.0</td><td>5.2</td><td>4.4</td><td>3.7</td><td>3.4</td><td>3.1</td><td>2.5</td><td>1.6</td></tr>
<tr><td>平板门槽</td><td colspan="2">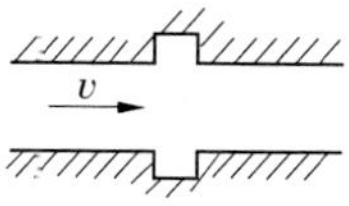</td><td colspan="13">0.05 ~ 0.20</td></tr>
<tr><td rowspan="3">拦污栅</td><td colspan="2" rowspan="3">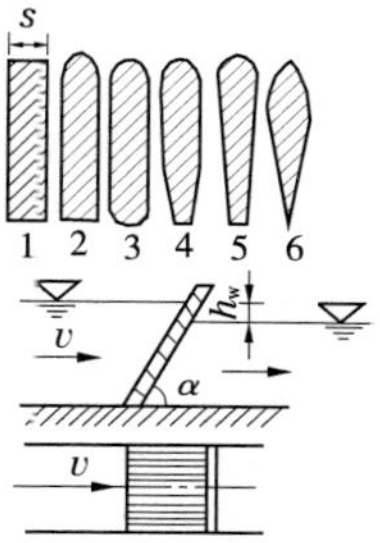</td><td colspan="13">$\zeta=\beta(\frac{s}{b})^{4/3}\sin\alpha$<br>式中 $s$——栅条宽度；<br>$b$——栅条间距；<br>$\alpha$——倾角；<br>$\beta$——栅条形状系数，由下表确定</td></tr>
<tr><td>栅条形状</td><td colspan="2">1</td><td colspan="2">2</td><td colspan="2">3</td><td colspan="2">4</td><td>5</td><td colspan="2">6</td><td>7</td></tr>
<tr><td>$\beta$</td><td colspan="2">2.42</td><td colspan="2">1.83</td><td colspan="2">1.67</td><td colspan="2">1.035</td><td>0.92</td><td colspan="2">0.76</td><td>1.79</td></tr>
</table>

注：载自《管渠水力计算表》，中国建筑工业出版社，1973年5月；基谢列夫，《水力计算手册》，俄文第4版，1972年。

**【例1-18】** 从水箱引一直径不同的管道，如图1-31所示，已知 $d_1=175$ mm，$l_1=30$ m，$\lambda_1=0.032$，$d_2=125$ mm，$l_2=20$ m，$\lambda_2=0.037$，第二段管子上有一平板闸阀，其开度为 $a/d=0.5$。当输水流量 $Q=25$ L/s 时，求：

(1)沿程水头损失。

(2)局部水头损失。

(3)水箱的水头 $H$。

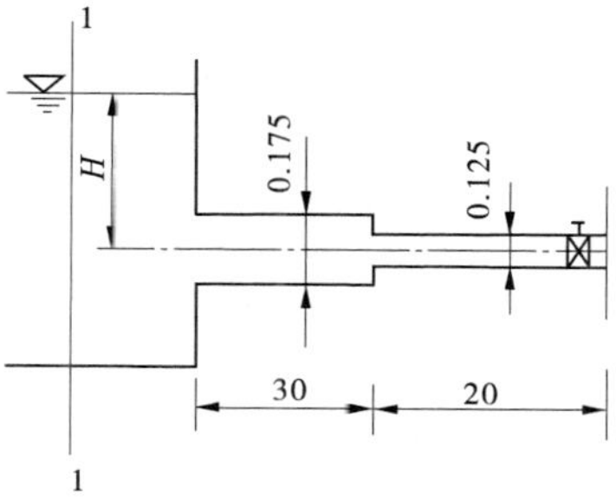


图1-31 （单位：m）

**解：**(1)求沿程水头损失：

$$v_1=\frac{Q}{A_1}=\frac{0.025}{\frac{\pi}{4}\times0.175^2}=1.04(\text{m/s})$$

$$v_2=\frac{Q}{A_2}=\frac{0.025}{\frac{\pi}{4}\times0.125^2}=2.04(\text{m/s})$$

$$\sum h_f=h_{f1}+h_{f2}=\lambda_1\frac{l_1}{d_1}\frac{v_1^2}{2g}+\lambda_2\frac{l_2}{d_2}\frac{v_2^2}{2g}$$

$$=0.032\times\frac{30}{0.175}\times\frac{1.04^2}{2\times9.8}+0.037\times\frac{20}{0.125}\times\frac{2.04^2}{2\times9.8}=1.56(\text{m})$$

(2)求局部水头损失。

进口损失由直角进口查表 1-3 得 $\zeta_{进口}=0.5$，则

$$h_{j1}=\zeta_{进口}\times\frac{v_1^2}{2g}=0.5\times\frac{1.04^2}{2\times9.8}=0.03(\mathrm{m})$$

由 $\frac{A_2}{A_1}=\left(\frac{d_2}{d_1}\right)^2=\left(\frac{0.125}{0.175}\right)^2$，查表 1-3 得

$$\zeta_{缩}=0.5\left(1-\frac{A_2}{A_1}\right)=0.5\times(1-0.51)=0.25$$

则

$$h_{j2}=\zeta_{缩}\times\frac{v_2^2}{2g}=0.25\times\frac{2.04^2}{2\times9.8}=0.05(\mathrm{m})$$

闸阀损失由平板闸门的开度 $a/d=0.5$，查表 1-3 得 $\zeta_{阀}=2.06$，则

$$h_{j3}=\zeta_{缩}\times\frac{v_2^2}{2g}=2.06\times\frac{2.04^2}{2\times9.8}=0.44(\mathrm{m})$$

$$\sum h_j=h_{j1}+h_{j2}+h_{j3}=0.03+0.05+0.44=0.52(\mathrm{m})$$

(3)求水箱的水头。

以管轴线为基准面，取水箱内横断面和管出口断面为两过水断面，断面 1—1 取水面点为计算点，其位置高度为 $H$，压强为大气压强，流速近似为零，断面 2—2 取中心点为代表点，位置高度为零，因断面四周为大气压强，故中心点也近似为大气压强，流速为 $v_2$，列能量方程得

$$H=\frac{\alpha v_2^2}{2g}+h_w=\frac{\alpha v_2^2}{2g}+\sum h_f+\sum h_j=\frac{2.04^2}{2\times9.8}+1.56+0.52=2.29(\mathrm{m})$$

## 项目任务

### 一、思考题

1. 静水压强的基本规律有几种表示方法？各自的含义是什么？

2. 什么是相对压强、绝对压强及真空压强（真空值）？它们之间的关系如何？理论上的最大真空值是多少？

3. 流线法和迹线法都是用来描述液体运动的，两者的区别在哪里？

4. 有人认为均匀流和渐变流一定是恒定流，急变流一定是非恒定流，这种说法对吗？为什么？

5. 产生水头损失的根源是什么？

6. 用什么来判别层流和紊流？$Re$ 的物理意义是什么？

自测题

### 二、计算题

1. 如图 1-32 所示，计算容器壁面上 1 ~ 5 各点的静水压强的大小（单位为 kPa），并绘出各点静水压强的方向。

2. 如图 1-33 所示为两个封闭容器 $A$、$B$，其测压管中的液面分别高于或低于容器中液面的高度均为 $h$，已知 $h=1$ m。试求：容器 $A$、$B$ 内液面的绝对压强、相对压强和真空度。

3. 一弯曲水管如图 1-34 所示，已知：$A$、$B$ 两点高差 $\Delta z=6$ m，$d_A=150$ mm，$d_B=$

300 mm，$p_A=78.4\ \text{kN/m}^2$，$p_B=49\ \text{kN/m}^2$，$v_A=1\ \text{m/s}$，试判别 $A$、$B$ 两点间的水流方向，并求出两断面间的水头损失 $h_w$。

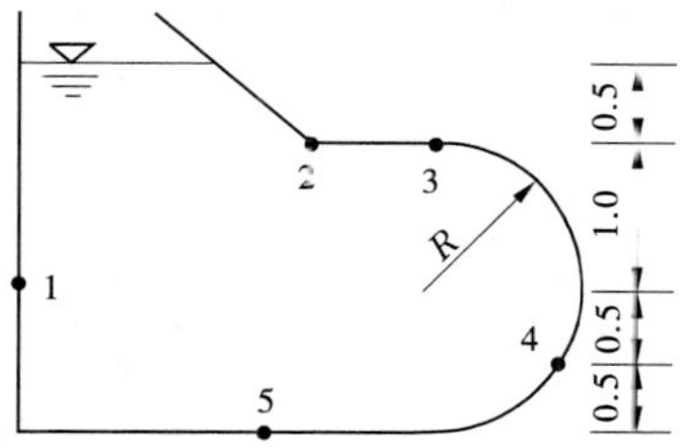

图 1-32

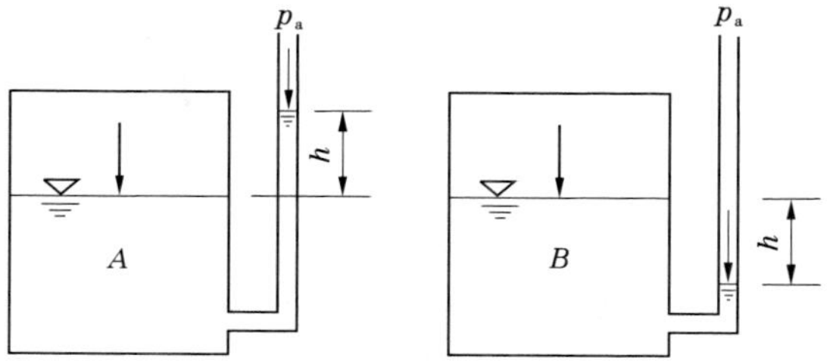

图 1-33

4. 如图 1-35 所示，已知 $H=10$ m，坝趾断面 $c—c$ 处水深 $h_c=1.2$ m，下游河床断面 2—2 的水深 $h=3.57$ m，上、下游河底高程相同，通过的单宽流量为 $q=10\ \text{m}^3/(\text{s}\cdot\text{m})$。试求：(1) 断面 1—1、断面 $c—c$、断面 2—2 处水流的单位势能、单位动能和单位总能量；(2) 断面 1—1 至断面 $c—c$，断面 $c—c$ 至断面 2—2 的水头损失。

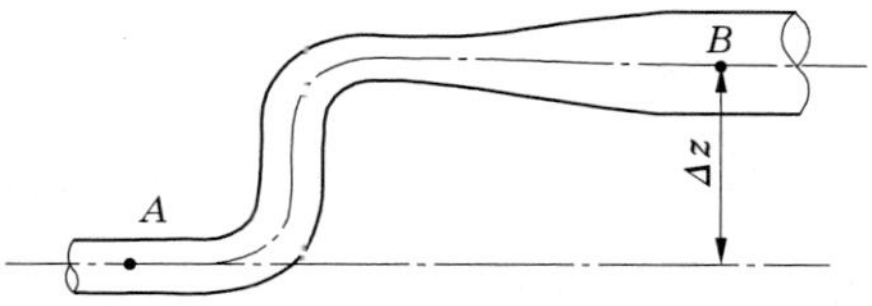

图 1-34

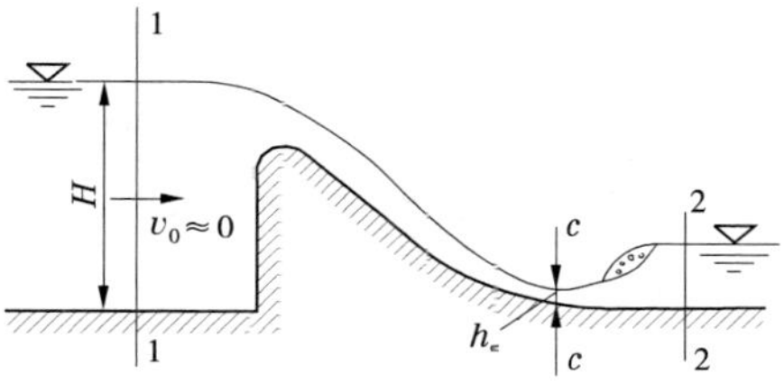

图 1-35

5. 有一矩形断面渠道，水深 $h=15$ cm，底宽 $b=20$ cm，断面平均流速 $v=0.15$ m/s，水温为 15 ℃，试判渠道中的流态。

6. 管道直径 $d=10$ mm，通过流量 $Q=20\ \text{cm}^3/\text{s}$，运动黏滞系数 $\nu=0.010\ 1\ \text{cm}^2/\text{s}$。问管中水流流态属层流还是紊流？若将直径改为 $d=30$ mm，水温、流量不变，问管中水流属何种流态？

7. 有一梯形断面，坚实的黏土渠道，已知：底宽 $b=10$ m，均匀流水深 $h=3$ m，边坡系数 $m=1$，土壤的粗糙系数 $n=0.020$，通过的流量 $Q=39\ \text{m}^3/\text{s}$。试求：在 1 000 m 渠道长度上的水头损失。

8. 为测定 90° 弯管的局部水头损失系数 $\zeta$ 值，可采用如图 1-36 所示的装置。已知 $AB$ 管长 $L$ 为 10 m，管径 $d=50$ mm，该管段的沿程水头损失系数 $\lambda=0.03$，今测得试验数据：(1) $A$、$B$ 两测压管的水头差为 0.629 m；(2) 经 2 min 流入量水箱的水量为 0.329 $\text{m}^3$。试求弯管的局部水头损失系数 $\zeta$ 值。

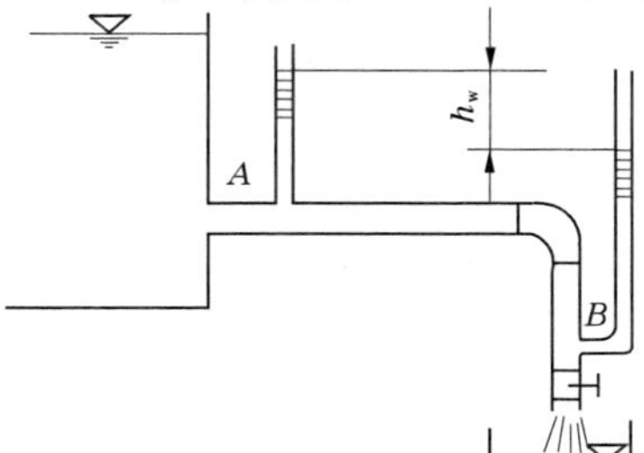

图 1-36

# 项目 2　水工建筑物壁面静水荷载分析与计算

【学习目标】

1. 掌握平面及曲面壁上的静水总压力计算；
2. 熟悉静水压强分布图及压力体剖面图的绘制；
3. 了解水工建筑物的壁面形状。

【技能目标】

能够分析、计算作用在水工建筑物上的静水总压力。

专家介绍

## 任务 2.1　作用于平面壁上的静水总压力分析与计算

水利工程中的挡水坝、水闸等水工建筑物在设计施工过程中都需要计算壁面静水荷载来确定尺寸或进行结构分析与计算。

水工建筑物壁面静水荷载分析与计算的主要任务是：掌握静水力学的基础知识，平面壁及曲面壁静水总压力的计算方法；能正确计算静水压强，会绘制平面壁上静水压强分布图和曲面壁的压力体图，能根据背景资料计算平面壁和曲面壁上的静水总压力。

### 2.1.1　静水压强分布图的绘制

挡水建筑物受压面为沿水深等宽的矩形是水利工程中遇到最多的情况，如单位宽度挡水坝坝面和平板闸门等，计算这类平面上的静水总压力，比较简便的方法是利用静水压强分布图进行分析与计算。

根据静水压强基本方程及静水压强的两个特性（垂直性和各向等值性），可用带有箭头的直线表示压强的方向，用直线长度表示压强的大小，将受压面上的静水压强分布规律形象而直观地画出来，所绘出的几何图形称为静水压强分布图。

静水压强分布图的具体绘制方法如下：

（1）用静水压强的基本公式计算出静水压强的大小，按一定比例用线段长度代表该点静水压强的大小。

（2）用箭头表示静水压强的方向（垂直指向受压面）。

（3）连接线段的尾部构成的几何图形，就构成受压面上的静水压强分布图。

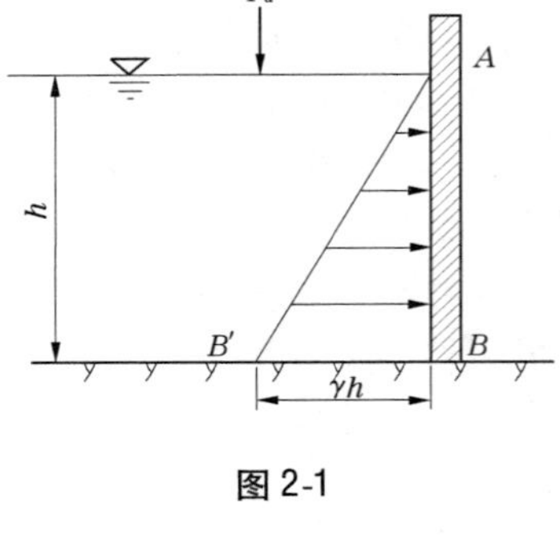

图 2-1

如图 2-1 所示，一矩形平板闸门 $AB$，一侧挡水，水深为 $h$，水面为大气压 $p_a$，闸门顶、底两点的压强

值分别为 $p_A=0$,$p_B=\gamma h$。按一定比例将 $p_B=\gamma h$ 用带箭头的线段画出,连接 $A$ 点与 $B$ 点处线段的末端,构成的直角三角形即为 $AB$ 面上的静水压强分布图。

图 2-2 中绘出了几种有代表性受压面的静水压强分布图。

静水压强分布图可以叠加,对于建筑物上、下游都受水压力的情况,如图 2-2(b)所示,叠加之后静水压强分布图为矩形,这样做可简化静水总压力的计算。

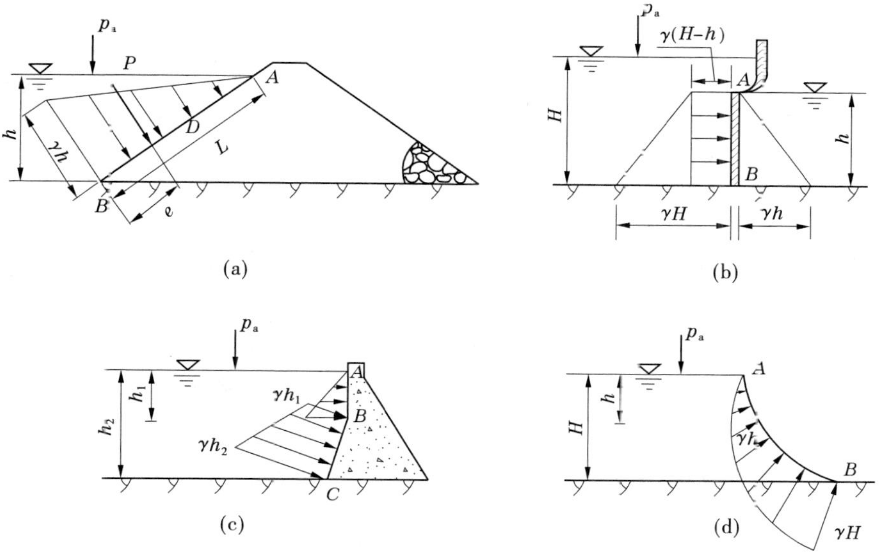


图 2-2

【例 2-1】　某检修闸门关闭时的情况见图 2-3,绘出检修闸门关闭时的静水压强分布图。

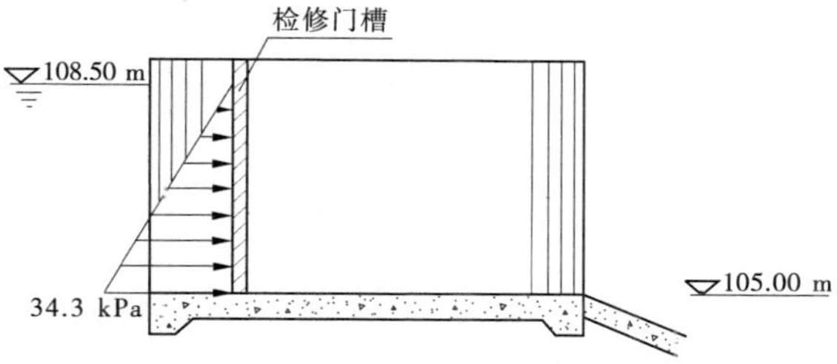


图 2-3

**解**:水面高程 108.50 m,闸门底部高程 105.00 m,这样闸门淹没在水下的高度 3.50 m,底部静水压强 $p=\gamma h=9.8\times3.5=34.3$(kPa),水面压强为零。由此绘出检修闸门关闭时的静水压强分布图见图 2-3。

## 2.1.2　矩形平面壁上的静水总压力的分析与计算——图解法

静水总压力的计算包括确定静水总压力的大小、方向和作用点。

#### 2.1.2.1 静水总压力的大小

静水总压力一般用 $P$ 表示。如图 2-4 所示，倾斜受压面 $EFF'E'$ 的长度为 $L$、宽度为 $b$，$EE'$ 平行于水面，$E$ 点的水深为 $h_1$，$F$ 点的水深为 $h_2$。在水面下任一深度取微面积 d$A$，d$A=b$d$y$。因微面积 d$A$ 上各点的压强均为 $p$，则作用于微面积 d$A$ 上的静水压力为

$$\mathrm{d}P = pb\mathrm{d}y$$

则作用于整个受压面上的静水总压力为

$$P = \int_A \mathrm{d}P = b\int_0^L p\mathrm{d}y$$

上式中 $\int_0^L p\mathrm{d}y$ 就是静水压强分布图的面积，用符号 $S$ 表示，则

$$P = Sb \tag{2-1}$$

式中 $S$——静水压强分布图的面积；

$b$——受压面的宽度。

式(2-1)是利用静水压强分布图求静水总压力的，此法称为图解法，适用于受压面为沿水深等宽的矩形平面。

式(2-1)表明：作用于沿水深等宽的矩形平面壁上的静水总压力等于静水压强分布图的面积与受压面宽度的乘积。

当静水压强分布图为梯形时(见图 2-4)，则 $S=\frac{1}{2}(\gamma h_1+\gamma h_2)L$；当静水压强分布图为三角形时，如图 2-2(a)所示，则 $S=\frac{1}{2}\gamma hL$，其中 $L$ 为受压面长度。

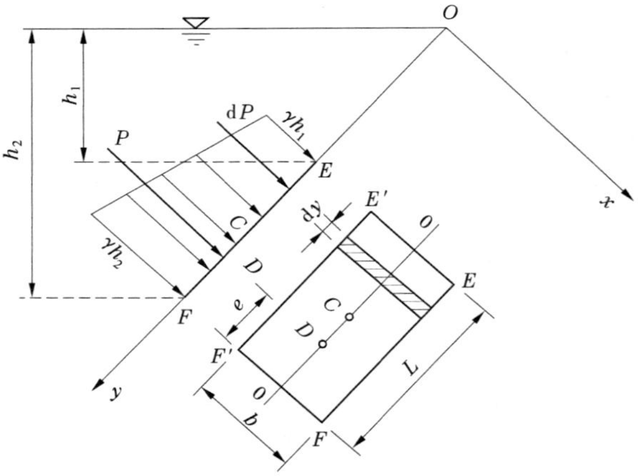


图 2-4

#### 2.1.2.2 静水总压力的方向

由于平面上各点静水压强的方向均垂直指向受压面，求解静水总压力属于平行力系求合力的问题，故静水总压力的方向必定垂直指向受压面。

#### 2.1.2.3 静水总压力的作用点

静水总压力与受压面的交点为静水总压力的作用点。由图 2-4 可以看出，矩形平面

存在纵向对称轴0—0，压强相对于0—0轴对称分布，静水总压力 $P$ 的作用点 $D$ 必定位于对称轴0—0上。同时，静水总压力 $P$ 的作用线应通过对称轴0—0上静水压强分布图的形心点，与受压面相交于 $D$ 点，$D$ 点为总压力的作用点，又称为压力中心。

当静水压强分布图为三角形时，压力中心 $D$ 离底部距离 $e=\frac{L}{3}$，如图2-2(a)所示；当静水压强分布图为梯形时，根据合力矩定理可求得 $e=\frac{L(2h_1+h_2)}{3(h_1+h_2)}$，如图2-4所示；当静水压强分布图为矩形时，压力中心 $D$ 离底部距离 $e=\frac{L}{2}$，如图2-2(b)所示。

**【例2-2】** 用图解法计算某水闸检修工作，检修闸门关闭时，单孔闸门所受的静水总压力，具体尺寸见图2-5，闸门宽 $b=4.5$ m。

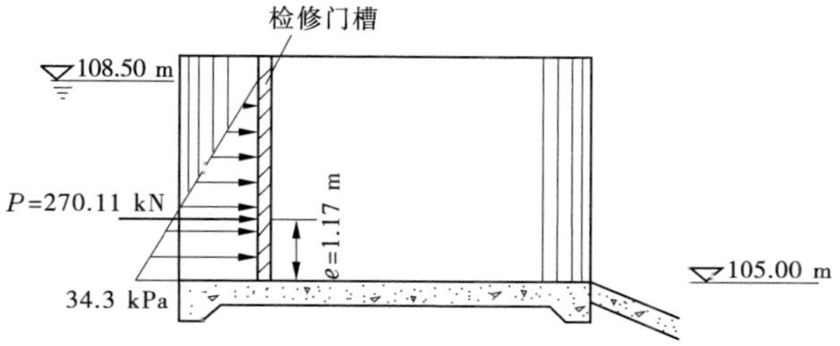


图2-5

**解：**(1)静水总压力大小。

静水压强分布图面积为

$$S=\frac{1}{2}\gamma hL$$

$$h=108.50-105.00=3.5(\text{m})$$

因受压面垂直放，受压面长度 $L=h$，则

$$S=\frac{1}{2}\times9.8\times3.5\times3.5=60.025(\text{kN/m})$$

$$P=Sb=60.025\times4.5=270.11(\text{kN})$$

(2)静水总压力方向垂直指向受压面，如图2-5所示。

(3)静水总压力作用点。

$$e=\frac{L}{3}=\frac{3.5}{3}=1.17(\text{m})$$

**【例2-3】** 如图2-6所示，设有一铅直放置的水平底边矩形闸门。已知闸门上缘到自由表面的距离 $H_1=1$ m，闸门高度 $H_2=2$ m，宽度 $b=3$ m。试用绘制压强分布图的方法求解作用于闸门的静水总压力。

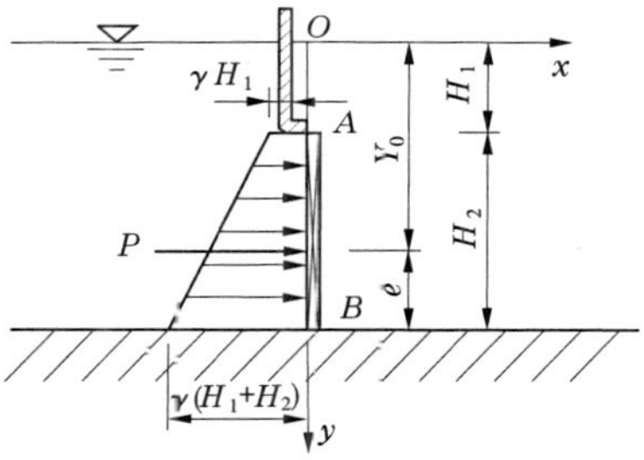


图2-6

**解：**(1)静水总压力 $P$ 的大小。

先画出闸门 $AB$ 上静水压强分布图，静水

压强分布图为梯形。计算可得

$$\gamma H_1 = 9.8 \times 1 = 9.8(\text{kPa})$$

$$\gamma(H_1 + H_2) = 9.8 \times (1 + 2) = 29.4(\text{kPa})$$

$$S = \frac{1}{2}[\gamma H_1 + \gamma(H_1 + H_2)]H_2 = \frac{1}{2} \times (9.8 + 29.4) \times 2 = 39.2(\text{kN/m})$$

$$P = Sb = 39.2 \times 3 = 117.6(\text{kN})$$

(2)压力中心的位置。

压力中心 $D$ 距闸门底部的位置 $e$ 为

$$e = \frac{H_2[2H_1 + (H_1 + H_2)]}{3[H_1 + (H_1 + H_2)]} = \frac{2 \times (2 \times 1 + 1 + 2)}{3 \times (1 + 1 + 2)} = 0.83(\text{m})$$

### 2.1.3　任意形状平面壁上静水总压力的分析与计算——解析法

水利工程中受压平面除矩形外,圆形、梯形等任意形状平面的情况也是较多的,当受压面为任意形状的平面时,静水总压力的计算较复杂。

受压面为圆形平面,如在隧洞中设置圆形平板闸门,计算这类平面上的静水总压力可以使用解析法。

如图 2-7 所示为倾斜放置于水中的任意形状的平面 $EF$,受压面与水平面的夹角为 $\alpha$,面积为 $A$,形心点为 $C$。下面分析如何确定作用于该平面上的静水总压力的大小和压力中心的位置。

在 $EF$ 面所在的平面建立坐标系 $xOy$,以 $EF$ 所在平面与水面的交线为 $x$ 轴,与之相垂直的为 $y$ 轴。为了便于分析,将 $xOy$ 面绕 $y$ 轴转动 90°。

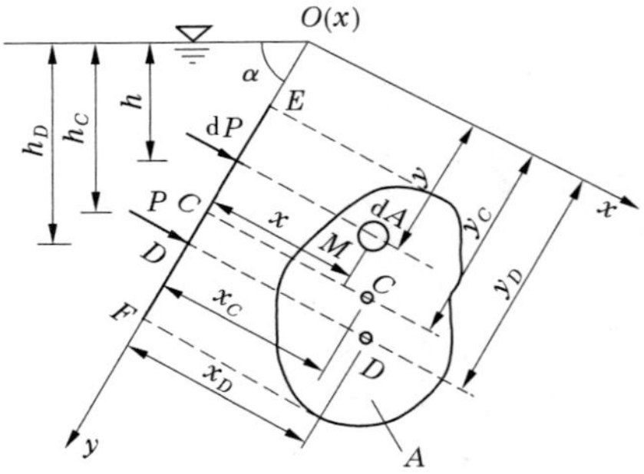


图 2-7

#### 2.1.3.1　静水总压力的大小

在 $EF$ 面上任取一点 $M$,设 $M$ 点水深为 $h$,围绕 $M$ 点取微面积 $\mathrm{d}A$,则静水压强 $p = \gamma h$。微面积 $\mathrm{d}A$ 上作用的静水压力 $\mathrm{d}p = p\mathrm{d}A = \gamma h\mathrm{d}A$,整个 $EF$ 面上的静水压力为

$$P = \int_A \mathrm{d}P = \int_A \gamma h \mathrm{d}A \tag{2-2}$$

由图 2-7 知,$h = y\sin\alpha$,则

$$P = \gamma\sin\alpha\int_A y\mathrm{d}A \tag{2-3}$$

式(2-3)中 $\int_A y\mathrm{d}A$ 为 $EF$ 面对 $Ox$ 轴的面积矩,其值等于受压平面 $EF$ 的面积 $A$ 与其形心 $C$ 处坐标 $y_C$ 的乘积,因此

$$P = \gamma\sin\alpha y_C A \tag{2-4}$$

即

$$P = \gamma h_C A \tag{2-5}$$

式中　$h_C$——受压平面 $EF$ 的形心点 $C$ 处水深，$h_C = y_C \sin\alpha$。

$\gamma h_C = p_C$，$p_C$为形心点 $C$ 处的静水压强，由此得

$$P = p_C A \tag{2-6}$$

式(2-6)表明：作用在任意平面上的静水总压力的大小等于该平面形心点 $C$ 处的静水压强的大小与该受压平面面积的乘积。

#### 2.1.3.2　静水总压力的方向

静水总压力的方向总是垂直指向受压面。

#### 2.1.3.3　静水总压力的作用点(例 2-4、例 2-5)

设静水总压力的作用点 $D$ 的坐标值为$(x_D, y_D)$，应用理论力学合力矩定理确定 $D$ 点的位置，求解 $D$ 的坐标值$(x_D, y_D)$。由合力矩定理可知，合力对任一轴的力矩等于各分力对该轴力矩的代数和，运用这一原理，首先对 $O_x$轴求力矩

$$Py_D = \int_A yp\mathrm{d}A \tag{2-7}$$

将 $p = \gamma h = \gamma y \sin\alpha$ 代入式(2-7)得

$$Py_D = \gamma \sin\alpha \int_A y^2 \mathrm{d}A \tag{2-8}$$

令 $I_{Ox} = \int_A y^2 \mathrm{d}A$，$I_{Ox}$表示平面 $EF$ 对 $Ox$ 轴的惯性矩。根据惯性矩的平行移轴定理得

$$I_{Ox} = I_{Cx} + y_C^2 A \tag{2-9}$$

式(2-9)中 $I_{Cx}$表示平面 $EF$ 对通过其形心 $C$ 点与 $Ox$ 轴平行的轴线的惯性矩，因此

$$Py_D = \gamma \sin\alpha (I_{Cx} + y_C^2 A) \tag{2-10}$$

由此得

$$y_D = \frac{\gamma \sin\alpha (I_{Cx} + y_C^2 A)}{P} = \frac{\gamma \sin\alpha (I_{Cx} + y_C^2 A)}{\gamma y_C \sin\alpha A} = y_C + \frac{I_{Cx}}{y_C A} \tag{2-11}$$

在工程实际中，受压平面大多具有对称轴，对称轴两侧静水压力对称，所以压力中心落在纵向对称轴上，因而无须计算 $x_D$。

在式(2-11)中，一般 $\frac{I_{Cx}}{y_C A} > 0$，故 $y_D > y_C$，即静水总压力作用点 $D$ 一般在受压面形心 $C$ 之下。常见受压平面图形的 $A$、$y_C$及 $I_{Cx}$的计算公式见表 2-1。

**表 2-1　常见受压平面图形的 $A$、$y_C$ 及 $I_{Cx}$的计算公式**

| 几何图形 | | 面积 $A$ | 形心坐标 $y_C$ | 对通过形心点 $C_x$ 轴的惯性矩 $I_{Cx}$ |
|---|---|---|---|---|
| 矩形 | 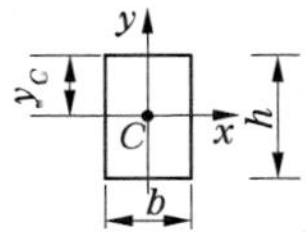 | $bh$ | $\frac{h}{2}$ | $\frac{bh^3}{12}$ |
| 圆形 | 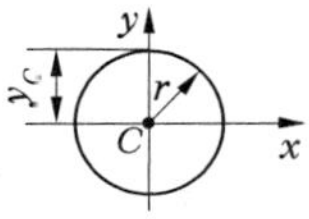 | $\pi r^2$ | $r$ | $\frac{\pi r^4}{4}$ |

续表 2-1

| 几何图形 | | 面积 $A$ | 形心坐标 $y_C$ | 对通过形心点 $C_x$ 轴的惯性矩 $I_{Cx}$ |
|---|---|---|---|---|
| 半圆形 | 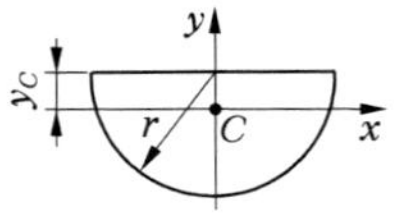 | $\frac{\pi r^2}{2}$ | $\frac{4r}{3\pi}$ | $\frac{9\pi^2-64}{72\pi}r^4$ |
| 三角形 | 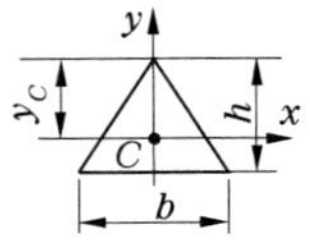 | $\frac{bh}{2}$ | $\frac{2h}{3}$ | $\frac{bh^3}{36}$ |
| 梯形 | 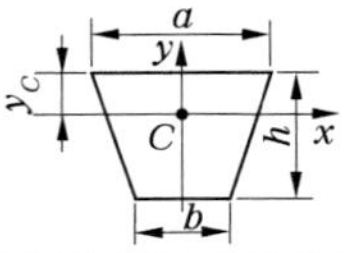 | $\frac{(a+b)h}{2}$ | $\frac{h}{3}\left(\frac{a+2b}{a+b}\right)$ | $\frac{h^3}{36}\left(\frac{a^2+4ab+b^2}{a+b}\right)$ |

由以上的计算可知，对于矩形受压面，采用图解法、解析法的计算结果完全相同，可以将两种方法结合运用，如利用解析法求 $P$ 的大小和利用图解法求 $P$ 的作用点的位置，这样可使计算过程更为简单。

**【例 2-4】** 设有一铅直放置的水平底边矩形闸门，如图 2-6 所示。已知闸门高度 $H_2=2$ m，宽度 $b=3$ m，闸门上缘到自由表面的距离 $H_1=1$ m。试用解析法求解作用于闸门的静水总压力 $P$。

**解：**(1) 静水总压力大小及方向。

在图 2-6 中，受压面形心在水面下的淹没深度为

$$h_C = H_1 + \frac{H_2}{2} = 1 + 1 = 2(\text{m}) \quad y_C = h_C$$

由图 2-6 可知，$H_2 = 2$ m，$b = 3$ m，则

$$P = p_C A = \gamma h_C b H_2 = 9.8 \times 2 \times 3 \times 2 = 117.6(\text{kN})$$

静水总压力方向垂直指向受压面，如图 2-6 所示。

(2) 静水总压力作用点 $y_D$。

利用公式 $y_D = y_C + \frac{I_{Cx}}{y_C A}$ 求静水总压力作用点，其中

$$I_{Cx} = \frac{bh^3}{12} = \frac{1}{12}bH_2^3 = \frac{1}{12} \times 3 \times 8 = 2(\text{m}^4)$$

$$y_D = y_C + \frac{I_{Cx}}{y_C A} = 2 + \frac{2}{2 \times 2 \times 3} = 2.17(\text{m})$$

**【例 2-5】** 如图 2-8 所示，一铅直设置的平板闸门。已知：$r=1$ m，$h_C=10$ m。求作用于闸门上的静水总压力。

**解：**(1) 静水总压力的大小及方向。

根据计算式(2-6)得

$$P = p_C A = \gamma h_C \pi r^2 = 9.8 \times 10 \times 3.14 \times 1^2 = 307.7(\text{kN})$$

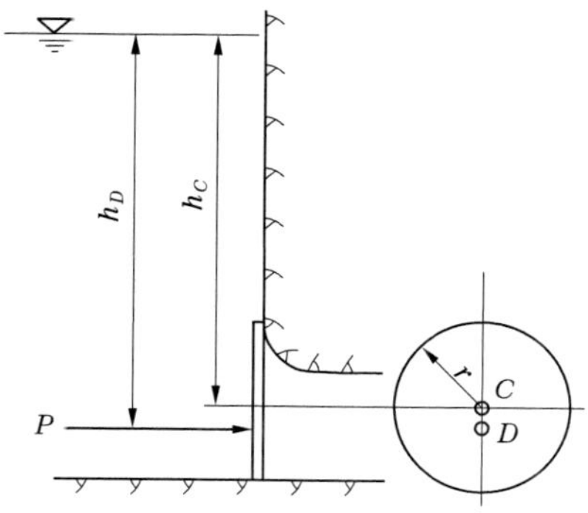


图 2-8

静水总压力方向垂直指向受压面，如图 2-8 所示。

(2)静水总压力的作用点。

作用点 $D$ 应位于纵向对称轴上，故仅需求出 $D$ 点在纵向对称轴上的位置。在本题因受压面垂直放，$y_C = h_C$，$y_D = h_D$，故有

$$h_D = h_C + \frac{I_{Cx}}{h_C A}$$

圆形平面绕圆心轴线的惯性矩 $I_{Cx} = \frac{\pi r^4}{4}$，则

$$h_D = h_C + \frac{I_{Cx}}{h_C A} = 10 + \frac{\frac{1}{4}\pi r^4}{10 \times \pi r^2} = 10 + \frac{1}{40} \approx 10.03(\mathrm{m})$$

# 任务 2.2　作用于曲面壁上的静水总压力分析与计算

## 2.2.1　曲面壁上的静水总压力的分析

在水利工程中，根据设计要求需修建拱坝、弧形闸门等水工建筑物，它们的受压面常为二元曲面，在对水工建筑物进行稳定计算时，需要求解作用在曲面上的静水总压力。作用在曲面上任一点处的静水压强也是垂直指向受压面，并且其大小与该点在水面以下的深度成正比，由此可以画出曲面上的静水压强分布图，如图 2-2(d)所示。由于曲面上各点压强方向不相同，彼此不平行，也不一定交于一点，因此曲面上静水总压力的计算不能用求代数和的方法。为了把它变成一个求平行力系合力问题，首先计算受压曲面上静水总压力的水平分力 $P_x$ 和铅直分力 $P_z$，然后将静水总压力的水平分力 $P_x$ 和铅直分力 $P_z$ 合成，求出曲面上的静水总压力。

如图 2-9(a)所示，$AB$ 为二元受压曲面，计算其静水总压力 $P$，首先确定水平分力 $P_x$ 和铅直分力 $P_z$，为确定分力 $P_x$ 和 $P_z$，先选取宽度为 $b$(闸门宽度)、截面为 $ABC$ 的水体为脱离体，如图 2-9(b)所示，研究该水体的平衡。在图 2-9(b)中：$P'$ 为闸门 $AB$ 对水体的反作用力，与 $P$ 等值反向；$P'_x$、$P'_z$ 为 $P'$ 的水平分力、铅直分力；$P_{AC}$、$P_{BC}$ 为作用在 $AC$ 面、$BC$ 面

的静水总压力；$G$ 为脱离体的重量。

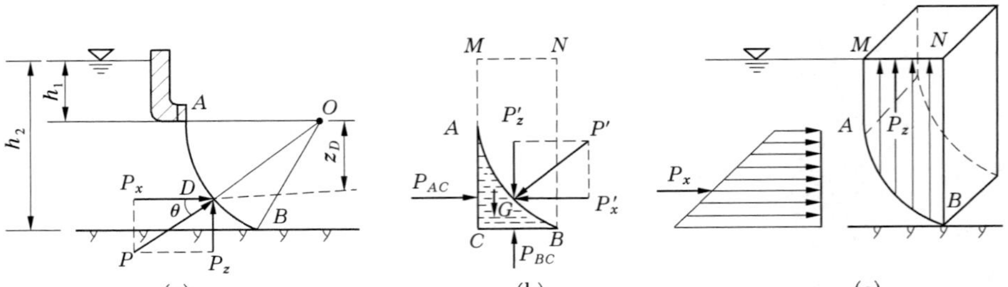


(a) (b) (c)

图 2-9

## 2.2.2 静水总压力的水平分力 $P_x$

因脱离体在水平方向是静止的，故该方向合力为零，即

$$P'_x = P_{AC}$$

根据作用力与反作用力大小相等、方向相反的原理，闸门受到的水平分力为

$$P_x = P'_x = P_{AC} \tag{2-12}$$

式(2-12)表明：曲面壁静水总压力的水平分力 $P_x$ 等于曲面壁在铅直平面上的投影面的静水总压力。其铅直投影面为平面，这样就把求解曲面上静水总压力的水平分力问题转化为求平面的静水总压力问题。

曲面壁静水总压力的水平分力 $P_x$ 为

$$P_x = p_C A_x = \gamma h_C A_x \tag{2-13}$$

式中 $p_C$——曲面壁在铅直平面上的投影面形心 $C$ 点的压强；

$h_C$——曲面壁在铅直平面上的投影面形心 $C$ 点的水深；

$A_x$——曲面壁在铅直平面上的投影面的面积。

当铅直投影面为矩形平面时，也可通过绘制投影面上的静水压强分布图用图解法求 $P_x$。

## 2.2.3 静水总压力的垂直分力 $P_z$

分析图 2-9(b)，铅直方向是静止的，故铅直方向合力为零，即

$$P'_z = P_{BC} - G$$

$P_{BC}$ 是 $BC$ 平面上受到的静水总压力，$BC$ 平面是以 $BC$ 和受压面宽度 $b$ 为边长的矩形平面，面积用 $A_{BC}$ 表示，所处水深为 $h_2$，$BC$ 面为等压面，故其面上各点的压强都等于 $\gamma h_2$，则

$$P_{BC} = \gamma h_2 A_{BC} = \gamma V_{MCBN}$$

式中 $V_{MCBN}$——以 $MCBN$ 为底面、$b$ 为高的棱柱体体积。

$G$ 为脱离体 $ABC$ 的水重。

$$G = \gamma V_{ACB}$$

式中 $V_{ACB}$——以 $ACB$ 为底面、$b$ 为高的棱柱体体积。

$$P'_z = P_{BC} - G = \gamma V_{MCBN} - \gamma V_{ABC} = \gamma V_{MABN}$$

式中　$V_{MABN}$——以 $MABN$ 为底面、$b$ 为高的棱柱体体积，该棱柱体称为压力体，其体积称为压力体体积，如图 2-9(c)所示。

压力体是由受压面本身、水面或水面的延续面以及由受压面的边缘向水面或水面的延续面所作的铅直面所围成的几何体。

$MABN$ 称压力体剖面，其面积用 $A_{剖}$ 表示，则

$$P'_z = \gamma V_{MABN} = \gamma A_{剖} b$$

由作用力与反作用力大小相等的原理，得静水总压力的铅直分力 $P_z$ 的大小为

$$P_z = \gamma A_{剖} b \tag{2-14}$$

图 2-10 为受压曲面 $AB$ 的压力体剖面图，由图 2-10 可以看出，当液体位于受压面的上面(见图 2-10(a))时，静水总压力的铅直分力 $P_z$ 即为以 $ABC$ 为底面、$b$ 为高的棱柱形水体的重力，方向向下。当液体位于受压面的下面(见图 2-10(b))时，静水总压力的铅直分力 $P_z$ 即为以 $ABC$ 为底面、$b$ 为高的棱柱体受到的浮力，方向向上。

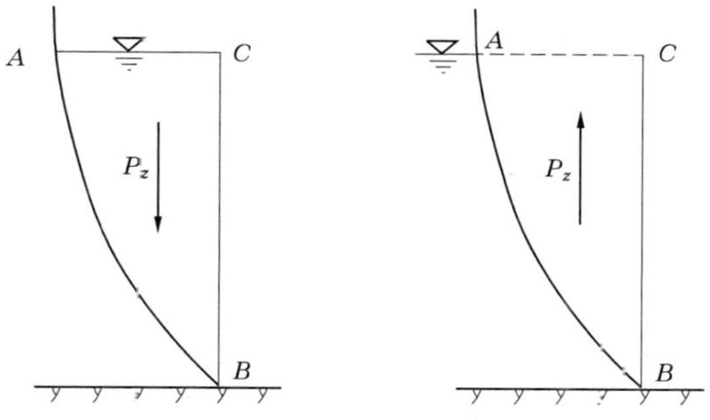


(a)　　　　(b)

图 2-10

## 2.2.4　曲面壁上的静水总压力 $P$

求出静水总压力水平分力 $P_x$ 和垂直分力 $P_z$ 后，由力的合成定理，曲面所受静水总压力 $P$ 应为

$$P = \sqrt{P_x^2 + P_z^2} \tag{2-15}$$

计算水平分力和垂直分力

$P$ 的方向用它与水平面的夹角 $\theta$ 表示，如图 2-9(a)所示。

$$\theta = \arctan \frac{P_z}{P_x} \tag{2-16}$$

$P$ 的作用线应通过 $P_x$ 与 $P_z$ 的交点(见图 2-9(a))。$P$ 的作用线与由面的交点为压力中心 $D$。

**【例 2-6】**　某弧形工作闸门关闭时的情况见图 2-11，闸门宽 $b$ 为 4.5 m，计算弧形工作闸门关闭时，单孔弧形闸门受到的静水总压力。

**解**：水面高程 108.5 m，闸门顶部 $A$ 点高程 107.0 m，$A$ 点在水面下的淹没深度 $h_1$ 为

1.5 m，闸门底部 $B$ 点高程 105.0 m，$B$ 点在水面下的淹没深度 $h_2$ 为 3.5 m，弧形闸门圆弧半径为 3.8 m，$AB$ 两点的水平距离为 0.56 m。

(1) 求弧形工作闸门上静水总压力的水平分力 $P_x$。

弧形工作闸门关闭时，其垂直投影面为矩形，投影面的静水压强分布图见图 2-11，压强分布图为梯形，计算可得：

$A$ 点处压强　　$\gamma h_1 = 9.8 \times 1.5 = 14.7(\mathrm{kPa})$

$B$ 点处压强　　$\gamma h_2 = 9.8 \times 3.5 = 34.3(\mathrm{kPa})$

投影面的静水压强分布图面积为

$$S = \frac{1}{2}(\gamma h_1 + \gamma h_2) \times (h_2 - h_1) = \frac{1}{2} \times (14.7 + 34.3) \times 2 = 49.0(\mathrm{kN/m})$$

$$P_x = Sb = 49.0 \times 4.5 = 220.5(\mathrm{kN})$$

(2) 弧形闸门上静水总压力的铅直分力 $P_z$。

由式(2-14)可知，求 $P_z$ 应先绘制受压面 $AB$ 的压力体剖面图，如图 2-11 中 $ABDE$，则

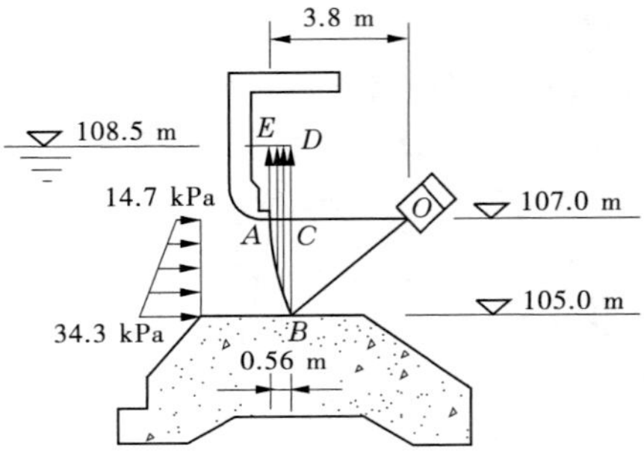

图 2-11

$$P_z = \gamma A_{剖} b = \gamma A_{ABDE} b$$

$A_{ABDE}$ = 扇形 $AOB$ 的面积 − 三角形 $BOC$ 面积 + 矩形 $ACDE$ 的面积

扇形 $AOB$ 的圆心角 $\angle AOB$ 为

$$\angle AOB = \arccos\frac{3.8 - 0.56}{3.8} = 31.5°$$

$$A_{ABDE} = \frac{31.5°}{360°}\pi R^2 - \frac{1}{2}\overline{BC} \times \overline{OC} + \overline{AC} \times \overline{DC} = 1.57(\mathrm{m}^2)$$

$$P_z = 9.8 \times 1.57 \times 4.5 = 69.24(\mathrm{kN})$$

(3) 弧形闸门上的静水总压力。

$$P' = \sqrt{P_x^2 + P_z^2} = \sqrt{220.5^2 + 69.24^2} = 231.12(\mathrm{kN})$$

$$\theta = \arctan\frac{P_z}{P_x} = \arctan\frac{69.24}{220.5} = 17.43°$$

**【例 2-7】** 一弧形闸门如图 2-12 所示。门宽 $b = 6$ m，圆弧半径 $R = 4$ m，闸前水深 $h = 2$ m，试求水面与门轴同高时弧形闸门所受的静水总压力。

**解**：本案例为求曲面上的静水总压力，先求静水总压力水平分力 $P_x$ 和铅直分力 $P_z$，再求静水总压力 $P$。

(1) 求静水总压力的水平分力 $P_x$。

因受压曲面在铅垂方向的投影面为矩形，则

$$P_x = \frac{1}{2}\gamma h^2 b = \frac{1}{2} \times (9.8 \times 2^2 \times 6) = 117.6(\mathrm{kN})$$

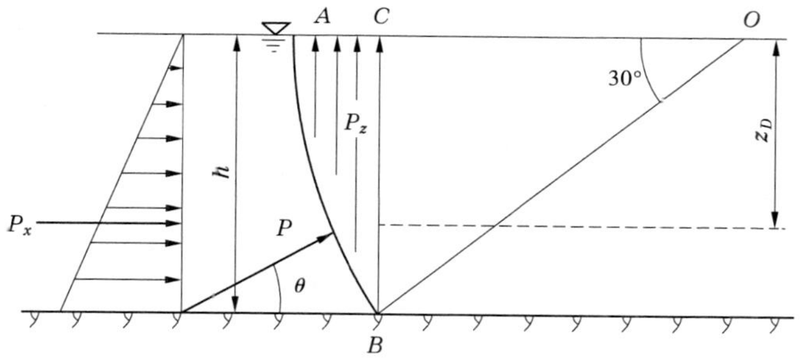


图 2-12

(2)求静水总压力的铅直分力 $P_z$。

$$P_z = \gamma A_{剖} b = \gamma A_{ABDE} b$$

$$P_z = \gamma A_{剖} b$$

压力体剖面图见图 2-12 中 $ABC$。

$$A_{剖} = A_{ABC} = A_{扇形AOB} - A_{三角形BOC} = \frac{30°}{360°}\pi R^2 - \frac{1}{2}\overline{BC} \times \overline{OC}$$

$$= \frac{1}{12} \times 3.14 \times 4^2 - \frac{1}{2} \times 2 \times 4 \times \cos 30° = 4.19 - 3.46 = 0.73(\mathrm{m}^2)$$

$$P_z = \gamma A_{剖} b = 9.8 \times 0.73 \times 6 = 42.9(\mathrm{kN})(方向向上)$$

(3)弧形闸门上的静水总压力。

$$P' = \sqrt{P_x^2 + P_z^2} = \sqrt{117.6^2 + 42.9^2} = 125.2(\mathrm{kN})$$

$$\theta = \arctan\frac{P_z}{P_x} = \arctan\frac{42.9}{117.6} = 20.04°$$

因为弧形闸门曲面是圆柱面的一部分,各点的压强与圆柱面垂直且通过圆心 $O$ 点,所以总压力的作用线也通过 $O$ 点。

## 项目任务

### 一、判断题

1. 曲面上静水总压力的水平分力等于曲面的铅垂投影面上所受的静水总压力。（　）

2. 图 2-13 中所示为受压面 $AB$ 的静水压强分布图。（　）

3. 图 2-14 中矩形面板所受静水总压力的作用点与受压面的形心点 $O$ 重合。（　）

自测题

4. 任意形状受压平面上的平均压强等于该受压面形心处的压强。（　）

5. 静水压强的方向垂直并指向作用面。（　）

6. 液体只要处于静止状态,任一水平面都是等压面。（　）

7. 图解法计算静水总压力可以适用于任意形状的受压面。（　）

8. 压力中心位置在受压面的形心处或受压面的形心以下。（　）

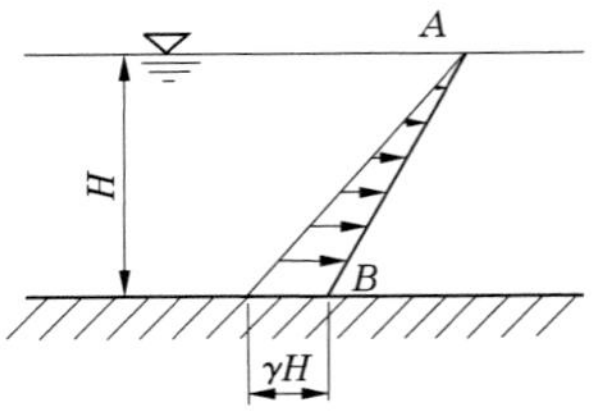


图 2-13

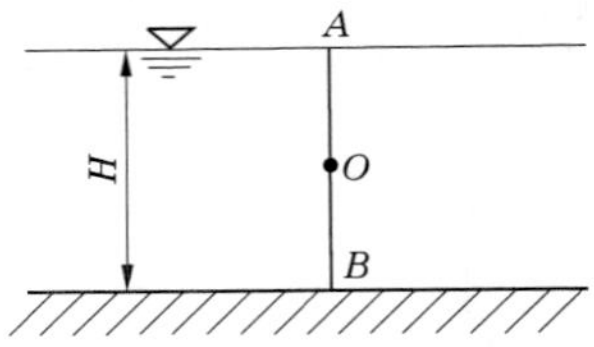


图 2-14

## 二、作图题

1. 绘出图 2-15 中指定平面上的静水压强分布图。

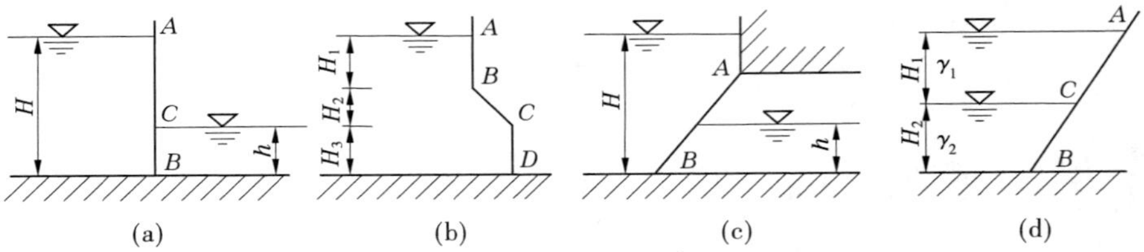


图 2-15

2. 绘制图 2-16 所示图形中指定挡水面上的压力体图。

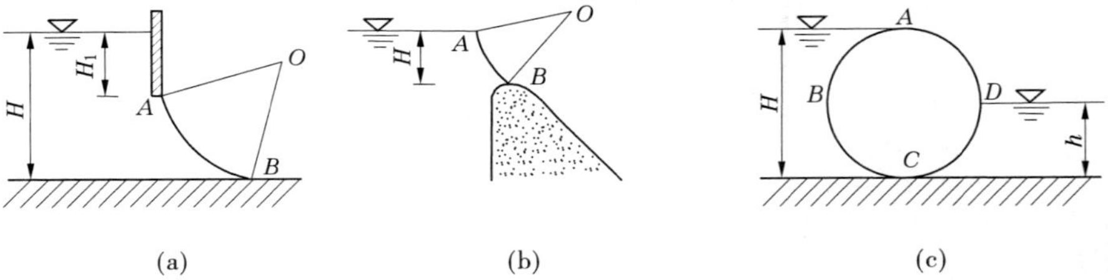


图 2-16

## 三、计算题

1. 渠道上有一平面闸门(见图 2-17),宽 $b = 4$ m,闸门在水深 $H = 2.5$ m 下工作。求当闸门斜放 $\alpha = 60°$ 时受到的静水总压力,当闸门铅直时所受的静水总压力。

2. 如图 2-18 所示,一平面挡水板 $AB$,倾角 $\alpha = 45°$,$h_1 = 3$ m,$h_2 = 2$ m。试求单位宽度平板上所受的静水总压力的大小及压力中心位置。

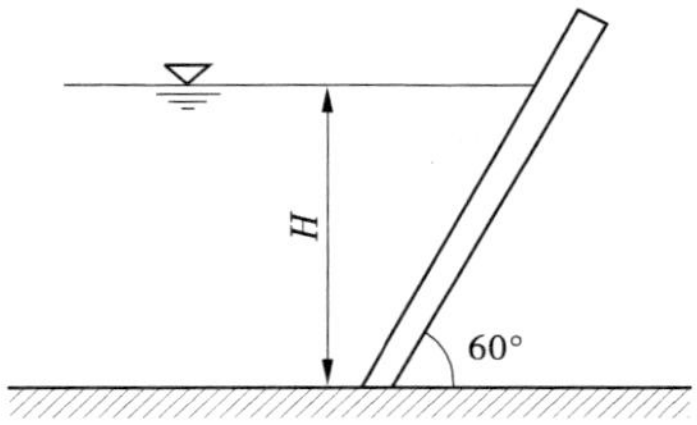


图 2-17

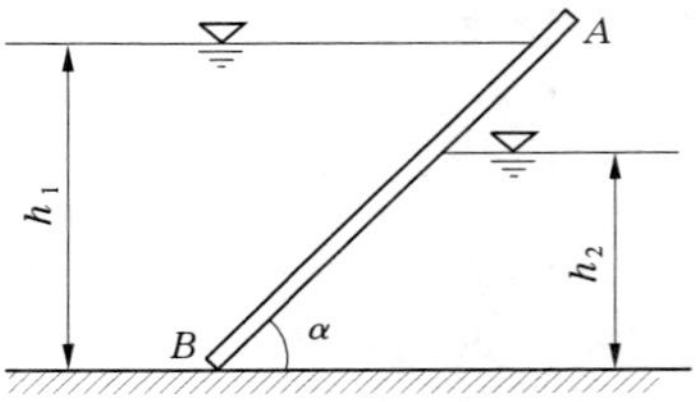


图 2-18

3. 如图2-19所示为一弧形闸门，半径$R = 7.5$ m，挡水深度$h = 4.8$ m，旋转轴距渠底$H = 5.8$ m，闸门宽度$b = 6.4$ m。试求作用于闸门上的静水总压力的大小及作用点。

4. 如图2-20所示，溢流坝上设置弧形闸门。已知：闸门的支承点$O$与胸墙底缘同高，$R = 10$ m，门宽$b = 8$ m，$H = 10$ m，$\alpha = 30°$。试求作用在弧形闸门上静水总压力的大小和压力中心的位置。

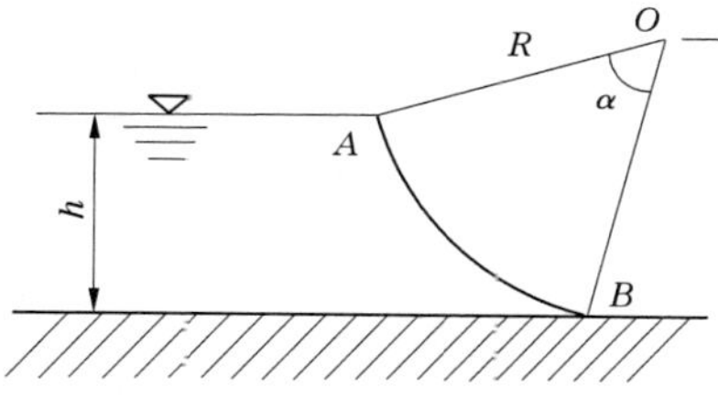


图2-19

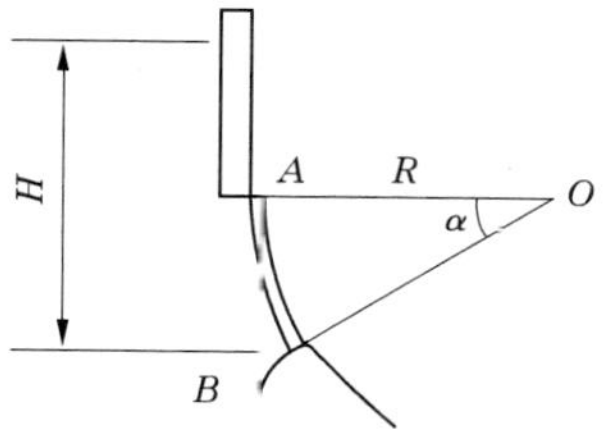


图2-20

5. 如图2-21所示，一矩形平板闸门$AB$，宽$b = 3$ m，与水平面夹角$\alpha = 30°$，其自重$G = 19.6$ kN，并铰接于$A$点。水面通过$A$点，水深$h = 2.0$ m。试求打开闸门的最大铅直拉力$T$。

6. 一平板闸门如图2-22所示，已知闸门$b = 2$ m，当通过流量$Q = 8$ m³/s时，闸前水深$H = 4$ m，闸后收缩断面水深$h_c = 0.5$ m，不考虑摩擦力的作用，求运动水流对闸门的作用力。求水流为静止时闸门所受的静水作用力，并与按动水总压力的计算结果比较。

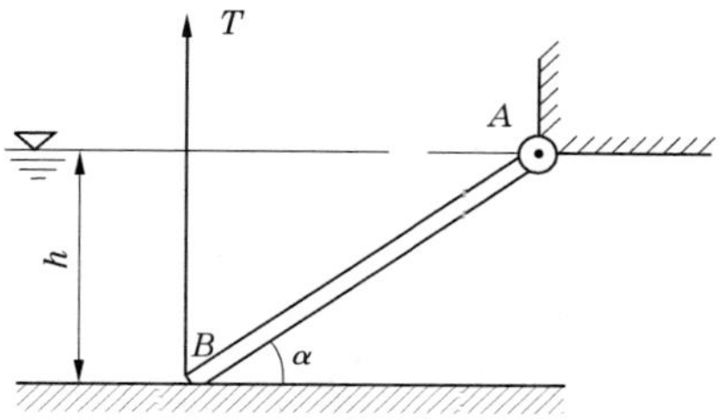


图2-21

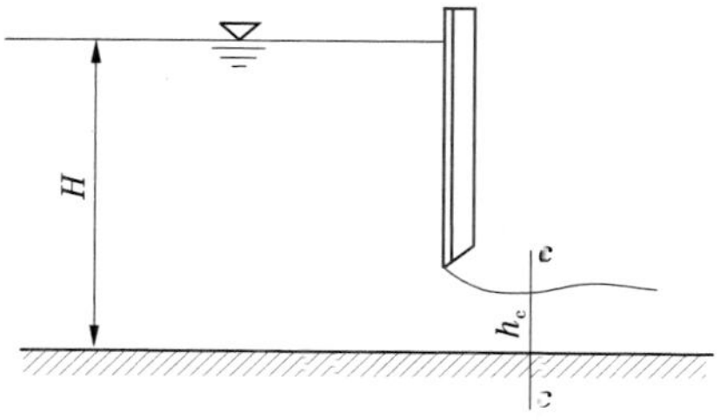


图2-22

**四、实训题**

1）基本资料

某水利工程在台地形河谷筑坝，主槽设河床式溢洪道。溢流坝为WES型，上游面垂直，下游直线段坡度为0.7，上下游堰高相等，溢流坝共5孔，每孔净宽8.0 m，闸墩采用半圆形，边墩圆弧形，平面闸门控制。坝基下相对隔水层埋藏较深，防渗帷幕深度12.0 m。坝址附近河段较为顺直，断面为有主槽和边滩的台地形。主槽断面近似矩形且变化较小，平均槽深9.62 m，平均宽度52.0 m。拟用底流式衔接消能。已知：

（1）设计洪水位435.00 m，相应的下泄流量为1 250.0 m³/s；校核洪水流量1 400.0 m³/s；正常蓄水位434.20 m，防洪限制水位432.00 m。

（2）大坝坝顶高程436.60 m，坝址下游河床高程405.00 m。

（3）平均坡降$i = 0.001$，糙率$n = 0.04$。

（4）溢流坝地下轮廓尺寸如图2-23所示（单位为m）。

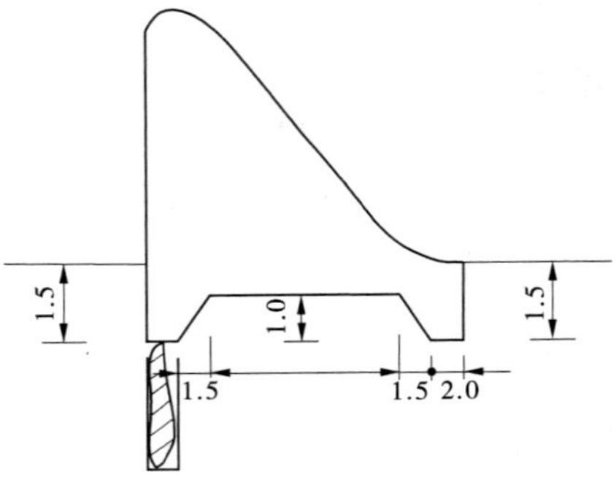


图 2-23

(5)水库“水位—库容”关系如表 2-2 所示。

表 2-2　水位—库容关系

| $Z$(m) | 429.00 | 431.00 | 433.00 | 435.00 | 436.00 |
|---|---|---|---|---|---|
| $V(\times 10^4\ m^3)$ | 1 940 | 2 830 | 3 790 | 4 830 | 5 370 |

2)计算任务

求在正常蓄水位下闸门关闭时,每扇闸门及每米溢流坝段上所受的总压力各为何值。

# 项目3 恒定管流水力分析与计算

【学习目标】

1. 掌握简单管道水力计算；
2. 熟悉有压管道的类型；
3. 了解各种管道的水力计算。

【技能目标】

1. 具有对一般有压管道进行水力计算的能力；
2. 能进行自来水管、倒虹吸、虹吸管、水泵等水力计算。

专家介绍

## 任务3.1 有压管道的类型

在水利工程和日常生活中，为满足生产、生活的需要，常需将水从一处输送到另一处，最常用的方法就是敷设管道。管道的整个横断面均被水体所充满，管内水流没有自由水面，过水断面上各点的压强一般不等于大气压强，管道的边壁处处受到水流压力的作用，是有压管道。有压管道中的水流有恒定流及非恒定流两种，本项目主要分析和计算有压管道中的恒定流。

### 3.1.1 长管和短管

根据有压管道中水流的沿程水头损失、局部水头损失及流速水头所占的比重的不同，有压管道可分为长管和短管。

(1)长管是指管道中水流的水头损失以沿程水头损失为主，而局部水头损失和流速水头较小，两项之和小于沿程水头损失的5%，计算时局部水头损失和流速水头可以忽略不计的管道。

(2)短管是管道中局部水头损失与流速水头两项之和在总水头损失中占有相当比重，其两项之和大于沿程水头损失的5%，计算时局部水头损失和流速水头不能忽略不计的管道。

长管和短管不能简单地用管道的绝对长度判别，当管道中的局部水头损失较大时，即使管道很长，也要考虑局部水头损失，必须按短管计算。一般水利工程中的有压输水管道以及常见的虹吸管、倒虹吸管、水泵吸水管、有压隧洞多按短管计算，生活和生产中的给水管道一般按长管计算。

### 3.1.2 简单和复杂管道

根据管道的布设情况，有压管道又可分为简单管道和复杂管道。简单管道是指管径、流量、粗糙系数沿程均不变，且没有分支的管道；复杂管道是指管径不同或有分叉的管道，主要有串联管道、并联管道、分叉管道和环状管网等，如图 3-1 所示。

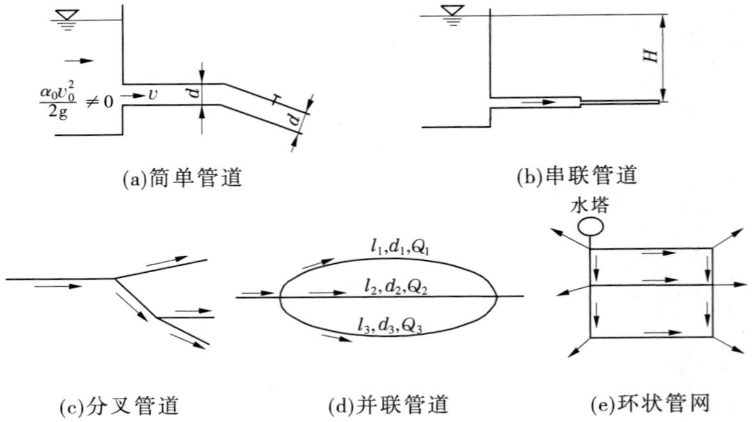


图 3-1

## 3.1.3　淹没出流和自由出流管道

根据管道出口情况，可分为淹没出流和自由出流。管道出口水流流入大气的称为自由出流。出口水流淹没在水下的称为淹没出流。

无论是长管、短管、简单管道、复杂管道，还是自由出流、淹没出流，它们都是利用能量方程进行水力分析与计算的，计算内容主要有确定有压管道泄流量、管径、作用水头及分析压强沿程变化。一般可先利用能量方程推导出相应公式，使用公式进行水力分析与计算，也可直接利用能量方程进行水力分析与计算。

# 任务 3.2　简单有压管道水力分析与计算

## 3.2.1　简单短管水力分析与计算公式

根据管道出口的情况，短管的水力计算又可分为自由出流和淹没出流两种。

### 3.2.1.1　自由出流

如图 3-2 所示，管道出口的水流直接流入大气，是自由出流。

若以管道出口断面中心点 0—0 所在的水平面为基准面，取距管道进口有一定距离，水流满足渐变流条件的断面 1—1 和出口断面 2—2 为计算断面，以断面 1—1 水面上的点和出口断面中心点为代表点，对断面 1—1 和断面 2—2 列能量方程式：

$$z_1 + \frac{p_1}{\gamma} + \frac{\alpha_0 v_0^2}{2g} = z_2 + \frac{p_2}{\gamma} + \frac{\alpha_2 v_2^2}{2g} + h_{w1-2}$$

因为 $z_1 = H, p_1 = p_2 = 0, z_2 = 0$，上式可写为

$$H + 0 + \frac{\alpha_0 v_0^2}{2g} = 0 + 0 + \frac{\alpha_2 v_2^2}{2g} + h_{w1-2}$$

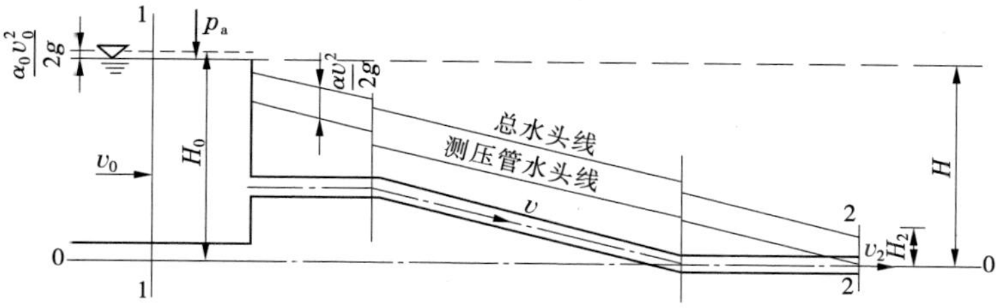


图 3-2

令 $H_0 = H + \frac{\alpha_0 v_0^2}{2g}$，$h_{w1-2} = h_f + \sum h_j = \lambda \frac{L}{d}\frac{v^2}{2g} + \sum \zeta \frac{v^2}{2g}$（$v$ 为管中水流流速），$\sum \zeta$ 为有压管道局部水头损失系数之和，则

$$H_0 = (\alpha_2 + \lambda \frac{L}{d} + \sum \zeta)\frac{v^2}{2g}$$

取 $\alpha_2 = 1.0$，代入上式得

$$v = \frac{1}{\sqrt{1 + \lambda \frac{L}{d} + \sum \zeta}}\sqrt{2gH_0}$$

令 $\mu_c = \frac{1}{\sqrt{1 + \lambda \frac{L}{d} + \sum \zeta}}$，则有

$$Q = vA = \mu_c A\sqrt{2gH_0} \tag{3-1}$$

式(3-1)即为简单管道自由出流的泄流量公式，当进口前断面1—1的平均流速 $v_0$ 很小时，设 $v_0 \approx 0$，则

$$Q = vA = \mu_c A\sqrt{2gH} \tag{3-2}$$

式中 $A$——管道过水断面面积；

$H$——上游水面到管道出口中心点的距离，叫作用水头；

$H_0$——包括行近流速水头在内的作用总水头；

$\mu_c$——管道流量系数。

#### 3.2.1.2 淹没出流

图3-3为淹没出流，管道出口淹没在下游水面以下，管道过流量受下游水位的影响。

设下游过水断面面积远大于管道过水面积，今以管道出口下游水面为基准面，取距管道进出口有一定距离、水流满足渐变流条件的断面1—1和断面2—2为计算断面，分别取两断面水面点为代表点，得

$$z_1 + \frac{p_1}{\gamma} + \frac{\alpha_0 v_0^2}{2g} = z_2 + \frac{p_2}{\gamma} + \frac{\alpha_2 v_2^2}{2g} + h_{w1-2}$$

因为 $z_1 = z, p_1 = p_2 = 0, z_2 = 0$，上式可写为

$$z + 0 + \frac{\alpha_0 v_0^2}{2g} = 0 + 0 + \frac{\alpha_2 v_2^2}{2g} + h_{w1-2}$$

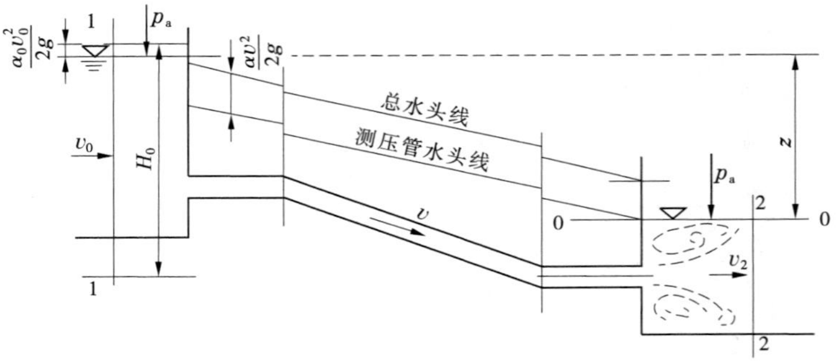


图 3-3

令 $z_0 = z + \frac{\alpha_0 v_0^2}{2g}$，$h_{w1-2} = h_f + \sum h_j = \lambda \frac{L}{d} \frac{v^2}{2g} + \sum \zeta \frac{v^2}{2g}$（$v$ 为管中水流流速），$v_2$很小可忽略不计，得

$$z_0 = (\lambda \frac{L}{d} + \sum \zeta) \frac{v^2}{2g}$$

$$v = \frac{1}{\sqrt{\lambda \frac{L}{d} + \sum \zeta}} \sqrt{2gz_0}$$

令 $\mu_c = \frac{1}{\sqrt{\lambda \frac{L}{d} + \sum \zeta}}$，$\sum \zeta$ 为有压管道局部水头损失系数之和，$\sum \zeta$ 包括出口处局部水头损失系数，则

$$Q = vA = \mu_c A \sqrt{2gz_0} \tag{3-3}$$

式中 $z_0$——包括行近流速水头在内的上、下游水位差，叫作用总水头；

$\mu_c$——管道流量系数。

式(3-3)即为简单管道淹没出流的泄流量公式，当进口前断面 1—1 的断面平均流速 $v_0$很小时，设 $v_0 \approx 0$，则

$$Q = vA = \mu_c A \sqrt{2gz} \tag{3-4}$$

式中 $z$——上、下游水位差，叫作用水头。

由上面分析可知，对于管道布设相同，仅出流情况不同的管道，自由出流与淹没出流的泄流量公式唯一的区别就在于作用水头不同。自由出流时的作用水头 $H$ 为上游水面到管道出口中心点的距离，淹没出流时的作用水头 $z$ 为上、下游水位差。同样条件下，自由出流的泄流量大于淹没出流的泄流量。

### 3.2.2 简单短管计算实例

**【例 3-1】** 如图 3-4 所示为一输水铸铁管路，已知管长 $L = 250$ m，管径 $d = 100$ mm，管路进口为直角进口，进口的局部水头损失系数 $\zeta_{进} = 0.5$，有一个弯头和一个闸阀，弯头的局部水头损失系数 $\zeta_{弯} = 0.8$，闸阀的局部水头损失系数 $\zeta_{阀} = 1.2$。水塔的水面高度$H =$

14 m,当闸门全开时,求输水管道的泄流量 $Q$。

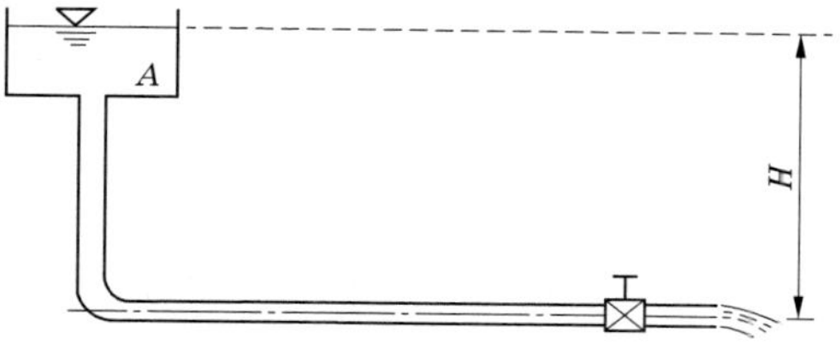


图 3-4

**解**:本例为已知管道尺寸、布置、材料及作用水头,计算过流能力 $Q$。

首先判断出流情况为自由出流或淹没出流,再代入相应公式求解或利用能量方程求解流量。

本例为简单短管的自由出流,过流能力的计算可直接列能量方程或利用式(3-2)直接求流量 $Q$。取粗糙系数 $n=0.0125$,管道进口前水塔内流速忽略不计。

计算流量首先要计算沿程水头损失系数 $\lambda$。

$$C=\frac{1}{n}R^{\frac{1}{6}}=\frac{1}{0.0125}\times\left(\frac{0.1}{4}\right)^{\frac{1}{6}}=43.3$$

$$\lambda=\frac{8g}{C^2}=0.042$$

$$\sum\zeta=\zeta_{进}+\zeta_{弯}+\zeta_{阀}=0.5+0.8+1.2=2.5$$

$$\mu_c=\frac{1}{\sqrt{1+\lambda\frac{L}{d}+\sum\zeta}}=\frac{1}{\sqrt{1+0.042\times\frac{250}{0.1}+2.5}}=0.096$$

$$A=\frac{1}{4}\pi d^2=\frac{1}{4}\times 3.14\times 0.1^2=0.0079(\text{m}^2)$$

则
$$Q=\mu_c A\sqrt{2gH}=0.096\times 0.0079\times\sqrt{2\times 9.8\times 14}=0.0125(\text{m}^3/\text{s})$$

**【例 3-2】**　一路堤下设有钢筋混凝土泄水管,如图 3-5 所示。管长 $L=50$ m,路堤上游面与水平面的夹角为 30°,进出口局部阻力系数分别为 $\zeta_{进}=0.91$、$\zeta_{出}=1.0$,上、下游水位差 $z=20.0$ m。若要求管内泄流量 $Q=15\ \text{m}^3/\text{s}$,水管粗糙系数 $n=0.013$,上、下游流速相等,试确定所需要的管道直径。

**解**:此例为已知管道长度 $L$、流量 $Q$、作用水头,求所需要的管道直径 $d$。

钢筋混凝土泄水管出口淹没在下游水面以下,为淹没出流。

由于管道进口前断面 1—1 较大,不考虑行近流速。根据式(3-4)得

$$Q=vA=\mu_c A\sqrt{2gz}=\frac{1}{\sqrt{\lambda\frac{L}{d}+\sum\zeta}}\times\frac{\pi d^2}{4}\times\sqrt{2gz}$$

因上式为关于管径 $d$ 的一元多次方程,不易直接解方程求解,常用试算法求解管径 $d$,可以采用如下三种试算法。

(1)试算法确定管径。

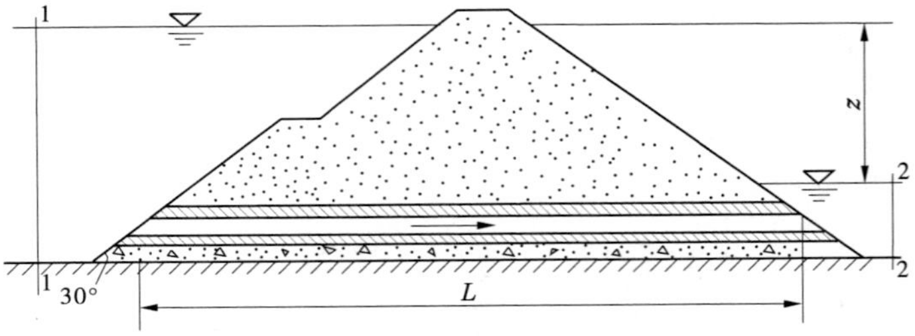


图 3-5

试算步骤为：已知作用水头近似等于上、下游水位差 $z=20.0$ m，粗糙系数 $n=0.013$，可求沿程水头损失系数 $\lambda$，设管径为 $d_1$，求过水面积 $A_1$，利用式(3-4)求流量 $Q_1$ 是否等于 15 m$^3$/s，不相等再调整直径为 $d_2$，计算 $Q_2$，直到所求流量等于已知流量，管径为所求。具体试算步骤如下：

设 $d_1=1.0$ m，则

$$A_1=\frac{1}{4}\pi d^2=\frac{1}{4}\times 3.14\times 1.0^2=0.785(\mathrm{m}^2)$$

$$C_1=\frac{1}{n}R^{\frac{1}{6}}=\frac{1}{0.013}\times\left(\frac{1.0}{4}\right)^{\frac{1}{6}}=61.054$$

$$\lambda_1=\frac{8g}{C_1^2}=\frac{8\times 9.8}{61.054^2}=0.021$$

$$\sum\zeta=\zeta_{进}+\zeta_{出}=0.91+1.0=1.91$$

$$\mu_{c1}=\frac{1}{\sqrt{\lambda\frac{L}{d}+\sum\zeta}}=\frac{1}{\sqrt{0.021\times\frac{50}{1}+1.91}}=0.581$$

则 $$Q_1=\mu_{c1}A_1\sqrt{2gz}=0.581\times 0.785\times\sqrt{2\times 9.8\times 20}=9.03(\mathrm{m}^3/\mathrm{s})$$

与设计流量不符，设的管径偏小，重新试算。

设 $d_2=1.25$ m，按上述步骤可求得：相应的 $A_2=1.23$ m$^2$，$C_2=63.37$，$\lambda_2=0.020$，$\mu_{c2}=0.61$，$Q_2=14.9$ m$^3$/s，与设计流量十分接近，所以 $d=1.25$ m 为所求。

(2)Excel 一般试算确定管径的步骤。

为减少上述一般试算法带来的麻烦，水力计算中引入精确快捷的 Excel 水力试算，具体步骤如下：

①填写 $Q$、$n$、$z$、$L$ 等已知条件(见表 3-1 中的第 1、2 行)；

②按一般试算步骤填写试算表头(见表 3-1 中的第 3 行)；

③在 A4 单元格(A4 是单元格地址，A 表示列、4 表示行，A4 即是指向 A 列第 4 行的单元格)中设管径 $d$(假定 $d=1.0$ m)，在 B4: G4单元格中依次输入过水断面面积 $A$、谢才系数 $C$、沿程水头损失系数 $\lambda$、局部水头损失系数总和 $\sum\zeta$、流量系数 $\mu_c$ 等水力要素对应的 Excel 公式进行计算，计算结果见表 3-1 的第 4 行。

表 3-1 管径 $d$ 试算表

| | A | B | C | D | E | F | G |
|---|---|---|---|---|---|---|---|
| 1 | $Q=$ | 15 | $L=$ | 50 | $n=$ | 0.013 | |
| 2 | $z=$ | 20 | $\zeta_{进}=$ | 0.91 | $\zeta_{出}=$ | 1.0 | |
| 3 | $d$(m) | $A$(m²) | $C$ | $\lambda$ | $\Sigma\zeta$ | $\mu_c$ | $Q$(m³/s) |
| 4 | 1.0 | 0.785 | 61.054 | 0.021 | 1.910 | 0.581 | 9.03 |

注:输入 Excel 计算公式时,必须使用半角符号,全书同。

各单元格水力计算公式及相应的 Excel 计算公式见表 3-2,注意表中如 $ F $ 1、$ D $ 2单元格叫绝对单元格引用,单元格中的绝对引用(如 $ F $ 1)是指固定地址的单元格。如果公式所在单元格的地址改变,绝对引用的单元格地址始终保持不变。绝对单元格引用只有在拖动计算填充时才有意义,拖动计算时绝对引用的单元格地址保持固定,也就是该单元格引用的数据不变。

表 3-2 管径 $d$ 试算 Excel 计算主要公式

| 序号 | 计算参数 | 单元格 | Excel 公式 | 水力计算公式 |
|---|---|---|---|---|
| 1 | $A$ | B4 | =PI()/4 * A4^2 | $A=\frac{1}{4}\pi d^2$ |
| 2 | $C$ | C4 | =1/ $ F $ 1 * (A4/4)^(1/6) | $C=\frac{1}{n}(\frac{d}{4})^{\frac{1}{6}}$ |
| 3 | $\lambda$ | D4 | =8 * 9.8/(C2^2) | $\lambda=\frac{8g}{C^2}$ |
| 4 | $\Sigma\zeta$ | E4 | = $ D $ 2 + $ F $ 2 | $\sum\zeta=\zeta_{进}+\zeta_{出}$ |
| 5 | $\mu_c$ | F4 | =1/SQRT(D4 * $ D $ 1/A4 + E4) | $\mu_c=\frac{1}{\sqrt{\lambda\frac{L}{d}+\sum\zeta}}$ |
| 6 | $Q$ | G4 | =F4 * B4 * SQRT(2 * 9.8 * $ B $ 2) | $Q=\mu_c A\sqrt{2gz}$ |

在表 3-1 所示的 Excel 表中,试算是十分方便的,只需改变引用单元格的数据,Excel 会自动完成新计算和填充工作。例如,将表 3-1 中的 $d$ 改为其他数值,所有引用该单元格的数据均自动更新。

(3)Excel 单变量求解管径步骤。

因为在 $n$、$z$、$L$ 等已知条件下,管径 $d$ 与流量 $Q$ 有一一对应关系,除试算外也可通过 Excel 单变量求解功能求管径 $d$。下面介绍 Excel 单变量计算管径 $d$。

在表 3-1 第 4 行中设管径 $d$ =1.0 m,求出的流量不等于已知流量,需调整 A4 单元格中的管径数值,调整管径最终实现的目标就是使 G4 单元格中计算的流量等于已知流量,因此把计算出流量的 G4 单元格称目标单元格,调整管径可变的 A4 单元格称可变单元格。

Excel 单变量求解步骤是:

①选中目标单元格 G4；

②选中工具菜单中“单变量求解”，弹出一对话框；

③在弹出的对话框中的目标值中输入已知流量“15”，可变单元格中输入管径所在的可变单元格“A4”（见图 3-6），然后按“确定”键；

④在弹出的单变量求解状态对话框中，当看到所求的解为目标值时，按“确定”键，单变量求解完成，管径 $d = 1.25$ m。

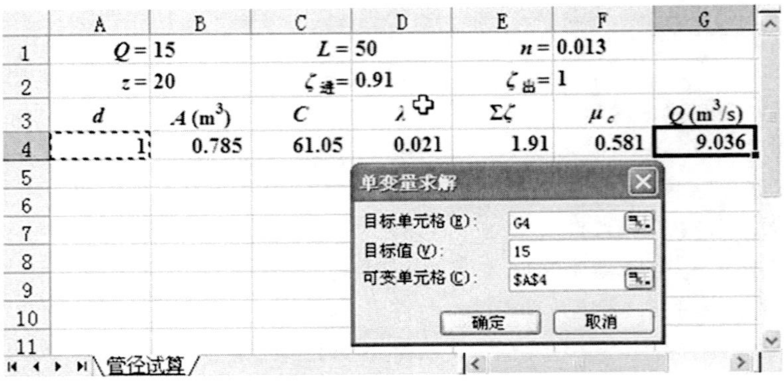


图 3-6

管道设计中，在给定输水量 $Q$ 和管道长度 $L$ 的情况下，设计管道的断面尺寸及相应的作用水头，在这种情况下，一般要从技术方面和经济方面综合考虑确定管道的断面尺寸和作用水头。

从技术方面考虑，在流量一定的条件下，流速的大小与管道的断面尺寸有关，管道的断面尺寸小，则流速大；反之则流速小。流速过大容易产生较大的水击压强，引起管道的破坏；流速过小又容易使水流挟带的泥沙在管道中淤积。一般情况下，水电站引水管中的流速不应超过 5 ~ 6 m/s；给水管道中的流速不应大于 2.5 ~ 3 m/s，不应小于 0.25 m/s。

从经济方面考虑，管道的断面尺寸小，造价低，便于施工，但流速大，运行中的水头损失大，对于抽水装置会增加运行中的电能消耗，运行费用高；管道的断面尺寸大，则管道的造价高，安装困难，但流速小，运行中的水头损失小，运行费用低。重要的管道，应选择几个方案进行经济比较，使管道投资与运转费用的总和最小，这样的流速称为经济流速，其相应的管径称为经济管径。一般的给水管道，当 $d = 100 \sim 200$ mm 时，经济流速为 0.6 ~ 1.0 m/s；当 $d = 200 \sim 400$ mm 时，经济流速为 1.0 ~ 1.4 m/s。水电站压力隧洞的经济流速一般为 2.5 ~ 3.5 m/s，压力钢管一般为 3 ~ 4 m/s。经济流速选取比较复杂，应用时应根据不同情况具体确定。

实际工作中输水管道断面尺寸的确定通常是在进行技术及经济比较的基础上，选定管道的流速，再确定管道的断面尺寸。对于圆管，求管径的公式如下

$$d = \sqrt{\frac{4Q}{\pi v}}$$

利用简单短管水力计算公式，在已知管道尺寸、布置、材料及过流能力的条件下，可计算作用水头，这里不再举例。

### 3.2.3　简单长管水力分析与计算公式

对于图3-2、图3-3所示的管道，当按长管进行计算时，流速水头和局部水头损失可忽略不计，能量方程可写为

$$H' = h_f$$

水利工程中有压输水管道中的水流一般属于紊流阻力平方区，可采用谢才公式计算沿程水头损失，由谢才公式可得

$$Q = vA = AC\sqrt{RJ} = AC\sqrt{\frac{Rh_f}{L}}$$

令 $K = AC\sqrt{R}$，则

$$H' = h_f = \frac{Q^2}{K^2}L \tag{3-5a}$$

对于自由出流 $H' = H$，对淹没出流 $H' = z$。

式(3-5a)中 $K$ 为流量模数，它综合反映管道的断面形式、尺寸及边壁粗糙对过水能力的影响，其单位和流量单位相同，其数值等于水力坡度 $J=1$ 时的流量。当管道水流为阻力平方区时，可由曼宁公式计算出不同直径、不同粗糙系数的流量模数 $K$，见表3-3。当管中流速比较小($v<1.2$ m/s)时，一般位于紊流过渡区，严格来讲，不能用曼宁公式求流量模数，所以不能直接由式(3-5a)计算水头损失。工程实际中一般采用对式(3-5a)进行修正，即在式(3-5a)中乘以修正系数 $k$，得

**表3-3　给水管道的流量模数 $K = AC\sqrt{R}$ 数值**

| 直径 $d$ (mm) | $K$(L/s) | | | 直径 $d$ (mm) | $K$(L/s) | | |
|---|---|---|---|---|---|---|---|
| | 清洁管 $1/n=90$ ($n=0.011$) | 正常管 $1/n=80$ ($n=0.012\,5$) | 污秽管 $1/n=70$ ($n=0.014\,3$) | | 清洁管 $1/n=90$ ($n=0.011$) | 正常管 $1/n=80$ ($n=0.012\,5$) | 污秽管 $1/n=70$ ($n=0.014\,3$) |
| 50 | 9.624 | 8.460 | 7.403 | 500 | $4.467\times10^3$ | $3.927\times10^3$ | $3.436\times10^3$ |
| 75 | 28.37 | 24.94 | 21.83 | 600 | $7.264\times10^3$ | $6.368\times10^3$ | $5.587\times10^3$ |
| 100 | 61.11 | 53.72 | 47.01 | 700 | $10.96\times10^3$ | $9.632\times10^3$ | $8.428\times10^3$ |
| 125 | 110.80 | 97.40 | 85.23 | 750 | $13.17\times10^3$ | $11.58\times10^3$ | $10.13\times10^3$ |
| 150 | 180.20 | 158.40 | 138.60 | 800 | $15.64\times10^3$ | $13.57\times10^3$ | $12.03\times10^3$ |
| 175 | 271.80 | 238.90 | 209.00 | 900 | $21.42\times10^3$ | $18.83\times10^3$ | $16.47\times10^3$ |
| 200 | 388.00 | 341.10 | 298.50 | 1 000 | $28.36\times10^3$ | $24.93\times10^3$ | $21.82\times10^3$ |
| 225 | 531.20 | 467.00 | 408.60 | 1 200 | $46.12\times10^3$ | $40.55\times10^3$ | $35.48\times10^3$ |
| 250 | 703.50 | 618.50 | 541.20 | 1 400 | $69.57\times10^3$ | $61.16\times10^3$ | $53.52\times10^3$ |
| 300 | $1.144\times10^3$ | $1.006\times10^3$ | 880.00 | 1 600 | $99.33\times10^3$ | $87.32\times10^3$ | $76.41\times10^3$ |
| 350 | $1.726\times10^3$ | $1.517\times10^3$ | $1.327\times10^3$ | 1 800 | $136.00\times10^3$ | $119.50\times10^3$ | $104.60\times10^3$ |
| 400 | $2.464\times10^3$ | $2.166\times10^3$ | $1.895\times10^3$ | 2 000 | $180.10\times10^3$ | $158.30\times10^3$ | $138.50\times10^3$ |
| 450 | $3.373\times10^3$ | $2.965\times10^3$ | $2.594\times10^3$ | | | | |

注：按 $C = \frac{1}{n}R^{\frac{1}{6}}$ 计算。

$$H' = h_f = k\frac{Q^2}{K^2}L \tag{3-5b}$$

对于钢管和铸铁管,修正系数 $k$ 可由表 3-4 查得。

表 3-4 钢管及铸铁管修正系数 $k$ 值

| $v$(m/s) | 0.20 | 0.25 | 0.30 | 0.35 | 0.40 | 0.45 | 0.50 | 0.55 | 0.60 |
|---|---|---|---|---|---|---|---|---|---|
| $k$ | 1.410 | 1.330 | 1.280 | 1.240 | 1.200 | 1.175 | 1.150 | 1.130 | 1.115 |
| $v$(m/s) | 0.65 | 0.70 | 0.75 | 0.80 | 0.85 | 0.90 | 1.00 | 1.10 | ≥1.20 |
| $k$ | 1.100 | 1.085 | 1.070 | 1.060 | 1.050 | 1.040 | 1.030 | 1.015 | 1.000 |

注:表中 $v$ 与 $k$ 的关系可以拟合为 $k = -0.4\lg v + 1.03$。

### 3.2.4 简单长管计算实例

**【例 3-3】** 由水塔引一简单长管向工厂供水,管长 $L$ 为 3 500 m,直径 $d$ 为 350 mm,拟采用正常铸铁管,管道布设如图 3-7 所示。工厂所需水头 $H_c$ 为 20 m,若需保证向工厂供水量 $Q$ 为 0.085 m$^3$/s。试确定所需水塔高度 $H$。

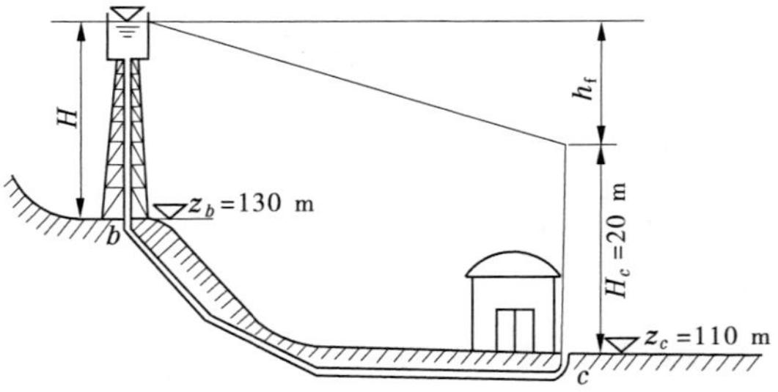


图 3-7

**解**:供水管道按长管计算,水塔高度与作用水头有关。本例为已知管道尺寸、布置、材料及过流能力,计算作用水头。

(1)确定修正系数 $k$。

根据简单有压长管水力计算公式(3-5b)先求流速,确定修正系数 $k$。

管道内流速为

$$v = \frac{Q}{A} = \frac{0.085}{\frac{1}{4}\times 3.14\times 0.35^2} = 0.88(\text{m/s}) < 1.2\ \text{m/s}$$

由表 3-4 内插得修正系数 $k = 1.044$,由表 3-3 查得 $d = 350$ mm 的正常铸铁管 $K = 1.517$ m$^3$/s。

(2)计算作用水头。

由式(3-5b)计算沿程水头损失

$$h_f = k\frac{Q^2}{K^2}L = 1.044\times\frac{0.085^2}{1.517^2}\times 3\ 500 = 11.47(\text{m})$$

所需水塔高度为

$$H = H_c + h_f - (z_b - z_c) = 20 + 11.47 - (130 - 110) = 11.47(\text{m})$$

**【例3-4】** 有一输水管路，由山上引泉水作为生活用水，水管采用铸铁管，水源至用户距离 $L = 280$ m，作用水头 $H = 30$ m，流量 $Q = 200$ L/s。为了完全利用这一水头，问水管直径应为多大？

**解**：生活用水管道按长管计算，本例为已知管道长度 $L$、流量 $Q$、作用水头 $H$，求长管的管道直径 $d$。

(1)求流量模数 $K$。

对于长管，可先假设修正系数 $k = 1.0$，按下式先求出流量模数

$$K = \frac{Q}{\sqrt{\frac{H}{L}}} = \frac{200}{\sqrt{\frac{30}{280}}} = 611.01(\text{L/s})$$

(2)确定管径 $d$。

管道采用圆管，则可根据求得的 $K$ 值，查表3-3得 $d = 250$ mm，由管径反求管内流速 $v = 4.08$ m/s > 1.2 m/s，假设修正系数 $k = 1.0$ 成立，则管径 $d = 250$ mm 为所求。

### 3.2.5 总水头线与测压管水头线的绘制

有压管道在输水过程中，应避免出现过大的真空值，以免危及管道的安全，因此在设计管道时应分析管流压强沿程变化，了解并控制各断面上压强的大小。要分析管流压强沿程变化则需要绘制总水头线和测压管水头线，通过测压管水头线分析确定管道各断面压强的大小。

如图3-8所示为一泄水简单短管自由出流，以通过出口断面中心的水平面为基准面，管道入口前渐变流断面1—1的总水头为 $H_1$，当管道的流量和管径已知时，可求管道中各断面的平均流速，并由能量方程求出断面1—1至任一断面 $i$—$i$ 之间的水头损失 $h_{w1-i}$。任一断面的总水头为

$$z_i + \frac{p_i}{\gamma} + \frac{\alpha_i v_i^2}{2g} = H_1 - h_{w1-i} \tag{3-6}$$

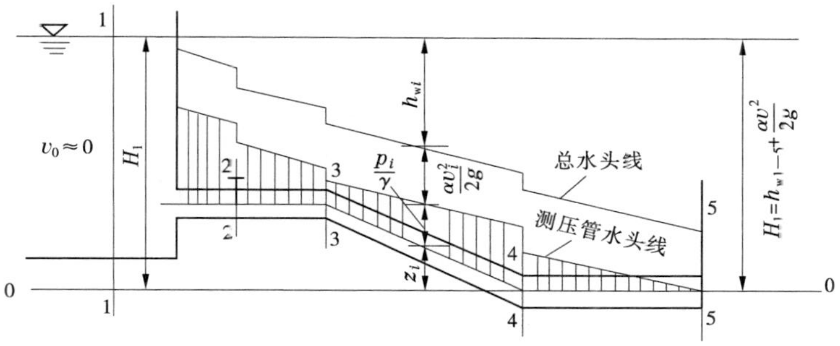


图3-8

任一断面的总水头减去该断面的流速水头即为该断面的测压管水头，该断面的测压管水头减去该断面的位置水头为该断面的压强水头。所以，当管道的管线布置一定时，如

果能绘制出总水头线和测压管水头线,就可确定沿管道各断面的压强大小及其变化。对于管径相同、材料相同,只有沿程水头损失的管段,沿程水头损失与管道长度成正比,所以只要求出该管段两端断面的总水头,用直线连接,便可得到该管段的总水头线。在任一断面,比总水头低一个流速水头处,作总水头线的平行线,就可得到测压管水头线。所以,分析压强沿程变化时,并不需要将各个断面的总水头和测压管水头都计算出来,由测压管水头线就可确定管道各断面的压强,绘制总水头线和测压管水头线的步骤如下:

(1)选定基准面,计算管道进口前断面1—1的总水头$H_1$。

(2)以产生局部水头损失的断面为分界断面将管道分段,计算出各管段的流速水头、沿程水头损失和各个局部水头损失。

(3)按式(3-6)计算出分界断面的总水头及测压管水头。例如,图3-8中断面3—3转弯前的总水头$H_3 = H_1 - h_{w1-3}$(断面3—3转弯前的总水头也可用$H_2 - h_{w2-3}$求得),断面3—3转弯后的总水头$H'_3 = H_3 - h_{j弯}$,依此类推,各分界断面的总水头减去该断面的流速水头即为该断面的测压管水头。

(4)以基准面为横坐标,计算的总水头(测压管水头)为纵坐标,确定管道各分界断面处总水头(测压管水头)位置,即可绘制出总水头线(测压管水头线)。

有时,只需定性绘制总水头线和测压管水头线,在这种条件下,先绘制总水头线再绘制测压管水头线,绘制总水头线一般从上游进口断面开始,向下游绘制,绘制测压管水头线一般从出口断面开始,向上游绘制,测压管水头线低于总水头线一个流速水头值;对于管径不变的管道,二者为倾斜下降相互平行的直线;有局部水头损失的断面假设局部水头损失集中在一个断面上,总水头线画成竖直下降的直线。

在绘制水头线时,应注意管道进、出口的边界条件。当管道出口为自由出流时,测压管水头线末端与出口断面中心重合,如图3-8所示。当管道出口为淹没出流,下游流速$v_2 \approx 0$时,测压管水头线末端与下游水面齐平,如图3-3所示;当下游流速$v_2 \neq 0$时,测压管水头线末端一般情况下稍低于下游水面,如图3-9所示。

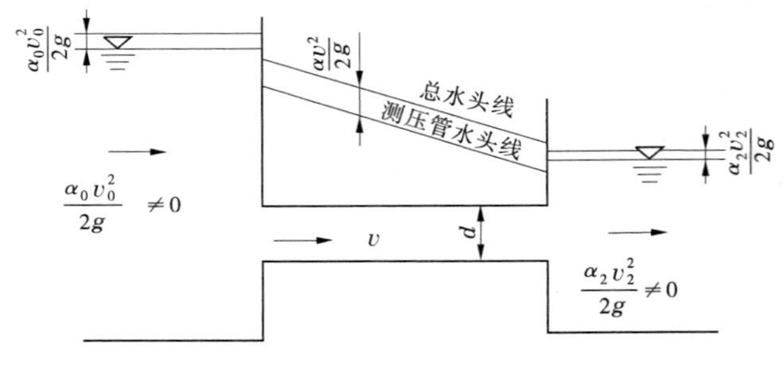


图3-9

需要说明的是,对于管径不同的管段总水头线与测压管水头线垂向间距不同,管径越大的管段流速越小,总水头线越缓,两线的间距越小;管径越小的管段流速越大,总水头线越陡,两线的间距越大。

根据绘制的总水头线和测压管水头线,很容易得出管道各断面的压强水头(见图3-8中测压管水头线与管轴线间竖线)。如果测压管水头线在断面中心点的上方,该断面中心点压强为正值;如果测压管水头线在断面中心点的下方,该断面中心点的压强为负值。当管道内存在较大负压时,水流常处于不稳定状态,且有可能产生气蚀现象,使管道遭到破坏,应采取措施调整管道内的压强分布。

从式(3-6)可以看出,如果水头 $H_1$、流速 $v_i$ 和总水头损失 $h_{wi}$ 一定,则位置水头 $z_i$ 值越大,即管道位置越高,压强越小;相反,位置水头 $z_i$ 值越小,压强越大。因此,改变管线布置,可以调整管道内水流压强的大小。

# 任务3.3　虹吸管及水泵水力分析与计算

## 3.3.1　虹吸管水力分析与计算

### 3.3.1.1　虹吸管水力分析

虹吸管是一种跨越河堤、土坝或高地,向低处输水的简单管道,一般按短管计算,其布置如图3-10所示。虹吸管工作时先将管内空气排出,使管内形成一定的真空,而虹吸管进口处的压强大于大气压强,因此在管内外形成压强差,这样水流就会由压强大的地方流向压强小的地方。只要保持在虹吸管中有一定的真空值以及上、下游有一定的水位差,水流就会不断地由上游通过虹吸管流向下游。虹吸管中最大真空一般发生在管道最高位置,如不考虑水头损失,理论上最大真空高度为10 m,为了保证虹吸管能正常工作,虹吸管内的真空值不能太大,允许最大真空高度一般限制在7~8 m以下。

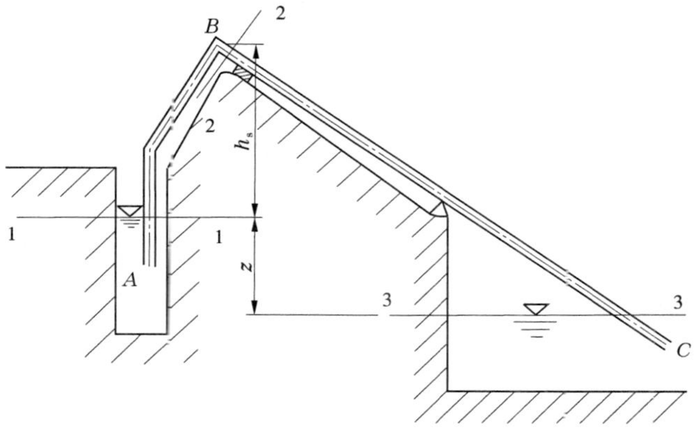


图3-10

### 3.3.1.2　虹吸管水力计算

虹吸管的水力计算主要有以下两项:

(1)计算虹吸管的泄流量。

虹吸管输水出流一般为淹没出流,当已知管道布设、尺寸、材料、作用水头,计算泄流量时可代入式(3-3)直接计算,也可利用能量方程求解。

(2)确定虹吸管的允许安装高度或校核其真空度是否满足要求。

虹吸管顶部管轴线到上游水面的距离为虹吸管的安装高度($h_s$)。选虹吸管进口上游水池过水断面与虹吸管中最大真空位置所在过水断面列能量方程，可已知最大允许真空值确定虹吸管的允许安装高度，也可已知虹吸管的安装高度校核真空度是否满足要求。

**【例 3-5】** 用虹吸管自钻井输水至集水池如图 3-10 所示。虹吸管长 $L = L_{AB} + L_{BC} = 30\ \text{m} + 40\ \text{m} = 70\ \text{m}$，直径 $d = 200$ mm。钻井至集水池间的恒定水位高差 $z = 1.60$ m。又已知沿程阻力系数 $\lambda = 0.03$，管路进口、120°弯头、90°弯头及出口处的局部阻力系数分别为 $\zeta_1 = 0.5$，$\zeta_2 = 0.2$，$\zeta_3 = 0.5$，$\zeta_4 = 1$。试求：

(1)虹吸管的流量 $Q$。

(2)若虹吸管顶部 $B$ 点安装高度 $h_s = 4.5$ m，校核其真空度是否满足 7～8 m。

**解：**(1)计算虹吸管的泄流量。

虹吸管可以按简单短管淹没出流进行计算，上、下游水池流速近似为零。

$$A = \frac{1}{4}\pi d^2 = \frac{1}{4} \times 3.14 \times 0.2^2 = 0.031\,4(\text{m}^2)$$

$$\sum \zeta = \zeta_1 + \zeta_2 + \zeta_3 + \zeta_4 = 0.5 + 0.2 + 0.5 + 1 = 2.2$$

$$\mu_c = \frac{1}{\sqrt{\lambda \dfrac{L}{d} + \sum \zeta}} = \frac{1}{\sqrt{0.03 \times \dfrac{70}{0.2} + 2.2}} = 0.28$$

则

$$Q = \mu_c A \sqrt{2gz} = 0.28 \times 0.031\,4 \times \sqrt{2 \times 9.8 \times 1.6} = 0.049\,2(\text{m}^3/\text{s})$$

$$v = \frac{Q}{A} = \frac{0.049\,2}{0.031\,4} = 1.57(\text{m/s})$$

(2)计算虹吸管顶部断面 2—2 的压强水头。

计算断面 2—2 的压强水头可用能量方程。以上游渠道自由水面为基准面，对上游断面 1—1 及断面 2—2 列能量方程

$$0 + 0 + \frac{\alpha_0 v_0^2}{2g} = h_s + \frac{p_2}{\gamma} + \frac{\alpha_2 v_2^2}{2g} + h_f + \sum h_j$$

取 $\alpha_0 = \alpha_2 = 1.0$，$\dfrac{\alpha_0 v_0^2}{2g} \approx 0$，$v_2 = v = 1.57\text{m/s}$

$$-\frac{p_2}{\gamma} = h_s + \left(1 + \lambda \frac{L_{AB}}{d} + \zeta_1 + \zeta_2 + \zeta_3\right) \frac{v_2^2}{2g}$$

$$= 4.5 + \left(1 + 0.03 \times \frac{30}{0.2} + 0.5 + 0.2 + 0.5\right) \times \frac{1.57^2}{19.6} = 5.34(\text{m})$$

则

$$\frac{p_2}{\gamma} = -5.34(\text{m})$$

虹吸管顶部断面 2—2 的压强水头小于零，相对压强为负压，此处产生了真空。由能量方程分析，断面 2—2 为虹吸管中最大真空发生断面，断面 2—2 的真空度为 5.34 m，在 7～8 m 水柱高以下，所以虹吸管高度 $h_s = 4.5$ 时，虹吸管可以正常工作。

## 3.3.2　水泵水力分析与计算

### 3.3.2.1　水泵水力分析

如图 3-11 所示为水泵装置图，水泵抽水系统由吸水管、压水管、水泵及其配套的动力

机械和一些管道附件组成。由水源到水泵进口前的一段管道为吸水管，一般按短管计算，从水泵出口到水池的一段管道为压水管，根据不同情况按短管或长管计算，水泵是在其配套的动力机械带动下工作的。水泵工作前先将吸水管及水泵内充满水，水泵工作时通过水泵叶轮转动的作用，在水泵进口端形成真空，使水流在池面大气压作用下不断沿水管上升，水流流经水泵时从水泵获得新的能量，从而输入压水管，再流入水池。

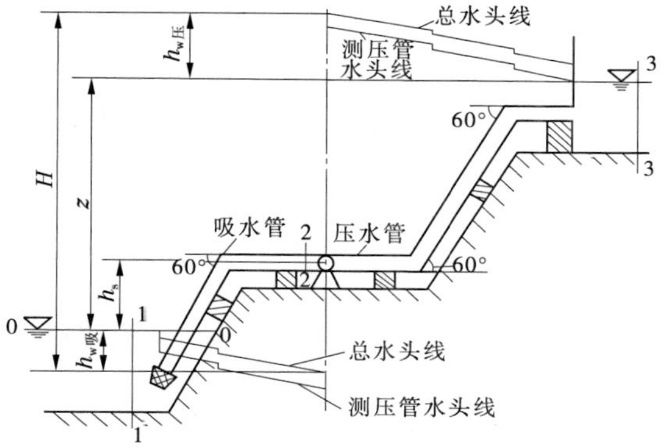


图 3-11

水泵叶轮轴线到上游水面的垂直距离为水泵的安装高度 $h_s$。在水泵的作用下水流经过吸水管和压水管，水由低处流向高处，增加了能量，水流在流动过程中克服阻力损失能量，这两部分能量均由水泵提供，水泵向单位重量水体所提供的能量即水泵的扬程（或叫水泵的总水头）。水流经过水泵时，从水泵的动力装置获得了外加的机械能，才能使池中水流经压水管进入水泵，即水泵对水流做了一定的功，而水泵是在动力机械的带动下转动的，单位时间内动力机械做的功为动力机械的功率。

### 3.3.2.2 水泵水力计算

水泵水力计算主要有以下几方面：

(1) 确定吸水管、压水管管径。

当仅知道流量、材料、管道布设确定吸水管、压水管管径时，根据吸水管、压水管的允许流速及流量计算管径，再根据计算管径选大于或等于计算管径的标准管径确定吸水管、压水管的管径。

吸水管、压水管的直径 $d$ 的一般计算公式为

$$d = \sqrt{\frac{4Q}{\pi v_{允}}} \tag{3-7}$$

其中，吸水管允许流速为 0.7 ~ 1.5 m/s，压水管允许流速为 0.8 ~ 2.5 m/s。

(2) 计算水泵安装高度。

水泵安装高度的确定方法与虹吸管安装高度的确定方法相同，对图 3-11 中断面 1—1 和断面 2—2 列能量方程求水泵安装高度。

(3) 确定水泵扬程及动力机械功率。

设水泵的提水高度为 $z$，吸水管水头损失为 $h_{w吸}$，压水管水头损失为 $h_{w压}$，水泵的扬程

为 $H$,对图 3-11 中上游水池断面 1—1 和下游水池断面 3—3 列能量方程,上、下游水池中流速忽略不计,根据能量方程可得扬程 $H$

$$H = z + h_{w吸} + h_{w压} \tag{3-8}$$

动力机械的功率计算式为

$$N_p = \frac{\gamma QH}{\eta_p} \tag{3-9}$$

式中　$H$——水泵的扬程,m;

$\eta_p$——水泵和动力机械的总效率。

【例 3-6】　图 3-12 所示为离心泵实际抽水量 $Q = 8.1 \times 10^{-3}\ m^3/s$,吸水管长度 $L = 7.5$ m,直径 $d = 100$ mm,沿程阻力系数 $\lambda = 0.045$,局部阻力系数:带底阀的滤水管 $\zeta_1 = 7.0$,弯管 $\zeta_2 = 0.25$。如允许真空度为 5.7 m,试决定其允许安装高度 $h_s$。

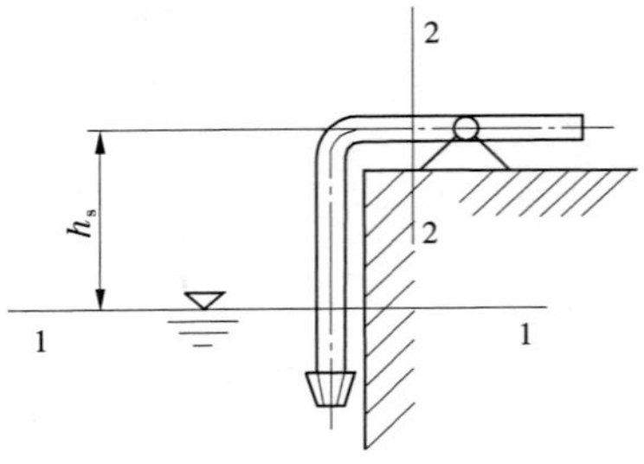

图 3-12

**解**:以上游水池水面为基准面,对断面 1—1 和水泵入口断面 2—2 列能量方程,忽略河道流速水头,得

$$0 + 0 + 0 = h_s + \frac{p_2}{\gamma} + \frac{\alpha v_2^2}{2g} + h_{f1-2} + h_{j1-2}$$

取 $\alpha = 1.0$,$\frac{p_2}{\gamma} = -5.7$ m:

$$\sum \zeta = 7 + 0.25 = 7.25$$

$$v = \frac{4Q}{\pi d^2} = \frac{4 \times 0.008\ 1}{\pi \times 0.1^2} = 1.03(m/s)$$

$$h_s = 5.7 - (\alpha + \lambda \frac{L}{d} + \sum \zeta)\frac{v^2}{2g}$$

$$= 5.7 - (1 + 0.045 \times \frac{7.5}{0.1} + 7.25) \times \frac{1.03^2}{19.6} = 5.07(m)$$

故水泵最大安装高度为 5.07 m。

【例 3-7】　某临近黄河的区域,计划在黄河岸边修建电力提灌站一座,水泵 2 台。为保证当地灌溉及人畜用水问题,计划从黄河提水流量为 0.4 $m^3/s$。每年冬季枯水期,流量小、水位低,水位为 1 423 m,每年夏天,洪水下泄,流量大,水位升至 1 425 m,泵房修筑成防洪泵房,泵站附近的地形情况如图 3-13 所示。试确定:

(1)水泵扬程。

(2)选择水泵型号、相应的配套电机功率($\eta_p$ 为水泵和动力机械的总效率,取 84%)。

(3)水泵最大安装高度。

**解**:管道布置根据提水路线的地形确定,吸水管长度考虑吸水管进口在最低水位下水深不小于 0.5 ~ 1.0 m,距河底距离不小于 0.8$D$,$D$ = (1.3 ~ 1.5)$d_{吸}$,上游水位变化、泵的

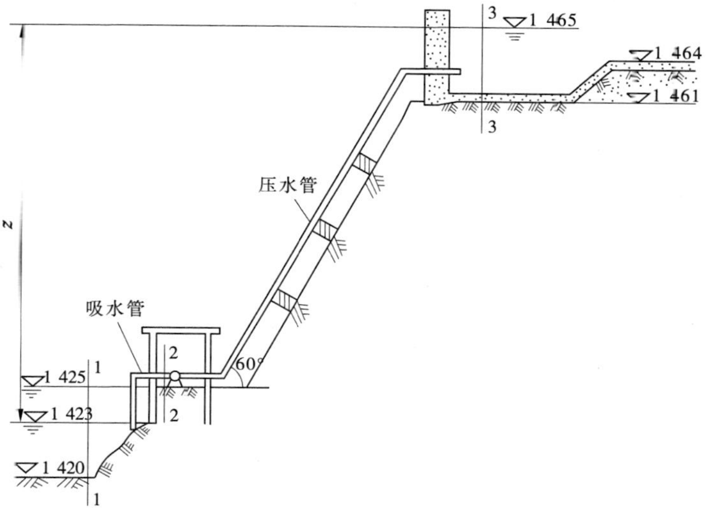


图3-13 （单位:m）

安装高度及泵房尺寸等因素确定;压水管长度与提水路程、地形及其布置有关。本案例吸水管长度拟定为7~8 m,取7.5 m,压水管长度拟定为48 m。管道材料取铸铁管,粗糙系数 $n = 0.0125$。

(1)确定管径。

选取吸水管允许流速 $v_{允} = 1.5$ m/s,则

$$d_{吸} = \sqrt{\frac{4Q}{\pi v_{允}}} = \sqrt{\frac{4 \times 0.2}{3.14 \times 1.5}} = 0.412(\text{m})$$

选择标准管径: $d_{吸} = 450$ mm。

相应的面积: $A = \frac{1}{4}\pi d_{吸}^2 = \frac{1}{4} \times 3.14 \times 0.45^2 = 0.159(\text{m}^2)$。

相应流速: $v_{吸} = \frac{Q}{A} = \frac{0.2}{0.159} = 1.26(\text{m/s})$。

压水管允许流速一般取1.5~2.5 m/s。压水管的直径可按压水管的允许流速确定。取压水管允许流速 $v_{允} = 2.5$ m/s,则

$$d_{压} = \sqrt{\frac{4Q}{\pi v_{允}}} = \sqrt{\frac{4 \times 0.2}{3.14 \times 2.5}} = 0.319(\text{m})$$

选定标准管径: $d_{压} = 400$ mm。

相应的面积: $A = \frac{1}{4}\pi d_{压}^2 = \frac{1}{4} \times 3.14 \times 0.4^2 = 0.126(\text{m}^2)$。

相应的流速: $v_{压} = \frac{Q}{A} = \frac{0.2}{0.126} = 1.59(\text{m/s})$。

(2)确定扬程。

由式(3-8)知,计算扬程时应先计算吸水管、压水管的水头损失。查局部水头损失系数表1-3取吸水管进口局部水头损失系数 $\zeta_{进} = 2.5$,直角转弯处局部水头损失系数 $\zeta_{弯1} =$

1.1，两个60°转弯处局部水头损失系数$\zeta_{弯2} = 0.55$，出口处局部水头损失系数$\zeta_{出} = 1.0$。沿程水头损失系数$\lambda = \dfrac{8g}{C^2}$，谢才系数$C = \dfrac{1}{n}R^{\frac{1}{6}}$，计算得吸水管沿程水头损失系数$\lambda_{吸} = 0.025\ 4$，压水管沿程水头损失系数$\lambda_{压} = 0.026\ 4$。

$$h_{w吸} = \left(\lambda \frac{L_{吸}}{d_{吸}} + \sum \zeta\right) \frac{v_{吸}^2}{2g} = \left(0.025\ 4 \times \frac{7.5}{0.45} + 2.5 + 1.1\right) \times \frac{1.26^2}{2 \times 9.8} = 0.326(\mathrm{m})$$

$$h_{w压} = \left(\lambda \frac{L_{压}}{d_{压}} + \sum \zeta\right) \frac{v_{压}^2}{2g} = \left(0.026\ 4 \times \frac{48}{0.4} + 0.55 + 0.55 + 1.0\right) \times \frac{1.59^2}{2 \times 9.8} = 0.679(\mathrm{m})$$

按枯水位确定水泵扬程$H$。

提水高度$z = 1\ 465 - 1\ 423 = 42(\mathrm{m})$，则

$$H = z + h_{w吸} + h_{w压} = 42 + 0.326 + 0.679 = 43.01(\mathrm{m})$$

由水泵流量、扬程查水泵性能表拟定水泵型号，根据水泵性能表（查有关计算手册）可得，水泵允许真空高度为4.5 m。

(3)计算水泵的动力机械功率。

动力机械的功率可由式(3-9)计算

$$N_p = \frac{\gamma QH}{\eta_p} = \frac{9.8 \times 0.2 \times 43.01}{0.84} = 100.4(\mathrm{kW})$$

(4)确定水泵最大安装高度。

以上游水池水面为基准面，对进口断面1—1和水泵入口断面2—2列能量方程，忽略河道流速水头，得

$$0 + 0 + 0 = h_s + (-4.5) + \frac{\alpha v_{吸}^2}{2g} + h_{f1-2} + h_{j1-2}$$

取$\alpha = 1.0$，则

$$h_s = 4.5 - \left(\alpha + \lambda \frac{L_{吸}}{d_{吸}} + \sum \zeta\right) \frac{v_{吸}^2}{2g}$$

$$= 4.5 - \left(1 + 0.025\ 4 \times \frac{7.5}{0.45} + 2.5 + 1.1\right) \times \frac{1.26^2}{2 \times 9.8} = 4.09(\mathrm{m})$$

故水泵最大安装高度为4.09 m。

水泵叶轮轴线高程为$\nabla = 1\ 423 + 4.09 = 1\ 427.09(\mathrm{m})$。

## 任务3.4　倒虹吸管水力分析与计算

### 3.4.1　倒虹吸管水力分析

倒虹吸管为跨越河渠的交叉输水建筑物，倒虹吸管输水系统由进口、管身、出口组成，其布置形式如图3-14所示。

倒虹吸管进口段包括进水口、拦污栅、闸门、沉沙池、渐变段。倒虹吸管进口前常设置闸门，因此计算时均应计入闸槽局部水头损失。倒虹吸管进口渐变段的作用在于使进口

段与渠道平顺连接。倒虹吸管管身段均采用圆形断面，其布置有斜管式与竖井式两种，一般采用斜管式的多，只有小型的穿越道路的倒虹吸管采用竖井式。倒虹吸管管身断面直径主要以通过设计流量时要求的控制流速确定，一般 $v$ =1.5～2.5 m/s，最大值不宜超过 3.5 m/s，对于含沙量较大的水流，其流速要大于不淤流速。为平稳倒虹吸管出口流态，在出口处设置渐变段。为避免通过小流量时在进口处产生非淹没入流的情况，可在出口处设置节制闸，抬高水位，使进口形成淹没流态。

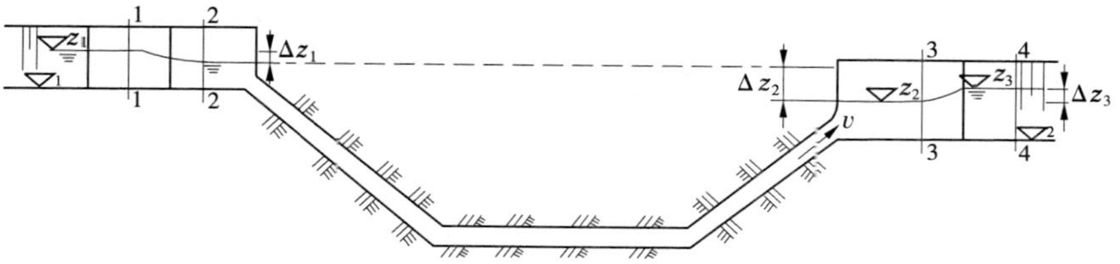


图 3-14

## 3.4.2　倒虹吸管水力计算

倒虹吸管水力计算主要有以下几方面：

(1) 选择适宜的流速，确定管道内径。

(2) 计算倒虹吸管的实际水头损失，确定下游渠道水面和渠底高程。

(3) 已知管径、管道布设，验算过流能力。

由设计流量 $Q$ 和式(3-7)初步拟定管径 $d$。倒虹吸管的水头损失包括进、出口水头损失及管身段水头损失，其水头损失计算及与下游渠道渠底高程确定、上下游水位变化水面衔接有关。倒虹吸管过流能力计算通过能量方程确定。

### 3.4.2.1　计算水面衔接

(1) 进口段水面降落值 $\Delta z_1$。

由图 3-14 对进口渐变段首端断面 1—1、末端断面 2—2 列能量方程得

$$\Delta z_1 = \frac{\alpha_2 v_2^2 - \alpha_1 v_1^2}{2g} + h_{j1} + \overline{J}_1 l_1 \tag{3-10}$$

$$h_{j1} = \zeta_1 \frac{v_2^2 - v_1^2}{2g} \tag{3-11}$$

$$\overline{J}_1 = \frac{Q^2}{\overline{A}^2\ \overline{C}^2\ \overline{R}^2};\overline{A} = \frac{A_1 + A_2}{2};\overline{C} = \frac{C_1 + C_2}{2};\overline{R} = \frac{R_1 + R_2}{2} \tag{3-12}$$

式中　$A_1$、$A_2$——进口渐变段首、末端过水断面面积；

$v_1$、$v_2$——进口渐变段首、末端断面平均流速；

$h_{j1}$——进口渐变段局部水头损失；

$\overline{\zeta}_1$——进口渐变段局部水头损失系数，查表 3-5 确定；

$\overline{A}$、$\overline{C}$、$\overline{R}$、$\overline{J}_1$——进口渐变段首、末端断面平均过水断面面积、平均谢才系数、平均水力半径、平均水力坡度。

当忽略进口渐变段沿程水头损失时，令 $\alpha_1 = \alpha_2 \approx 1$，式(3-10)可写为

$$\Delta z_1 = (1 + \zeta_1) \frac{v_2^2 - v_1^2}{2g} \tag{3-13}$$

(2)出口段水面回升值 $\Delta z_3$。

由图3-14对出口渐变段首、末端3—3、4—4两断面列能量方程得

$$\Delta z_3 = \frac{\alpha_3 v_3^2 - \alpha_4 v_4^2}{2g} - h_{j2} - \overline{J}_2 l_2 \tag{3-14}$$

$$h_{j2} = \zeta_2 \frac{v_3^2 - v_4^2}{2g} \tag{3-15}$$

式中 $v_3$、$v_4$——出口渐变段首、末端断面平均流速；

$h_{j2}$——出口渐变段局部水头损失；

$\zeta_2$——出口渐变段局部水头损失系数，取决于渐变段的形式，查表3-5确定；

$\overline{J_2}$——出口渐变段首、末端断面平均水力坡度。

**表3-5 渐变段局部水头损失系数**

| 序号 | 渐变段形式 | $\zeta_1$ | $\zeta_2$ |
|---|---|---|---|
| 1 | 反弯扭曲面形 | 0.1 | 0.2 |
| 2 | 1/4圆弧 | 0.15 | 0.2 |
| 3 | 方头形 | 0.3 | 0.7 |
| 4 | 直线扭曲面形 | 0.05~0.3 | 0.3~0.5 |

注：$\zeta_1$、$\zeta_2$值的大小分别与进口渐变段形式及其水面收敛角 $\theta_1$、出口渐变段形式与水面扩散角 $\theta_2$ 有关，如图3-15所示。表中1~3项的 $\zeta_1$、$\zeta_2$值，适用 $\theta < 12.5°$；4项直线扭曲面形，当 $\theta_1 = 15° \sim 37°$ 时，$\zeta_1 = 0.05 \sim 0.3$；当 $\theta_2 = 10° \sim 17°$ 时，$\zeta_2 = 0.3 \sim 0.5$。

当忽略出口渐变段沿程水头损失时，令 $\alpha_3 = \alpha_4 \approx 1$，式(3-14)可写为

$$\Delta z_3 = (1 - \zeta_2) \frac{v_3^2 - v_4^2}{2g} \tag{3-16}$$

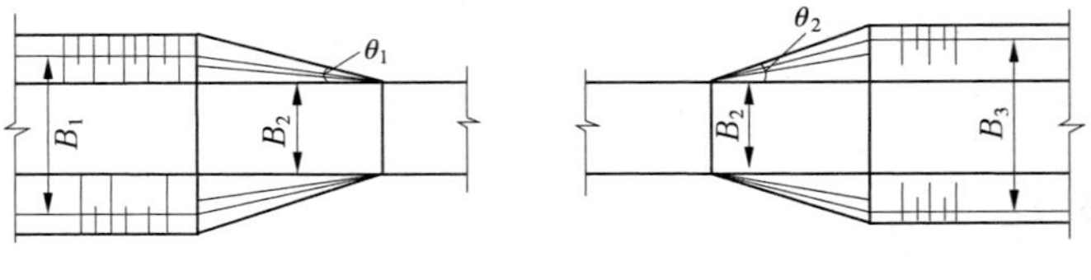


图3-15

(3)倒虹吸管段水面落差 $\Delta z_2$。

在图3-14中，对进口渐变段末端断面与管道出口断面列能量方程得

$$\Delta z_2 = \left[ \sum \zeta_i \left(\frac{A}{A_i}\right)^2 + \sum \frac{2gL_i}{C_i^2 R_i} \left(\frac{A}{A_i}\right)^2 \right] \times \frac{v^2}{2g} + \frac{v^2 - v_2^2}{2g} \tag{3-17}$$

若倒虹吸管为简单管道，则式(3-17)可简化为

$$\Delta z_2 = \left[\sum \zeta_i + \sum \frac{2gL_i}{C_i^2 R_i}\right] \times \frac{v^2}{2g} + \frac{v^2 - v_2^2}{2g} \tag{3-18}$$

(4)倒虹吸管的水面总落差 $\Delta z$。

由图3-14可以看出，倒虹吸管的水面总落差 $\Delta z$ 为

$$\Delta z = \Delta z_1 + \Delta z_2 - \Delta z_3 \tag{3-19}$$

#### 3.4.2.2　流量计算

倒虹吸管可以按简单短管淹没出流进行计算。由 $\Delta z_2$ 及 $Q = Av$ 得

$$Q = \mu A \sqrt{2g\Delta z_2} \tag{3-20}$$

$$\mu = \frac{1}{\sqrt{\sum \zeta_i \frac{A^2}{A_i^2} + \sum \frac{2gL_i}{C_i^2 R_i}\frac{A^2}{A_i^2} + 1 - \frac{A^2}{A_i^2}}} \tag{3-21}$$

式中　$v_1$、$v_2$、$v$、$v_3$——上游渠道、进口渐变段末端、管道出口、下游渠道断面平均流速；

$A_1$、$A_2$、$A$、$A_3$——流速 $v_1$、$v_2$、$v$、$v_3$ 对应的断面面积；

$\zeta_1$、$\zeta_2$——进、出口渐变段的局部水头损失系数；

$\zeta_i$——管道局部能量损失系数，不包括 $\zeta_1$、$\zeta_2$ 及管道出口处但包括管道进口处；

$A_i$——相应 $\zeta_i$ 的计算断面面积；

$C_i$、$R_i$、$L_i$——管身计算段水流的谢才系数、水力半径和管长。

若倒虹吸管为简单管道，$A/A_i = 1$，流量系数可写为

$$\mu = \frac{1}{\sqrt{\sum \zeta_i + \sum \frac{2gL}{C_i^2 R}}} \tag{3-22}$$

式中　$\sum\zeta_i$——虹吸管各处局部损失系数之和，包括管道进口处，不包括 $\zeta_1$、$\zeta_2$ 及管道出口处。

**【例3-8】**　某水库干渠工程在桩号3+662～3+875处与河流相交。由于洪水位过高，兴建渡槽不合适，拟建倒虹吸管如图3-14所示。其设计基本数据如下：

①设计流量 $Q=7.17\ m^3/s$；

②倒虹吸管段有两弯段转角为30°；

③上、下游渠道断面相同，底宽 $b = 2.4$ m，边坡系数 $m = 1.5$，粗糙系数 $n = 0.025$，通过设计流量 $Q=7.17\ m^3/s$ 时，水深 $h_0=2.1$ m，相应断面平均流速 $v_C=0.62$ m/s，进口渐变段末端底宽为4.5 m；

④上游渠道进口处高程 $\nabla_1=13.97$ m。

试计算：

(1)确定管径。

(2)核算当设计流量 $Q=7.17\ m^3/s$ 时的上、下游水位。

(3)倒虹吸管出口及下游渠底高程。

**解：**(1)确定管径。

倒虹吸管断面的大小取决于管内流速的选择。管径大则工程投资大，水头损失小，可控制自流灌溉面积大；反之管径小，投资小，水头损失大，可控制自流灌溉面积小。因此，

管内流速 $v$ 的确定应由经济比较决定，一般采用 $v=1.5\sim2.5$ m/s，为了便于运用控制，本例拟用双管布置，单管过流量为 3.59 m³/s。

在流速范围内，初拟管内流速 $v_{允}=1.6$ m/s，则

$$d_{吸}=\sqrt{\frac{4Q}{\pi v_{允}}}=\sqrt{\frac{4\times3.59}{3.14\times1.6}}=1.69(\mathrm{m})$$

取整数 $d=1.7$ m，则 $A=\frac{1}{4}\pi d^2=\frac{1}{4}\times3.14\times1.7^2=2.27(\mathrm{m}^2)$

$$v=\frac{Q}{A}=\frac{3.59}{2.27}=1.58(\mathrm{m/s})$$

故 $1.5\ \mathrm{m/s}<v<2.5\ \mathrm{m/s}$，符合要求。

(2)计算各部分断面的平均流速。

各部分的过水断面面积及平均流速见表 3-6。

**表 3-6 各部分的过水断面面积及平均流速**

| 断面部位 | 上游渠道 | 进口渐变段末端 | 管身 | 下游渠道 |
|---|---|---|---|---|
| 过水断面面积 $A_i$(m²) | 11.6 | 9.5 | 4.54 | 11.6 |
| 平均流速 $v_i$(m/s) | 0.62 | 0.75 | 1.58 | 0.62 |

(3)确定局部及沿程水头损失系数。

①进口渐变段为反弯扭曲面，$\zeta_1=0.1$。

②出口渐变段为直线扭曲面，$\zeta_2=0.3$。

③进口拦污栅损失系数，由项目 1 表 1-3 得

$$\zeta_3=\beta\left(\frac{s}{b}\right)^{\frac{4}{3}}\sin\alpha$$

式中：$s$ 为栅条宽度，为 1.6 cm；$b$ 为栅条间距，为 18 cm；$\beta$ 为栅条形状系数，为 1.83；$\alpha$ 为拦污栅水平倾角，为 80°。

$$\zeta_3=1.83\times\left(\frac{1.6}{18}\right)^{\frac{4}{3}}\sin80^\circ=0.071$$

$$\zeta_3\frac{A_2}{A_3^2}=0.071\times\frac{(2\times2.27)^2}{(4.5\times2.10)^2}=0.016$$

④进闸损失，水流由渐变段末端经拦污栅进入闸孔，闸槽损失系数取

$$\zeta_4=0.05;A_4=A;v_4=v;\frac{A^2}{A_4^2}\zeta_4=0.05$$

⑤进口损失，水流由明渠进入管道，进口形状稍微修圆，其局部水头损失系数取

$$\zeta_5=0.25;A_5=A;v_5=v;\frac{A^2}{A_5^2}\zeta_4=0.25$$

⑥第一、第二弯头局部阻力系数为 $\zeta_6$，由转角 $\alpha=30^\circ$，查项目 1 表 1-3 得

$$\zeta_6=0.2+0.2=0.4;\frac{A^2}{A_6^2}\zeta_6=0.4$$

⑦沿程损失，管长 $L=196.5$ m，管径沿程不变，故有

$$\sum \frac{2gL}{C_i^2R_i}\left(\frac{A}{A_i}\right)^2 = \frac{2gL}{C^2R}\left(\frac{A}{A_i}\right)^2 = \frac{2gL}{C^2R}$$

$$R = \frac{d}{4} = \frac{1.7}{4} = 0.425(\mathrm{m})$$

$$n = 0.014$$

$$C = \frac{1}{n}R^{\frac{1}{6}} = 61.94$$

$$\frac{2gL}{C^2R} = \frac{2\times 9.8\times 196.5}{(61.94)^2\times 0.425} = 2.36$$

(4)计算总水头损失 $\Delta z$,校算流量 $Q$。

①计算总水头损失 $\Delta z$,按式(3-19)计算。

倒虹吸进口水面降落值 $\Delta z_1$ 为

$$\Delta z_1 = (1+\zeta_1)\frac{v_2^2 - v_1^2}{2g} = (1+0.1)\times\frac{0.75^2 - 0.62^2}{19.6} = 0.010(\mathrm{m})$$

倒虹吸管身段水头损失 $\Delta z_2$ 为

$$\Delta z_2 = \left[\sum \zeta_i\left(\frac{A}{A_i}\right)^2 + \sum\frac{2gL_i}{C_i^2R_i}\left(\frac{A}{A_i}\right)^2 + 1 - \frac{A^2}{A_2^2}\right]\times\frac{v^2}{2g}$$

其中
$$\sum\zeta_i\frac{A^2}{A_i^2} = 0.016 + 0.05 + 0.25 + 0.4 = 0.716$$

$$\sum\frac{2gL}{C_i^2R_2}\left(\frac{A}{A_i}\right)^2 = \frac{2gL}{C^2R} = 2.36$$

$$1 - \frac{A^2}{A_2^2} = 1 - \frac{(2\times 2.27)^2}{9.5^2} = 0.78$$

$$\Delta z_2 = (0.716 + 2.36 + 0.78)\times\frac{1.58^2}{19.6} = 0.491(\mathrm{m})$$

倒虹吸出口水面上升值 $\Delta z_3$ 为

$$\Delta z_3 = (1-\zeta_2)\frac{v_3^2 - v_4^2}{2g} = (1-0.3)\times\frac{1.58^2 - 0.62^2}{19.6} = 0.075(\mathrm{m})$$

$$\Delta z = \Delta z_1 + \Delta z_2 - \Delta z_3 = 0.010 + 0.491 - 0.075 = 0.426(\mathrm{m})$$

②核算流量,倒虹吸为简单管道,按式(3-22)求流量系数,再按式(3-20)计算流量

$$\mu = \frac{1}{\sqrt{\sum\zeta_i + \sum\frac{2gL}{C_i^2R} + 1 - \frac{A^2}{A_i^2}}} = \frac{1}{\sqrt{0.456 + 2.36 + 0.78}} = 0.53$$

$$Q = \mu A\sqrt{2g\Delta z_2} = 0.53\times 2\times 2.27\times\sqrt{2\times 9.8\times 0.491} = 7.46(\mathrm{m^3/s})$$

故取管径 $d = 1.7$ m 符合流量要求。

(5)上、下游水位及渠底高程的确定。

①上游水位 $z_1$(渠道水位)为

$$z_1 = \nabla_1 + h_0 = 13.97 + 2.10 = 16.07(\mathrm{m})$$

②出口处水位 $z_2$ 为

$$z_2 = z_1 - \Delta z_1 - \Delta z_2 = 16.07 - 0.010 - 0.491 = 15.569(\text{m})$$

③出口渠道水位 $z_3$ 及渠底高程 $\nabla_2$ 为

$$z_3 = z_2 + \Delta z_3 = 15.569 + 0.075 = 15.644(\text{m})$$

$$\nabla_2 = z_3 - h_0 = 15.644 - 2.10 = 13.544(\text{m})$$

# 任务 3.5　有压隧洞水力分析与计算

## 3.5.1　隧洞水流分析

隧洞水流的流态主要有两种，即有压流与无压流。另外，由于上、下游水头的变化还会存在一种介于这两种之间的半有压流，一般在低水头时出现这种流态，所以隧洞的流态取决于上、下游水位的高低。

当下游水位较高，淹没出口洞顶时，全洞都是有压流，如图 3-16(a)所示。当下游水位较低，隧洞为自由出流时，洞内的水流流态主要取决于上游水位。随着上游水位的变化，可能出现有压流、半有压流和无压流三种情况。

当上游水位较高时，水流在流动过程中，有较大的能量，虽然下游水位低于洞顶，但在出口断面附近，洞内仍具有一定的压能，使水流充满全管，为有压流，如图 3-16(b)所示。

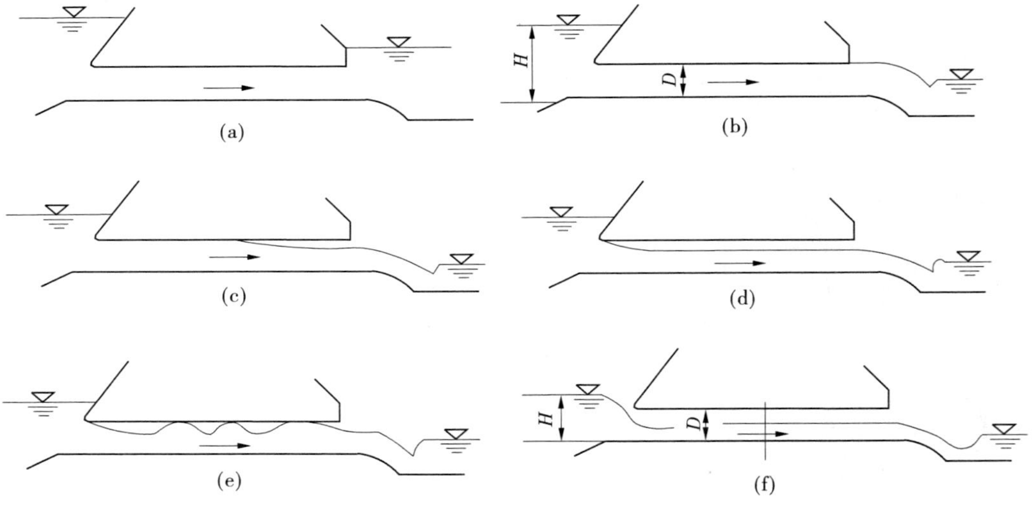


图 3-16

当隧洞较长时，无论进口形状怎样，将会出现前一段为有压流而后一段为无压流的半有压流状态，如图 3-16(c)所示。

当隧洞底坡较缓时($i < i_k$，$i$ 为底坡，$i_k$ 为临界坡)，且隧洞出口为自由出流。当上游水位下降至某一数值时，洞内水流的能量减小，不足以维持全洞为有压流，首先出口断面的水流在重力作用下开始脱离洞顶，随着上游水位的继续下降，脱离点逐渐上移，在脱离点以上为有压流，以下为明流，所以称为半有压流，如图 3-16(d)所示。

当脱离点达到洞的进口上缘时，若上游水位进一步降低，进洞水流将会脱离洞口，全洞成为明流，如图 3-16(f) 所示。

一般情况下，当底坡较缓时，上述隧洞内的流态才会随上游水位的变化平稳地由有压流→半有压流→明流转换。当底坡较陡时，洞内的流态发生转换很不稳定，会产生不稳定气囊，出现时而有压、时而无压的周期性变化，如图 3-16(e) 所示。工程运行中，应尽可能避免这种流态的发生。

隧洞流态的转换，一般与隧洞进口两侧边墙的形式与尺寸、隧洞断面的形状与尺寸、隧洞的底坡以及泄流量有关。试验证明，一般曲线形的隧洞进口，当 $H/D<1.2$ 时为无压流，其中 $H$ 为从进口底板算起的上游水深，$D$ 为洞高；当 $H/D>1.5$ 时为有压流；当 $1.2\leqslant H/D\leqslant 1.5$ 时为半有压流或不稳定流（应尽量避免）。

## 3.5.2 有压隧洞水力计算公式

在工程中，有压隧洞常按短管计算，有压隧洞进出口均有渐变段，其过水断面尺寸沿程变化，常为复杂管道。

不论是简单管道水力计算还是复杂管道水力计算，其基本计算公式均按能量方程求得。有压隧洞一般采用圆形断面，如图 3-17 所示，以过隧洞出口处洞底的水平面为基准面，通过上游断面 1—1 和隧洞出口处断面 2—2（自由出流，见图 3-17(a)）或上游断面 1—1 和隧洞下游断面 3—3（淹没出流，见图 3-17(b)）列能量方程，并由连续性方程把隧洞各管段及渠道的流速转化为隧洞出口断面流速，可得

$$Q=\mu A\sqrt{2g(T_0-h_p)} \tag{3-23}$$

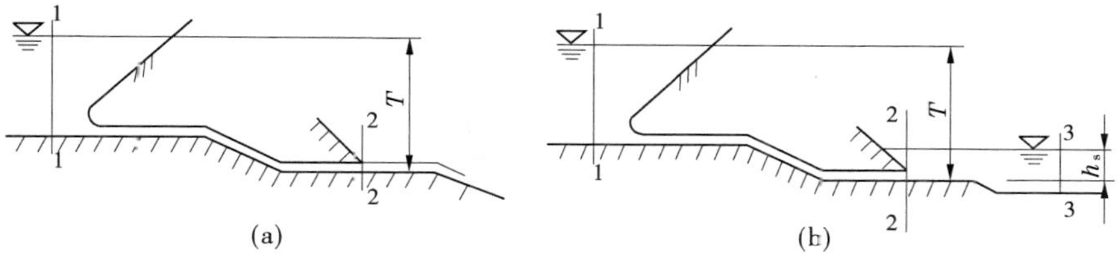

图 3-17

自由出流时

$$\mu=\frac{1}{\sqrt{1+\sum\zeta_i\left(\frac{A}{A_i}\right)^2+\sum\frac{2gL_i}{C_i^2R}\left(\frac{A}{A_i}\right)^2}} \tag{3-24}$$

淹没出流时

$$\mu=\frac{1}{\sqrt{\left(\frac{A}{A_3}\right)^2+\sum\zeta_i\left(\frac{A}{A_i}\right)^2+\sum\frac{2gL_i}{C_i^2R}\left(\frac{A}{A_i}\right)^2}} \tag{3-25}$$

式中 $\mu$——流量系数；

$A$——隧洞出口断面过水面积；

$A_i$——隧洞第 $i$ 段的过水面积；

$A_3$——下游渠道过水面积，当隧洞下游渠道水流速度很小可忽略时，$A/A_3$可忽略不计；

$T_0$——上游水面与隧洞出口底板高程差 $T$ 及上游断面 1—1 行近流速水头（与过水建筑物最近的上游渐变流断面流速水头称为行近流速水头）$v_0^2/(2g)$之和，一般行近流速较小，其流速水头可忽略不计，可认为 $T_0 \approx T$；

$h_p$——隧洞出口断面水流的平均单位势能，$h_p = 0.5a + \dfrac{\bar{p}}{\gamma}$，$a$ 为出口断面洞高，$\dfrac{\bar{p}}{\gamma}$为出口断面平均单位压能；

$\zeta_i$——隧洞局部水头损失系数；

$L_i$、$R_i$、$C_i$——隧洞第 $i$ 段上与之相应的长度、水力半径、谢才系数。

需要说明的是：

(1) 当隧洞出口为自由出流时，$\dfrac{\bar{p}}{\gamma}$ 反映了出口断面压力分布不符合静水压力规律和出口段顶部存在负压的情况，其值大小取决于出口断面下游边界的衔接情况，一般常小于 $0.5a$，当出口断面为逐渐收缩且与下游边界衔接较好，出口顶部不出现负压时，可取 $\dfrac{\bar{p}}{\gamma} = 0.5a$ 计算；$\sum\zeta_i$包括由隧洞进口上游的渐变流断面 1—1 开始至隧洞出口处断面 2—2 之间的全部局部水头损失系数（不包括出口处局部水头损失系数）。

(2) 当隧洞出口为淹没出流时，$h_p = h_s$，$h_s$的意义见图 3-17(b)，$\sum\zeta_i$包括由隧洞进口上游的渐变流断面 1—1 开始至下游渠道断面 3—3 之间的全部局部水头损失系数。

当有压隧洞为简单有压管道时，$A/A_i = 1$，则式(3-24)、式(3-25)流量系数可写为：

自由出流时

$$\mu = \frac{1}{\sqrt{1 + \sum\zeta_i + \sum\dfrac{2gL}{C^2R}}} \tag{3-26}$$

淹没出流时

$$\mu = \frac{1}{\sqrt{\left(\dfrac{A}{A_3}\right)^2 + \sum\zeta_i + \sum\dfrac{2gL}{C^2R}}} \tag{3-27}$$

## 3.5.3　有压隧洞水力计算

### 3.5.3.1　水力计算内容和方法

(1) 已知隧洞形式、尺寸和上游水位，求泄流量。

先假定隧洞为自由出流，由式(3-23)求出流量，再查流量与下游水位的关系曲线，查出下游水位，或由流量根据下游断面形式、尺寸按均匀流公式近似计算下游水深，确定下游水位，看是否为自由出流（下游水位低于出口洞顶为自由出流），若为自由出流，则流量即为所求。当下游水位高于洞顶为淹没出流时，此时可按以上得出的下游水位求出 $h_s$，重新用式(3-23)计算流量，再由流量得出相应的下游水位，然后校核是否为淹没出流。如此反复试算，直到前后两次出流情况一致即计算泄流量基本相等。

(2)已知隧洞形式、尺寸和泄流量,求上游水位。

根据已知流量,查流量与下游水位的关系曲线,查出下游水位,或由流量根据下游断面形式、尺寸按均匀流公式近似计算下游水深,确定下游水位,然后判断是自由出流还是淹没出流,继而由式(3-23)计算 $T_0$,从而求出上游水位。

(3)已知上游水位及泄流量,求洞径。

因为洞径未知,所以流量系数也未知,因此需要试算。先假设一个洞径,然后按上述(2)的步骤求上游水位,看是否满足已知的水位,如此经过几次试算,当设的洞径算出的上游水位与已知的上游水位相等或相差很小时,此假设的洞径即为所求。也可先假设一个洞径,然后按上述(1)的步骤求泄流量,看是否满足已知的流量,如此经过几次试算,当假设的洞径算出的流量与已知的流量相等或相差很小时,此假设的洞径即为所求。

(4)计算绘制压坡线(测压管水头线)。

有压隧洞的测压管水头线又叫压坡线。为了保证洞顶沿线有一定的正压力(一般来说,相对压强水头不宜小于2 m水柱高)以避免产生空蚀,并为隧洞的衬砌结构设计提供根据,在计算泄流量之后,还必须绘制沿洞的压坡线。当绘制压坡线后,如果发现不能满足设计对压力的要求,则要改变设计,重新做水力计算。

定量绘制压坡线的方法如下:先求出边界条件突然变化断面(分界断面)处的局部水头损失,并逐段算出沿程水头损失,然后以出口断面底板高程为基准面,从进口断面水流具有的总水头 $T_0$开始,由上游至下游逐项逐段将各种水头损失累减,便得到各分界断面上的总水头,用直线将各分界断面上的总水头线相连,便得总水头线;继而用各分界断面的总水头减去该分界断面的流速水头,可得出各分界断面的测压管水头 $\left(z+\dfrac{p}{\gamma}\right)$,用直线将各分界断面的测压管水头连起来即得压坡线,如图3-18所示。具体定量绘制压坡线的方法见例3-9的分析计算。

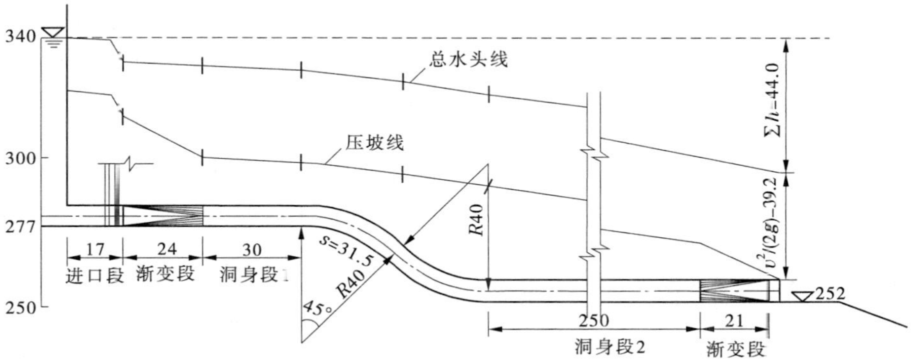


图3-18 (单位:m)

若洞身处于压坡线之上,则此洞段承受负压,为避免隧洞进出口的洞身出现负压,常将隧洞出口做成渐缩段,以减小或改善负压,例3-9就要在流量计算的基础上,进行压坡线的定量绘制,为减小隧洞洞身负压,隧洞进出口做成渐缩段。

### 3.5.3.2 计算实例

**【例 3-9】** 某水库泄洪隧道如图 3-19 所示。洞身断面为圆形，内径为 6.0 m。水库最高水位 340.0 m。隧洞进口底板高程 277 m，出口底板高程 252 m，隧洞进口段长 17 m（包括喇叭形进口和闸室），闸室为 6 m×6 m 的方形断面，中有两道闸门槽，接着为一由方形变圆形的渐变段，长 24 m，后为圆形洞身，中有两段弯道，转弯半径 $R$ 均为 40 m，转弯角均为 45°，弯道中心线长均为 31.5 m。出口前设一段由圆形变方形的收缩渐变段，长 24 m，后设 5 m×5 m 的弧形闸门。出口断面与下游边界衔接平顺，无回流的死角，全洞长 408 m，各段长度见图 3-19。洞内为混凝土衬砌，粗糙系数 $n=0.014$。下游水位较低，不影响泄流。

（1）求下泄流量与库水位的关系。

（2）计算并绘制库水位为 340 m 时的总水头线及压坡线。

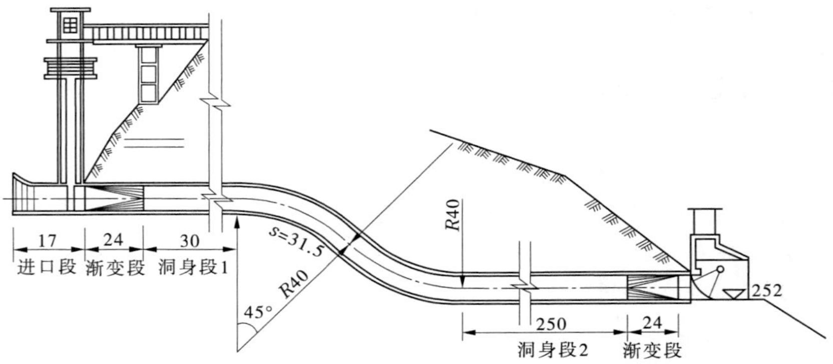


**图 3-19** （单位：m）

**解：** 本例上游水位较高，上游水深远大于洞径，为有压流，隧洞为有压隧洞；隧洞下游水位与隧洞实际过流能力有关，下游水位未知，但因出口接一斜坡，下游水位较低不影响泄流，为隧洞的自由出流。本案例为已知隧洞形式、尺寸、上游水位、出流情况计算泄流量，并计算绘制总水头线和测压管水头线（压坡线）。

（1）求库水位与流量关系。

出口断面面积 $A=5\times5=625(\text{m}^2)$，隧洞出口底部高程为 252 m。在计算表 3-7 中，计算出口断面面积与各管段过水面积比值 $A/A_i$，并计算各管段水力要素，列出隧洞各段的局部水头损失系数，计算各段沿程水头损失系数，然后代入式（3-24）计算流量系数

$$\mu=\frac{1}{\sqrt{1+\sum\zeta_i\left(\frac{A}{A_i}\right)^2+\sum\frac{2gL_i}{C_i^2R}\left(\frac{A}{A_i}\right)^2}}=\frac{1}{\sqrt{1+0.408+0.701}}=0.689$$

以出口断面底部高程为基准面，根据出口段为逐渐收缩及出口断面与下游边界的平顺衔接条件，可取出口断面的 $p/\gamma=0.5a$，故 $h_p=a=5$ m。由式（3-23）得库水位与流量关系为

$$Q=\mu_c A\sqrt{2g(T_0-h_p)}=0.689\times25\times\sqrt{2\times9.8(z-252-5.0)}$$
$$=76.26\times\sqrt{z-257}\ (\text{m}^3/\text{s})$$

将库水位340 m、330 m、320 m、310 m、300 m 分别代入，得相应的流量 $Q$ 分别为694.4 $m^3/s$、651.2 $m^3/s$、605.0 $m^3/s$、554.9 $m^3/s$、499.8 $m^3/s$。

(2)计算并绘制当库水位为340 m时的总水头线及压坡线。

在表3-7中计算各管段沿程水头损失、局部水头损失，然后计算出各管段的总水头和测压管水头，根据计算结果绘制总水头线、测压管水头线。出口断面测压管水头的计算结果近似为5 m，可知计算是正确的。

上面在计算流量系数、各断面测压管水头和总水头时，计算过程烦琐且易出错，而且管段越多计算工作量就越大，利用Excel拖动填充功能可减小计算工作量，Excel隧洞水力计算方法步骤如下。

(1)求库水位与流量关系。

①输入已知条件：已知条件为出口断面面积及粗糙系数 $n$，隧洞出口底部高程，见表3-7中的第1行。

②填写计算步骤：根据有压隧洞泄流量公式，计算流量时需先计算出 $\zeta_i\left(\frac{A}{A_i}\right)^2$、$\frac{2gL_i}{C_i^2R_i}\zeta_i\left(\frac{A}{A_i}\right)^2$ 及流量系数，根据计算步骤把此计算表头填入表3-7中的第2行。

③输入各管段名称、管径(或边长)、局部损失系数及各段长度：在第3行至第10行的A列、B列、E列、G列分别输入各管段名称、管径(或边长)、局部损失系数及各段长度。

④计算各管段的过水面积：进口段、出口段及进出口两个渐变段的过水面积分别计算，在C5:C8单元格利用Excel拖动填充功能进行过水面积计算，对应Excel主要计算公式见表3-8。

⑤计算不同管段的水力要素：在单元格D3、F3、H3、I3、J3、K3、L3分别输入对应的Excel计算公式，然后利用Excel拖动填充功能拖动上述单元格拖至第10行，即可计算不同管段的水力要素，见表3-7中第3行至第10行计算结果。

⑥求流量系数：分别在单元格F11、L11输入对应Excel计算公式对此列求和，根据自由出流流量系数公式在I13单元格输入对应Excel计算公式求流量系数。

⑦已知库水位求流量：在单元格J13输入上游水库水位，在单元格K13、L13输入对应Excel计算公式计算 $T_0-h_p$ 及流量 $Q$，并利用Excel拖动填充功能可计算不同水库水位时的流量，见表3-7中L13:L17。

(2)根据已算出的库水位为340 m的流量，计算并绘制总水头线及压坡线(测压管水头线)。

①确定计算压坡线的步骤。

计算压坡线的步骤为计算各管段的流速水头、沿程水头损失、局部水头损失、总的水头损失，然后计算出各管段的总水头和测压管水头，根据计算步骤把计算表头填入表3-7中的B12:G12单元格。

②计算不同管段的水力要素。在单元格B13:G13分别输入对应的Excel计算公式，并分别拖动填充至第20行，即可计算不同管段的水力要素，见表3-7中A列到G列的第13行至第20行计算结果。

表 3-7　有压隧洞水力计算

| | A | B | C | D | E | F | G | H | I | J | K | L |
|---|---|---|---|---|---|---|---|---|---|---|---|---|
| 1 | 出口断面积 $A$ = | 25 | $n$ = | 0.014 | $\nabla_{出口高程}$ = | 252 | $\nabla_{库水位}$ = | 340 | | | | |
| 2 | 管段 | $d_i$(m) | $A_i$($m^2$) | $A/A_i$ | $\zeta_i$ | $\zeta_i \times \left(\frac{A}{A_i}\right)^2$ | $L_i$(m) | $X$(m) | $R_i$(m) | $C_i$ | $\lambda_i$ | $\frac{2gL_i}{C_i^2 R_i}\left(\frac{A}{A_i}\right)^2$ |
| 3 | 进口段 | 6 | 36 | 0.694 | 0.30 | 0.14 | 17.0 | 24.00 | 1.5 | 76.42 | 0.013 | 0.018 3 |
| 4 | 渐变段 | 6 | 32.13 | 0.778 | 0.05 | 0.03 | 24.0 | 21.42 | 1.5 | 76.42 | 0.013 | 0.032 5 |
| 5 | 洞身 1 | 6 | 28.26 | 0.885 | | 0 | 30.0 | 18.84 | 1.5 | 76.42 | 0.013 | 0.052 5 |
| 6 | 弯段 1 | 6 | 28.26 | 0.885 | 0.09 | 0.07 | 31.5 | 18.84 | 1.5 | 76.42 | 0.013 | 0.055 2 |
| 7 | 弯段 2 | 6 | 28.26 | 0.885 | 0.09 | 0.07 | 31.5 | 18.84 | 1.5 | 76.42 | 0.013 | 0.055 2 |
| 8 | 洞身 2 | 6 | 28.26 | 0.885 | | 0 | 250 | 18.84 | 1.5 | 76.42 | 0.013 | 0.437 7 |
| 9 | 渐变段 | 5 | 26.63 | 0.939 | 0.10 | 0.09 | 24.0 | 19.42 | 1.4 | 75.29 | 0.014 | 0.053 3 |
| 10 | 出口 | 5 | 25.00 | 1.000 | | | | 20.00 | 1.3 | | | |
| 11 | 求和 | | | | | 0.408 | | | | | | 0.701 |
| 12 | 管段 | $\frac{v_i^2}{2g}$(m) | $h_{fi}$(m) | $h_{ji}$(m) | $\sum h_{wi}$(m) | $H_i$(m) | $z+\frac{p_i}{\gamma}$(m) | | $\mu$ | $Z$(m) | $T_0 - h_p$(m) | $Q$($m^3$/s) |
| 13 | 进口段 | 18.98 | 0.722 | 5.694 5 | 6.42 | 81.58 | 62.60 | | 0.689 | 340 | 83 | 694.4 |
| 14 | 渐变段 | 23.83 | 1.280 | 1.191 5 | 8.89 | 79.11 | 55.28 | | | 330 | 73 | 651.2 |
| 15 | 洞身 1 | 30.80 | 2.067 | 0 | 10.95 | 77.05 | 46.24 | | | 320 | 63 | 605.0 |
| 16 | 弯段 1 | 30.80 | 2.171 | 2.772 3 | 15.90 | 72.10 | 41.30 | | | 310 | 53 | 554.9 |
| 17 | 弯段 2 | 30.80 | 2.171 | 2.772 3 | 20.84 | 67.16 | 36.36 | | | 300 | 43 | 499.8 |
| 18 | 洞身 2 | 30.80 | 17.229 | 0 | 38.07 | 49.93 | 19.13 | | | | | |
| 19 | 渐变段 | 34.69 | 2.099 | 3.468 9 | 43.64 | 44.36 | 9.67 | | | | | |
| 20 | 出口 | 39.36 | | | 43.64 | 44.36 | 5.00 | | | | | |

③绘制总水头线和测压管水头线(压坡线)。分别根据 F 列、G 列第 13 行至第 20 行计算结果可绘制总水头线和测压管水头线(压坡线),如图 3-18 所示,由压坡线可分析有压隧洞压强沿程变化。

本案例进行有压隧洞水力计算的 Excel 计算公式及对应的水力计算公式见表 3-8。

注意:Excel 表计算结果与前面结果的误差是由有效数字引起的,计算结果以 Excel 表计算结果为准,全书同。

表 3-8 有压隧洞水力计算 Excel 主要公式

| 序号 | 水力参数 | 单元格 | Excel 公式 | 水力计算公式 |
|---|---|---|---|---|
| 1 | 进口过水面积 $A_1$ | C3 | = B3 * B3 | $= d \times d$(方形断面) |
| 2 | 进口渐变段过水面积 $A_2$ | C4 | = (C3 + C5)/2 | $= (A_1 + A_2)/2$ |
| 3 | 洞段过水面积 $A_3$ | C5 | = PI( )/4 * B5^2 | $= \frac{1}{4}\pi d^2$ |
| 4 | 进口湿周 $\chi_1$ | H3 | = B3 * 4 | $= d \times 4$ |
| 5 | 进口渐变段湿周 $\chi_2$ | H4 | = (H3 + H5)/2 | $= (\chi_1 + \chi_3)/2$ |
| 6 | 洞段湿周 $\chi_3$ | H5 | = PI( ) * B5 | $= \pi d$ |
| 7 | 谢才系数 $C$ | J3 | = 1/ $ D $ 1 * I3 ^ (1/6) | $= \frac{1}{n} R^{\frac{1}{6}}$ |
| 8 | 沿程损失计算参数 $\frac{2gL_i}{C_i^2 R_i}\zeta_i \left(\frac{A}{A_i}\right)^2$ | L3 | = 2 * 9.8 * G3/(J3^2 * I3) * D3^2 | $= \frac{2gL_i}{C_i^2 R_i}\left(\frac{A}{A_i}\right)^2$ |
| 9 | 流速水头 $\frac{{v_i}^2}{2g}$ | B13 | = ( $ K $ 13/C3)^2/(2 * 9.8) | $= \frac{{v_i}^2}{2g}$ |
| 10 | 沿程水头损失 $h_{fi}$ | C13 | = K3 * G3/(4 * I3) * B13 | $= \lambda \frac{Lv^2}{4R2g}$ |
| 11 | 局部水头损失 $h_{ji}$ | D13 | = E3 * B13 | $= \zeta \frac{v^2}{2g}$ |
| 12 | 进口水头损失 $h_w$ | E13 | = C13 + D13 | $= \lambda \frac{Lv^2}{d2g} + \zeta \frac{v^2}{2g}$ |
| 13 | 水头损失 $h_w$ | E14 | = C14 + D14 + E13 | $= h_w = \sum h_{fi} + \sum h_{ji}$ |
| 14 | 总水头 $H$ | F13 | = $ H $ 1 − $ F $ 1 − E13 | $= \nabla_{库水位} - \nabla_{出口高程} - \sum h_{wi}$ |
| 15 | 测压管水头 $z + p/\gamma$ | G13 | = F13 − B13 | $= \nabla_{库水位} - \nabla_{出口高程} - \sum h_{wi} - \frac{\alpha v^2}{2g}$ |

续表 3-8

| 序号 | 水力参数 | 单元格 | Excel 公式 | 水力计算公式 |
|---|---|---|---|---|
| 16 | 局部损失计算参数和 $\sum\zeta_i\left(\frac{A}{A_i}\right)^2$ | F11 | =SUM(F3:F9) | $=\sum\zeta_i\left(\frac{A}{A_i}\right)^2$ |
| 17 | 沿程损失计算参数 $\sum\frac{2gL_i}{C_i^2R_i}\zeta_i\left(\frac{A}{A_i}\right)^2$ | L11 | =SUM(L3:L9) | $=\sum\frac{2gL_i}{C_i^2R_i}\zeta_i\left(\frac{A}{A_i}\right)^2$ |
| 18 | 流量系数 $\mu$ | I13 | = 1/SQRT (1 + F11 + L11) | $=\frac{1}{\sqrt{1+\zeta_i\left(\frac{A}{A_i}\right)^2+\frac{2gl_i}{C_i^2R_i}\left(\frac{A}{A_i}\right)^2}}$ |

## 项目任务

自测题

### 一、绘图题

定性绘出图 3-20 中各管道总水头线和测压管水头线。

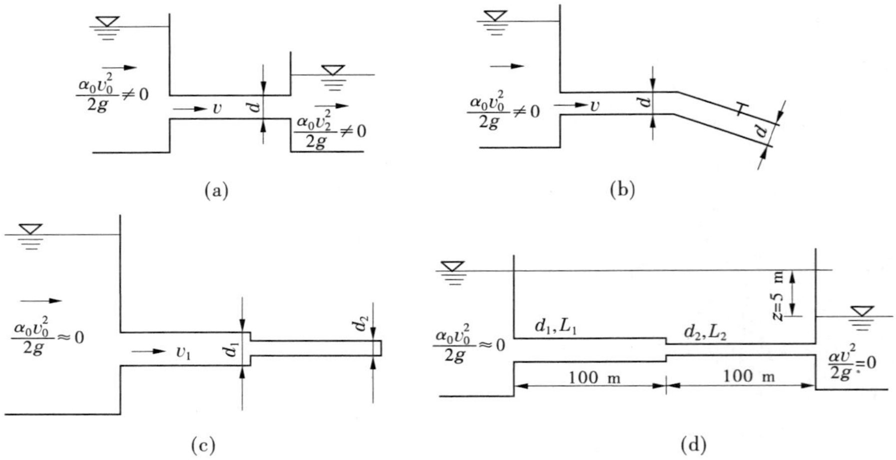


图 3-20

### 二、计算题

1. 某水库泄洪压力隧洞如图 3-21 所示。洞身断面为圆形，内径 $d$ =5.00 m，洞长 $L$ =160.00 m，进口有渐变段及闸门槽，其局部水头损失系数 $\zeta_1$ =0.2，中间有一弯段，局部水头损失系数 $\zeta_2$ =0.15，洞壁粗糙系数 $n$ =0.012 5，隧洞出口底部高程 200.00 m。水库水位 237.50 m。试计算隧洞为自由出流时的泄流量。

2. 如图 3-22 所示为一输水管路，已知铸铁管的管长 $L$ =250 m，管径 $d$ =100 mm，管

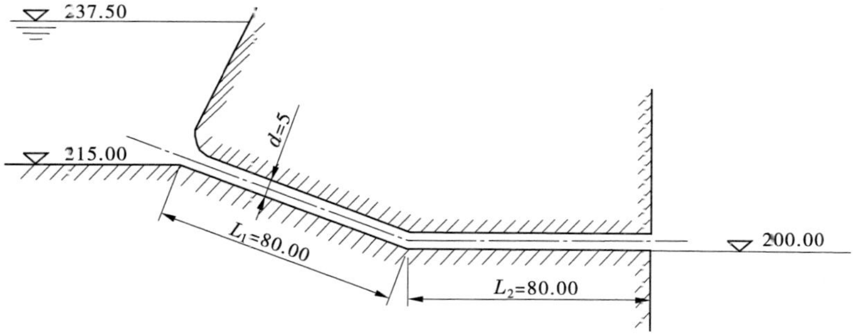


图 3-21 （单位：m）

路进口为直角进口，有一个弯头和一个闸阀，弯头的局部损失系数 $\zeta_{弯}=0.8$。当闸门全开时，管路出口流速 $v=1.6$ m/s，求水塔的水面高度 $H$。

3. 有一输水管路，由山上引泉水作生活用水，水管采用铸铁管，水源至用户距离 $L=280$ m，作用水头 $H=30$ m，流量 $Q=200$ L/s。为了完全利用这一水头，问水管直径应为多大？

4. 从水箱引出一直径不同的管道，如图 3-23 所示。已知 $d_1=150$ mm，$L_1=30$ m，$\lambda_1=0.036$，$d_2=125$ mm，$L_2=20$ m，$\lambda_2=0.038$，第二段管子上有一平板闸阀，其开度为 $a/d=0.5$。当输送流量 $Q=25$ L/s 时，求水箱的水头 $H$。

图 3-22

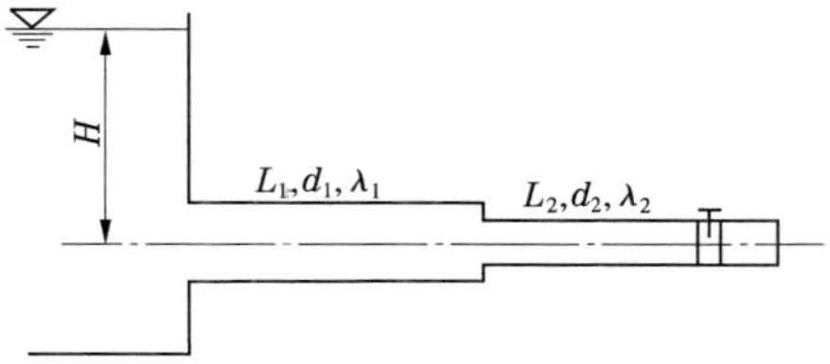


图 3-23

5. 某水库的泄洪洞（见图 3-24），已知洞长 $L=300$ m，泄洪量 $Q=2\ m^3/s$，泄洪洞的沿程阻力系数 $\lambda=0.03$，水库水位为 32.5 m，泄洪洞出口中心高程为 15 m，下游水位为 12 m，$v_0=0$。求泄洪洞的洞径（已知 $\zeta_{进}=0.5$、$\zeta_{折}=0.2$）。

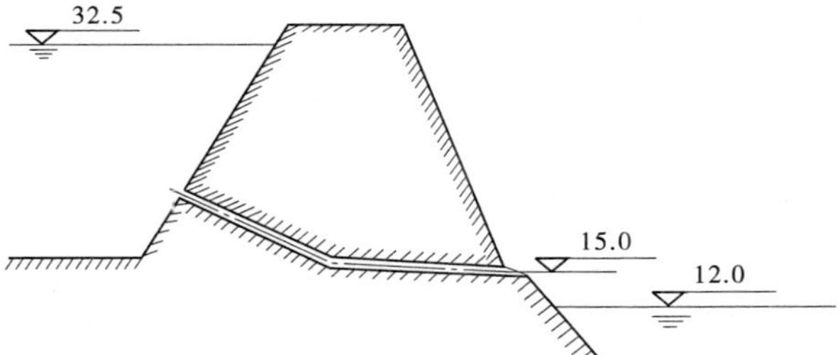


图 3-24

6. 如图 3-25 所示，虹吸管将 $A$ 池中的水输入 $C$ 池，已知长度 $L_1=3$ m，$L_2=5$ m，直径 $d=75$ mm，两池水面高差 $z=2$ m，最大超高 $h_s=1.8$ m，沿程阻力系数 $\lambda=0.02$，局部损失系数 $\zeta_{进}=0.5$，$\zeta_{弯}=0.2$，$\zeta_{出}=1.0$。试求流量及管道最大超高断面的真空度。

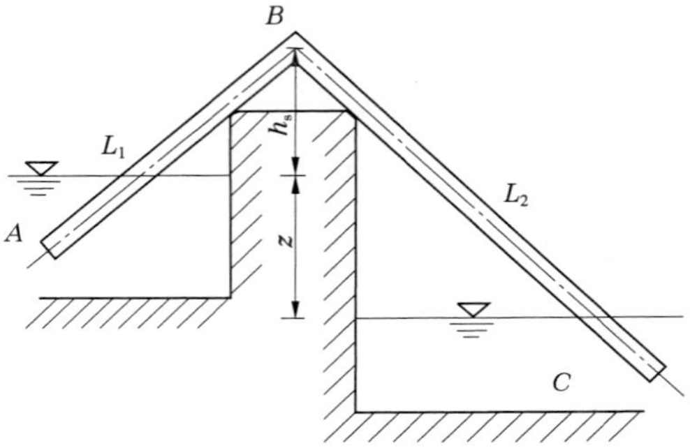


图 3-25

7. 有一灌溉渠道，利用直径 $D=1$ m 的钢筋混凝土虹吸管自水源引水（见图 3-26），虹吸管上、下游水位差 $z=2$ m，虹吸管全长 $L=25$ m，虹吸管弯段的局部水头损失系数 $\zeta=0.6$。(1) 计算虹吸管的流量；(2) 当虹吸管第二弯管前断面的最大允许真空值为 7 m 水柱，由进口至该断面的管长为 13 m 时，虹吸管的最高点可以高出上游水面多少？

8. 水泵自吸水井抽水，吸水井与蓄水池用自流管相接，其水位均不变，如图 3-27 所示。水泵安装高度为 $h_s=4.5$ m；自流管长 $L=20$ m，直径 $d=150$ mm，水泵吸水管长 $L_1=12$ m，直径 $d_1=150$ mm；自流管与吸水管的沿程水头损失系数 $\lambda=0.03$；自流管滤网的局部阻力水头损失系数 $\zeta_1=2.0$；水泵底阀的局部阻力系数 $\zeta_2=6.0$；90°弯头的局部阻力系数 $\zeta_3=0.3$。若水泵进口真空值不超过 6 m 水柱，求通过水泵的最大流量是多少？在此流量下，水池与水井的水位差 $z$ 为多少？

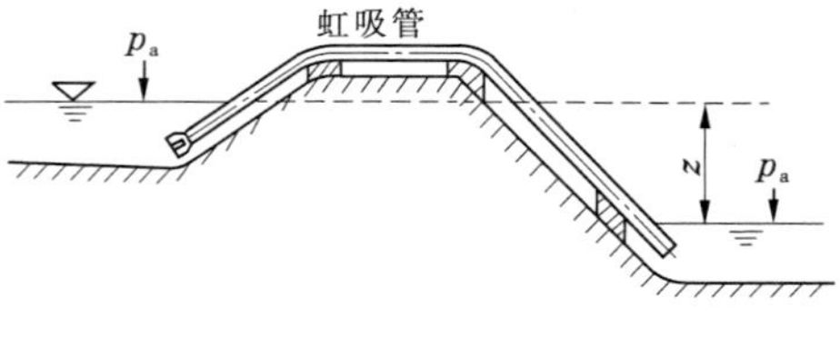


图 3-26

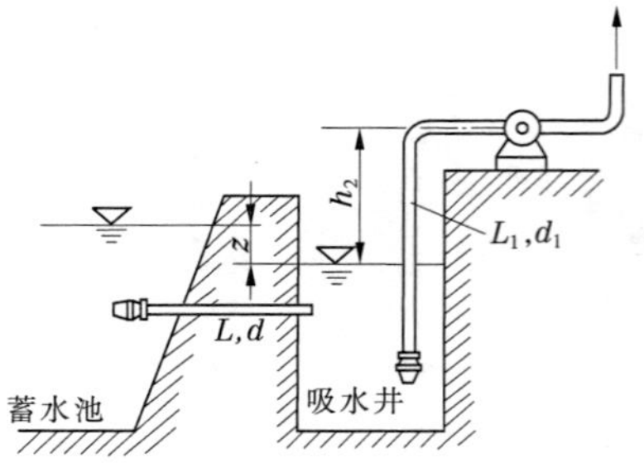


图 3-27

9. 由一台水泵把贮水池的水抽到水塔中去，如图 3-28 所示，流量 $Q=70$ L/s，管路总长（包括吸水管和压水管）为 1 500 m，管径为 $d=250$ mm，沿程水头损失系数 $\lambda=0.025$，水池水面距水塔水面的高差 $H=20$ m，试求水泵的扬程及电动机功率（水泵的效率 $\eta_p=55\%$）。

10. 如图 3-29 所示，一跨河倒虹吸管，正方形过水断面，边长 $b=0.8$ m，倒虹吸管长 $L=50$ m，两个 30° 转角、进口和出口的局部水头损失系数分别为 $\zeta_1=0.2$，$\zeta_2=0.5$，

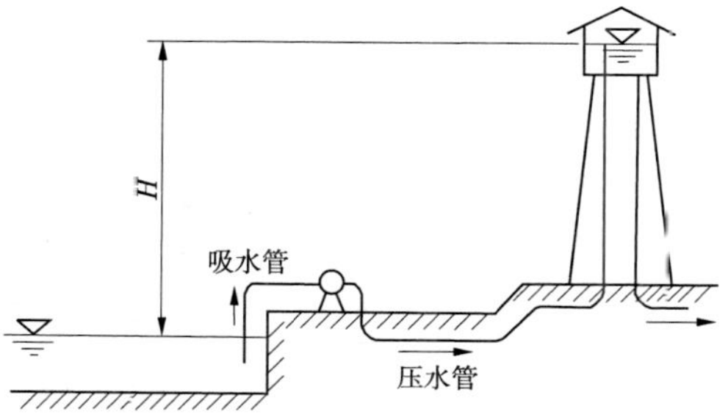


图 3-28

$\zeta_3 = 1.0$，沿程水头损失系数 $\lambda = 0.024$，已知通过流量 $Q = 2.7\ m^3/s$。若上、下游的行近流速水头忽略不计，求上、下游水位差 $H$。

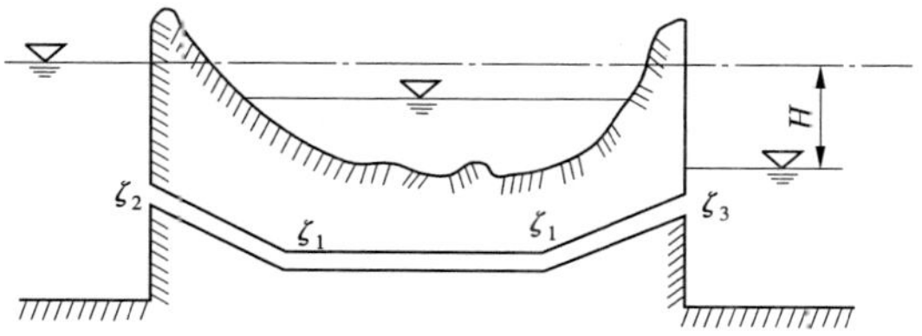


图 3-29

11. 如图 3-30 所示，水车由一直径 $d = 150$ mm，长 $L = 80$ m 的管道供水，该管道中有两个闸阀和 4 个 90°弯头（$\lambda = 0.03$，闸阀全开 $\zeta_1 = 0.12$，弯头 $\zeta_2 = 0.48$）。已知水车的有效容积 $V$ 为 25 $m^3$，水塔具有水头 $H = 18$ m，试求水车充满水所需要的最短时间。

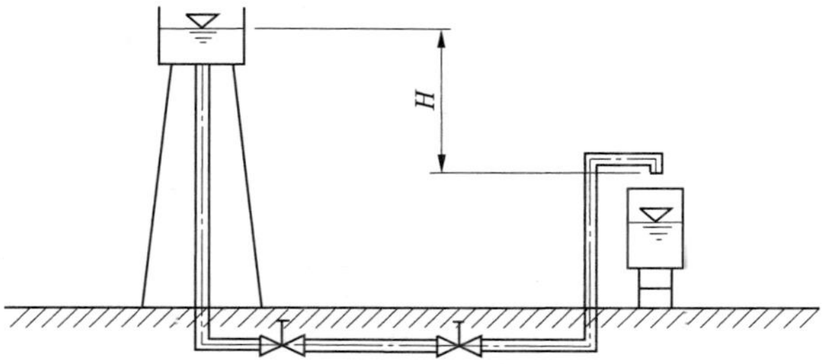


图 3-30

## 三、实训题

1）基本资料

某灌溉引水工程，干渠为轻壤土挖方渠道，全长 11.5 km，底坡为 1/5 000。在距渠首 2.5 km 处建一倒虹吸管，8.1 km 处建一渡槽，9.32 km 处建一傍山泵站将水提至山顶灌溉引水池，如图 3-31 所示。已知：

（1）渠首引水闸底板高程为 250.30 m（与渠底齐平），闸前设计水位 252.20 m，丰水期间闸前最高水位 253.30 m。引水闸分水角。

（2）干渠设计流量为 5.0 $m^3/s$，加大流量为 6.0 $m^3/s$。

（3）按规划要求，引水池水位为 274.00 m，引水流量为 30 L/s。山坡与水平面的夹角

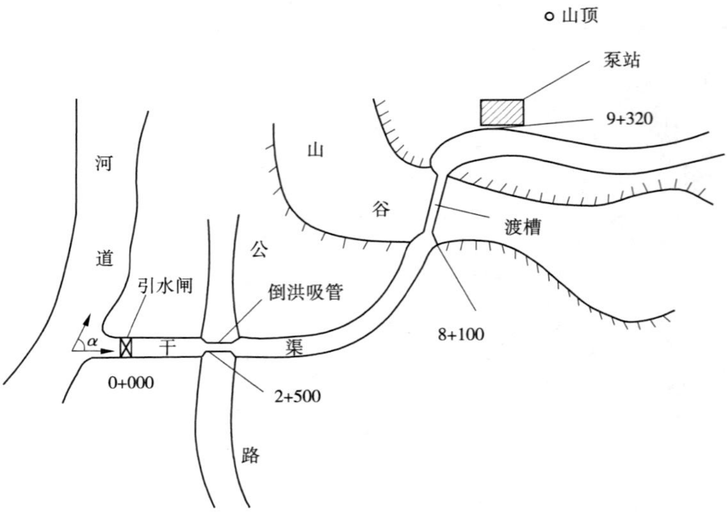


图 3-31

约为 36°。

2) 计算任务

(1) 倒虹吸管的管径及进出口渐变段设计。

(2) 确定水泵的吸、压水管的长度、直径、安装高程和扬程，并绘制泵站的布置简图。

# 项目4　明渠恒定均匀流水力分析与计算

【学习目标】

1. 掌握明渠均匀流水力计算；
2. 熟悉明渠水力计算其他问题；
3. 了解明渠水流分析。

【技能目标】

1. 渠道输水能力计算、渠道流速的校核；
2. 确定渠道底坡、糙率；
3. 设计渠道的断面尺寸。

专家介绍

## 任务4.1　明渠水流分析

### 4.1.1　明渠水流

天然河道、人工渠道、渡槽、无压隧洞及无压涵洞中的水流，具有自由水面，水面与外界大气充分接触，均属于明渠水流。由于其流动主要是靠重力流动的，而不是靠压力流动的，因而又称无压流。水利工程中明渠主要用于输水、排水、泄洪、导流等。

明渠水流根据水流运动要素是否随时间发生变化，分为明渠恒定流和明渠非恒定流。根据水流运动要素是否沿程变化，分为明渠恒定均匀流和明渠恒定非均匀流。

渠道是约束明渠水流运动的外部条件，渠道边壁的几何特性和水力特性对明渠中的水流运动有着重要的影响，因此必须对明渠槽身的形式有所了解。

渠道横向几何特性是指横向断面的形状和尺寸；纵向几何特性是指渠道底坡及其变化情况。

### 4.1.2　明渠横断面形状及水力要素

人工修建的渠槽一般为对称断面，其基本形状有矩形、梯形、U形、圆形和复式断面等。当明渠修在土基上时，为避免崩塌和便于施工，多做成梯形断面；利用混凝土、条石、木材修建或直接在岩石中开凿的渠道，渠道断面往往做成矩形；无压隧洞或地下排水渠等通常为圆形、城门洞形或马蹄形断面；U形渠道常用于小型渠道或渡槽；而复式断面则多用于大型或地基比较特殊的、水位变化较大的渠道。天然河道的横断面形状往往是不规则的，常见的形式多是由主槽和边滩组成的复式断面，如表4-1、图4-1所示。

根据渠道断面形状、尺寸、底坡沿流程是否变化，可将渠道分为棱柱体渠道和非棱柱体渠道。渠道断面形状、尺寸和底坡沿程不变的顺直渠道称为棱柱体渠道，棱柱体渠道的过水断面面积仅随水深而变化。受地形、地质条件限制或水流运动条件的要求，断面形状、尺寸等沿流程变化的渠道称为非棱柱体渠道。

渠道断面的水力要素一般指过水断面面积 $A$、湿周 $\chi$ 和水力半径 $R$，$R=A/\chi$。

**表 4-1　常见渠道过水断面水力要素**

| 断面形式 | 断面面积 $A$ | 湿周 $\chi$ | 水面宽度 $B$ | 说明 |
|---|---|---|---|---|
| 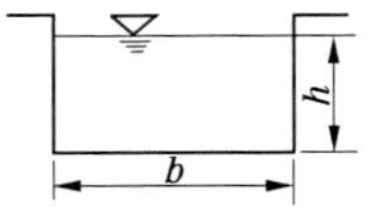 | $bh$ | $b+2h$ | $b$ | |
| 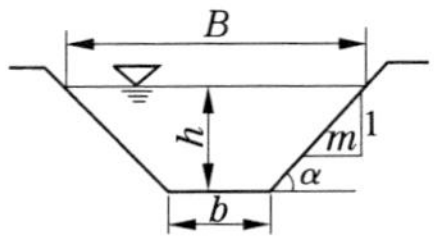 | $(b+mh)h$ | $b+2h\sqrt{1+m^2}$ | $b+2mh$ | |
| 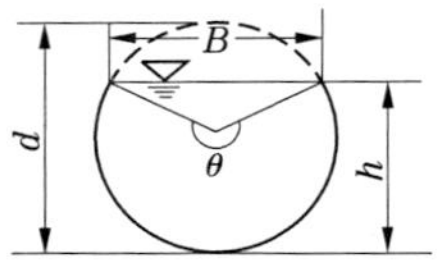 | $\frac{d^2}{8}(\theta-\sin\theta)$ | $\frac{d}{2}\theta$ | $2\sqrt{h(d-h)}$ | $\cos\frac{\theta}{2}=1-\frac{2h}{d}$ |
| 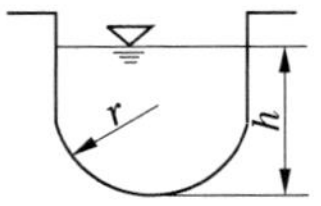 | $\frac{1}{2}\pi r^2+2r(h-r)$ | $\pi r+2(h-r)$ | $2r$ | 当 $h<r$ 时，按圆形断面计算 |

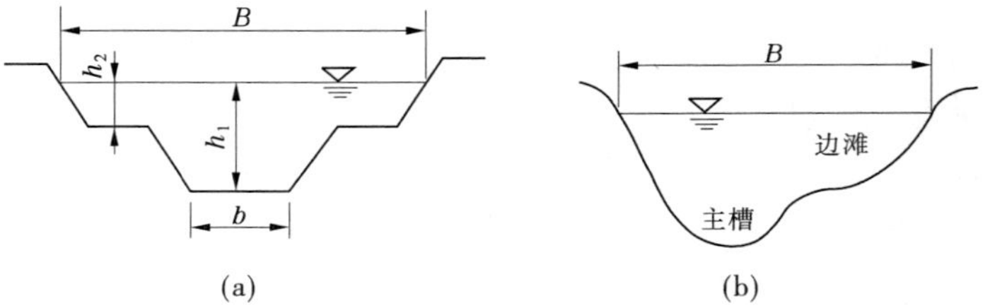


**图 4-1　复式断面渠道和天然河道断面**

工程中土质渠道常采用梯形断面。渠道底宽表示为 $b$，水深表示为 $h$，边坡倾斜程度用边坡系数 $m$ 表示，$\alpha$ 是边坡线与水平线的夹角，则 $m=\cot\alpha$。$m$ 值的大小取决于土壤种类和护坡情况，具体选用时参照表 4-2 或有关技术资料。

## 4.1.3　明渠的底坡

渠段首末两端底部高差与渠段长度的比值，称为渠道的底坡，它也等于渠底线与水平线的夹角 $\theta$ 的正弦，用字母 $i$ 表示。如图 4-2 所示，在渠道中取断面 1—1 和断面 2—2，两断面间的渠底线长度为 $\Delta l$，断面 1—1 的渠底高程为 $z_1$，断面 2—2 渠底高程为 $z_2$，则此段渠道的底坡为

$$i=\sin\theta=\frac{z_1-z_2}{\Delta l} \tag{4-1}$$

**表 4-2　梯形渠道边坡系数 $m$ 值**

| 土壤种类 | 边坡系数 $m$ | 土壤种类 | 边坡系数 $m$ |
|---|---|---|---|
| 细砂土 | 3.0～3.5 | 一般黏土 | 1.0～1.5 |
| 沙壤土和松散壤土 | 2.0～2.5 | 密实的重黏土 | 1.0 |
| 密实壤土和轻黏壤土 | 1.5～2.0 | 半岩性抗水土壤 | 0.5～1.0 |
| 砾石和砂砾石土 | 1.5 | 风化的岩石 | 0.25～0.5 |
| 重黏壤土和密实的黄土 | 1.0～1.5 | 未风化的岩石 | 0～0.25 |

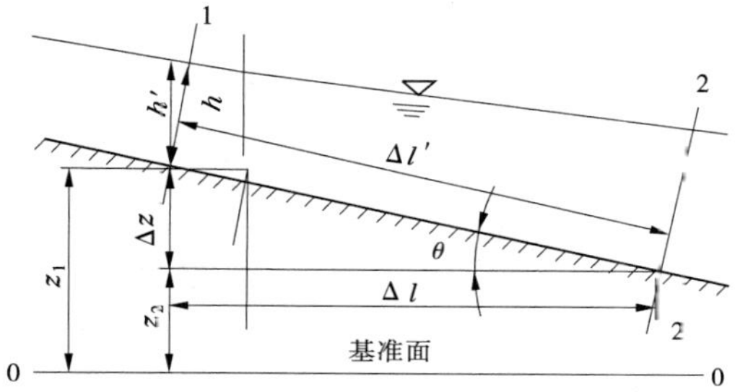


图 4-2　渠道底坡示意图

一般当底坡较小时($i<1.0$,$\theta\leqslant6°$),$\sin\theta\approx\tan\theta$,即水平距离 $\Delta l$ 与渠底线距离 $\Delta l'$ 相差很小,则渠底坡度可用下式替代

$$i\approx\tan\theta=\frac{z_1-z_2}{\Delta l'}\tag{4-2}$$

必须注意:明渠水流的过水断面是垂直于水流方向的横断面,渠道的水深,应为垂直于流向的水深 $h$,但为了测量的方便,当坡度较小时,常用铅直水深 $h'$替代(见图 4-2)。

根据底坡沿程的变化,明渠的底坡分为三类:渠底沿程下降的称为顺坡(或正坡)($i>0$);渠底水平的称为平坡($i=0$);坡的倾斜方向与水流方向相反,渠底高程沿程升高的称为逆坡($i<0$)(见图 4-3)。

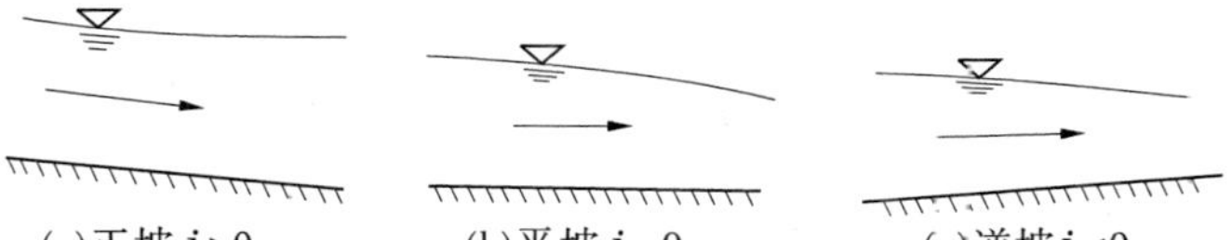

(a)正坡 $i>0$　(b)平坡 $i=0$　(c)逆坡 $i<0$

图 4-3　渠道三种底坡

天然河道的河底起伏不平,底坡沿程变化,在进行河道水力计算时,常用一个平均底坡来替代河道的实际底坡。

### 4.1.4　明渠糙率的确定

明渠糙率 $n$ 值表示渠道表面的粗糙程度。设计时必须合理选定 $n$ 值,尽量使选定的

$n$ 值和实际的大致相近。影响 $n$ 值的主要因素有渠床状况、渠道流量、渠水含沙量、渠道弯曲情况、施工质量、养护情况等。

均质渠道是指在同一横断面上，各边界湿周上的材料相同，糙率也相同。一般情况下，渠床糙率可根据渠道特性、渠道流量等参考表 4-3 ~ 表 4-5 选择糙率值。对于大型渠道的糙率值，则要进行试验测定。

**表 4-3　土渠糙率**

| 渠道流量($m^3/s$) | 渠槽特征 | 灌溉渠道 | 泄(退)水渠道 |
|---|---|---|---|
| >20 | 平整顺直，养护良好 | 0.020 0 | 0.022 5 |
| | 平整顺直，养护一般 | 0.022 5 | 0.025 0 |
| | 渠床多石，杂草丛生，养护较差 | 0.025 0 | 0.027 5 |
| 20 ~ 1 | 平整顺直，养护良好 | 0.022 5 | 0.025 0 |
| | 平整顺直，养护一般 | 0.025 0 | 0.027 5 |
| | 渠床多石，杂草丛生，养护较差 | 0.027 5 | 0.033 0 |
| <1 | 渠床弯曲，养护一般 | 0.025 0 | 0.027 5 |
| | 支渠以下的固定渠道 | 0.027 5 | 0.030 0 |
| | 渠床多石，杂草丛生，养护较差 | 0.030 0 | 0.035 0 |

**表 4-4　石渠糙率**

| 渠槽表面特征 | 糙率 | 渠槽表面特征 | 糙率 |
|---|---|---|---|
| 经过良好修整 | 0.025 0 | 经过中等修整，有凸出部分 | 0.033 0 |
| 经过中等修整，无凸出部分 | 0.030 0 | 未经修整，有凸出部分 | 0.035 ~ 0.045 0 |

**表 4-5　防渗衬砌渠槽糙率**

| 防渗衬砌结构类别及特征 | | 糙率 | 防渗衬砌结构类别及特征 | | 糙率 |
|---|---|---|---|---|---|
| 黏土、黏沙混合土、膨润混合土 | 平整顺直，养护良好 | 0.022 5 | 沥青混凝土 | 机械现场浇筑，表面光滑 | 0.012 0 ~ 0.014 0 |
| | 平整顺直，养护一般 | 0.025 0 | | 机械现场浇筑，表面粗糙 | 0.015 0 ~ 0.017 0 |
| | 平整顺直，养护较差 | 0.027 5 | | 预制板砌筑 | 0.016 0 ~ 0.018 0 |

续表 4-5

| 防渗衬砌结构类别及特征 | | 糙率 |
|---|---|---|
| 灰土、三合土、四合土 | 平整、表面光滑 | 0.015 0～0.017 0 |
| | 平整、表面较粗糙 | 0.018 0～0.020 0 |
| 水泥土 | 平整、表面光滑 | 0.014 0～0.016 0 |
| | 平整、表面较粗糙 | 0.016 0～0.018 0 |
| 砌石 | 浆砌料石、石板 | 0.015 0～0.023 0 |
| | 浆砌块石 | 0.020 0～0.025 0 |
| | 干砌块石 | 0.025 0～0.033 0 |
| | 浆砌卵石 | 0.023 0～0.027 5 |
| | 干砌卵石、砌工良好 | 0.025 0～0.032 5 |
| | 干砌卵石、砌工一般 | 0.027 5～0.037 5 |
| | 干砌卵石、砌工粗糙 | 0.032 5～0.042 5 |

| 防渗衬砌结构类别及特征 | | 糙率 |
|---|---|---|
| 混凝土 | 抹光的水泥砂浆面 | 0.012 0～0.013 0 |
| | 金属模板浇筑，平整顺直，表面光滑 | 0.012 0～0.014 0 |
| | 刨光木模板浇筑，表面一般 | 0.015 0 |
| | 表面粗糙，缝口不齐 | 0.017 0 |
| | 修整及养护较差 | 0.018 0 |
| | 预制板砌筑 | 0.016 0～0.018 0 |
| | 预制渠槽 | 0.012 0～0.016 0 |
| | 平整的喷浆面 | 0.015 0～0.016 0 |
| | 不平整的喷浆面 | 0.017 0～0.018 0 |
| | 波状断面的喷浆面 | 0.018 0～0.025 0 |

**注意**：在设计渠道断面时，要慎重选取糙率。如果对边壁糙率值取得大了，则按一定流量设计的过水断面面积或底坡就会偏大，增大了工程量和造价；渠道建成后运行时，渠中实际流速大于设计流速，可能产生渠道冲刷，并造成实际水位降低，导致次级渠道进水困难，减小经济效益（如减小自流灌溉面积）。反之，如果糙率选得比实际的小了，则按设计流量确定的过水断面面积或渠道底坡就会偏小，而实际糙率大，边壁对水流的阻力大，渠道过水时实际流速小，不能满足流量的要求或可能造成渠水漫堤事故；实际流速小于设计流速还可能导致挟沙水流的淤积等。因而，糙率的确定非常重要，在渠道断面设计时，选择合适的糙率会直接影响到断面的大小和工程的造价。

## 4.1.5 明渠均匀流的特性及形成条件

### 4.1.5.1 明渠均匀流的特性

明渠均匀流是指渠道中的水流流速及流速分布沿程不变的水流。它实际上是物理学中的匀速直线运动，从力学角度分析，作用在明渠水流运动方向的各种力必须相互平衡。如图 4-4 所示，在明渠中选择一段水体 $ABCD$，其受力分别为重力 $G$、前后水压力 $P_1$、$P_2$，周界的摩擦阻力 $F_f$。$\alpha$ 为渠底线与水平方向的夹角。则沿流向的平衡方程为

$$P_1 - G\sin\alpha - F_f - P_2 = 0$$

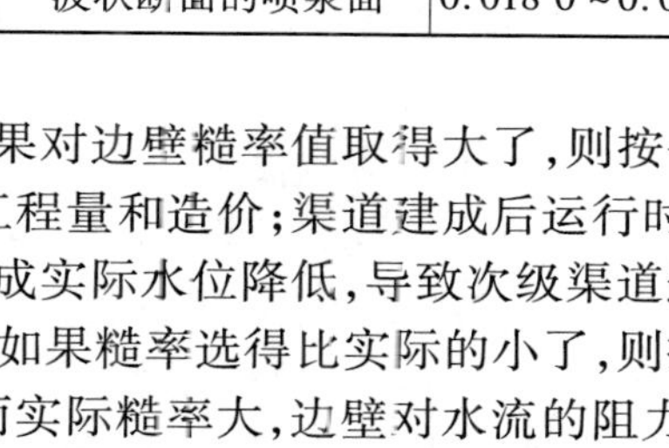

图 4-4 明渠均匀流受力分析图

因为均匀流中过水断面上的动水压强按静水压强分布，且各过水断面水深的过水断面面积相等，则有 $P_1 = P_2$，且 $G\sin\alpha = F_f$。这说明，在明渠均匀流中，水流阻力与重力在水流方向上的分力相平衡。同理，对于非均匀流 $G\sin\alpha \neq F_f$，明

渠水流做加速或减速运动。

在明渠均匀流段选择两断面 1—1 、2—2 列能量方程

$$z_1 + \frac{p_1}{\gamma} + \frac{\alpha_1 v_1^2}{2g} = z_2 + \frac{p_2}{\gamma} + \frac{\alpha_2 v_2^2}{2g} + h_w$$

因为是均匀流则有 $h_w = JL, v_1 = v_2, \alpha_1 = \alpha_2, p_1 = p_2$，则可得明渠均匀流的基本特征为

$$J = J_p = i \tag{4-3}$$

即明渠水流的水面线、渠底线和总水头线三线平行，三坡相等。

#### 4.1.5.2　明渠均匀流的形成条件

由以上明渠均匀流特性可知，明渠水流必须具备以下条件，才能形成恒定均匀流：

(1)明渠水流为恒定流。

(2)流量沿程保持不变。在明渠中，沿程无水流汇入和分出。

(3)明渠必须是正坡($i>0$)的棱柱体渠道。如果渠道断面沿程变化，则流速也会发生变化；一旦底坡发生变化，则重力的分力大小也将发生变化，则重力与阻力的平衡将被打破，也难以形成均匀流。

(4)明渠糙率沿程不变。因糙率直接影响着阻力的大小，只要糙率沿程发生变化，则阻力也将变化，即使棱柱体渠道中底坡不变、重力的分力不变，重力与阻力也不可能平衡，则不可能形成均匀流。

(5)渠道上不应有建筑物对水流的干扰，如闸、坝、桥墩等建筑物。这是因为建筑物上下游、进出口等同上下游水流衔接，必然有一段非均匀流，水流流速分布不断变化、改组，要经过一段距离才能完成，才能达到均匀流。

由上述内容可知，明渠水流运动受到各种因素的影响，从理论上讲要产生真正的均匀流是很少的，实际明渠中大量存在的是非均匀流。但是，足够长的正坡棱柱体渠道中的水流运动过程中，各种促使水流加速运动的主动力和阻滞水流的阻力互相消长，总有接近平衡而形成均匀流的趋势。一般情况下，只要是正坡棱柱体渠道，且采用同一种材料建成，流量沿程不变，渠段上没有建筑物的影响或离建筑物很远，基本能满足均匀流条件时，即可按均匀流计算，其产生的误差很小。在非均匀流中，也常常假设在很短的距离近似按均匀流考虑，其产生的误差可通过试验来修正。

一般天然河道断面形状、尺寸、底坡、糙率等沿程多变，不容易形成均匀流，但对于某些顺直整齐一致的河段，也可按均匀流做近似计算。因此，明渠均匀流虽然是明渠水流最简单的流动形式，其理论却是分析明渠水流的重要基础，也是渠道设计的重要依据。

## 任务 4.2　明渠均匀流的水力计算

### 4.2.1　明渠均匀流的计算公式

由于明渠均匀流一般情况下都处于紊流粗糙区(紊流阻力平方区)，则可采用前面介绍的谢才公式 $v = C\sqrt{RJ}$ 进行计算。

对于明渠均匀流，因为 $J = i$，代入谢才公式得：

$$v = C\sqrt{Ri} \tag{4-4}$$

$$Q = AC\sqrt{Ri} \tag{4-5}$$

令 $K = AC\sqrt{R}$，$K$ 称为流量模数，则有

$$Q = K\sqrt{i} \tag{4-6}$$

式(4-6)中的流量模数 $K$ 的单位为 $m^3/s$。它综合反映了明渠断面形状、尺寸和糙率对过水能力的影响，表示当渠底坡度 $i=1$ 时渠道能通过的流量。某一渠道当底坡不变时，流量与流量模数成正比。

当谢才系数用曼宁公式 $C = \frac{1}{n}R^{1/6}$ 计算时，则式(4-6)可整理为

$$Q = \frac{A}{n}R^{2/3}i^{1/2} \tag{4-7}$$

或

$$Q = \frac{\sqrt{i}}{n}\frac{A^{5/3}}{\chi^{2/3}} \tag{4-8}$$

水力计算中常把均匀流水深叫正常水深，用 $h_0$ 表示；相应于正常水深的过水断面面积、湿周、水力半径、谢才系数、流量模数也同样以 $A_0$、$C_0$、$R_0$、$K_0$ 表示。

## 4.2.2 渠道的允许流速

边壁特性对水流运动要发生影响，反过来，水流运动对边壁也要产生作用和影响。未衬砌的渠道边壁直接为土壤，有些渠道边壁则用建筑材料进行衬护，但这些边壁只能在一定流速条件下才能保证正常工作。就是说，对于某种边壁，存在一个不冲允许流速。若实际流速超过了此流速，边壁就要被冲刷，甚至破坏。受冲刷的边壁，其糙率就会发生改变。有些渠道的水流挟带泥沙，当渠中流速小于某一流速时，水流中的泥沙会淤积下来，从而使设计的渠道边壁状况和断面发生变化，降低渠道过流能力。因此，渠中水流还受到不淤允许流速的限制。此外，某些渠道还有特殊限制，例如，为使渠道边壁土壤不滋生水草的允许流速限制；为使渠道中不发生冰冻现象的允许流速限制；对于水电站的引水渠道，流速的大小还影响着水电站的动力经济性；为使通航渠道不影响船只航行的允许流速限制，等等。因此，为保证渠道正常运行，应规定渠中流速的上限值和下限值，这种渠道的限值流速称为允许流速。

$$v'' < v < v' \tag{4-9}$$

一般情况下，根据渠道输水的任务、技术要求、管理要求等，选择相应的允许流速。

### 4.2.2.1 不冲允许流速 $v'$

渠中流速 $v$(一般应考虑接近渠道的最大流速)应小于不冲允许流速 $v'$，即 $v < v'$。不冲允许流速主要与边壁土壤类型或衬护材料的物理性质有关，也与流量、水力半径等水力要素有关。各种土质和岩石渠道及人工衬砌渠道的不冲流速可参阅表4-6～表4-9选取。

**表4-6 黏性土渠道的允许不冲流速** (单位：m/s)

| 土质 | 允许不冲流速 | 土质 | 允许不冲流速 |
|---|---|---|---|
| 轻壤土 | 0.060～0.80 | 重壤土 | 0.70～0.95 |
| 中壤土 | 0.65～0.85 | 黏土 | 0.75～1.00 |

**表 4-7 非黏性土渠道允许不冲流速** (单位:m/s)

| 土质 | 粒径(mm) | 水深(m) 0.4 | 1.0 | 2.0 | ≥3.0 |
|---|---|---|---|---|---|
| 淤泥 | 0.005~0.050 | 0.12~0.17 | 0.15~0.21 | 0.17~0.24 | 0.19~0.26 |
| 细砂 | 0.050~0.250 | 0.17~0.27 | 0.21~0.32 | 0.24~0.37 | 0.26~0.40 |
| 中砂 | 0.250~1.000 | 0.27~0.47 | 0.32~0.57 | 0.37~0.65 | 0.40~0.70 |
| 粗砂 | 1.000~2.500 | 0.47~0.53 | 0.57~0.65 | 0.65~0.75 | 0.70~0.80 |
| 细砾石 | 2.500~5.000 | 0.53~0.65 | 0.65~0.80 | 0.75~0.90 | 0.80~0.95 |
| 中砾石 | 5.000~10.000 | 0.65~0.80 | 0.80~1.00 | 0.90~1.10 | 0.95~1.20 |
| 大砾石 | 10.000~15.000 | 0.80~0.95 | 1.00~1.20 | 1.10~1.30 | 1.20~1.40 |
| 小卵石 | 15.000~20.000 | 0.95~1.20 | 1.20~1.40 | 1.30~1.60 | 1.40~1.80 |
| 中卵石 | 20.000~40.000 | 1.20~1.50 | 1.40~1.80 | 1.60~2.10 | 1.80~2.20 |
| 大卵石 | 40.000~70.000 | 1.50~2.00 | 1.80~2.40 | 2.10~2.80 | 2.20~3.00 |
| 小漂石 | 75.000~100.000 | 2.00~2.30 | 2.40~2.80 | 2.80~3.20 | 3.00~3.40 |
| 中漂石 | 100.000~150.000 | 2.30~2.80 | 2.80~3.40 | 3.20~3.90 | 3.40~4.20 |
| 大漂石 | 150.000~200.000 | 2.80~3.20 | 3.40~3.90 | 3.90~4.50 | 4.20~4.90 |
| 顽石 | >200.000 | >3.20 | >3.90 | >4.50 | >4.90 |

**注**:表 4-6、表 4-7 中所列允许不冲流速值为水力半径 $R=1.0$ m 时的情况。当 $R\neq1.0$ m 时,表中所列数值应乘以 $R^{\alpha}$ 才得相应的不冲允许流速值,即 $v_{不冲}=v_{表}R^{\alpha}$。指数值可按下列情况采用:对砂、砾石、卵石、疏松的壤土、黏土,$\alpha=1/3\sim1/4$;对于密实的壤土、黏土,$\alpha=1/4\sim1/5$;非黏性土,$\alpha=1/3\sim1/5$。

**表 4-8 防渗衬砌渠道允许不冲流速** (单位:m/s)

| 防渗衬砌结构类别 | | | 允许不冲流速 | 防渗衬砌结构类别 | | 允许不冲流速 |
|---|---|---|---|---|---|---|
| 土料 | 黏土、黏砂混合土 | | 0.75~1.00 | 膜料(土料保护) | 沙壤土、轻壤土 | <0.45 |
| 土料 | 灰土、三合土、四合土 | | <1.00 | 膜料(土料保护) | 中壤土 | <0.60 |
| 水泥土 | 现场填筑 | | <2.50 | 膜料(土料保护) | 重壤土 | <0.65 |
| 水泥土 | 预制铺砌 | | <2.00 | 膜料(土料保护) | 黏土 | <0.70 |
| 砌石 | 干砌卵石(挂淤) | | 2.50~4.00 | 膜料(土料保护) | 砂砾料 | <0.90 |
| 砌石 | 浆砌块石 | 单层 | 2.50~4.00 | 沥青混凝土 | 现场浇筑 | <3.00 |
| 砌石 | 浆砌块石 | 双层 | 3.50~5.00 | 沥青混凝土 | 预制铺砌 | <2.00 |
| 砌石 | 浆砌料石 | | 4.0~6.0 | 混凝土 | 现场浇筑 | <8.00 |
| 砌石 | 浆砌石板 | | <2.50 | 混凝土 | 预制铺砌 | <5.00 |
| 砌石 | 浆砌石板 | | <2.50 | 混凝土 | 喷射法施工 | <10.00 |

**注**:表中土料类和膜料类(土料保护层)防渗衬砌结构允许不冲流速值为水力半径 $R=1.0$ m 时的情况。当 $R\neq1.0$ m 时,表中所列数值应乘以 $R^{\alpha}$。指数值可按下列情况采用:①疏松的土料或土料保护层,$\alpha=1/3\sim1/4$;②中等密实和密实的土料或土料保护层,$\alpha=1/4\sim1/5$。

表4-9 石渠允许不冲流速 （单位：m/s）

| 岩性 | 水深(m) | | | |
|---|---|---|---|---|
| | 0.4 | 1.0 | 2.0 | 3.0 |
| 砾岩、泥灰岩、页岩 | 2.0 | 2.5 | 3.0 | 3.5 |
| 石灰岩、致密的砾岩、砂岩、白云石灰岩 | 3.0 | 3.5 | 4.0 | 4.5 |
| 白云砂岩、致密的石灰岩、硅质石灰岩、大理岩 | 4.0 | 5.0 | 5.5 | 6.0 |
| 花岗岩、辉绿岩、玄武岩、安山岩、石英岩、斑岩 | 15.0 | 18.0 | 20.0 | 22.0 |

#### 4.2.2.2 不淤允许流速 $v''$

渠道中流速 $v$ 应大于水流悬移质泥沙的不淤允许流速 $v''$，即 $v > v''$，$v''$主要取决于水流挟沙能力，以及水流所挟带泥沙的颗粒大小及组成，水流的挟沙能力与平均流速有关。在这方面，有许多根据实测和试验资料得到的经验公式，例如 $v'' = e\sqrt{R}$，式中 $R$ 为水力半径(m)；$e$ 为系数，其值与悬浮泥沙直径和水力粗度（泥沙颗粒在水中的沉降速度）有关，还与渠壁粗糙系数有关。近似计算时，对于砂土、黏壤土和黏土渠道，如取 $n = 0.025$，悬浮泥沙直径不大于0.25 mm时，$e = 0.5$。有关不淤流速的详细情况还可以阅读相关的参考书。

在排水工程中为了防止淤积，渠道流速应不小于0.4 m/s。

#### 4.2.2.3 其他要求

为防止渠道边壁滋长杂草，以免增加渠道糙率和降低输水能力，一般要求流速不小于0.5 m/s。

北方渠道，为了保证有良好的冬情，一般流速应大于0.5～0.6 m/s，才能使渠道不易结冰，即使结冰，其过程也比较缓慢。

### 4.2.3 渠道的水力计算

明渠均匀流的水力计算问题，可分为两大类：一类是对已建成的渠道进行计算，如校核流速、流量、糙率和底坡；另一类是按工程要求设计新渠道，如确定底宽、水深、底坡、边坡系数或超高等。

#### 4.2.3.1 已建渠道的水力计算

已建成渠道的水力计算任务是校核过水能力及流速，或由实测过水断面和流量反推糙率和底坡。下面以例题形式来说明。

1. 流量和流速的校核

**【例4-1】** 有一梯形断面黏土（中壤土）渠道，平整顺直，养护一般，糙率为0.025，渠中水流含沙量较小，悬浮泥沙直径小于0.25 mm。边坡系数 $m = 1.5$，底宽 $b = 1.5$ m，水深 $h = 1.2$ m，底坡 $i = 0.000\ 35$，求渠道的过水能力，并校核渠道中的流速是否满足不冲不淤要求。

**解：**(1)渠道过水能力计算。

渠道断面的水力要素如下：

过水断面面积：$A=(b+mh)h=(1.5+1.5\times1.2)\times1.2=3.96(\text{m}^2)$

湿周$\chi$：$\chi=b+2h\sqrt{1+m^2}=1.5+2\times1.2\times\sqrt{1+1.5^2}=5.83(\text{m})$

水力半径$R$：$R=\dfrac{A}{\chi}=\dfrac{3.96}{5.83}=0.679(\text{m})$

则流量$Q$可用明渠均匀流公式(4-7)计算：

$$Q=\frac{A}{n}R^{2/3}i^{1/2}=\frac{3.96}{0.025}\times(0.679)^{2/3}\times(0.000\,35)^{1/2}=2.29(\text{m}^3/\text{s})$$

(2)校核流速。

因是土渠，流量2.29 $\text{m}^3/\text{s}$，中壤土，查表4-6，当$R=1$ m时的$v_{表}=0.70$ m/s，则当$R=0.679$ m时的允许不冲流速为

$$v'=v_{表}R^{\alpha}=0.70\times(0.679)^{1/4}=0.635(\text{m/s})$$

因渠中含沙量不大，且悬浮泥沙直径不大于0.25 mm，则根据$v''=e\sqrt{R}$，取$e=0.5$，则

$$v''=e\sqrt{R}=0.5\times\sqrt{0.679}=0.412(\text{m/s})$$

渠中断面平均流速为

$$v=\frac{Q}{A}=\frac{2.29}{3.96}=0.578(\text{m/s})$$

则 $v''<v<v'$，渠道满足不冲不淤要求。

2. 确定糙率$n$值计算

对于已建成渠道，为了检验采用的糙率是否符合实际，或当渠道运行一段时间后，为了检验糙率是否发生变化，选择一段长度适中的明渠均匀流段，实测$A$、$Q$、$i$，反推糙率$n$值。

**【例4-2】** 某矩形有机玻璃水槽，底宽$b=15$ cm，水深$h=6.5$ cm，底坡$i=0.02$，槽内水流系均匀流动，实测该槽通过的流量$Q=17.3$ L/s，求糙率为多少？

**解**：根据明渠均匀流公式：$Q=AC\sqrt{Ri}$

推导得：$n=\dfrac{A}{Q}R^{2/3}i^{1/2}$

因

$$A=bh=0.15\times0.065=0.009\,75(\text{m}^2)$$

$$\chi=b+2h=0.15+2\times0.065=0.28(\text{m})$$

$$R=\frac{A}{\chi}=\frac{0.009\,75}{0.28}=0.034\,8(\text{m})$$

则有机玻璃槽的糙率 $n=\dfrac{A}{Q}R^{2/3}i^{1/2}=\dfrac{0.009\,75}{0.017\,3}\times0.034\,8^{2/3}\times0.02^{1/2}=0.008\,5$

3. 计算底坡

**【例4-3】** 根据某渡槽中部水流为明渠均匀流，$n=0.017$，$L=200$ m，矩形断面，底宽$b=2$ m，当水深$h=1.0$ m时，通过的流量$Q=3.30$ $\text{m}^3/\text{s}$。问该渡槽底坡为多少？两断面的水面落差为多少？

**分析**：根据明渠均匀流特性可知，底坡$i=J_{\text{p}}=\Delta z/l$，则水面落差等于渠底高差。

**解**：根据明渠均匀流公式 $Q = AC\sqrt{Ri}$ 推得如下公式：

$$i = \frac{Q^2}{A^2C^2R}$$

$$A = bh = 2 \times 1 = 2(\mathrm{m}^2)$$

$$\chi = b + 2h = 2 + 2 \times 1.0 = 4(\mathrm{m})$$

$$R = \frac{A}{\chi} = \frac{2}{4} = 0.5(\mathrm{m})$$

$$C = \frac{1}{n}R^{1/6} = \frac{1}{0.017} \times 0.5^{1/6} = 52.4(\mathrm{m}^{1/2}/\mathrm{s})$$

则渡槽底坡　$$i = \frac{Q^2}{A^2C^2R} = \frac{3.3^2}{2^2 \times 52.4^2 \times 0.5} = 0.002$$

则水面落差　$$\Delta z = il = 0.002 \times 200 = 0.4(\mathrm{m})$$

#### 4.2.3.2　新渠道的设计计算

新设计渠道水力计算的任务主要是根据具体土质、地形、渠道设计流量和使用要求等选择断面形式，设计过水断面尺寸。工程中梯形和矩形断面较多，以下以梯形断面为例，介绍过水断面尺寸的确定方法。

在规划设计新渠道时，设计流量由工程要求（如灌溉、排涝、发电等）而定，底坡一般是由渠道大小结合地形条件确定，边坡系数 $m$ 及糙率 $n$，则由土质及渠壁材料与施工、管理运用等条件而定。也就是已知 $Q$、$m$、$n$，求渠道的水深 $h$ 及底宽 $b$。此问题有两个未知数（$b$ 及 $h$），但只有一个方程式（明渠均匀流基本公式），由代数知，它可得出很多组答案。工程上一般是根据工程实际的要求，先确定其中的一个而求出另一个（给定 $b$ 求 $h$ 或给定 $h$ 求 $b$）；也可给出一个适宜的宽深比（渠道底宽与水深之比 $\beta = b/h$），然后求出 $b$ 及 $h$。过水断面的大小确定方法很多，选用哪一种 $b$、$h$ 组合，工程上常用经济技术比较来确定。

1. 已知底宽 $b$ 求水深 $h_0$

**【例 4-4】**　设梯形断面尺寸渠道，已知 $Q = 0.80\ \mathrm{m}^3/\mathrm{s}$，$i = 1/1\,000$，$n = 0.025$，$m = 1.0$（重壤土），$b = 0.8$ m，求正常水深 $h_0$。

**解法一**：试算法

从明渠均匀流流量计算公式 $Q = AC\sqrt{Ri}$ 分析，当已知流量、底坡时，流量模数为常数，则试算方法如下。

（1）求出已知流量、底坡对应的流量模数。

$$K_0 = \frac{Q}{\sqrt{i}} = \frac{0.8}{\sqrt{0.001}} = 25.3(\mathrm{m}^3/\mathrm{s})$$

（2）设水深 $h = 0.6$ m，求出相应的 $K$ 值，看与 $K_0$ 值是否相等。

$$A = (b + mh)h = (0.8 + 1.0 \times 0.6) \times 0.6 = 0.84(\mathrm{m})$$

$$\chi = b + 2h\sqrt{1 + m^2} = 0.8 + 2 \times 0.6 \times \sqrt{1 + 1.0^2} = 2.5(\mathrm{m})$$

$$R = \frac{A}{\chi} = \frac{0.84}{2.5} = 0.336(\mathrm{m})$$

$$C = \frac{1}{n}R^{1/6} = \frac{1}{0.025} \times 0.336^{1/6} = 33.352(\mathrm{m}^{1/2}/\mathrm{s})$$

$$K = AC\sqrt{R} = 0.84 \times 33.352 \times \sqrt{0.336} = 16.24(\mathrm{m^3/s}) \neq 25.3\ \mathrm{m^3/s}$$

则重新假设水深，进行试算，列入表4-10，并绘制 $K \sim h$ 曲线，如图4-5所示，用 $K_0 = 25.3\ \mathrm{m^3/s}$ 查曲线得 $h_0 = 0.75$ m。

**表4-10　正常水深试算表**

| 假设水深 $h$(m) | 面积 $A(\mathrm{m^2})$ | 湿周 $\chi$(m) | 水力半径 $R$(m) | 谢才系数 $C(\mathrm{m^{1/2}/s})$ | 流量模数 $K(\mathrm{m^3/s})$ |
|---|---|---|---|---|---|
| 0.4 | 0.48 | 1.931 | 0.249 | 31.717 | 7.602 |
| 0.5 | 0.65 | 2.214 | 0.294 | 32.610 | 11.485 |
| 0.6 | 0.84 | 2.497 | 0.336 | 33.358 | 16.250 |
| 0.7 | 1.05 | 2.790 | 0.378 | 34.008 | 21.947 |
| 0.8 | 1.28 | 3.062 | 0.418 | 34.587 | 28.620 |

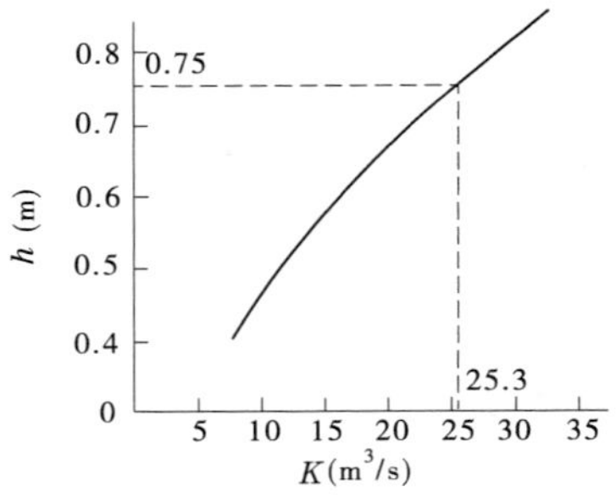


图4-5

**解法二**：梯形断面迭代试算法

在函数中，经常会遇到虽然一个方程中只有一个未知数，但为任意次方程，无法直接求解。任意次方程大多数可以进行恒等变形，整理成 $h = f(h)$ 的方程，利用迭代法求得答案。如本例梯形断面，即可采用迭代试算法。具体操作方法如下。

因梯形断面明渠流量计算公式为 $Q = \dfrac{A}{n}R^{\frac{2}{3}}i^{\frac{1}{2}} = \dfrac{\sqrt{i}\,A^{5/3}}{n\,\chi^{2/3}}$，将梯形的面积 $A = (b + mh)h$、湿周 $\chi = b + 2h\sqrt{1 + m^2}$ 代入上式得

$$Q = \frac{\sqrt{i}}{n}\ \frac{[(b + mh)h]^{5/3}}{[b + 2h\sqrt{1 + m^2}]^{2/3}} \tag{1}$$

将式(1)进行恒等变形，整理得如下迭代计算式：

$$h_{(j+1)} = \left(\frac{nQ}{\sqrt{i}}\right)^{3/5} \frac{(b + 2h_j\sqrt{1 + m^2})^{2/5}}{b + mh_j} \tag{2}$$

迭代方法如下：

(1)将例中已知数代入试算式(1)，整理得：

$$h = 0.759\frac{(0.8 + 2.828h)^{0.4}}{0.8 + h} \tag{3}$$

(2)首先设水深 $h$ 趋近于零，代入式(3)则得 $h_1 = 0.868$ m，再将 $h_1 = 0.868$ m 代入式(3)得 $h_2 = 0.73$ m，如此迭代，如表 4-11 所示。从表 4-11 中可以看出，当迭代到第 6 次时，水深值基本不变，则最后得 $h_0$ 为 0.752 m。

**表 4-11　正常水深迭代试算**

| 迭代次数 | 1 | 2 | 3 | 4 | 5 | 6 |
|---|---|---|---|---|---|---|
| 水深 $h_j$ | →0 | 0.868 | 0.730 | 0.756 | 0.751 | 0.752 |
| 水深 $h_{j+1}$ | 0.868 | 0.730 | 0.756 | 0.751 | 0.752 | 0.752 |

**解法三：**利用 Excel 表格单变量求解功能

(1)建立如表 4-12 所示求解流量的 Excel 表格(将已知的底宽 $b = 0.8$ m、糙率 $n = 0.025$、底坡 $i = 0.001$、边坡系数 $m = 1.0$ 输入表格第 2 行。关于面积、湿周、水力半径、流量要输入计算公式，如面积单元格中输入 =(B2 + E2 * A2) * A2。假设水深 $h = 1.0$ m，单击回车键得 $Q = 1.43$ m$^3$/s)。

**表 4-12　求解流量的 Excel 表格**

| 序号 | A | B | C | D | E | F | G | H | I |
|---|---|---|---|---|---|---|---|---|---|
| 1 | 水深 $h$ (m) | 底宽 $b$ (m) | 糙率 $n$ | 底坡 $i$ | 边坡 $m$ | 面积 $A$ (m$^2$) | 湿周 $\chi$ (m) | 水力半径 $R$(m) | 流量 $Q$ (m$^3$/s) |
| 2 | 1.0 | 0.8 | 0.025 | 0.001 | 1.00 | 1.8 | 3.63 | 0.5 | 1.43 |

(2)单变量求解流程如图 4-6 所示。

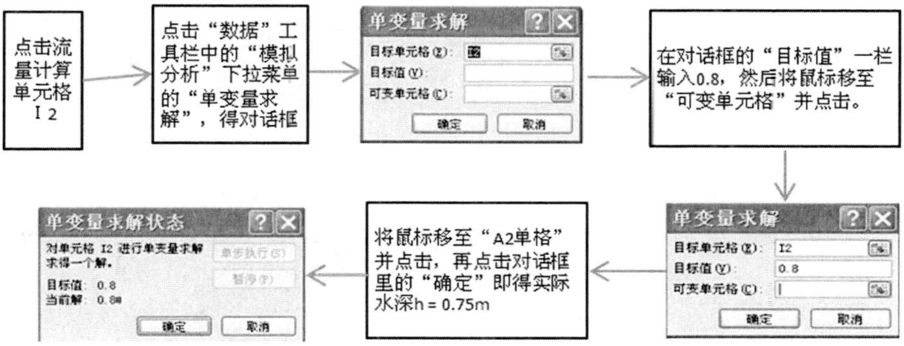


**图 4-6　利用 Excel 表格单变量求解流程**

2. 已知水深 $h_0$ 求底宽 $b$

由 $Q = \dfrac{\sqrt{i}[(b+mh)h]^{5/3}}{n[b+2h\sqrt{1+m^2}]^{2/3}}$ 公式进行恒等变形导出迭代公式：

$$b_{(j+1)} = \left(\frac{nQ}{\sqrt{k}}\right)^{0.6} \frac{(b_j + 2h\sqrt{1+m^2})^{0.4}}{h} - mh \tag{4-10}$$

具体迭代方法:先代入已知数据,计算出式中的常数项,然后设一初值($b_{(0)} = 0$),代入迭代式的右边,解出 $b_{(1)}$;将 $b_{(1)}$ 代回到公式右边的未知项中,解出 $b_{(2)}$,即完成了一个迭代过程。如此重复迭代,直到代入的 $b$ 值与计算出的值相等。

试算法与 Excel 表格计算方法与前相类似。

3. 已知宽深比 $\beta(\beta = h/b)$,求 $b$、$h$

根据工程经验,查相关资料,选择合适的宽深比,则可直接求出 $h_0$和 $b_0$。

公式推导:因 $\beta = \dfrac{b}{h}$,则 $b = \beta h$,将其代入式 $h_{(j+1)} = \left(\dfrac{nQ}{\sqrt{i}}\right)^{3/5} \dfrac{(b+2h_j\sqrt{1+m^2})^{2/5}}{b+mh_j}$中,即可推导出如下公式:

$$h = \left(\frac{nQ}{\sqrt{i}}\right)^{3/8} \frac{(\beta + 2\sqrt{1+m^2})^{1/4}}{(\beta+m)^{5/8}} \tag{4-11}$$

**【例 4-5】** 在黏土地区计划建一灌溉渠道,采用喷浆混凝土护面。渠道需要通过的流量为 4.0 m³/s,底坡为 1/5 000。拟选用梯形断面,宽深比 $\beta$ 取 2.0,边坡系数 $m$ 拟取 1.5,试设计渠道的底宽和水深。

**解**:查表 4-5 得喷浆混凝土护面的糙率 $n = 0.018$。

因宽深比 $\beta = b/h = 2.0$,将已知数据代入式(4-11)得

$$h = \left(\frac{nQ}{\sqrt{i}}\right)^{3/8} \frac{(\beta + 2\sqrt{1+m^2})^{1/4}}{(\beta+m)^{5/8}}$$

$$= \left(\frac{0.018 \times 4.0}{\sqrt{1/5\ 000}}\right)^{3/8} \times \frac{(2.0 + 2 \times \sqrt{1+1.5^2})^{1/4}}{(2.0+1.5)^{5/8}} = 1.3(\text{m})$$

则 $b = \beta h = 2.0 \times 1.3 = 2.6(\text{m})$

所以,渠道的底宽为 2.6 m,水深为 1.3 m。

# 任务 4.3 明渠水力计算其他问题

## 4.3.1 水力最佳断面

由均匀流公式可知,明渠的输水能力主要取决于过水断面的形状、尺寸、底坡和糙率的大小。设计渠道时,底坡和糙率由具体情况选定。在底坡和糙率已定的前提下,渠道的过水能力则取决于渠道的横断面形状和尺寸。从设计的角度上,总是希望所选定的渠道的流量、底坡、糙率一定时,过水断面的面积最小;或者在渠道的过水断面面积、底坡、糙率一定时,通过的流量最大,符合这个条件的断面,称为水力最佳断面。

由明渠均匀流公式(4-8)分析可知:当渠道的底坡 $i$、糙率 $n$ 及过水断面面积 $A$ 一定时,湿周 $\chi$ 最小(水力半径最大),通过的流量 $Q$ 最大;或者说,当 $i$、$n$、$Q$ 一定时,湿周 $\chi$ 最小(或水力半径最大),所需的过水断面面积 $A$ 最小。

由几何学可知,面积一定时,圆形断面的湿周最小,水力半径最大;又因半圆形的过水

断面与圆形断面的水力半径相同，所以在明渠的各种断面形状中，半圆形是水力最佳断面。但半圆形施工难度大、造价高，不能普遍应用，只有在钢筋混凝土或钢丝网水泥做成的渡槽等建筑物中才采用类似半圆形的断面（如U形断面）。因此，以下主要内容均以常见的梯形和矩形为例。

#### 4.3.1.1 梯形水力最佳断面的宽深比公式

工程中多采用梯形断面，其边坡系数 $m$ 可以直接由边坡稳定确定。因而在 $m$ 一定的情况下，同样的过水断面面积 $A$，湿周的大小因底宽与水深的比（宽深比 $b/h$）而异。

根据水力最佳断面的条件有：$A$ = 常数，$\chi$ 为最小值，取 $\frac{\mathrm{d}A}{\mathrm{d}h}=0$、$\frac{\mathrm{d}\chi}{\mathrm{d}h}>0$，$A=(b+mh)h$，$\chi=b+2h\sqrt{1+m^2}$ 分别写出 $A$、$\chi$ 对 $h$ 的一阶导数并使之为零可推得

$$\beta_m=\frac{b}{h}=2(\sqrt{1+m^2}-m) \tag{4-12}$$

式(4-12)表明：梯形水力最佳断面的宽深比 $b/h$ 值仅与边坡系数有关，与其他无关。

#### 4.3.1.2 梯形水力最佳断面的特征

因 $R=\frac{A}{\chi}=\frac{(b+mh)h}{b+2h\sqrt{1+m^2}}$，将 $b=\beta_m h$，$\beta_m=2(\sqrt{1+m^2}-m)$ 代入即可得：

$$R_m=\frac{h}{2}$$

上式说明：梯形水力最佳断面的水力半径只与水深有关且等于水深的一半，而与渠道的底坡及边坡系数无关。

对于矩形断面，因可看作是 $m=0$ 的梯形，则由前式可得：

$$\beta_m=\frac{b}{h}=2$$

也就是说，矩形水力最佳断面的特征是：底宽为水深的2倍。

必须说明：水力最佳断面的特点一般为窄深式，它具有工程量省、占地少、过流量大的优点，但施工中由于开挖深、土方单价高、易受地质条件等因素的影响，所以并不一定是经济实用断面。对于大型或较大型的渠道，渠线很长，因此在渠道设计中要综合考虑各种条件，进行经济技术比较。一般不能把水力最佳断面看作是设计渠道的唯一条件。

#### 4.3.1.3 梯形水力最佳断面计算应用

由水力最佳断面 $\beta_m=\frac{b}{h}=2(\sqrt{1+m^2}-m)$ 代入式(4-12)整理得

$$h_0=1.189\times\left[\frac{nQ}{\sqrt{i}(2\sqrt{1+m^2}-m)}\right]^{3/8} \tag{4-13}$$

$$b_0=\beta_m h_0$$

$$A_0=(b_0+mh_0)h_0$$

**【例4-6】** 已知某渠道 $Q=3.2\ \mathrm{m^3/s}$，$m=1.5$，$i=0.000\,5$，$n=0.025$，试按水力最佳断面计算过水断面的大小。

**解：**(1) 根据 $m=1.5$，$\beta_m=\frac{b}{h}=2(\sqrt{1+m^2}-m)$ 计算得 $\beta_m=0.605$。

(2)按式(4-13)计算水深

$$h = 1.189\left[\frac{nQ}{\sqrt{i}(2\sqrt{1+m^2}-m)}\right]^{3/8} = 1.189 \times \left[\frac{0.025 \times 3.2}{\sqrt{0.0005} \times (2\sqrt{1+1.5^2}-1.5)}\right]^{3/8}$$

$= 1.45(\text{m})$

(3)计算底宽

$$b_0 = \beta_m h_0 = 0.605 \times 1.45 = 0.88(\text{m})$$

所以,水力最佳断面的尺寸为:正常水深为 1.45 m,底宽为 0.88 m。

## 4.3.2 综合糙率

在水利工程中,一些傍山渠道,常采用渠道断面一侧及渠底为岩石而边坡用另一种材料的渠道(见图 4-7)。这种渠道在同一过水断面上各部分湿周的糙率不同,因此称为非均质渠道。非均质渠道的水力计算一般按均匀流公式计算,但为了反映同一断面各周界上不同糙率的影响,明渠均匀流公式 $Q=\frac{A}{n}R^{2/3}i^{1/2}$ 中的糙率 $n$ 应采用综合糙率 $n_e$ 代替。$n_e$ 与各部分湿周 $\chi_1,\chi_2,\cdots$ 及其相应的糙率 $n_1,n_2,\cdots$ 有关。

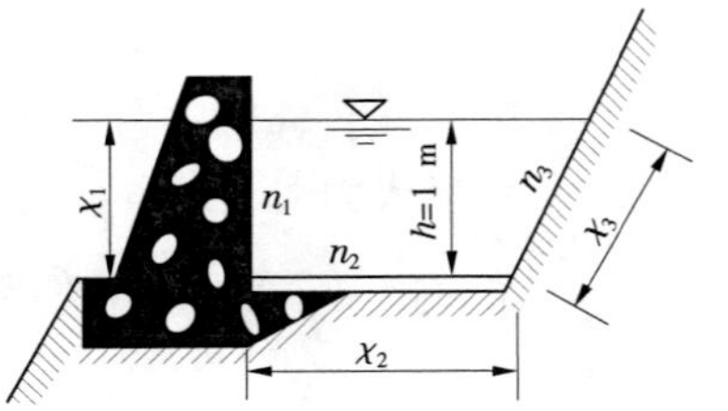


图 4-7

当渠道底部的糙率小于侧壁的糙率时按下式计算

$$n_e = \sqrt{\frac{n_1^2\chi_1 + n_2^2\chi_2 + n_3^2\chi_3}{\chi_1 + \chi_2 + \chi_3}} \tag{4-14}$$

在一般情况下,$n_e$ 也可用加权平均法估算,即

$$n_e = \frac{n_1\chi_1 + n_2\chi_2 + n_3\chi_3}{\chi_1 + \chi_2 + \chi_3} \tag{4-15}$$

**【例 4-7】** 有一环山渠道的断面如图 4-8 所示。水流近似为均匀流,靠山体的一边坡按 1∶0.5 的边坡开挖(岩石较好,$n_1$ 为 0.027 5),另一边为直立的浆砌块石边墙,$n_2$ 为 0.025,底宽 $b$ 为 2 m,底坡为 0.002。求水深 $h$ 为 1.5 m 时的过水能力。

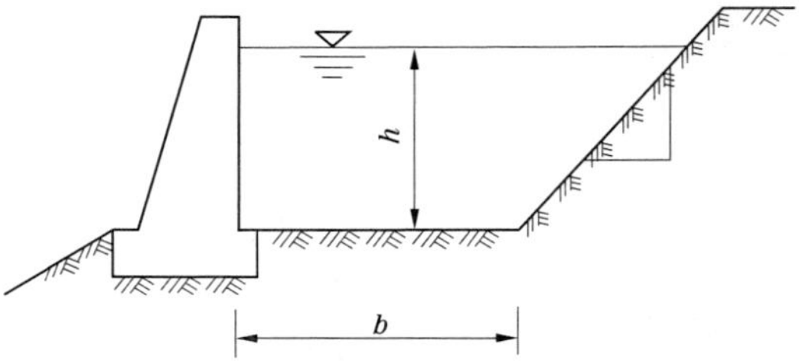


图 4-8

**解**:(1)求综合糙率 $n_e$。

由题意可知,渠底与靠山体一侧糙率相同为　　$n_1 = 0.0275$

湿周　　　$\chi_1 = b + h\sqrt{1+m^2} = 2 + 1.5 \times \sqrt{1+0.5^2} = 3.68(\text{m})$

浆砌块石边墙糙率　　$n_2 = 0.025$

湿周　　$\chi_2 = h = 1.5\ \text{m}$

将上述数据代入式(4-14)得综合糙率：

$$n_e = \sqrt{\frac{n_1^2\chi_1 + n_2^2\chi_2}{\chi_1 + \chi_2}} = \sqrt{\frac{0.027\,5^2 \times 3.68 + 0.025^2 \times 1.5}{3.68 + 1.5}} = 0.026\,8$$

(2)求断面水力要素。

$$A = (b + b + mh)h/2 = (2 + 2 + 0.5 \times 1.5) \times 1.5/2 = 3.56(\text{m}^2)$$

$$\chi = \chi_1 + \chi_2 = 3.68 + 1.5 = 5.18(\text{m})$$

$$R = \frac{A}{\chi} = \frac{3.56}{5.18} = 0.69(\text{m})$$

(3)计算流量。

将上面数据代入式(4-7)得

$$Q = \frac{A}{n}R^{2/3}i^{1/2} = \frac{3.56}{0.026\,8} \times 0.69^{2/3} \times 0.002^{1/2} = 4.64(\text{m}^3/\text{s})$$

则该渠道的过水能力为 $4.64\ \text{m}^3/\text{s}$。

## 4.3.3　复式断面

复式断面多用于流量变化比较大的渠道中，如图4-9(a)所示。这种渠道在小流量时，水流由主槽通过；在较大流量时，两边滩才能过水。复式断面的各部分的流速分布极不均匀，变化很大。当水深由 $h < h'$ 增加到 $h > h'$ 时，在某一范围内流量不但不增加，反而会减小，如图4-9(b)所示。这是由于水深 $h < h'$ 增加到 $h > h'$ 时，过水断面面积虽然增加了，但湿周突然增加许多，使水力半径骤然减小。图4-9(b)中虚线即是按式(4-5)计算出的水深与流量的关系曲线，而实际的水深与流量的关系曲线为图中实线部分。

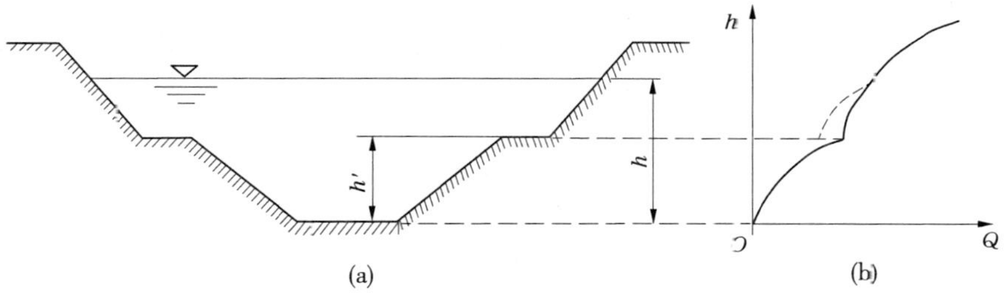


**图4-9　渠道复式断面**

复式断面通常采用近似计算，从断面变化处用垂线将断面分为几个断面，按其流速分布和水深基本接近为一部分，分别按式(4-5)计算每部分的流速或流量，最后相加得到总流的流量，如图4-10所示。

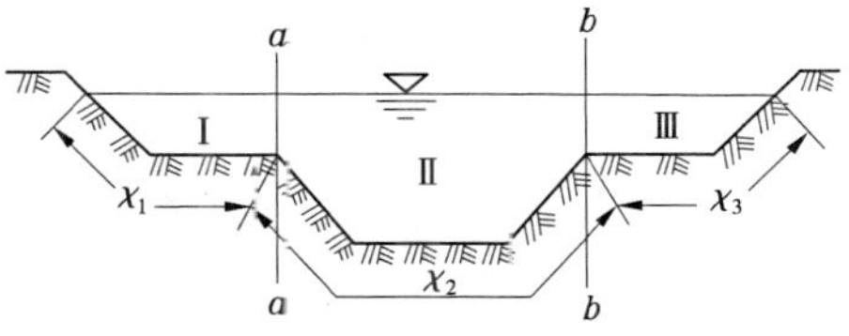


**图4-10　复式断面分段示意图**

用铅垂线 a—a 及 b—b 将复式断面分成Ⅰ、Ⅱ、Ⅲ三个部分，然后对每一部分应用

式(4-5)得

$$Q_1 = A_1 C_1 \sqrt{R_1 i} = K_1 \sqrt{i}$$

$$Q_2 = A_2 C_2 \sqrt{R_2 i} = K_2 \sqrt{i}$$

$$Q_3 = A_3 C_3 \sqrt{R_3 i} = K_3 \sqrt{i}$$

总流的流量为

$$Q = Q_1 + Q_2 + Q_3 = (K_1 + K_2 + K_3)\sqrt{i} \tag{4-16}$$

**【例4-8】** 如图4-11所示复式断面渠道。已知 $b_1 = b_3 = 6$ m,$b_2 = 10$ m;$h_2 = 4$ m,$h_1 = h_3 = 1.8$;$m_1 = m_3 = 1.5$,$m_2 = 2.0$;糙率 $n = 0.02$,底坡均为 $i = 0.000\ 2$。求流量 $Q$。

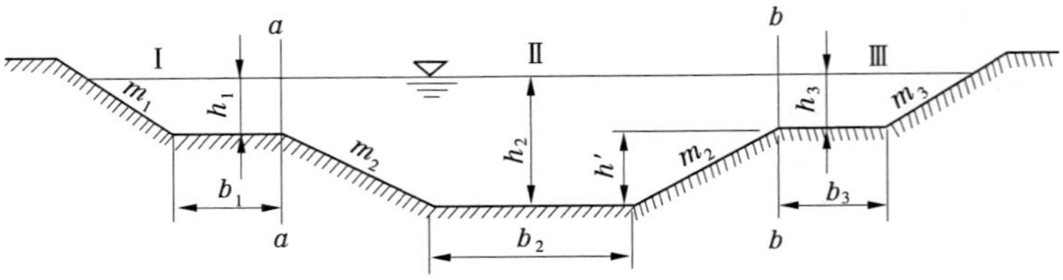


**图4-11 复式断面渠道**

**解:**用铅垂线 $a—a$ 及 $b—b$,将复式断面分成Ⅰ、Ⅱ、Ⅲ三个部分,各部分的面积分别为:

$$A_1 = A_3 = \left(b_1 + \frac{m_1 h_1}{2}\right)h_1 = \left(6 + \frac{1.5 \times 1.8}{2}\right) \times 1.8 = 13.23(\text{m}^2)$$

$$\begin{aligned} A_2 &= (b_2 + m_2 h')h' + (b_2 + 2m_2 h')h_1 \\ &= [10 + 2.0 \times (4 - 1.8)] \times (4 - 1.8) + [10 + 2 \times 2.0 \times (4 - 1.8)] \times 1.8 \\ &= 65.52(\text{m}^2) \end{aligned}$$

各部分的湿周分别为

$$\chi_1 = \chi_3 = b_1 + h_1\sqrt{1 + m_1^2} = 6 + 1.8 \times \sqrt{1 + 1.5^2} = 9.24(\text{m})$$

$$\chi_2 = b_2 + 2h'\sqrt{1 + m_2^2} = 10 + 2.0 \times \sqrt{1 + 2.0^2} \times (4 - 1.8) = 19.84(\text{m})$$

各部分的水力半径为

$$R_1 = R_3 = \frac{A_1}{\chi_1} = \frac{13.23}{9.24} = 1.43(\text{m})$$

$$R_2 = \frac{A_2}{\chi_2} = \frac{65.52}{19.84} = 3.30(\text{m})$$

各部分的流量模数分别为

$$K_1 = K_3 = A_1 C_1 \sqrt{R_1} = \frac{1}{n}A_1 R_1^{2/3} = \frac{1}{0.02} \times 13.23 \times 1.43^{2/3} = 837(\text{m}^3/\text{s})$$

$$K_2 = A_2 C_2 \sqrt{R_2} = \frac{1}{n}A_2 R_2^{2/3} = \frac{1}{0.02} \times 65.52 \times 3.30^{2/3} = 7\ 261(\text{m}^3/\text{s})$$

则复式断面的流量为

$$\begin{aligned} Q &= Q_1 + Q_2 + Q_3 = (K_1 + K_2 + K_3)\sqrt{i} \\ &= (837 + 7\ 261 + 837) \times \sqrt{0.000\ 2} = 126(\text{m}^3/\text{s}) \end{aligned}$$

# 任务4.4 渡槽水力分析与计算

## 4.4.1 渡槽概况

渡槽是渠道跨越山谷、河流、道路等的架空输水建筑物，其主要作用是输送水流。根据水利工程的不同需要，渡槽还可以用于排洪、排沙、导流和通航等。

渡槽一般适用于跨越河谷（断面宽深、流量大、水位低）、宽阔滩地或洼地等情况。它与倒虹吸管相比具有水头损失小、便于管理运用及可通航等优点，是交叉建筑物中采用最多的一种形式。与桥梁相比，渡槽以恒载为主，不承受桥梁那样复杂的活载，故结构设计相对简单，但对防渗和止水构造要求较高，以免影响运行管理和结构安全。

渡槽按槽身断面形式分类，有U形、矩形、梯形、椭圆形和圆形等；按支承结构分类，有梁式、拱式、桁架式、悬吊式、斜拉式等；按所用材料分类，有木制渡槽、砖石渡槽、混凝土渡槽、钢筋混凝土渡槽、钢丝网水泥渡槽等；按施工方法不同，有现浇整体式、预制装配式及预应力渡槽。

渡槽包括进口渐变段、槽身段及出口渐变段。

## 4.4.2 渡槽水力分析与计算

渡槽水力计算的目的，就是确定渡槽过水断面形状和尺寸、槽底纵坡、进出口高程，校核水头损失是否满足渠系规划要求。

渡槽的水力计算，是在槽址中心线及槽身起止点位置已选择的基础上进行的，所以上下游渠道的断面尺寸、水深、渠底高程和允许水头损失均为已知。

### 4.4.2.1 槽身底坡确定

进行渡槽的水力计算，首先要确定渡槽纵坡。在相同的流量下，纵坡的选择对渡槽过水断面大小、工程造价高低、水头损失多少、通航要求、水流冲刷及下游自流灌溉面积等有直接影响。因此，确定一个适宜的底坡，使其既能满足渠系规划允许的水头损失，又能降低工程造价，常常需要试算。一般初拟时，常采用 $i=1/500\sim1/1\ 500$，槽内流速 1 ~ 2 m/s；对于通航的渡槽，要求流速在 1.5 m/s 以内，底坡 $i=1/3\ 000\sim1/10\ 000$。

### 4.4.2.2 槽身断面设计

槽身的过水断面尺寸，一般按设计流量设计，按最大流量校核，通过水力学公式进行计算。当槽身长度 $L\geqslant(15\sim20)h_2$（槽内水深）时，按明渠均匀流公式计算；当 $L<(15\sim20)h_2$时，可按淹没宽顶堰公式进行计算。

槽身过水断面的深宽比选择，工程中多采用窄深式断面，一般矩形槽取 0.6 ~ 0.8；U形槽取 0.7 ~ 0.8。为防止风浪或其他原因而引起侧墙顶溢流现象，侧墙应有一定的超高 $\Delta h$，一般选用 0.2 ~ 0.6 m，对于有通航要求的渡槽，超高值应根据通航要求确定。

### 4.4.2.3 渡槽水面总降落值计算

水流通过渡槽时，由于克服局部阻力、沿程阻力以及水流能量的转换，都会产生水头损失，水流进出渡槽产生变化，这种水流现象可分为三段分析计算，如图 4-12 所示。

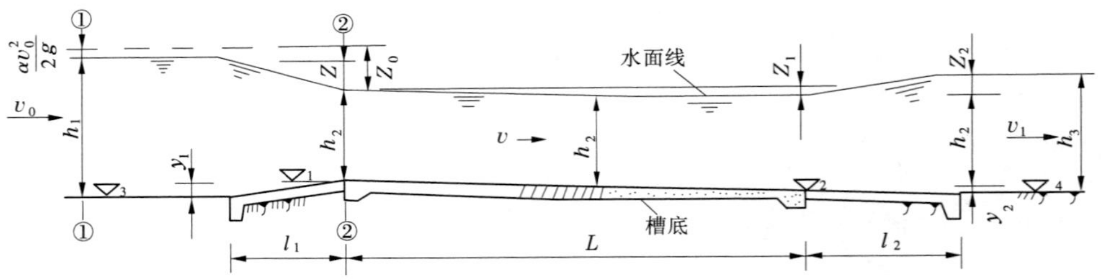


**图 4-12　渡槽水力计算示意图**

水流经过进口段时，随着过水断面的减小，流速逐渐加大，水流的位能一部分转化为动能，另一部分消耗于因水流收缩而产生的水头损失，因此形成进口段水面降落 $Z$；槽中基本保持均匀流，水面坡等于槽底坡，产生沿程水头损失 $Z_1$；水流经过出口段时，随着过水断面的扩大，流速逐渐减小，水流的动能一部分消耗于因水流扩散而产生的水头损失，另一部分转化为位能，因此形成出口段水面回升 $Z_2$。水流经过渡槽的总水头损失，要求满足规划设计所允许的水头损失，其水头损失与水面衔接计算见表 4-13。

**表 4-13　渡槽水头损失与水面衔接计算公式**

| 序号 | 项目名称 | 计算公式 | 说明 |
|---|---|---|---|
| 1 | 进口段水面降落值 $Z$ | $Z=\dfrac{Q^2}{(\sigma\varphi\omega\sqrt{2g})^2}-\dfrac{v_0^2}{2g}$<br>或 $Z=\dfrac{1+K_1}{2g}(v^2-v_0^2)$ | $\sigma$—侧收缩系数，可取 0.9 ~ 0.95；<br>$\varphi$—流速系数，可取 0.9 ~ 0.95；<br>$v_0$、$v$—上游渠道、槽身的平均流速，m/s；<br>$\omega$—渡槽过水断面面积，$m^2$；<br>$K_1$—进口段局部水头损失系数，与渐变段型式有关，见表 4-14 |
| 2 | 槽身段沿程降落值 $Z_1$ | $Z_1=iL$ | $i$—槽底比降；<br>$L$—槽身长度 |
| 3 | 出口段水面回升值 $Z_2$ | $Z_2=\dfrac{1-K_2}{2g}(v^2-v_1^2)$<br>$Z_2=\dfrac{1-K_2}{1+K_1}Z\approx\dfrac{1}{3}Z$ | $v_1$—下游渠道的平均流速，m/s；<br>$K_2$—出口段局部水头损失系数，常取 0.2。<br>当上、下游渠道断面相等时，也可以按第二个式子计算 |
| 4 | 渡槽总水面降落值 $\Delta Z$ | $\Delta Z=Z+Z_1-Z_2\leqslant[\Delta Z]$ | $[\Delta Z]$—规划所允许的水头损失 |
| 5 | 进口槽底高程 | $\nabla_1=\nabla_3+y_1$ | 抬高值：$y_1=h_1-Z-h_2$ |
| 6 | 出口槽底高程 | $\nabla_2=\nabla_1-Z_1$ | |
| 7 | 出口渠底高程 | $\nabla_4=\nabla_2-y_2$ | 降低值：$y_2=h_3-Z_2-h_2$ |

#### 4.4.2.4　进出口底板高程的确定(同表4-13、表4-14)

**【例4-9】**　某灌区三支渠上修建的渡槽为钢筋混凝土渡槽,槽身总长150 m,槽身过水断面为矩形,进口渐变段长9 m,出口渐变段长12 m,允许水头损失$[\Delta Z]=0.35$ m。进口渠底高程$\nabla_3=65.56$ m。上、下游渠道水力要素相同,渠道设计流量$Q=7.17\ m^3/s$,相应水深2.08 m,流速$v=0.62$ m/s。渠底宽度$b=2.4$ m,边坡系数$m=1.5$。任务要求:进行渡槽的水力计算。

**表4-14　进口段局部水头损失系数$K_1$值**

| 渐变段形式 | 长扭曲面 | 八字斜墙 | 圆弧直墙 | 急变形式 |
|---|---|---|---|---|
| 渐变段示意图<br>(渠道→渡槽) | 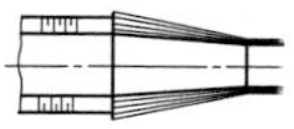 | 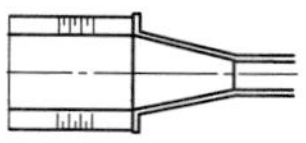 | 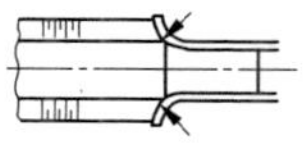 | 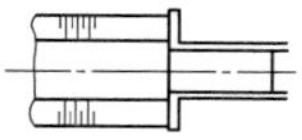 |
| $K_1$ | 0.1 | 0.2 | 0.2 | 0.4 |

**解**:(1)过水断面计算。

选取纵坡$i=1/1\ 000$,底宽$b=2.4$ m,糙率$n=0.014$,因槽身长度$L$远大于$(15\sim20)h_2$,所以按照明渠均匀流公式试算水深$h$,计算结果分别为:$Q_{设计}=7.17\ m^3/s$时,槽内设计水深$h_{设计}=1.68$ m,$h/b=0.70$;$Q_{加大}=8.25\ m^3/s$时,槽内加大水深$h_{加大}=1.88$ m,$h/b=0.78$。计算结果符合$h/b=0.6\sim0.8$的要求。

(2)水头损失计算。

①进口水面降落值。

按淹没宽顶堰流公式计算,已知渡槽入口处渠道$Q_{设计}=7.17\ m^3/s$,渠道行近流速$v_0=0.62$ m/s,取$\sigma=0.9$,$\varphi=0.95$,则

$$Z=\frac{Q^2}{(\sigma\varphi\omega\sqrt{2g})^2}-\frac{v_0^2}{2g}=\frac{7.17^2}{[0.9\times0.95\times(2.4\times1.68)\times\sqrt{2\times9.8}]^2}-\frac{0.62^2}{2\times9.8}=0.20(\text{m})$$

②沿程水面降落值。

$$Z_1=iL=1/1\ 000\times150=0.15(\text{m})$$

③出口水面回升值。

$$Z_2=\frac{1-K_2}{1+K_1}Z\approx\frac{1}{3}Z=\frac{1}{3}\times0.20=0.07(\text{m})$$

④渡槽总水头损失。

$$\Delta Z=Z+Z_1-Z_2\leqslant[\Delta Z]$$

$$\Delta Z=0.20+0.15-0.07=0.28(\text{m})<[\Delta Z]=0.35\ \text{m}$$

故拟定的槽身纵坡和过水断面是合适的。

(3)进出口高程计算。

已知渡槽上、下游断面相同,渠内水深$h_1=h_2=2.08$ m,槽内水深$h=1.68$ m,进口渠底$\nabla_3=65.56$ m。

①进口抬升值。

$$y_1 = h_1 - Z - h_2 = 2.08 - 0.20 - 1.68 = 0.20(\mathrm{m})$$

②出口降低值。

$$y_2 = h_3 - Z_2 - h_2 = 2.08 - 0.07 - 1.68 = 0.33(\mathrm{m})$$

③进口槽底高程。

$$\nabla_1 = \nabla_3 + y_1 = 65.56 + 0.20 = 65.76(\mathrm{m})$$

④出口槽底高程。

$$\nabla_2 = \nabla_1 - Z_1 = 65.76 - 0.15 = 65.61(\mathrm{m})$$

⑤出口渠底高程。

$$\nabla_4 = \nabla_2 - y_2 = 65.61 - 0.33 = 65.28(\mathrm{m})$$

## 项目任务

自测题

### 一、计算题

1. 一梯形断面渠道，底坡 $i=0.008$，糙率 $n=0.03$，边坡系数 $m=1.5$，$b=2.0$ m，水深 $h=1.2$ m，求此渠道的流速和流量。

2. 一半圆混凝土U形渠道，如图4-13所示，宽度 $b=1.2$ m，底坡为1/1 000，糙率为0.017。当槽内均匀流水深为0.8 m时，求此渠道的过水能力。

3. 某干渠为梯形黏土渠，通过流量为 $Q=35\ \mathrm{m^3/s}$，边坡系数为1.5，糙率为0.025，请按水力最佳断面设计该渠道，并校核流速是否满足要求。

4. 一环山渠道如图4-14所示。底坡 $i=0.002$，靠山一边按1∶0.5的边坡开挖，$n_1=0.027$；另一边为直立的混凝土墙，$n_2=0.017$；渠底宽 $b=2.0$ m，$n_3=0.02$。试求水深 $h=1.5$ m时的输送流量。

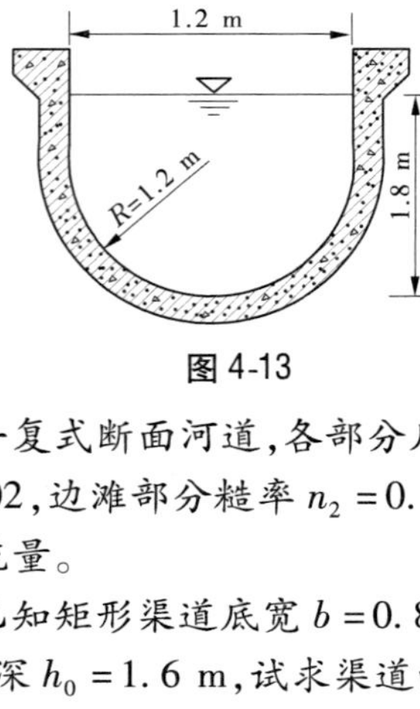

图4-13

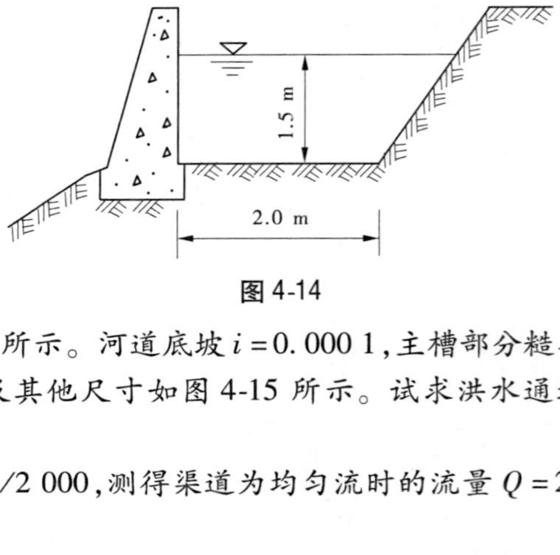

图4-14

5. 一复式断面河道，各部分尺寸如图4-15所示。河道底坡 $i=0.000\ 1$，主槽部分糙率 $n_1=0.002$，边滩部分糙率 $n_2=0.025$，洪水位及其他尺寸如图4-15所示。试求洪水通过河道的流量。

6. 已知矩形渠道底宽 $b=0.8$ m，底坡 $i=1/2\ 000$，测得渠道为均匀流时的流量 $Q=20\ \mathrm{m^3/s}$，水深 $h_0=1.6$ m，试求渠道的糙率值。

7. 一梯形断面黏土渠道，需要输送的流量为 $3.0\ \mathrm{m^3/s}$，初步确定渠道底坡 $i$ 为0.007，边坡系数 $m$ 为1.5，糙率 $n$ 为0.025，底宽 $b$ 为2.0 m，试用试算法和查图法求渠中正常水深，并校核渠中流速。

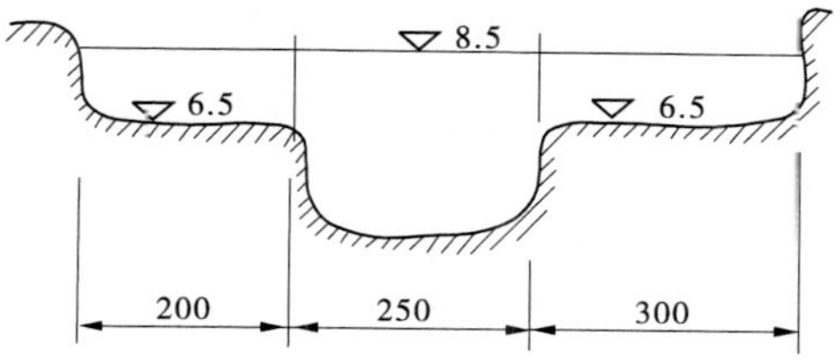


图4-15　河道断面图　(单位:m)

8. 一梯形土质灌溉渠道,按均匀流设计。选定底坡 $i=0.002$, $m=1.5$, $n=0.02$,渠道设计流量 $Q=5\ m^3/s$,现选定水深为 $h_0=0.85$ m,试设计渠道的底宽 $b$。

9. 某梯形渠道通过的流量 $Q=3.0\ m^3/s$,底坡 $i=0.009$,边坡系数 $m=1.5$,糙率 $n=0.025$,已知宽深比 $\beta=1.6$,求水深 $h$ 和宽度 $b$。

## 二、实训题

1)基本资料

某灌区修建引水渠道,渠道长直,全程4 km,当地土质为中壤土;根据地形测量,渠首高程为206.50 m,渠道末端高程为202.50 m,引水流量为5 $m^3/s$。

2)计算任务

(1)确定渠道断面形式(首选梯形断面,说明理由,并选择边坡系数,确定渠底坡度);

(2)确定断面设计方法;

(3)确定护砌方式;

(4)计算渠道断面;

(5)校核是否满足允许流速要求。

# 项目5　明渠恒定非均匀流水力分析与计算

【学习目标】

1. 掌握明渠水流流态的判别方法；
2. 掌握水跃的计算；
3. 熟悉水面曲线的分析；
4. 了解水面曲线的计算。

专家介绍

【技能目标】

1. 准确判定渠、河水流流态；
2. 正确判定水跃的三种形式，计算水跃的跃前、跃后水深，并计算水跃长度；
3. 正确定性分析水面曲线的形式；
4. 正确计算水面曲线，确定溢洪道边墙高度或水库的淹没范围、堤防顶高程。

## 任务5.1　明渠恒定非均匀流的基本概念

### 5.1.1　明渠恒定非均匀流的特点

天然河道或者人工渠道中的水流，大多数是非均匀流。这是因为实际明渠中的水流很难满足均匀流的条件，即使人工修筑的渠道，渠道过水断面形状、尺寸、底坡和糙率沿程改变，或河道和渠道中修建的水工建筑物的影响等，使得明渠中的水流常常属于非均匀流。如图5-1所示，渠道上的水闸前后，渠道底坡变化处上、下游的水流都属于明渠非均匀流。

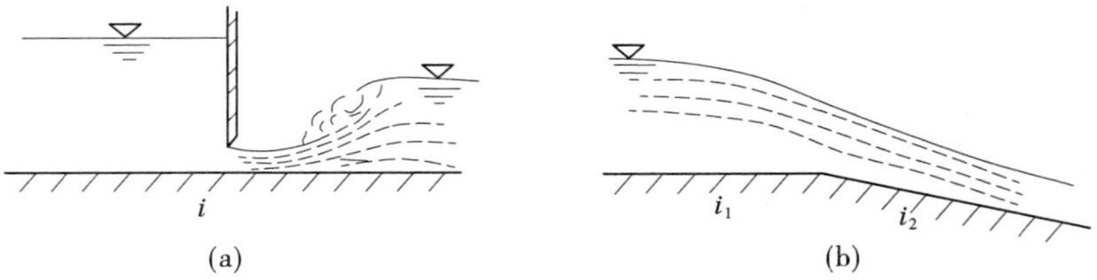


图5-1　水闸、陡坡处的明渠非均匀流

明渠恒定非均匀流中的水力要素是沿流程变化的，其流线不再是平行直线，过水断面也不再是平面，而是曲面。则明渠非均匀流的特点为：渠底线、水面线和总水头线彼此互不平行，三种线的坡度也不相等，即 $J \neq J_p \neq i$，且水面线和总水头线均为曲线。

## 5.1.2 明渠恒定非均匀流的类型

明渠恒定流中的非均匀流可分为明渠非均匀渐变流和明渠非均匀急变流。

在明渠非均匀流中，当流线之间的夹角很小，近似平行，流线近似为直线时，曲率半径很大，称这种水流为明渠非均匀渐变流。其过水断面可近似看作平面，在底坡较小时，其过水断面还可近似用铅直平面替代，过水断面上的水深即为铅直水深。

当明渠水流流线间的夹角较大，或者流线的曲率半径很小时，则称此种水流为明渠非均匀急变流。急变流往往是由于渠槽过水边界突变而形成的，常发生在建筑物的上、下游附近的一段较短的渠槽内。目前，对急变流的理论研究还不成熟，常用试验方法来求得经验或半经验的关系式，以满足工程上的需要。

## 5.1.3 明渠水流的流态及判别方法

### 5.1.3.1 明渠水流的流态

在明渠水流中存在着三种不同的水流状态——缓流、临界流及急流，可以通过一个简单的水流现象来阐明。若在静水中沿铅垂方向丢下一个石块，此时水的表面将产生一个微小的波动，这个波动以石子着落点为中心，以一定的速度 $v_w$（微波传播的相对速度）向四周传播，若水流没有摩阻力存在，则这种扰动将不变波形和波速而传播到无限远处。但实际上由于水流存在着摩阻力，波在传播过程中将逐渐衰退乃至消失。若把石子投入流动着的明渠水流中，当水流断面平均流速小于微波传播的相对速度 $v_w$ 时，波将以绝对速度 $v'_w = v - v_w$ 向上游传播，而同时以绝对速度 $v'_w = v + v_w$ 向下游传播，具有这种特征的水流称为缓流。当断面平均流速 $v$ 大于或等于微波传播的相对速度 $v_w$ 时，波只能是以绝对速度 $v'_w = v + v_w$ 向下游传播，而对上游水流不发生任何影响。我们把明渠水流速度 $v$ 大于或等于微波相对速度 $v_w$ 的水流分别称为临界流和急流。图5-2的(a)、(b)、(c)、(d)分别表示微波在静水、缓流、临界流、急流中传播的情况。

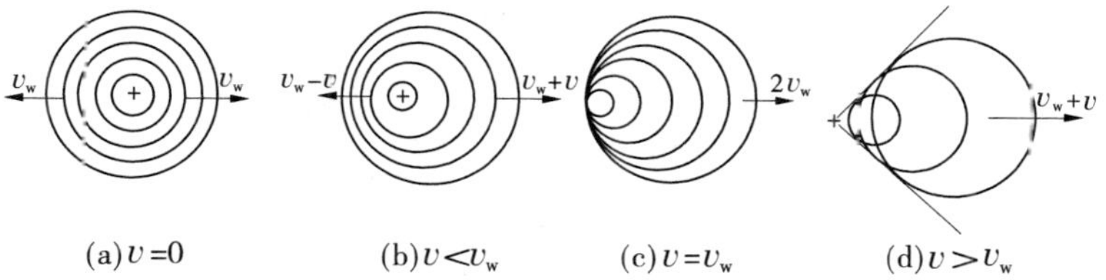


**图5-2 三种流态**

根据明渠水流的断面平均流速 $v$ 与微波相对速度 $v_w$ 的关系，可得出判别式如下：

(1) 当 $v < v_w$ 时，水流为缓流；

(2) 当 $v = v_w$ 时，水流为临界流；

(3) 当 $v > v_w$ 时，水流为急流。

上述分析表明，为了判别明渠水流的流态，需确定微波传播的相对速度 $v_w$ 值。从波的理论可推证，微波在明渠中传播的相对速度 $v_w$ 为

$$v_w = \sqrt{g\bar{h}} \tag{5-1}$$

式中 $\bar{h}$——渠道断面平均水深，为断面面积与水面宽度的比值，即 $\bar{h}=\frac{A}{B}$。

#### 5.1.3.2 流态判别数——弗劳德数 $Fr$

断面平均流速 $v$ 与相对波速 $v_w=\sqrt{g\bar{h}}$ 的比值称为弗劳德数 $Fr$

$$Fr=\frac{v}{\sqrt{g\bar{h}}} \tag{5-2}$$

因弗劳德数反映的是水流断面平均流速 $v$ 和相对波速 $v_w$ 的比值，所以可以用弗劳德数来判别水流流态：

当 $v=v_w$、$Fr=1$ 时，水流为临界流；

当 $v<v_w$、$Fr<1$ 时，水流为缓流；

当 $v>v_w$、$Fr>1$ 时，水流为急流。

弗劳德数在水力分析与计算中是一个极为重要的判别数，为了加深对该数的理解，我们研究一下它的物理意义。我们把弗劳德数的表达式改写为下式

$$Fr=\frac{v}{\sqrt{g\bar{h}}}=\sqrt{\frac{2\frac{v^2}{2g}}{\bar{h}}}$$

由上式可看出，弗劳德数反映了过水断面上水流的单位动能与单位势能之间的比例关系，随着两者比例关系的不同（比值变化），则水流流态就不同。当断面水流中单位势能恰好等于2倍单位动能的时候，$Fr=1$，水流是临界流；当断面水流中单位势能大于2倍单位动能时，$Fr<1$，则水流是缓流；反之，$Fr>1$ 则是急流。

**【例5-1】** 在某河道中，已测得其过水断面面积 $A=524\ m^2$，水面宽度 $B=119\ m$，流量 $Q=1\ 620\ m^3/s$，试用 $Fr$ 判别水流流态。

**解**：河道中的断面平均流速为

$$v=\frac{Q}{A}=\frac{1\ 620}{524}=3.09(m/s)$$

断面平均水深

$$\bar{h}=\frac{A}{B}=\frac{524}{119}=4.40(m)$$

则

$$Fr=\frac{v}{\sqrt{g\bar{h}}}=\frac{3.09}{\sqrt{9.8\times4.40}}=0.471$$

因为 $Fr<1$，则河道中水流为缓流。

#### 5.1.3.3 断面单位能量 $E_s$

断面单位能量（断面比能）就是基准面取在过水断面最低点处（见图5-3）该断面单位重量的液体所具有的位能 $h$ 和动能 $\frac{v^2}{2g}$ 的总和，$h$ 为断面最大水深，$v$ 为该过水断面的平均流速，将 $v=\frac{Q}{A}$ 代入断面单位能量关系式中，则得

$$E_s=h+\frac{\alpha Q^2}{2gA^2} \tag{5-3}$$

由式(5-3)可知,当渠道流量不变,且渠槽断面形状与尺寸一定时,断面单位能量 $E_s$ 是水深 $h$ 的函数,如图 5-4 所示。这条曲线称为断面单位能量曲线。从断面单位能量曲线 $E_s$ 可以看出,水深由零变至无穷大时,断面单位能量 $E_s$ 由无穷大经过有限值再变到无穷大,所以必然有某个水深 $h$ 所对应的 $E_s$ 值最小。这个水深将断面单位能量曲线分为上、下两支,上支断面单位能量 $E_s$ 随水深 $h$ 的增加而增大,即 $\frac{dE_s}{dh}>0$,下支断面单位能量 $E_s$ 随水深 $h$ 的增加而减小,$\frac{dE_s}{dh}<0$。

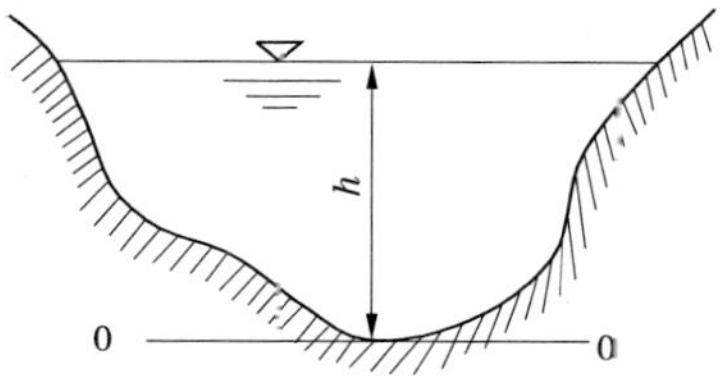


图 5-3

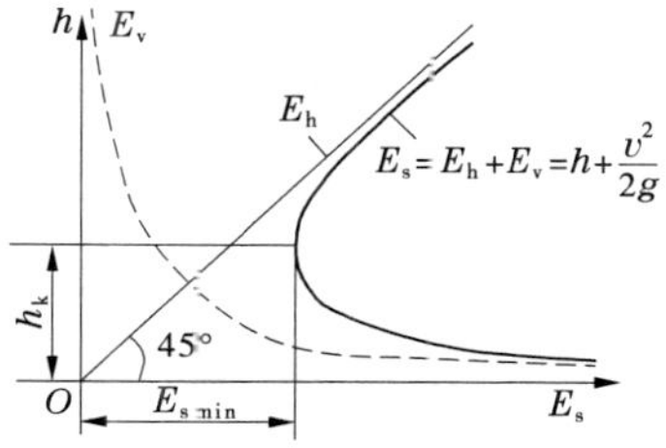


图 5-4

#### 5.1.3.4 临界水深 $h_k$

$E_s$ 值最小值所对应的水深以 $h_k$ 表示,叫临界水深。

1. 临界水深的计算公式

临界水深是一个很重要的水深,它能反映水流所处的状态和特征。因此,对这个水深要做进一步的分析。由上述可知,临界水深是渠道流量、断面形状和尺寸一定时,断面单位能量最小时的水深。所以,可用求极值的方法确定它,即利用式(5-3)对水深取导数,令其一阶导数等于零,得出确定临界水深的关系式

$$\frac{dE_s}{dh}=1-\frac{\alpha Q^2}{gA^3}\frac{dA}{dh}$$

由图 5-5 可知,$dA=Bdh$($B$ 为水面宽度),所以 $\frac{dA}{dh}=B$,代入上式可得

$$\frac{dE_s}{dh}=1-\frac{\alpha Q^2}{gA^3}B$$

当 $\frac{dE_s}{dh}=0$ 时的水深,即为临界水深 $h_k$,通常把与 $h_k$ 相应的各水力要素也加角码"k"。

于是得出:$1-\frac{\alpha Q^2}{gA_k^3}B_k=0$,则有

$$\frac{\alpha Q^2}{g}=\frac{A_k^3}{B_k} \tag{5-4}$$

式(5-4)称为临界流方程,当给定流量、断面形式和尺寸时,即可求出 $h_k$。

应注意:临界水深 $h_k$ 仅与流量及断面形式尺寸有关,而与明渠糙率及底坡大小无关。

因为临界水深是断面比能曲线上断面比能最小值所对应的水深,此时

$$\frac{dE_s}{dh} = 1 - \frac{\alpha Q^2}{gA^3}\frac{dA}{dh} = 1 - \frac{\alpha v^2}{g\frac{A}{B}} = 1 - Fr^2 = 0$$

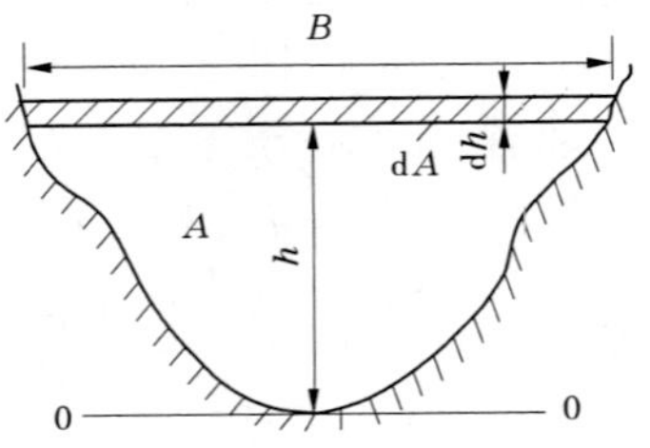

图 5-5

即当水深 $h = h_k$ 时，$Fr = 1$，水流为临界流；当 $h > h_k$ 时，在流量、断面形状、尺寸一定时，$v < v_k < v_w$，即 $Fr < 1$，水流为缓流；同样，当 $h < h_k$ 时，$Fr > 1$，水流为急流。

2. 矩形断面临界水深的计算

对于矩形渠槽，$A = Bh$，令 $q = \frac{Q}{B}$，代入式 $\frac{\alpha Q^2}{g} = \frac{A_k^3}{B_k}$ 整理得

$$h_k = \sqrt[3]{\frac{\alpha q^2}{g}} \tag{5-5}$$

式中　$q$——单位宽度渠槽上通过的流量，$m^3/(s \cdot m)$；

　　$\alpha$——流速分布不均匀系数，可采用 1.0 ~ 1.10。

**【例 5-2】** 有一矩形断面渠道，底宽 $b = 4.0$ m，$Q = 22$ $m^3/s$，水深 $h = 2.4$ m。判别渠中水流流态。

**解**：判别水流流态。

(1) 用“$v_w$”判别。

渠中水流流速为

$$v = \frac{Q}{A} = \frac{22}{2.4 \times 4} = 2.29 (m/s)$$

相对波速

$$v_w = \sqrt{g\bar{h}} = \sqrt{9.8 \times 2.4} = 4.85 (m/s)$$

$v < v_w$，因此渠中水流为缓流。

(2) 用“$Fr$”判别。

$$Fr = \frac{v}{\sqrt{g\bar{h}}} = \frac{2.29}{4.85} = 0.472 < 1$$

水流为缓流。

(3) 用“$h_k$”判别。

$$h_k = \sqrt[3]{\frac{\alpha q^2}{g}} = \sqrt[3]{\frac{(22/4)^2}{9.8}} = 1.46 (m)$$

$h = 2.4$ m $> h_k = 1.46$ m，因此水流为缓流。

3. 梯形断面临界水深的计算

对梯形临界水深可以用式(5-4)试算得出，也可以用迭代试算法计算；还可用 Excel 表格中的“单变量求解”计算。

**【例 5-3】** 某梯形断面渠道，底宽 $b = 2.0$ m，边坡系数 $m = 1.5$，当通过流量 $Q = 10$ $m^3/s$ 时，渠道中的实际水深 $h = 1.0$ m。试用试算法和迭代试算法及 Excel 表格中的“单

变量求解”法计算临界水深 $h_k$，并判别水流的流态。

**解：**(1)用试算法求 $h_k$。

计算公式为

$$\frac{\alpha Q^2}{g}=\frac{A_k^3}{B_k}\qquad A=(b+mh)h\qquad B=b+2mh$$

首先算出已知值

$$\frac{\alpha Q^2}{g}=\frac{1\times 10^2}{9.8}=10.2$$

然后假设不同的水深 $h$，计算出相应的比值$\frac{A^3}{B}$，计算结果列于表5-1中。

**表5-1 梯形断面临界水深计算**

| 水深 $h$(m) | 断面面积 $A$($m^2$) | 水面宽度 $B$(m) | $A^3/B$ |
|---|---|---|---|
| 0.5 | 1.375 | 3.50 | 0.743 |
| 0.8 | 2.56 | 4.40 | 3.81 |
| 1.0 | 3.50 | 5.00 | 8.58 |
| 1.05 | 3.75 | 5.15 | 10.24 |
| 1.1 | 4.02 | 5.30 | 12.26 |

从表5-1中数据可以看出，当 $h=1.05$ m 时，$\frac{A^3}{B}=10.24=\frac{\alpha Q^2}{g}$，所以 $h_k=1.05$ m。

(2)用迭代试算法求临界水深 $h_k$。

将梯形断面 $A_k=(b+mh_k)h_k$，$B=b+2mh_k$代入式(5-4)有

$$\frac{\alpha Q^2}{g}=\frac{[(b+mh_k)h_k]^3}{b+2mh_k}$$

将上式分子的最后一个 $h_k$ 提出并整理得

$$h_k=\sqrt[3]{\frac{\alpha Q^2}{g}}\,\frac{\sqrt[3]{b+2mh_k}}{b+mh_k}\tag{1}$$

首先取 $\alpha=1.0$ 并将已知 $Q=10\ m^3/s$，$b=2.0$ m，$m=1.5$，$g=9.8\ m/s^2$ 代入式(1)并整理得

$$h_k=\sqrt[3]{\frac{1.0\times 10^2}{9.8}}\times\frac{\sqrt[3]{2+3h_k}}{2+1.5h_k}=2.169\times\frac{\sqrt[3]{2+3h_k}}{2+1.5h_k}$$

首先设式右边 $h_k=0$ 解得 $h_{k1}=1.37$ m；再将 $h_{k1}=1.37$ m 代入上式右侧计算 $h_{k2}=0.98$；继续将 $h_{k2}=0.98$ 代入上式右侧，计算 $h_k$。具体迭代计算过程如表5-2所示。最后发现到迭代第6次以后，计算得的 $h_k$ 值不再变化，则取 $h_k=1.05$ m。

**表5-2 梯形断面临界水深迭代计算**

| 迭代次数 | 1 | 2 | 3 | 4 | 5 | 6 | 7 |
|---|---|---|---|---|---|---|---|
| 代入水深(m) | 0 | 1.37 | 0.98 | 1.06 | 1.04 | 1.05 | 1.05 |
| 计算水深(m) | 1.37 | 0.98 | 1.06 | 1.04 | 1.05 | 1.05 | 1.05 |

(3) 利用 Excel 表格的单变量求解功能计算。

①计算$\frac{\alpha Q^2}{g}=\frac{1\times 10^2}{9.8}=10.2$。

②任意设水深比如取 $h=0.5$ m，利用式$\frac{\alpha Q^2}{g}=\frac{A_k^3}{B_k}$、$A=(b+mh)h$、$B=b+2mh$ 建立如表 5-3 所示 Excel 表格。

**表 5-3　梯形断面临界水深 Excel 计算表**

| 序号 | A | B | C | D | E | F | G |
|---|---|---|---|---|---|---|---|
| 1 | 水深 $h$ (m) | 渠底宽 $b$ (m) | 边坡系数 $m$ | 流量 $Q$ ($m^3/s$) | 过水断面面积 $A$ ($m^2$) | 水面宽度 $B$ (m) | 比值 $A^3/B$ |
| 2 | 0.500 | 2.000 | 1.500 | 10.000 | 1.375 | 3.500 | 0.743 |

③用鼠标选中单元格 G2，点击表头工具栏"数据"中"模拟分析"的下拉菜单"单变量求解"得"单变量求解对话框"。

④光标移至"单变量求解对话框"中的目标值一栏，输入数值 10.2。

⑤将光标移至"可变单元格"，然后用鼠标箭头选中单元格 A2，再点击"单变量求解对话框"中的"确定"即得对应于$\frac{\alpha Q^2}{g}=10.2$ 时的临界水深 $h_k=1.05$ m，如表 5-4 所示。

**表 5-4　梯形断面临界水深 Excel 计算表**

| 序号 | A | B | C | D | E | F | G |
|---|---|---|---|---|---|---|---|
| 1 | 水深 $h$ (m) | 渠底宽 $b$ (m) | 边坡系数 $m$ | 流量 $Q$ ($m^3/s$) | 过水断面面积 $A$ ($m^2$) | 水面宽度 $B$ (m) | 比值 $A^3$/B |
| 2 | 1.05 | 2.000 | 1.500 | 10.000 | 3.744 | 5.144 | 10.200 |

因为渠道实际水深 $h=1.0\text{ m}<h_k=1.05$ m，所以水流为急流。

#### 5.1.3.5　临界底坡、缓坡、陡坡

从项目 4 明渠均匀流知道，对于断面形状、尺寸和糙率一定的棱柱体明渠，当通过一定流量形成均匀流动时，渠道中的正常水深 $h_0$ 仅仅与底坡 $i$ 有关。底坡 $i$ 越大，$h_0$ 越小；底坡 $i$ 越小，$h_0$ 越大。正常水深 $h_0$ 与底坡 $i$ 的关系曲线如图 5-6 所示。如果某一底坡正好使渠道中的正常水深 $h_0$ 等于相应流量的临界水深 $h_k$，该底坡称为临界底坡，用 $i_k$ 表示。临界底坡上的流动应满足两个条件：一是均匀流动；二是临界流动。应同时满足关系式

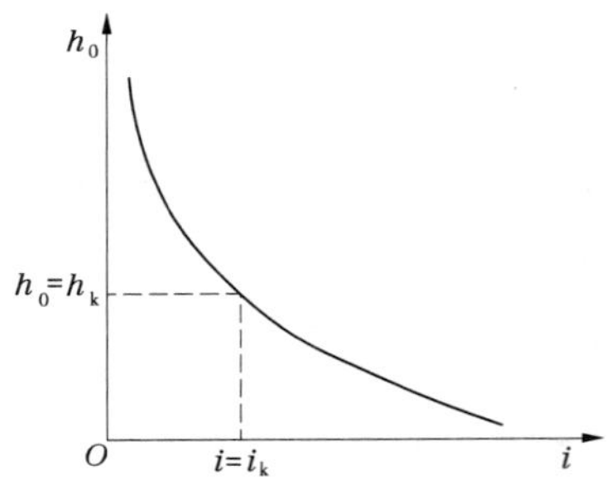


图 5-6　正常水深与底坡的关系曲线

$$\begin{cases} Q = A_k C_k \sqrt{R_k i_k} \\ \dfrac{\alpha Q^2}{g} = \dfrac{A_k^3}{B_k} \end{cases} \tag{5-6}$$

联解上两式可得临界底坡的计算式为

$$i_k = \frac{g\chi_k}{\alpha C_k^2 B_k} \tag{5-7}$$

对于宽浅渠道，$\chi_k \approx B_k$，式(5-7)可简化为

$$i_k = \frac{g}{\alpha C_k^2} \tag{5-8}$$

式中 $A_k$、$C_k$、$R_k$、$B_k$、$\chi_k$——临界水深所对应的过水断面面积、谢才系数、水力半径、水面宽度和湿周。

由式(5-7)可知，临界底坡 $i_k$ 与流量、断面形状及尺寸、糙率有关，与渠道的实际底坡 $i$ 无关。对于一定的流量，如果渠中形成均匀流动，渠道的底坡与临界底坡比较，存在三种情况：

(1) $i < i_k$，渠道的底坡称为缓坡，$h_0 > h_k$，为缓流；

(2) $i > i_k$，渠道的底坡称为陡坡，$h_0 < h_k$，为急流；

(3) $i = i_k$，渠道的底坡称为临界底坡，$h_0 = h_k$，为临界流。

所以，在均匀流的情况下，据临界底坡即可判别水流的流态。但是，对于非均匀流，由于边界条件的控制，渠中的水深不等于正常水深 $h_0$，则在缓坡上可能会出现急流，陡坡上也可能出现缓流，不能用临界底坡判别急流和缓流。

还需要注意的是，临界底坡与流量有关，对于同一渠道，流量不同，临界底坡也不同，所以要判别渠道底坡的类型，必须求出相应流量下的临界底坡。

**【例5-4】** 一梯形断面渠道，$Q = 65\ m^3/s$，底宽 $b = 8.0$ m，边坡系数 $m = 2.5$，糙率 $n = 0.022\,5$，底坡 $i = 0.000\,4$，渠中水流为明渠均匀流。试计算临界底坡 $i_k$，并判别渠道的底坡是缓坡还是陡坡？

**解**：要计算临界底坡 $i_k$，首先应计算临界水深 $h_k$。

(1) 计算临界水深 $h_k$。

利用式(5-4) $\dfrac{\alpha Q^2}{g} = \dfrac{A_k^3}{B_k}$，因 $\dfrac{\alpha Q^2}{g} = \dfrac{1.0 \times 65^2}{9.8} = 431.12$，利用 Excel 表格的单变量求解(见表5-5)解得：$h_k = 1.59$ m。

表5-5 Excel表格的单变量求解计算临界水深 $h_k$

| 序号 | A | B | C | D | E | F | G |
|---|---|---|---|---|---|---|---|
| 1 | 水深 $h$ (m) | 渠底宽 $b$ (m) | 边坡系数 $m$ | 流量 $Q$ ($m^3/s$) | 过水断面面积 $A$ ($m^2$) | 水面宽度 $B$ (m) | 比值 $A^3/B$ |
| 2 | 1.59 | 8.00 | 2.50 | 65.00 | 19.013 | 15.941 | 431.120 |

(2) 计算临界水深对应的断面水力要素。

$$\chi_k = b + 2h_k\sqrt{1 + m^2} = 8 + 2 \times 1.59 \times \sqrt{1 + 2.5^2} = 16.56 (m)$$

$$A_k = (b + mh_k)h_k = (8 + 2.5 \times 1.59) \times 1.59 = 19.04(m^2)$$

$$B_k = b + 2mh_k = 8 + 2 \times 2.5 \times 1.59 = 15.95(m)$$

$$R_k = \frac{A_k}{\chi_k} = \frac{19.04}{15.95} = 1.19(m)$$

$$C_k = \frac{1}{n}R_k^{\frac{1}{6}} = \frac{1}{0.022\ 5} \times 1.19^{\frac{1}{6}} = 45.75(m^{\frac{1}{2}}/s)$$

$$i_k = \frac{g\chi_k}{\alpha C_k^2 B_k} = \frac{9.8 \times 16.56}{1.0 \times 45.75^2 \times 15.95} = 0.004\ 9 > 0.000\ 4$$

因为 $i_k > i$,所以此渠道为缓坡渠道。

# 任务 5.2　水跌及水跃的水力分析与计算

缓流和急流是明渠水流两种不同的流态。当水流由一种流态转换为另一种流态时,会产生局部水力现象——水跌和水跃。下面分别讨论这两种水力现象的特点及有关问题。

自然水跌现象

## 5.2.1　水跌

当明渠水流状态从缓流过渡到急流,即水深从大于临界水深减至小于临界水深时,水面有连续而急剧的降落。这种降落现象叫作水跌。如图 5-7(a)为一缓坡到陡坡的水跌现象,水流由缓流到急流,形成水跌,两个坡交界处的水深接近临界水深。

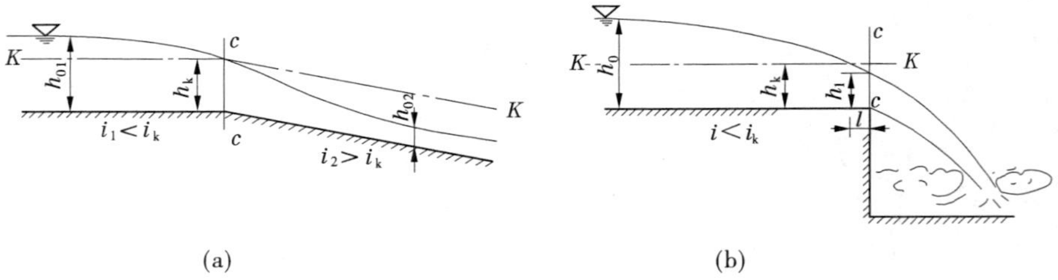


图 5-7

图 5-7(b)为一缓坡($i < i_k$)棱柱体渠槽的纵剖面图,$c$—$c$ 处有一跌坎,由于过坎后水流为自由跌落,因而阻力小,重力作用显著,引起在跌坎上游附近水面急剧下降,并以临界流的状态通过突变的断面 $c$—$c$ 处,由缓流变为急流,形成水跌现象。

试验证明,突变断面 $c$—$c$ 处的水深不是临界水深,临界水深发生在跌坎偏上游处。这是由跌坎断面处水流是急变流,因此作用在跌坎断面上的水压力小于按直线分布的压力所致,因而跌坎处实际流速较大,其水深较计算的临界水深小。但工程实践中常认为跌坎处水深为临界水深,由此而引起的误差是允许的。

概括地说,水流从缓流过渡为急流时发生水跌现象,水面线是一个连续而急剧的降落曲线,并且必然经过临界水深,而临界水深就在水流条件突然改变的断面上。

## 5.2.2 水跃

### 5.2.2.1 水跃现象

水跃是明渠水流从急流状态过渡到缓流状态时，水面突然跃起的局部水力现象。例如，在水闸、溢流堰的下游，下泄的水流多为急流状态，如果下游河（渠）道中为缓流，就会产生水跃现象。图5-8所示为水闸下游产生的水跃，水跃区的流动可以分为主流区和表面水滚区。主流区位于水跃的下部，在流动过程中，水流急剧扩散，水深增大，流速减小。主流区的上面有一个回漩翻腾的表面漩滚，水流饱掺空气，是表面水滚区。主流区与表面水滚区的交界面上的流速梯度很大，水流紊动混掺强烈，水质点不断交换，造成大量的能量损失，使流速急剧下降，很快转化为缓流状态。由于水跃的消能效果好，所以常作为泄水建筑物下游消除动能，以减小河（渠）道冲刷的有效方法。

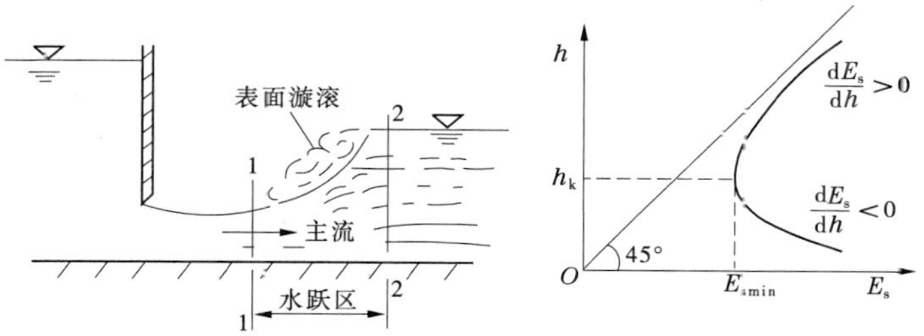


图5-8 水跃示意图

为什么从急流状态过渡到缓流状态，水面线不是光滑曲线，而会产生水跃现象呢？我们以平底棱柱体渠道上产生的水跃现象为例来说明这一问题。图5-8中，发生水跃前水流为急流，水深 $h<h_k$，在流动过程中，水流克服阻力，断面比能减小，水深增大，符合能量的变化规律。但是，水深不可能平稳地通过 $h_k$ 再继续增大和下游水面衔接。因为水深一旦大于 $h_k$ 成为缓流，从比能曲线可以看出，水深再增大，断面比能就会增大，即水流的单位机械能增大。水流边克服阻力流动，能量边增大，这是不可能的。因此，水流必然垂直跃起通过临界水深，在跃后水压力的作用下，垂直跃起的水流向前倾倒，形成水跃现象。

### 5.2.2.2 平坡棱柱体明渠的水跃方程

工程中常常遇到平底（$i=0$）明渠中发生水跃的情况。如底坡虽不为零但较缓，亦可按 $i=0$ 的情况计算。图5-9为一平底棱柱体明渠。在紧靠水跃区的前后取渐变流断面1—1和断面2—2。跃前断面1—1的水深 $h'$ 叫跃前水深，跃后断面2—2的水深 $h''$ 叫跃后水深。由于跃前水深与跃后水深存在着一一对应的关系，所以称为共轭水深。通常把跃前水深叫作第一共轭水深，跃后水深叫作第二共轭水深。跃后水深与跃前水深之差叫水跃高度。跃前、跃后两断面间的水平距离 $L_j$，叫水跃长度。水跃的主要计算任务，一是求共轭水深，即已知 $h'$（或 $h''$）计算 $h''$ 或（$h'$）；二是计算水跃长度 $L_j$。$h'$ 及 $h''$ 的关系式就是水跃方程式。

水跃区的水流极为混乱，无法应用能量方程式计算水跃中的能量损失，因而无法确定跃前水深和跃后水深的关系，所以用动量方程来推求。

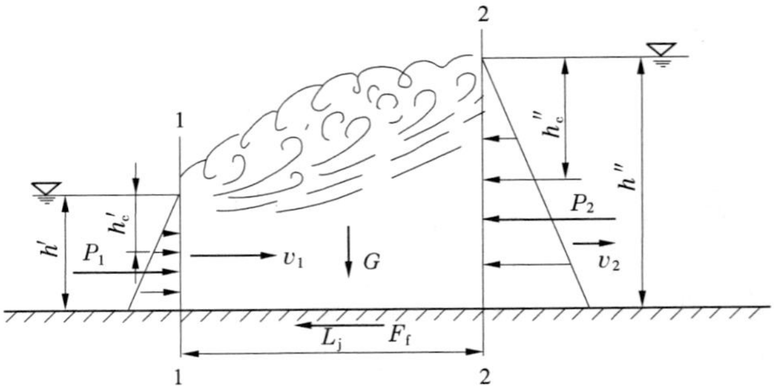


图 5-9

根据实际情况,考虑主要矛盾,合理地进行如下假定:

(1)水跃区较短,水流与槽身接触面上的摩阻力可忽略不计,即 $F_f=0$;

(2)跃前、跃后两过水断面符合渐变流条件,故 $P_1=\gamma h_{c1}A_1, P_2=\gamma h_{c2}A_2$。

从上述假定条件出发,以断面 1—1 及断面 2—2 所包围的水体为脱离体,写出投影于水流方向的动量方程式整理后得到棱柱体平底明渠的水跃方程

$$\frac{\alpha Q^2}{gA_1}+h_{c1}A_1=\frac{\alpha Q^2}{gA_2}+h_{c2}A_2 \tag{5-9}$$

当流量和渠道的断面形状、尺寸一定时,则式(5-9)的左右两边分别为跃前水深 $h'$ 和跃后水深 $h''$ 的函数,该函数叫水跃函数,并用 $J(h)$ 表示,即

$$J(h)=\frac{Q^2}{gA}+h_cA \tag{5-10}$$

因此,水跃方程也可用函数表示为

$$J(h')=J(h'') \tag{5-11}$$

式(5-11)说明:在平底棱柱体明渠中,对于某一流量 $Q$,具有相同水跃函数 $J(h)$ 的两个水深,就是共轭水深。如以 $h$ 为纵坐标,$J(h)$ 为横坐标,在流量及断面形式、尺寸一定情况下,给定一系列 $h$ 值,可算出相应的水跃函数值。点绘于直角坐标系上,用光滑曲线连接起来,便得出 $h\sim J(h)$ 关系曲线,也叫水跃函数曲线(见图 5-10)。

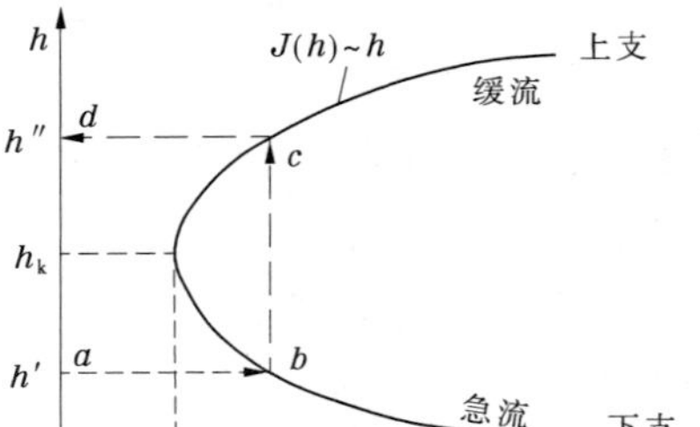


图 5-10

当已知 $h'$ 求 $h''$ 时,可根据 $h'$ 值(图中 $a$ 点)绘水平线与曲线下支交于 $b$ 点, 通过 $b$ 点绘铅垂线与曲线上支交于 $c$ 点,由 $c$ 点绘水平线与纵坐标交于 $d$ 点即求得与 $h'$ 相应的 $h''$(见图 5-10 中虚线箭头所示)。

从图 5-10 曲线的形状可知,$h'$ 愈小则 $h''$ 愈大或 $h'$ 愈大则 $h''$ 愈小。当 $J(h)$ 为最小值时,相应的水深为临界水深 $h_k$。曲线的上部 $h''>h_k$,水流属缓流。曲线的下部 $h'<h_k$,水流属急流。

### 5.2.2.3 平坡棱柱体明渠矩形断面共轭水深计算

泄水建筑物下游明槽的断面多为矩形,讨论求解矩形断面明槽中的水跃共轭水深更

具有实际意义。

设矩形断面明槽的底宽为 $b$，则单宽流量 $q=\dfrac{Q}{b}$。将 $Q=bq, A=bh, h_c=\dfrac{h}{2}$ 代入式(5-9)，经整理得

$$h'h''(h'+h'')=\frac{2q^2}{g} \tag{5-12}$$

分别以跃后水深 $h''$ 和跃前水深 $h'$ 为未知数，求解上式可得

$$h''=\frac{h'}{2}\left(\sqrt{1+\frac{8q^2}{gh'^3}}-1\right) \tag{5-13}$$

$$h'=\frac{h''}{2}\left(\sqrt{1+\frac{8q^2}{gh''^3}}-1\right) \tag{5-14}$$

式(5-13)、式(5-14)即为矩形棱柱体水平明渠的水跃方程。因 $\dfrac{8q^2}{gh'^3}=Fr_1^2$，$\dfrac{q^2}{gh''^3}=Fr_2^2$，式(5-13)、式(5-14)可改写为

$$h''=\frac{h'}{2}(\sqrt{1+8Fr_1^2}-1) \tag{5-15}$$

$$h'=\frac{h''}{2}(\sqrt{1+8Fr_2^2}-1) \tag{5-16}$$

式中 $Fr_1$、$Fr_2$——跃前、跃后断面的弗劳德数。

因矩形断面的临界水深 $h_k=\sqrt[3]{\dfrac{\alpha q^2}{g}}$，则将式(5-13)、式(5-14)还可整理得

$$h'=\frac{h''}{2}\left(\sqrt{1+\frac{8h_k^3}{h''^3}}-1\right) \tag{5-17}$$

$$h''=\frac{h'}{2}\left(\sqrt{1+\frac{8h_k^3}{h'^3}}-1\right) \tag{5-18}$$

利用以上式可直接计算棱柱体矩形平底明槽中的水跃共轭水深。

#### 5.2.2.4 平坡棱柱体明渠矩形断面水跃长度计算

水跃区水流紊动强烈，底部流速大，冲刷能力强，一般在水跃区均需建造护坦。因此，水跃长度是泄水建筑物消能设计的主要依据之一。由于水跃现象非常复杂，迄今理论分析还没有成熟的结果，还只能依据试验研究得出的经验公式计算水跃的长度。常用的矩形断面自由水跃长度的计算公式如下：

(1)欧勒弗托斯基公式

$$L_j=6.9(h''-h') \tag{5-19}$$

(2)切尔托乌索夫公式

$$L_j=10.3h'(Fr_1-1)^{0.81} \tag{5-20}$$

(3)陈椿庭公式

$$L_j=9.4(Fr_1-1)h' \tag{5-21}$$

式中 $h'$、$h''$——跃前、跃后水深；

$Fr_1$——跃前断面的弗劳德数。

### 5.2.2.5 水跃的消能量

1. 水跃消能的水流特征

水跃段可以消除大量的能量。那么,水跃消能的机制是什么？消能率主要取决于哪些因素？下面讨论这些问题。

图 5-11 绘出了溢流坝址下游水跃段及跃后流段的部分断面垂线上的时均流速分布图和两流段的总水头线。由图中可以看出,跃前断面 1—1 流速最大,且垂线流速分布均匀。在水跃区内(如断面 $a$—$a$ 和断面 $b$—$b$),流速呈"S"形分布,表面漩滚区的流向与底部相反,指向上游,底部流速小于跃前断面的流速,但仍然很大。在跃后断面 2—2 上流速进一步减小,但底部流速仍大于上部的流速,直到断面 3—3 才趋于正常的流速分布。从总水头线的变化看,断面 1—1 至断面 2—2 总水头线急剧降落,这说明水跃段内消除了大量的动能。跃后流段断面 2—2 至断面 3—3,总水头线下降缓慢,说明跃后流段能量消耗较少。水跃段之所以能消除大量的动能,是因为在水跃段中,主流与表面漩滚的交界面上流速梯度很大,产生了大量的漩涡,流速梯度愈大,漩涡强度也愈大,从而导致了水流的强烈紊动、混掺。结果一方面使水流运动要素的分布沿流动方向迅速获得调整,另一方面产生了很大的附加切应力,使跃前断面的大部分动能转化为热能而消散掉。主流与表面漩滚的交界面,是产生强烈漩涡的区域,又是机械能损失最集中的地方。这种紊动扩散消能过程直到断面 3—3 才结束,故水跃段 $L_j$ 和跃后流段 $L_{jj}$ 合称为水跃消能段。

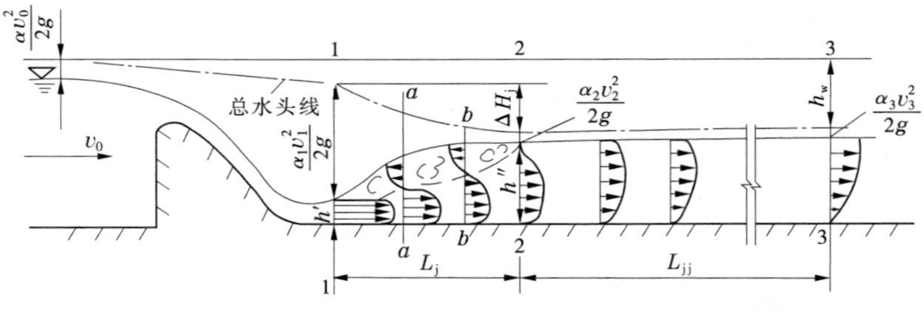


**图 5-11　水跃流速分布及能量变化示意图**

2. 水跃的消能量

水跃总的消能量应包括水跃段 $L_j$ 和跃后流段 $L_{jj}$ 的消能量。为简便起见,工程中一般只计算水跃段消除的能量,并以跃前断面与跃后断面的能量差作为水跃的消能量,即

$$\Delta H_j = H_1 - H_2 \tag{5-22}$$

式中　$\Delta H_j$——水跃段的消能量;

$H_1$、$H_2$——跃前、跃后断面的总水头。

对于平底明槽,式(5-22)可写为

$$\Delta H_j = \left(h' + \frac{\alpha_1 v_1^2}{2g}\right) - \left(h'' + \frac{\alpha_2 v_2^2}{2g}\right) \tag{5-23}$$

对于平底矩形明槽,前面在建立水跃方程时得到下式

$$h'h''(h'+h'')=\frac{2q^2}{g}$$

应用上式可以得到

$$\frac{v_1^2}{2g}=\frac{q^2}{2gh'^2}=\frac{1}{4}\frac{h''}{h'}(h'+h'')$$

$$\frac{v_2^2}{2g}=\frac{q^2}{2gh''^2}=\frac{1}{4}\frac{h'}{h''}(h'+h'')$$

将上面两式代入式(5-23)，取 $\alpha_1=\alpha_2=1$，化简后得

$$\Delta H_j=\frac{(h''-h')^3}{4h'h''} \tag{5-24}$$

把式(5-15)中的 $h''$ 值代入上式，得

$$\Delta H_j=\frac{h'(\sqrt{1+8Fr_1^2}-3)}{16(\sqrt{1+8Fr_1^2}-1)} \tag{5-25}$$

式(5-25)表明，在水跃段内，单位重量的水体消耗的能量与跃前水深成正比，并与跃前断面的弗劳德数 $Fr_1$ 有关。

水跃消能量与跃前断面水流的总能量的比值，称为水跃消能率，以 $K_j$ 表示。

$$K_j=\frac{\Delta H_1}{H_1} \tag{5-26}$$

将式(5-25)及 $H_1=h'+\frac{v_1^2}{2g}=h'+\frac{h'}{2}\frac{v_1^2}{gh'}=h'+\frac{h'}{2}Fr_1^2$ 代入式(5-26)，得

$$K_j=\frac{(\sqrt{1+8Fr_1^2}-3)^3}{8(\sqrt{1+8Fr_1^2}-1)(2+Fr_1^2)} \tag{5-27}$$

可见，水跃消能率仅是跃前断面弗劳德数 $Fr_1$ 的函数。根据式(5-27)绘出 $K_j \sim Fr_1$ 关系曲线，如图5-12所示。从图5-12中可以看出，$Fr_1$ 愈大，消能率愈高。

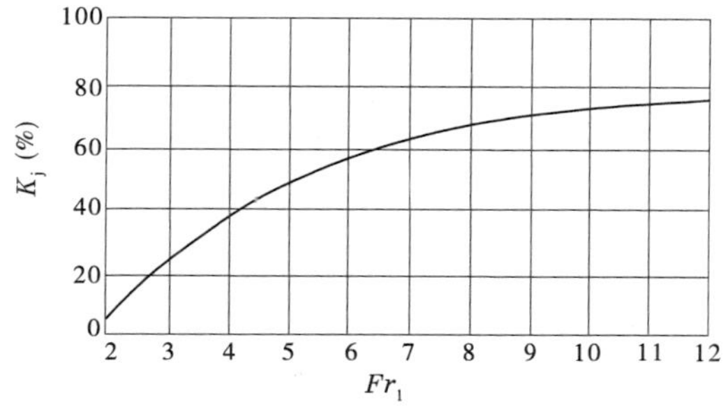


图5-12

根据试验观测，$Fr_1$ 不同，水跃的形式、流态和消能率也不同，如图5-13所示。

当 $1<Fr_1<1.7$ 时，为波状水跃。因跃前断面的动能小，水跃段表面不能形成漩滚，只有部分动能转变为波动能量，消能率很小。

当 $1.7\leqslant Fr_1<2.5$ 时，为弱水跃。水面产生许多小漩滚，但紊动微弱，消能 $K_j<20\%$，

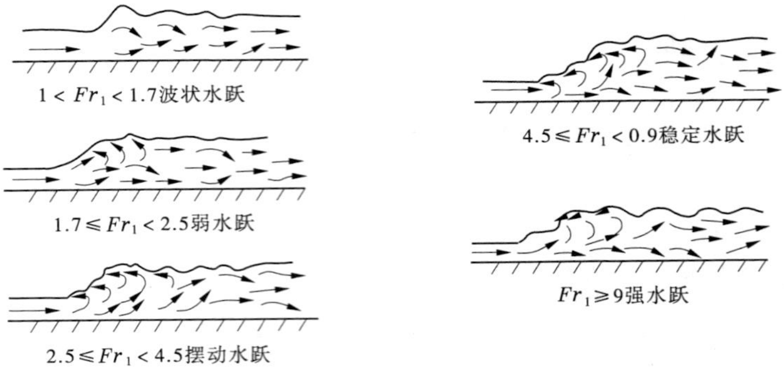


图 5-13

跃后水面较平稳。

当$2.5 \leqslant Fr_1 < 4.5$时，为摆动水跃。水跃不稳定，水跃段中的底部高速水流间歇向上窜升，跃后水面波动较大，消能率$K_j < 45\%$。

当$4.5 \leqslant Fr_1 < 9.0$时，为稳定水跃。水跃的消能率较高，$K_j = 45\% \sim 70\%$，跃后水面平稳。若建筑物下游采用水跃消能，最好使$Fr_1$位于此范围。

当$Fr_1 \geqslant 9$时，为强水跃。水跃消能率$K_j > 70\%$，但跃后段会产生较强的水面波动，并且向下游传播的距离较远，通常需要采取措施稳定水流。

**【例 5-5】** 某棱柱体渠道断面为矩形，底宽$b = 5.0$ m。渠道上建一水闸，闸门与渠道等宽。当闸门局部开启，通过的流量$Q = 20.4\ \text{m}^3/\text{s}$，闸后产生一自由水跃，跃前水深$h' = 0.62$ m。(1)求跃后水深$h''$；(2)计算水跃的长度。

**解**：(1)求跃后水深$h''$。

跃前断面流速 $$v = \frac{Q}{bh} = \frac{20.4}{5 \times 0.62} = 6.581(\text{m/s})$$

跃前弗劳德数 $$Fr_1 = \frac{v_1}{\sqrt{gh'}} = \frac{6.581}{\sqrt{9.8 \times 0.62}} = 2.67$$

跃后断面水深利用式(5-15)计算：

$$h'' = \frac{h'}{2}\left(\sqrt{1 + 8{Fr_1}^2} - 1\right)$$

$$= \frac{0.62}{2} \times \left(\sqrt{1 + 8 \times 2.67^2} - 1\right) = 2.05(\text{m})$$

(2)计算水跃长度。

用式(5-19)计算：

$$L_j = 6.9(h'' - h') = 6.9 \times (2.05 - 0.62) = 9.89(\text{m})$$

用式(5-20)计算：

$$L_j = 10.3h'(Fr_1 - 1)^{0.81} = 10.3 \times 0.62 \times (2.67 - 1)^{0.81} = 9.67(\text{m})$$

用式(5-21)计算：

$$L_j = 9.4(Fr_1 - 1)h' = 9.4 \times (2.67 - 1) \times 0.62 = 9.73(\text{m})$$

从上面的计算结果看，只要在公式的应用范围内，各公式的计算结果相差不大。

# 任务 5.3　渠道水面曲线分析与计算

## 5.3.1　基本微分方程

图 5-14 表示底坡为 $i$ 的明渠非均匀渐变流。沿流动方向任取两断面 1—1 和 2—2。间距为 $\mathrm{d}l$。设断面 1—1 的水深为 $h$，水位为 $z$，断面平均流速为 $v$，底部高程为 $z_0$。由于非均匀流的水力要素沿流程是变化的，经过微分流段 $\mathrm{d}l$，断面 2—2 的水深、水位、断面平均流速、渠底高程可分别表示为 $h+\mathrm{d}h$、$z+\mathrm{d}z$、$v+\mathrm{d}v$ 和 $z_0+\mathrm{d}z_0$。以断面 0—0 基准面，对断面 1—1 和断面 2—2 建立能量方程，得

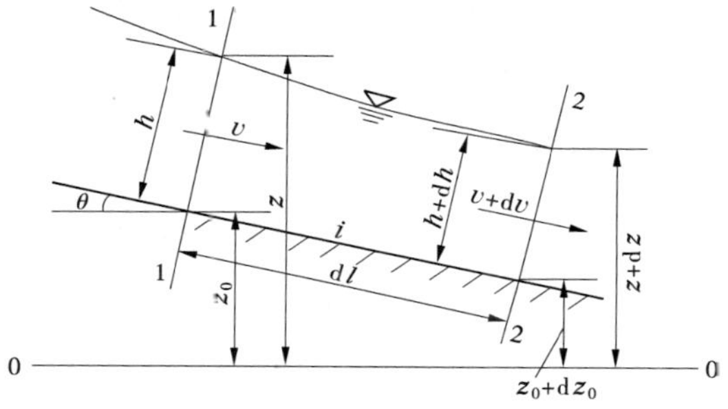


图 5-14

$$z_0+h\cos\theta+\frac{\alpha_1 v^2}{2g}=(z_0+\mathrm{d}z_0)+(h+\mathrm{d}h)\cos\theta+\frac{\alpha_2(v+\mathrm{d}v)^2}{2g}+\mathrm{d}h_\mathrm{f}+\mathrm{d}h_\mathrm{j} \tag{5-28}$$

式中　$\mathrm{d}h_\mathrm{f}$、$\mathrm{d}h_\mathrm{j}$——断面 1—1 和断面 2—2 间的沿程水头损失、局部水头损失。

因为
$$\frac{\alpha_2(v+\mathrm{d}v)^2}{2g}=\frac{\alpha_2}{2g}[v^2+2v\mathrm{d}v+(\mathrm{d}v)^2]$$

略去高阶微量，则

$$\frac{\alpha_2(v+\mathrm{d}v)^2}{2g}\approx\frac{\alpha_2}{2g}(v^2+2v\mathrm{d}v)=\frac{\alpha_2 v^2}{2g}+\mathrm{d}\left(\frac{\alpha_2 v^2}{2g}\right)$$

令 $\alpha_1=\alpha_2=1$，并将上式及 $\mathrm{d}z_0=-i\mathrm{d}l$ 代入式(5-28)化简得

$$i\mathrm{d}l=\mathrm{d}h\cos\theta+\mathrm{d}\left(\frac{\alpha v^2}{2g}\right)+\mathrm{d}h_\mathrm{f}+\mathrm{d}h_\mathrm{j} \tag{5-29}$$

沿程水头损失 $\mathrm{d}h_\mathrm{f}$ 近似用均匀流公式计算，则

$$\mathrm{d}h_\mathrm{f}=\frac{Q^2}{K^2}\mathrm{d}l=J\mathrm{d}l$$

式中　$K$——流量模数；

$J$——沿程水头损失坡降，称为摩阻坡度。

局部水头损失可表示为 $\mathrm{d}h_\mathrm{j}=\zeta\mathrm{d}\left(\frac{v^2}{2g}\right)X_1,\cdots,X_n$。将 $\mathrm{d}h_\mathrm{f}$、$\mathrm{d}h_\mathrm{j}$ 代入式(5-29)，得

$$i\mathrm{d}l = \mathrm{d}h\cos\theta + (\alpha + \zeta)\mathrm{d}\left(\frac{\alpha v^2}{2g}\right) + J\mathrm{d}l \tag{5-30}$$

当底坡较小($i < \frac{1}{10}$)时,$\cos\theta \approx 1$,则式(5-30)可写作

$$i\mathrm{d}l = \mathrm{d}h + (\alpha + \zeta)\mathrm{d}\left(\frac{\alpha v^2}{2g}\right) + J\mathrm{d}l \tag{5-31}$$

式(5-30)、式(5-31)就是明渠恒定非均匀流的基本微分方程。

## 5.3.2　水面曲线定性分析

### 5.3.2.1　棱柱体明渠水深沿程变化的微分方程

对于人工渠道,渠底一般为平面,水深沿流程的变化能够反映出水面线的变化。为了便于分析人工棱柱体渠道的水面线,可将明渠非均匀流的基本微分方程变换为水深沿流程变化的形式。人工渠道的底坡一般都较小,可取 $\cos\theta = 1$,下面仅讨论这种情况。

将式(5-31)两端同除以 d$s$,经整理则有

$$i - J = \frac{\mathrm{d}h}{\mathrm{d}l} + (\alpha + \zeta)\frac{\mathrm{d}}{\mathrm{d}l}\left(\frac{v^2}{2g}\right) \tag{5-32}$$

因为棱柱体渠道的过水断面面积 $A$ 是水深的函数,即 $A = f(h)$,而非均匀流水深 $h$ 又是流程 $l$ 的函数,故 $A$ 是 $l$ 的复合函数,则

$$\frac{\mathrm{d}A}{\mathrm{d}l} = \frac{\mathrm{d}A}{\mathrm{d}h}\frac{\mathrm{d}h}{\mathrm{d}l} = B\frac{\mathrm{d}h}{\mathrm{d}l}$$

式中　$B$——明渠的水面宽度,由此可得

$$\frac{\mathrm{d}}{\mathrm{d}l}\left(\frac{v^2}{2g}\right) = \frac{\mathrm{d}}{\mathrm{d}l}\left(\frac{Q^2}{2gA^2}\right) = -\frac{Q^2}{gA^3}\frac{\mathrm{d}A}{\mathrm{d}l}$$

代入式(5-32),整理得

$$i - J = \left[1 - (\alpha + \zeta)\frac{Q^2 B}{gA^3}\right]\frac{\mathrm{d}h}{\mathrm{d}l}$$

对于棱柱体明渠中的渐变流,局部水头损失很小,可忽略不计 $\zeta = 0$,于是上式可简化为

$$i - J = \frac{\mathrm{d}h}{\mathrm{d}l}\left(1 - \frac{\alpha v^2}{g\frac{A}{B}}\right) = \frac{\mathrm{d}h}{\mathrm{d}l}(1 - Fr^2)$$

$$\frac{\mathrm{d}h}{\mathrm{d}l} = \frac{i - J}{1 - Fr^2} \tag{5-33}$$

式(5-33)就是棱柱体明渠水深沿程变化的微分方程,主要用于分析棱柱体明渠非均匀渐变流水面线的变化规律。

### 5.3.2.2　棱柱体明渠水深沿程变化分析

明渠非均匀渐变流的水面线比较复杂,在进行定量计算之前,对水面线的性质、形状做定性分析是很有必要的。

利用式(5-33),$\frac{\mathrm{d}h}{\mathrm{d}l} = \frac{i - J}{1 - Fr^2}$可定性分析棱柱体渠道水面线的沿程变化。

分析上式可得到以下三种情况：

(1)分析水面曲线的性质。

当$\frac{dh}{dl}>0$时，表明水深沿程增加，水流作减速流动，称为壅水曲线；当$\frac{dh}{dl}<0$时，水深沿程减小，水流作加速流动，称为降水曲线。当$\frac{dh}{dl}\to 0$时，水深沿程不变，趋于均匀流动；当$\frac{dh}{dl}\to \pm\infty$时，由式(5-33)可知$Fr\to 1$，则水深趋于临界水深。若$\frac{dh}{dl}\to +\infty$，表明水深沿流程由$h<h_k$趋近于$h_k$，必然产生水跃。当$\frac{dh}{dl}\to -\infty$，表明水深沿程由$h>h_k$趋近于$h_k$，产生水跃。

(2)对于上式分子$i-J$有两种情况。

当$i=J$时，水深沿程不变，趋于均匀流动；当$i\neq J$时，水流为非均匀流，且$|i-J|$愈大，水流愈不均匀。所以，上式分子反映了水流的均匀程度。

(3)分析上式分母$1-Fr^2$有三种情况。

当$1-Fr^2=0$，$Fr=1$，水流为临界流；$1-Fr^2>0$，$Fr<1$，水流为缓流；当$1-Fr^2<0$，$Fr>1$，水流为急流。所以，分母反映了水流的急缓程度。

5.3.2.3 **水面线的分类及代表符号**

从式(5-33)可以看出，水深沿流程的变化率$\frac{dh}{dl}$，与渠道的底坡$i$有关，明渠的底坡不同，可以产生不同形式的水面线。为了便于分析，需要根据底坡对水面线进行分类。明渠的底坡分为正坡($i>0$)、平坡($i=0$)和逆坡($i<0$)。在正坡棱柱体渠道中，水流既可能是均匀流，也可能是非均匀流；既可能是缓流，也可能是急流。如果用$N$—$N$线表示渠道的正常水深线，用$K$—$K$线表示渠道的临界水深线($N$—$N$线和$K$—$K$线分别是水深等于正常水深$h_0$和临界水深$h_k$，且与渠底平行的直线)，那么用$N$—$N$线可以判别水流是均匀流还是非均匀流，用$K$—$K$线可以判别水流是急流还是缓流。

正坡渠道又分为缓坡($i<i_k$)、陡坡($i>i_k$)和临界坡($i=i_k$)。三种情况的$N$—$N$线和$K$—$K$线的相对位置不同。缓坡$h_0>h_k$，$N$—$N$线位于$K$—$K$线之上；陡坡$h_0<h_k$，$N$—$N$线位于$K$—$K$线之下；临界坡$h_0=h_k$，$N$—$N$线与$K$—$K$线重合，如图5-15所示。根据渠道中的实际水面线相对于$N$—$N$线和$K$—$K$线的位置，可以将水面线分为三个区。位于$N$—$N$线和$K$—$K$线之上，为a区；位于二者之间，为b区；位于$N$—$N$线和$K$—$K$线之下，为c区；在临界底坡上$N$—$N$线和$K$—$K$线重合，没有b区，只有a区和c区，见图5-15。如果非均匀流水面线在a区范围内，则这条水面曲线叫a型水面曲线；在b区范围内，叫b型水面曲线；在c区内，叫c型水面曲线。

在平坡和逆坡棱柱体明渠中，不可能有均匀流，不存在正常水深$h_0$，所以也不存在正常水深线$N$—$N$。但平坡和逆坡渠道中的水流有可能是缓流，也可能是急流，判别急流和缓流需要计算出临界水深$h_k$并绘出$K$—$K$线。因不存在$N$—$N$线，或者可以设想$N$—$N$线在无限远处，所以对于平坡和逆坡棱柱体明渠，只有b区和c区，如图5-16所示。

为了区分不同底坡上相同流区的水面线，在流区号上需加脚标。缓坡上加“1”，陡坡

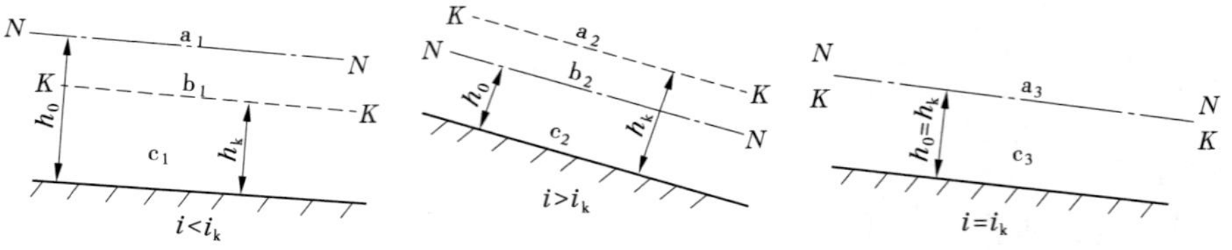


图 5-15

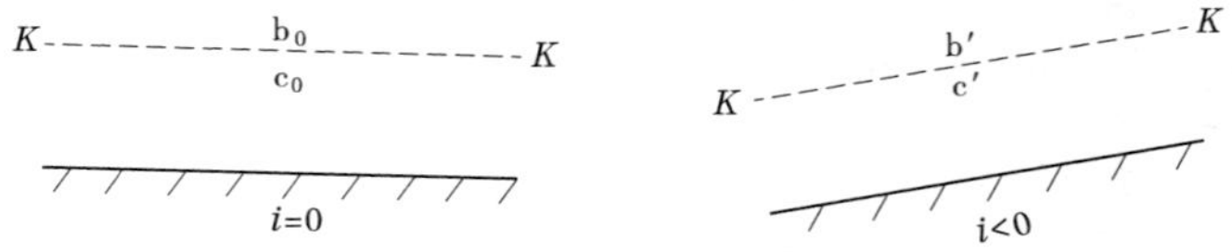


图 5-16

上加“2”，临界坡上加“3”，平坡和逆坡上分别加“0”和“′”。通过以上分析可知，棱柱体明渠共有五种底坡，可以有 $a_1$、$b_1$、$c_1$，$a_2$、$b_2$、$c_2$，$a_3$、$c_3$，$b_0$、$c_0$ 和 b′、c′十二种水面线。

#### 5.3.2.4　水面线定性分析

在对恒定非均匀渐变流水面曲线的定量计算之前，应先对发生在棱柱体渠道中的水面线的形状和性质进行定性分析和讨论，以利于水面曲线的定量计算。而定性分析的理论依据是恒定流非均匀渐变流水深沿程变化的微分方程，即$\frac{\mathrm{d}h}{\mathrm{d}l}=\frac{i-J}{1-Fr^2}$。

根据谢才公式可知 $Q=AC\sqrt{RJ}=K\sqrt{J}$，$J=\frac{Q^2}{K^2}$，则有如下公式：

$$\frac{\mathrm{d}h}{\mathrm{d}l}=\frac{i-\frac{Q^2}{K^2}}{1-Fr^2} \tag{5-34}$$

当明渠的断面形状、尺寸及流量没有发生变化时，$Q=K_0\sqrt{i}$，代入式(5-34)整理得：

$$\frac{\mathrm{d}h}{\mathrm{d}l}=\frac{i-\frac{K_0^2}{K^2}i}{1-Fr^2}=i\frac{1-\left(\frac{K_0}{K}\right)^2}{1-Fr^2} \tag{5-35}$$

从式(5-35 )可以看出：水深沿程变化率$\frac{\mathrm{d}h}{\mathrm{d}l}$的值，与渠底坡度 $i$ 及$\frac{K_0^2}{K^2}$和 $Fr^2$ 的数值有关。由于 $K$ 代表实际水流的流量模数，$K_0$ 表示均匀流时的流量模数，所以$\frac{K_0}{K}$就表示非均匀流与同一水流在同一渠道中作均匀流时的比较。因此，方程式的分子代表着水流的不均匀程度；分母中包含着弗劳德数($Fr$)，代表水流的缓急程度。这说明水面曲线与底坡 $i$、实际水深 $h$、正常水深 $h_0$、临界水深 $h_k$ 的大小及对比关系有关。利用式(5-35)可定性分析水面曲线。

水面曲线定性分析的内容为：水面曲线的性质(是壅水曲线还是降水曲线)、水面曲线的形状(凹凸向)、水面曲线两端的变化趋势和产生该水面曲线的工程实例。

1. 缓坡($i < i_k$)渠道上的水面曲线

缓坡渠道上,因 $h_0 > h_k$,所以 $N—N$ 线高于 $K—K$ 线,a 区和 b 区为缓流区,c 区为急流区,如图 5-17 所示。

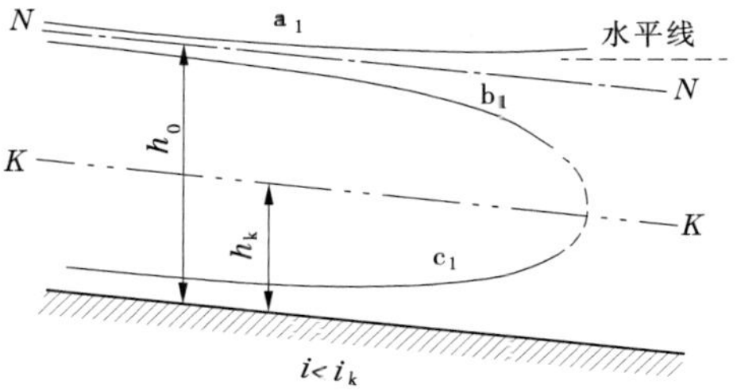


图 5-17

1) $a_1$ 型水面曲线

缓坡渠道的 a 区,水深满足 $h > h_0 > h_k$。因为 $h > h_0$,则有 $K > K_0$,水面曲线微分方程式(5-35)中分子 $1-\left(\frac{K_0}{K}\right)^2>0$;又因为 $h > h_k$,水流为缓流,$Fr<1$,分母 $1-Fr^2>0$。分子与分母同号,因而 $\frac{dh}{dl}>0$,即水深沿程增加,水面曲线为壅水曲线。

$a_1$ 型水面曲线的上游端,水深最小,水深向上游逐渐减小而接近正常水深 $h_0$,即 $h \to h_0$ 时,$K \to K_0$,式(5-35)中分子 $1-\left(\frac{K_0}{K}\right)^2 \to 0$,而此时分母 $1-Fr^2$ 仍然大于 0,则 $\frac{dh}{dl} \to 0$,说明水深趋近于逆流程不变,故当上游端水深 $h$ 接近正常水深 $h_0$ 时,水面曲线以 $N—N$ 线为渐近线。$a_1$ 型水面曲线水深沿程逐渐增加,当 $h \to \infty$ 时,$K \to \infty$,分子 $1-(\frac{K_0}{K})^2 \to 1$,而此时 $Fr \to 0$,分母 $1-Fr^2 \to 1$,则 $\frac{dh}{dl} \to i$,即水深沿程的变化率趋于底坡,说明水深趋于无限大时,流速趋于 0,水面曲线趋近于静水时的水面。

根据上述分析,$a_1$ 型水面曲线为壅水曲线,上游渐近 $N—N$ 线,下游渐近水平线。缓坡渠道上修建闸、坝等建筑物时,其上游的水面曲线就是 $a_1$ 型水面曲线,如图 5-18 所示。

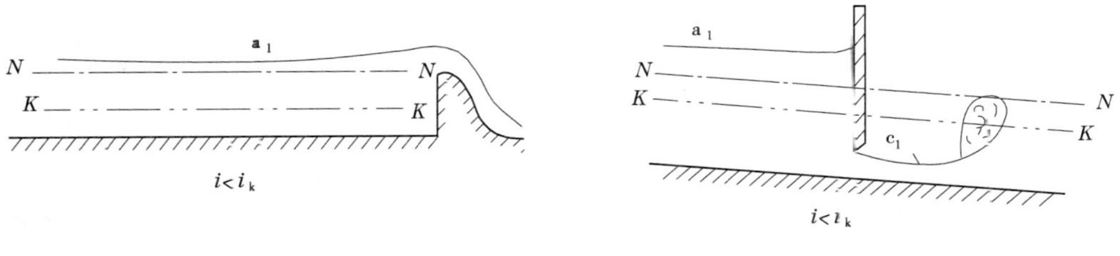


图 5-18

2) $b_1$ 型水面曲线

缓坡渠道中的 b 区,水深满足 $h_0 > h > h_k$,用 $a_1$ 型水面曲线的分析方法可得:$b_1$ 型水面曲线为降水曲线,上游端水深最大,以 $N—N$ 线为渐近线,下游端水深最小,与 $K—K$ 线近似垂直。水深接近于 $h_k$ 时,水流由缓流过渡为急流,发生水跌。当缓坡渠道的末端为跌坎,或与陡坡渠道相接时,缓坡渠道中发生的水面曲线就是 $b_1$ 型水面曲线,如图 5-19 所示。

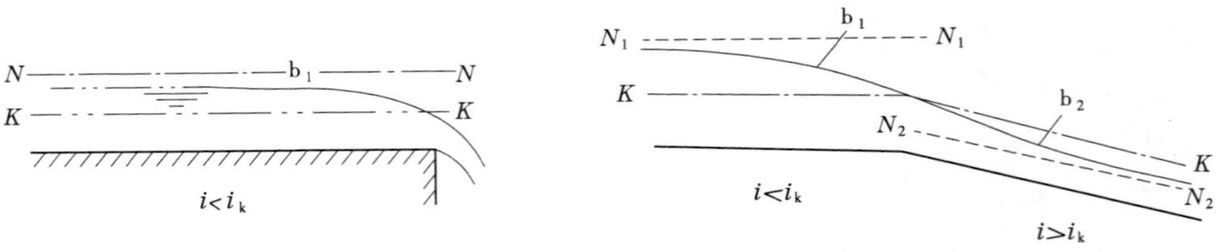


图 5-19

3) $c_1$ 型水面曲线

缓坡渠道的 c 区，水深满足 $h<h_k<h_0$。用上述方法分析可得：$c_1$ 型水面曲线为壅水曲线，上游端水深最小，一般由来流条件控制，下端水深最大，水深接近 $h_k$，与 $K—K$ 线近似垂直，水流此时由急流过渡为缓流，将发生水跃，$c_1$ 型水面曲线的下游端即为水跃的跃前断面。缓坡上闸、坝下游产生的水面曲线常为 $c_1$ 型水面曲线，如图 5-20(a) 所示。

2. 陡坡 $(i>i_k)$ 渠道上的水面曲线

1) $a_2$ 型水面曲线 $(h>h_k>h_0)$

$a_2$ 型水面曲线为壅水曲线，上游端水深最小，与 $K—K$ 线近似垂直正交。实际水流中，$a_2$ 型水面曲线上游端常为水跃的跃后水深，下游端水深最大，水面曲线渐近于水平线。

$a_2$ 型水面曲线一般发生在陡坡渠道闸、坝的上游，如图 5-20(b) 所示。

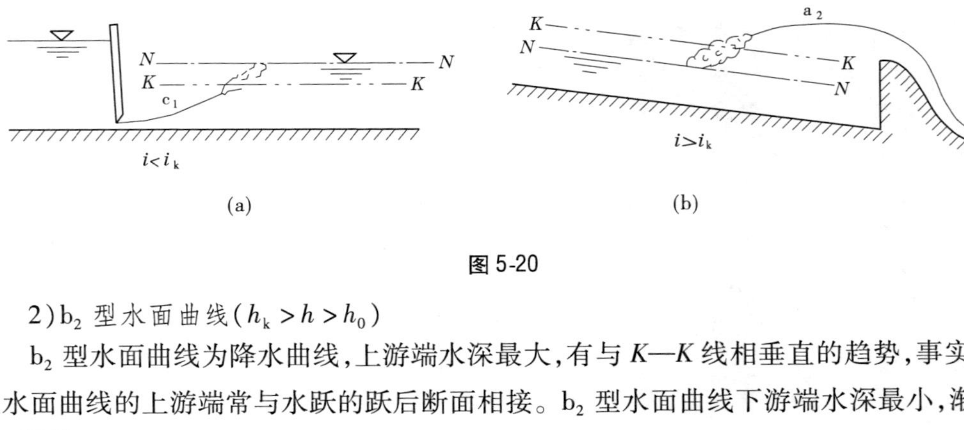


(a)　　　　(b)

图 5-20

2) $b_2$ 型水面曲线 $(h_k>h>h_0)$

$b_2$ 型水面曲线为降水曲线，上游端水深最大，有与 $K—K$ 线相垂直的趋势，事实上 $b_2$ 型水面曲线的上游端常与水跃的跃后断面相接。$b_2$ 型水面曲线下游端水深最小，渐近于 $N—N$ 线。

当陡坡渠道的上游端与缓坡渠道或水库相连时，渠道内的水面曲线即为 $b_2$ 型水面曲线，如图 5-21(a) 所示。

3) $c_2$ 型水面曲线 $(h<h_0<h_k)$

$c_2$ 型水面曲线为壅水曲线，上游端水深最小，该水深由来流条件控制，是已知值。下游端水深最大，并以 $N—N$ 线为渐近线。

当在陡坡渠道或河道上修建闸、坝时，闸、坝下游产生的水面曲线就是 $c_2$ 型水面曲线，如图 5-21(b) 所示。

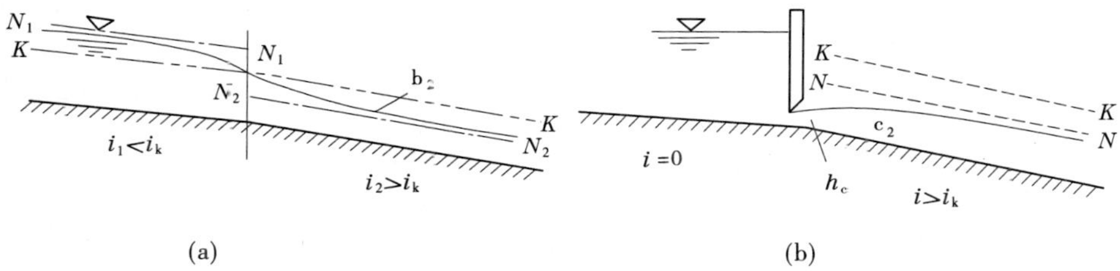


图 5-21

3. 其他坡上的水面曲线

1）临界坡（$i=i_k$）上的水面曲线

临界坡上只有 a 区和 c 区，没有 b 区。a 区中的水面曲线 $a_3$ 为壅水曲线，上游端与 $K$—$K$ 线相交，下游端为水平线。$a_3$ 型水面曲线常发生在下游与水库、湖泊等相连接的临界坡渠道的下游端，或临界坡修建闸、坝时，闸、坝上游的壅水段，如图 5-22（a）所示。

2）平坡上（$i=0$）上的水面曲线

平坡渠道上由于不能产生均匀流，没有 a 区，只有 b 区和 c 区。b 区中的水面曲线为 $b_0$ 型降水曲线，该曲线上游水深最大，由来流条件控制，下游常与水跃相连。c 区为 $c_0$ 型壅水曲线，上游端水深由来流条件控制，下游端常与水跃相连，是水跃的跃前水深，如图 5-22（b）所示。

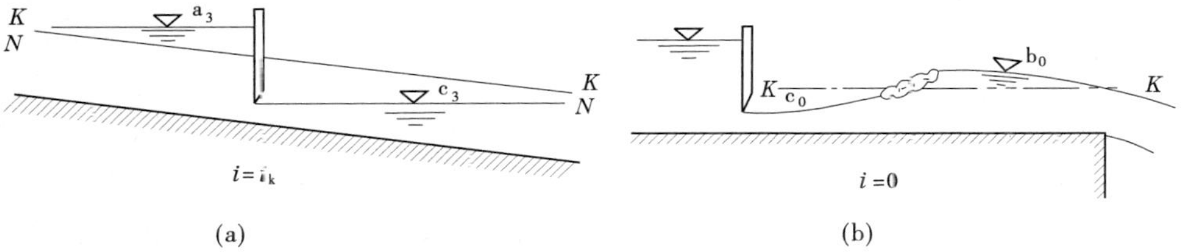


图 5-22

3）逆坡（$i<0$）渠道上的水面曲线

逆坡渠道中也不可发生均匀流，只有 b 区和 c 区。b 区中为 $b'$ 型降水曲线，上游水深由来流条件控制，下游端与水跃相接。c 区中为 $c'$ 型壅水曲线，上游端水深由来流条件控制，下游端常与水跃连接，为水跃的跃前水深，如图 5-23 所示。

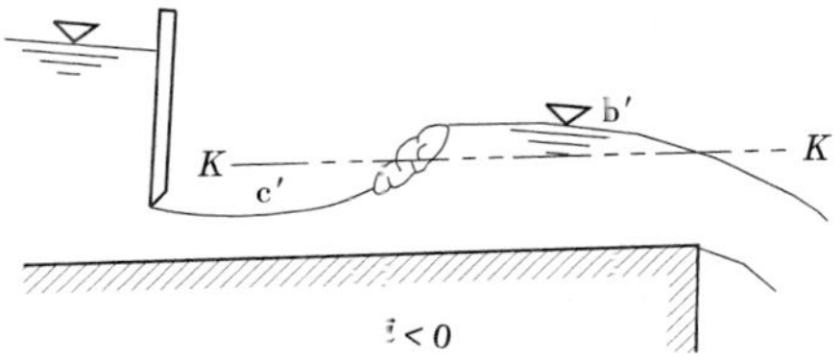


图 5-23

#### 5.3.2.5　水面线分析应注意的问题

总结棱柱体明渠可能出现的十二种水面线可以发现，它们既有共同的规律，又有各自的特点，进行水面线分析时应注意以下几个问题：

(1)所有 a 区和 c 区只能产生壅水曲线,b 区只能产生降水曲线。

(2)无论何种底坡,每一个流区只可能有一种确定的水面曲线形式。如缓坡上的 a 区,只能是 $a_1$ 型壅水曲线,不可能有其他形式的水面线。

(3)对于正坡渠道,当渠道很长,在非均匀流影响不到的地方,水深 $h \to h_0$,水面线与 $N—N$ 线相切,水流趋近均匀流动。

(4)水流由缓流过渡为急流产生水跌,在底坡由缓坡变为陡坡或有跌坎的转折断面上,水深近似等于临界水深 $h_k$。水流由急流过渡到缓流发生水跃,水跃的位置应根据跃前水深与跃后水深的共轭关系确定。水流由急流趋近临界流或由缓流趋近临界流,水面线均以水平线为渐近线。

(5)分析、计算水面线必须从已知水深的断面开始,这种断面称为控制断面,相应的断面水深即为控制水深。例如,当明渠中的水深受水工建筑物的控制,建筑物上、下游的水深作为控制水深;在跌坎上或其他缓流过渡为急流时的临界水深 $h_k$ 即为控制水深。

(6)因为急流中的干扰波不能向上游传播,缓流中的干扰波能向上游传播,所以对于急流,应自上而下分析、推算水面线;缓流的控制水深在下游,应自下而上分析、推算水面线。

#### 5.3.2.6　水面线定性分析绘制

**【例 5-6】** 图 5-24 为两段断面尺寸及糙率相同的长直棱柱体渠道,底坡 $0 < i_1 < i_2 < i_k$,试分析渠道中水面线的形式。

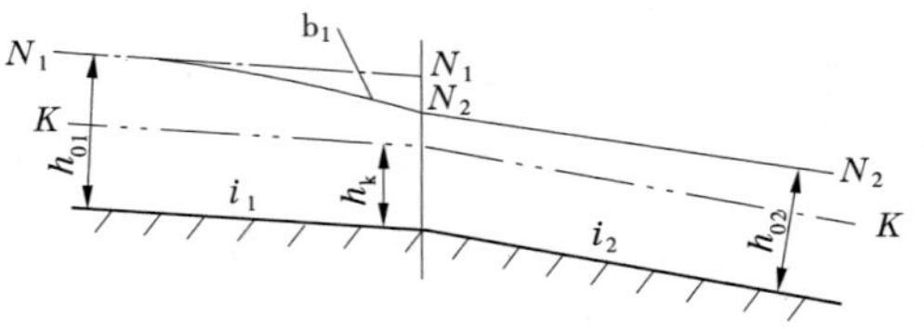

图 5-24

**解**:首先分别绘出两段渠道的临界水深线 $K—K$ 和正常水深线 $N—N$。由于两段渠道的断面尺寸相同,故两段渠道的临界水深相等。又因 $0 < i_1 < i_2 < i_k$ 则 $h_{01} > h_{02}$,渠道上游段的 $N_1—N_1$ 线高于下游段的 $N_2—N_2$ 线,如图 5-24 中所示。

本题产生非均匀流的因素是底坡的改变,远离底坡转折断面上、下游的水流均应趋近均匀流,水深应分别为 $h_{01}$ 和 $h_{02}$,由上游水深 $h_{01}$ 要转变到下游较小的水深 $h_{02}$,水面必然发生降落,有如下三种可能:

(1)转折断面上的水深 $h = h_{01}$ 水面完全在下游段降落;

(2)转折断面上的水深 $h_{02} < h < h_{01}$,水面在上、下游段各降落一部分;

(3)转折断面上的水深 $h = h_{02}$ 水面在上游段降落。

在上述三种情况中,若是第一种或第二种情况,则在下游段 a 区将产生降水曲线,这和前面所讨论的 a 区只能是壅水曲线相矛盾,所以第一种和第二种水面线的型式是不可能出现的。只有第三种情况在第一段产生 $b_1$ 型降水曲线,上游水面线与正常水深 $N_1—N_1$ 线相切,符合水面的变化规律,是正确的。

**【例 5-7】** 某水库溢洪道为棱柱体渠道,进口设有闸门控制流量,纵剖面如图 5-25 所示。已知 $i_1 = 0$、$i_2 < i_k$,下游河道不影响陡坡上的流动,试定性分析闸门局部开启时的沿程水面线的变化。

**解**:(1)根据已知条件,分别绘出 $K—K$ 线和 $N—N$ 线。

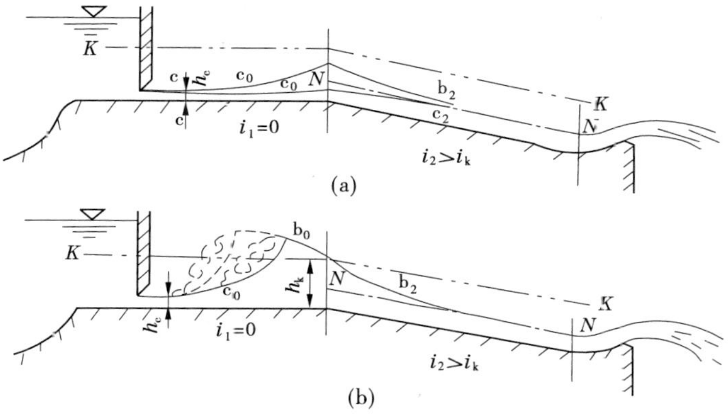


图5-25

(2)确定控制断面,分析控制水深。

水流在进口处受到闸门的控制,由于惯性的作用,闸门后存在一最小水深小于闸门的开度,称为收缩断面水深 $h_c$。$h_c$ 就是闸后急流段的控制水深。平坡与陡坡的转折断面为另一控制断面,其水深受上游水流条件的影响。

(3)水面线定性分析。

收缩断面水深位于 c 区,收缩断面之后将出现 $c_0$ 型壅水曲线,根据平坡段的长度不同,可以出现两种情况。

一种情况如图5-25(a)所示,平坡段较短,$c_0$ 型水面线由于升高至水深 $h<h_k$ 已达底坡转折断面。如果 $h<h_{02}$ 在陡坡上形成 $c_2$ 型壅水曲线,如图5-25中虚线所示;如果 $h_{02}<h<h_k$,则在陡坡上形成 $b_2$ 型降水曲线,如图5-25中实线所示。陡坡上的流动为急流,如果陡坡段较长,在陡坡段下游水流趋于均匀流动,通过下游挑坎泄入下游河道。

另一种情况如图5-24(b)所示,平坡段较长,当 $c_0$ 型水面线趋近 $h_k$ 时,距底坡转折断面尚远,在平坡段上出现急流向缓流转变,产生水跃。跃后断面的流动为缓流,下游陡坡为急流,则必然发生缓流向急流转变的水跌现象,转折断面上的水深为临界水深 $h_k$,陡坡上产生 $b_2$ 型降水曲线,平坡段水跃之后为 $b_0$ 型降水曲线,如图5-25中实线所示。因为转折断面上的水深 $h_k$ 是平坡段上缓流的控制水深(缓流的控制水深在下游),所以 $b_0$ 型降水曲线的始端水深受平坡段上缓流长度的影响,该段愈长,$b_0$ 型降水曲线的始端水深愈大,根据跃前、跃后水深的共轭关系,水跃位置将向闸门方向移动,如图5-25中虚线所示。当跃前水深为收缩断面水深 $h_c$ 或收缩断面被淹没时,将不存在 $c_0$ 型壅水曲线。

## 5.3.3 渠道水面曲线计算

计算明渠恒定非均匀渐变流水面线的基本方法是分段法,它适用于各种流动情况。下面分别介绍如何利用分段法计算棱柱体渠道、非棱柱体渠道和天然河道的水面线。

### 5.3.3.1 棱柱体明渠水面线计算

1.计算公式

前面已经推导出明渠恒定非均匀渐变流的基本微分方程式(5-30),忽略局部水头损

失，式(5-30)可写为

$$d\left(h\cos\theta + \frac{\alpha v^2}{2g}\right) = (i - J)dl$$

因断面比能 $E_s = h\cos\theta + \frac{\alpha v^2}{2g}$，则有

$$dE_s = (i - J)dl \tag{5-36}$$

分段法是将整个流动分为有限的几段，并近似认为在每个流段内，断面比能和沿程水头损失成线性变化，这样可以把式(5-36)改写成差分的形式：

$$\Delta E_s = (i - \bar{J})\Delta l \tag{5-37}$$

或

$$\Delta l = \frac{\Delta E_s}{i - \bar{J}} \tag{5-38}$$

式(5-38)就是分段法计算棱柱体明渠水面线的基本公式。式中 $\Delta E_s$ 为流段 $\Delta l$ 下游断面与上游断面比能的差值。用 $E_{su}$ 和 $E_{sd}$ 分别表示上、下游断面的断面比能，则

$$\Delta E_s = E_{sd} - E_{su} \tag{5-39}$$

$\bar{J}$ 为流段的平均水力坡度，近似采用均匀流沿程水头损失的计算公式，则

$$\bar{J} = \frac{\bar{v}^2}{\bar{C}^2\bar{R}} \tag{5-40}$$

式中 $\bar{v}$、$\bar{C}$、$\bar{R}$——流段上、下游断面的流速，谢才系数，水力半径的平均值，即

$$\bar{v} = \frac{v_u + v_d}{2};\bar{C} = \frac{C_u + C_d}{2};\bar{R} = \frac{R_u + R_d}{2}$$

2. 计算方法

用分段法计算水面线，首先应从控制断面开始，把非均匀流分成若干流段。流段的长度应适宜，因分段法是由差分方程代替了微分方程，所以计算精度与流段划分的长短有关。流段愈短，精度愈高，但工作量愈大；反之则精度愈低。划分流段时一般应注意以下两点：

(1)每段的断面形状及尺寸、糙率、底坡应尽可能一致，发生突变处，应在该断面上分段。

(2)一般情况下，降水曲线和急流壅水曲线水面变化较快，分段宜短些；缓流壅水曲线水面变化较缓，分段可长些。

棱柱体渠道水面线计算一般有两种情况。第一种情况，已知流段两端断面的水深，求流段的距离 $\Delta l$，可直接用式(5-38)求出 $\Delta l$，无须试算。在实际计算过程中，可从已知控制断面的水深开始，直接按水深分段。例如，控制断面的水深为 $h_1$，依据水深变化情况，设水深 $h_2, h_3, h_4\cdots$，则 $h_1 \sim h_2$ 为第一流段；$h_2 \sim h_3$ 为第二流段；$h_3 \sim h_4$ 为第三流段……而后可按每一流段的两端水深，分别求出各流段相应的长度 $\Delta l_1$、$\Delta l_2, \Delta l_3, \cdots$，这样就可计算出非均匀流的水面线。第二种情况是已知流段一端的水深和流段长 $\Delta l$，求另一端的水深。解法一：先假定另一端的水深，用式(5-38)计算出 $\Delta l$，若算出的 $\Delta l$ 和已知流段的长度相等，则假定的水深即为所求；否则，重新假定水深再进行计算。解法二：利用 Excel 表格计

算水面曲线，则可用工具栏中的单变量求解方法求解。

**【例5-8】** 某排水渠如图5-26所示，断面为梯形，底宽 $b=8$ m，边坡系数 $m=2.0$，糙率 $n=0.025$，渠道纵坡 $i=0.000\ 5$，渠道长 $l=3\ 335$ m，退水流量 $Q=25\ m^3/s$，退入下游河道。退水时由于下游河道排洪，水位上涨，使排水渠末端出口断面水深达3.5 m，试计算排水渠入口断面的水深。

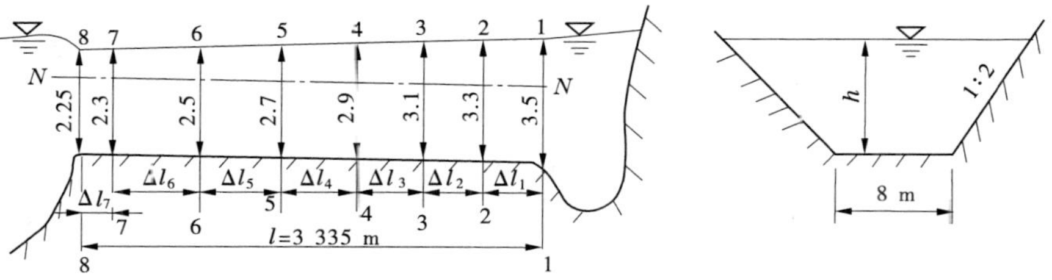


图5-26

**解：**(1)判别水面线类型。

经计算，该渠道正常水深 $h_0=1.92$ m，临界水深 $h_k=0.921$ m。因 $h_0>h_k$，故渠道底坡为缓坡。又因排水渠末端水深 $h=3.5\ m>h_k$，控制水深位于a区，所以为 $a_1$ 型水面曲线。

(2)计算水面线。

从排水渠末端控制水深 $h=3.5$ m开始，按水深分段。设上游各断面的水深分别为3.5 m，3.3 m，3.1 m，2.9 m…，应用式(5-38)求出各相应流段的距离 $\Delta l_1,\Delta l_2,\Delta l_3,\cdots,\Delta l_6$，然后根据已知渠道的总长度 $l=3\ 335$ m，用试算法求出排水渠进口处的水深，具体计算如下：

①已知流段两断面的水深，求流段的距离 $\Delta l$。

以断面1—1至断面2—2第一流段为例计算，断面1—1的水深 $h_1=3.5$ m，则

$$A_1=(b+mh_1)h_1=(8+2.0\times3.5)\times3.5=52.5(m^2)$$

$$v_1=\frac{Q}{A_1}=\frac{25}{52.5}=0.48(m/s)$$

$$\frac{v_1^2}{2g}=\frac{0.48^2}{2\times9.8}=0.012(m)$$

断面比能 $$E_{s1}=h_1+\frac{v_1^2}{2g}=3.5+0.012=3.512(m)$$

同理可算得断面2—2：

$$h_2=3.3\ m,v_2=0.52\ m/s,\frac{v_2^2}{2g}=0.014\ m$$

断面比能 $$E_{s2}=h_2+\frac{v_2^2}{2g}=3.3+0.014=3.314(m)$$

断面1—1和断面2—2的比能差为

$$\Delta E_{s1-2}=3.512-3.314=0.198(m)$$

断面 1—1 的水力要素

$$\chi_1 = b + 2h_1\sqrt{1+m^2} = 8 + 2 \times 3.5 \times \sqrt{1+2.0^2} = 23.65(\mathrm{m})$$

$$R_1 = \frac{A_1}{\chi_1} = \frac{52.5}{23.65} = 2.22(\mathrm{m})$$

$$C_1 = \frac{1}{n}R_1^{1/6} = \frac{1}{0.025} \times 2.22^{1/6} = 45.69(\mathrm{m}^{1/2}/\mathrm{s})$$

同理可算出断面 2—2 的水力要素

$$\chi_2 = 22.76\ \mathrm{m}, R_2 = 2.12\ \mathrm{m}, C_2 = 45.34\ \mathrm{m}^{1/2}/\mathrm{s}$$

两断面水力要素的平均值

$$\bar{R} = \frac{R_1 + R_2}{2} = \frac{2.22 + 2.12}{2} = 2.17(\mathrm{m})$$

$$\bar{C} = \frac{C_1 + C_2}{2} = \frac{45.69 + 45.34}{2} = 45.52(\mathrm{m}^{1/2}/\mathrm{s})$$

$$\bar{v} = \frac{v_1 + v_2}{2} = \frac{0.48 + 0.52}{2} = 0.50(\mathrm{m/s})$$

第一流段平均水力坡降 $\bar{J} = \dfrac{\bar{v}^2}{\bar{C}^2\bar{R}} = \dfrac{0.50^2}{45.52^2 \times 2.17} = 0.000\ 056$

第一流段的长度 $\Delta l_1 = \dfrac{\Delta E_{s1-2}}{i - \bar{J}_{1-2}} = \dfrac{0.198}{0.000\ 5 - 0.000\ 056} = 446(\mathrm{m})$

其他各流段的长度可参照以上方法,可设计 Excel 表格进行计算,如表 5-6 所示。

**表 5-6　水面曲线 Excel 计算结果表**

| 断面 | $h$ (m) | $A$ (m²) | $\chi$ (m) | $R$ (m) | $C$ (m$^{1/2}$/s) | $\bar{R}$ (m) | $\bar{C}$ (m$^{1/2}$/s) | $v$ (m/s) | $\bar{v}$ (m/s) | $\frac{v^2}{2g}$ (m) | $E_s$ (m) | $\Delta E_s$ (m) | $\bar{J}$ | $\Delta l$ (m) | $\Sigma\Delta l$ (m) |
|---|---|---|---|---|---|---|---|---|---|---|---|---|---|---|---|
| 1—1 | 3.50 | 52.50 | 23.65 | 2.22 | 45.69 | | | 0.48 | | 0.01 | 3.51 | | | | |
| 2—2 | 3.30 | 48.18 | 22.76 | 2.12 | 45.33 | 2.17 | 45.51 | 0.52 | 0.50 | 0.01 | 3.31 | 0.197 8 | 0.000 055 | 446 | 446 |
| 3—3 | 3.10 | 44.02 | 21.86 | 2.01 | 44.95 | 2.07 | 45.14 | 0.57 | 0.54 | 0.02 | 3.12 | 0.197 3 | 0.000 070 | 459 | 904 |
| 4—4 | 2.90 | 40.02 | 20.97 | 1.91 | 44.55 | 1.96 | 44.75 | 0.62 | 0.60 | 0.02 | 2.92 | 0.196 5 | 0.000 091 | 480 | 1 384 |
| 5—5 | 2.70 | 36.18 | 20.07 | 1.80 | 44.13 | 1.86 | 44.34 | 0.69 | 0.66 | 0.02 | 2.72 | 0.195 5 | 0.000 119 | 513 | 1 896 |
| 6—6 | 2.50 | 32.50 | 19.18 | 1.69 | 43.67 | 1.75 | 43.90 | 0.77 | 0.73 | 0.03 | 2.53 | 0.194 2 | 0.000 158 | 568 | 2 465 |
| 7—7 | 2.30 | 28.98 | 18.29 | 1.58 | 43.19 | 1.64 | 43.43 | 0.86 | 0.92 | 0.04 | 2.34 | 0.192 2 | 0.000 215 | 675 | 3 140 |
| 8—8 | 2.25 | 28.15 | 18.07 | 1.56 | 43.07 | 1.57 | 43.13 | 0.89 | 0.88 | 0.04 | 2.29 | 0.046 5 | 0.000 262 | 195 | 3 335 |

②已知末流段的间距 $\Delta l_7$ 和下游断面的水深,求渠道进口断面 8—8 的水深。

从表 5-6 中的计算结果可知,断面 1—1 至断面 7—7 的总长度为 3 140 m,比渠道全长3 335 m 还差 195 m。现已知断面 7—7 水深为 2.3 m,求渠道进口水深时必须进行试算。根据 Excel 表格“数据”工具栏中“模拟分析”的“单变量求解”可解得,距离为 3 335 m 的进口水深 $h_8 = 2.25$ m。

#### 5.3.3.2 非棱柱体明渠水面线计算

水利工程中除棱柱体明渠外,还有非棱柱体明渠。例如,溢洪道陡槽的渐变段就属于非棱柱体明渠。非棱柱体明渠水面线的计算,其计算公式和平均摩阻坡度的计算与棱柱体明渠相同。二者的主要区别是,非棱柱体渠道的过水断面面积与流程和水深有关,即 $A=f(l,h)$。因此,计算水面线之前,必须从控制断面开始按流程分段,才能计算出划分流段的各个断面的尺寸,再利用式(5-38)从控制断面开始逐段通过试算求出各个断面的水深。

试算方法同棱柱体渠道水面线计算中的第二种情况。

**【例5-9】** 图5-27所示为某水库溢洪道,由两段组成,断面为矩形。上游为直线收缩段,底坡 $i_1=0.03$,收缩段以下等宽,$i_2=0.05$。已知收缩段进口断面1—1宽60 m,出口断面3—3宽40 m,收缩段长50 m。溢洪道用混凝土衬砌,糙率 $n=0.014$。当通过设计流量 $Q=580\ \mathrm{m^3/s}$ 时,进口断面1—1的水深 $h_1=2.12$ m,求设计流量下收缩段的水面线。

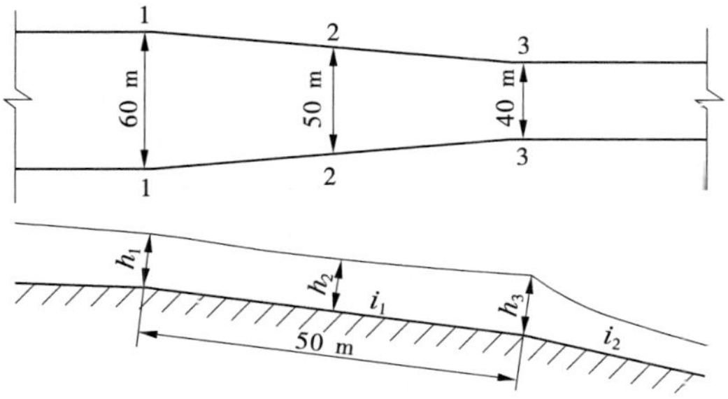


图5-27

**解:**收缩段为非棱柱体明渠,需要先将渠道按流程分段,计算出断面尺寸。由于收缩段较短,可以分为两段,$\Delta l_1=25$ m、$\Delta l_2=25$ m。容易计算出中间断面2—2的底宽 $b_2=50$ m,利用式(5-38)进行试算,便可求出中间断面2—2的水深 $h_2$ 和出口断面3—3的水深 $h_3$。

为了方便计算,可将式(5-39)改写为

$$E_{su}+i\Delta l=E_{sd}+\bar{J}\Delta l$$

进口断面1—1的水力要素计算如下:

$$A_1=b_1h_1=60\times2.12=127.23(\mathrm{m^2})$$

$$\chi_1=b_1+2h_1=60+2\times2.12=64.24(\mathrm{m})$$

$$R_1=\frac{A_1}{\chi_1}=\frac{127.23}{64.24}=1.98(\mathrm{m})$$

$$v_1=\frac{Q}{A_1}=\frac{580}{127.2}=4.56(\mathrm{m/s})$$

$$\frac{v_1^2}{2g}=\frac{4.56^2}{2\times9.8}=1.06(\mathrm{m})$$

$$E_{s1}=h_1+\frac{v_1^2}{2g}=2.12+1.06=3.18(\mathrm{m})$$

$$E_{s1} + i_1\Delta l_1 = 3.18 + 0.03 \times 25 = 3.93(\mathrm{m})$$

因溢洪道泄流为急流，水面线的总趋势为降水曲线，断面2—2水深小于断面1—1水深，设断面2—2的水深 $h_2 = 1.84$ m，同样可计算出断面2—2的各水力要素，然后计算出 $E_{s2}$ 和 $\overline{J}$。

当 $E_{s2} + \overline{J}\Delta l = 3.93$ m时的水深即为所求。断面3—3水深的计算与断面2—2水深的计算方法完全一样，不再赘述。整个计算结果列于表5-7。

**表5-7　断面参数**

| 桩号 | 0+000 | | 1+900 | | 2+880 | | 3+900 | | 4+910 | |
|---|---|---|---|---|---|---|---|---|---|---|
| 河底高程(m) | 82.1 | | 82 | | 81.65 | | 81.50 | | 80.90 | |
| 水位(m) | $A$ ($m^2$) | $R$ (m) | $A$ ($m^2$) | $R$ (m) | $A$ ($m^2$) | $R$ (m) | $A$ ($m^2$) | $R$ (m) | $A$ ($m^2$) | $R$ (m) |
| 85 | 330 | 2.80 | 360 | 2.61 | 218 | 2 | 425 | 2.53 | 393 | 2.55 |
| 86 | 412 | 3.12 | 458 | 3.14 | 298 | 2.48 | 562 | 2.44 | 558 | 3.17 |
| 87 | 576 | 3.29 | 620 | 3.41 | 623 | 3.78 | 1 002 | 2.40 | 971 | 2.34 |
| 88 | 765 | 4.25 | 895 | 3.25 | 792 | 4.66 | 1 426 | 3.38 | 1 391 | 3.27 |

收缩段出口断面3—3的水深 $h_3$ 计算出来之后，又是下段陡槽段的控制水深。下段陡槽段属棱柱体渠道，可按棱柱体渠道水面线的计算方法计算，从而计算出整个溢洪道的水面曲线。

## 项目任务

自测题

### 一、思考题

1. 水流的三种流态是什么？如何判别？

2. 什么是水跌和水跃？它们的主要区别是什么？

3. 水跃的共轭水深如何计算？水跃的三种形式是什么？如何判别？

4. 什么是断面比能，它有何变化规律？

5. 什么是临界水深？如何确定？

6. 什么叫临界底坡？如何确定？

7. 在均匀流时，缓坡、临界底坡和陡坡上的水流是什么流态？为什么？

8. 水面曲线的性质是什么？

9. 水面曲线分析时是如何分区的，分几个区？水面曲线共有多少种？

10. 水面曲线的定量计算的方法和步骤是什么？

11. 如何应用Excel表格计算水面曲线？如何应用Excel表格中的单变量求解功能？

### 二、计算题

1. 某梯形渠道，底宽 $b = 5$ m，边坡系数 $m = 1.5$，当通过流量 $Q = 28\ \mathrm{m^3/s}$ 时，正常水深 $h_0 = 2.58$ m。求：(1)微波的波速；(2)弗劳德数；(3)断面比能和临界水深；(4)判别水流的流态。

2. 一矩形渠道，已知 $Q = 40\ \mathrm{m^3/s}$，底宽 $b = 10$ m，糙率 $n = 0.025$，底坡 $i = 0.000\ 35$。

试分别用临界水深、临界坡度及弗劳德数判别渠道中为均匀流动时的流态。

3. 有一梯形断面渠道，底宽 $b=6$ m，边坡系数 $m=2.0$，糙率 $n=0.022\ 5$，通过流量 $Q=12\ m^3/s$，求临界坡度 $i_k$。

4. 如图5-28所示，在溢洪道坡脚处的水平护坦上发生水跃，跃前水深 $h'=2.6$ m，溢洪道断面为矩形，宽 24.38 m，通过的流量 $Q=1\ 588.53\ m^3/s$。求：(1)跃后水深 $h''$；(2)水跃长度 $L_j$；(3)判别属何种水跃并计算水跃的消能率 $K_j$。

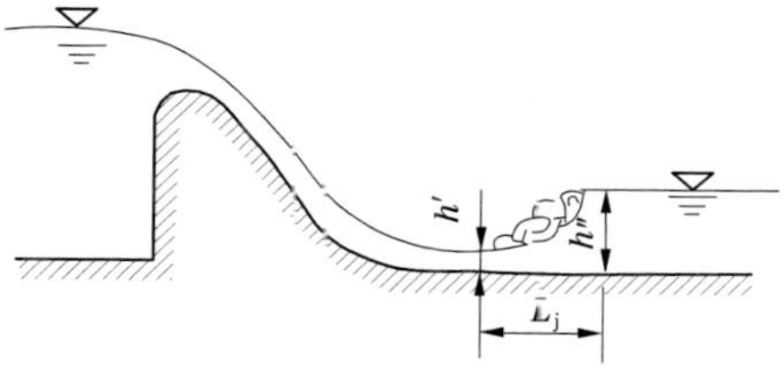

图5-28

5. 有一梯形断面的土渠，底宽 $b=7.5$ m，边坡系数 $m=2$，底坡 $i=0.000\ 35$，糙率 $n=0.025$，当流量 $Q=40\ m^3/s$ 时，正常水深等于多少？今在该渠道上修建一节制闸，已知当水闸通过上述流量时的闸前水深 $h=3.8$ m，试计算节制闸上游水面线的壅水长度并绘制水面线。（注：水深从大于 $h_0$ 趋近于 $h_0$ 时，水面线计算长度可计算到 $h=1.01h_0$；水深从小于 $h_0$ 趋近 $h_0$ 时，水面线可计算到 $h=0.99h_0$。）

6. 试定性分析图5-29中渠道纵坡变化时，上、下游渠道水面线的形式并注出其名称。

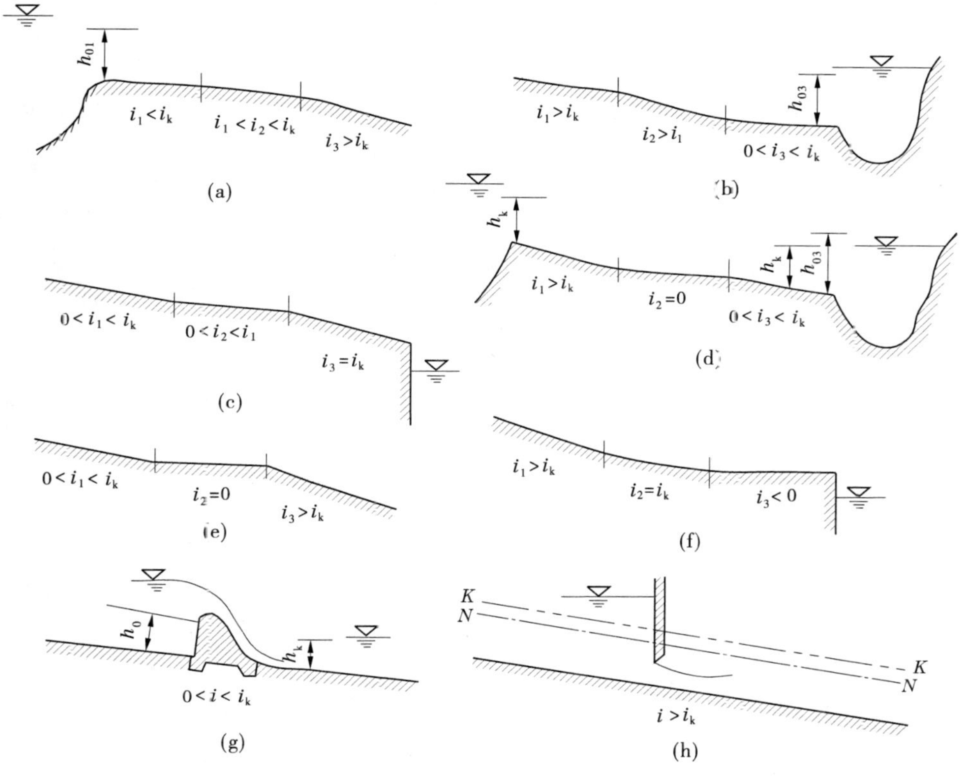

图5-29

7. 试定性分析图5-30所示渠道中的水面线，并指出不同型式的水面线的断面比能沿流程如何变化。已知渠道的断面型式及尺寸沿流程不变，且各段均充分长。

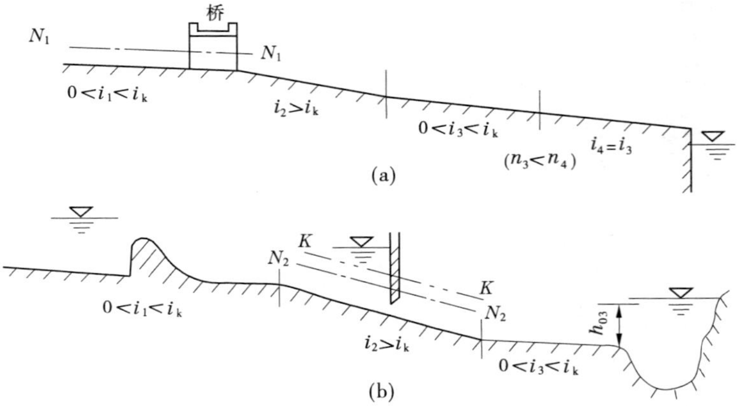


图5-30

8. 矩形断面渠道，上、下两段宽度相等，底坡 $i_1>i_2$，当单宽流量 $q=4\ m^3/(s\cdot m)$ 时，正常水深分别为 $h_{01}=0.66\ m$，$h_{02}=1.5\ m$，试绘制水面曲线，并确定水跃发生在哪段渠道中。

9. 如图5-31所示，为了减小溢洪道末端的单宽流量，利于消能，在溢洪道的末端建一水平扩散段，断面为矩形。已知断面1—1的水深 $h_1=3.0\ m$，宽度 $b=40\ m$，扩散段按直线扩散至60 m，扩散角 $\alpha=7.5°$，试计算当通过流量 $Q=1\ 450\ m^3/s$ 时扩散段的水面线。

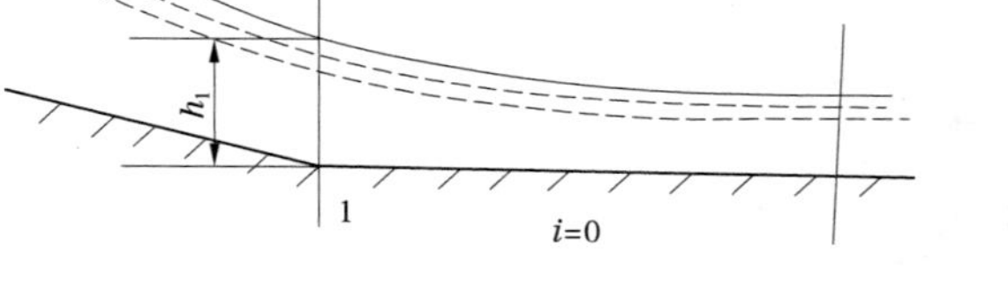


图5-31

## 三、实训题

1）基本资料

为了进行兴利防洪，搞好水土保持，某山区修建一座淤地坝。该坝为土坝，则必须修建溢洪道。经过调洪演算，确定该溢洪道，进口溢流堰堰顶高程为328.8 m，溢流堰宽度为5 m，设计下泄流量26.261 $m^3/s$，滞洪水深 $H=2.3\ m$；采用开敞正槽溢洪道泄洪，溢洪道由进口段、陡坡段和出口段三部分组成，如图5-32所示。

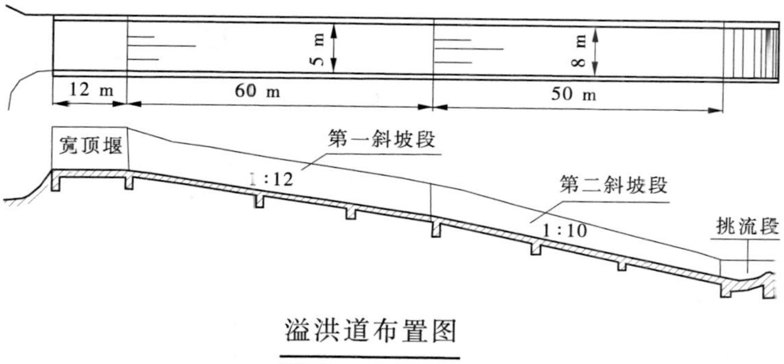


图5-32

(1)进口段。由引水渠、溢流堰组成，进口溢流堰采用宽顶堰型式，断面采用矩形断面，浆砌石衬砌。底板长12 m，上、下游做深1 m、宽0.5 m的齿墙，以减少渗流和增加底板的稳定性。进口溢流堰堰顶高程为328.8 m，溢流堰宽度为8 m。

(2)陡坡段。采用矩形断面，宽为5 m，根据地形条件，考虑减小开挖方量，纵坡设变坡，坡比为1:12的长度为60 m，1:10的坡长为50 m。底板和侧墙采用75号水泥砂浆浆砌块石，底板等厚为30 cm，侧墙采用顶宽0.3 m，内坡垂直，外坡1:0.3的重力式浆砌石挡土墙，高度按设计情况下的水深加安全超高计算。

(3)出口段。消能采用挑流消能方式，下游沟槽基岩软弱破碎、裂隙发育。

2)计算任务

(1)计算在设计情况下的溢洪道水面曲线。

(2)当流速超过8 m/s时，进行掺气水深的计算。

(3)确定溢洪道边墙高度。

# 项目6　孔口与管嘴出流水力分析与计算

【学习目标】

1. 掌握孔口与管嘴出流特点；
2. 掌握恒定孔口自由出流和淹没出流水力计算公式；
3. 掌握恒定管嘴自由出流和淹没出流水力计算公式；
4. 熟悉孔口与管嘴出流分类；
5. 了解计算所需系数及取值。

专家介绍

【技能目标】

1. 能依据条件判别孔口类型；
2. 能进行恒定孔口自由出流和淹没出流水力计算；
3. 能进行恒定管嘴自由出流和淹没出流水力计算。

## 任务6.1　孔口与管嘴出流水力现象

### 6.1.1　孔口与管嘴出流概述

容器壁上开孔，水经孔口流出的水力现象称为孔口出流，如图6-1(a)所示；在孔口上连接长为3～4倍孔径的短管，水经过短管并在出口断面满管流出的水力现象称为管嘴出流，如图6-1(b)所示。孔口和管嘴在实际工程中应用较多，如给水排水工程中各类取水、泄水闸孔，以及某些量测流量设备均属孔口，水流经过路基下的有压涵管、水坝中泄水管等水力现象与管嘴出流类似，此外还有消防水枪和水力机械化施工用水枪都是管嘴的应用。因此，研究经孔口和管嘴下泄的水流规律，确定其过流能力的计算方法有重要意义。

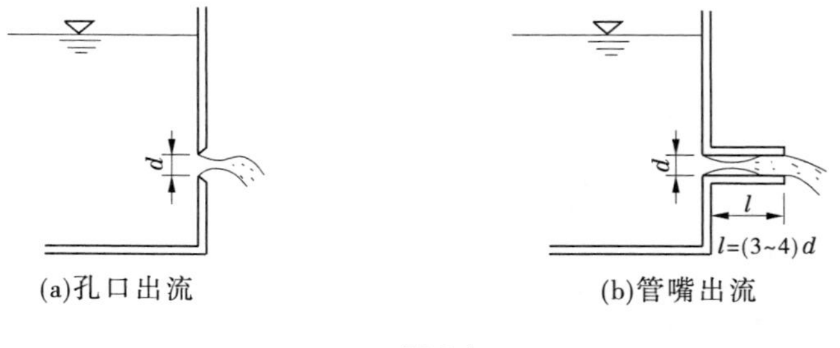


(a)孔口出流　　(b)管嘴出流

图6-1

孔口、管嘴出流水力计算，是连续性方程、能量方程以及流动阻力和水头损失规律的具体应用。

### 6.1.2　孔口与管嘴出流分类

根据孔口或管嘴水流运动要素是否随时间变化，孔口或管嘴出流可分为恒定出流和非恒定出流。当容器中水面保持恒定不变时，从孔口或管嘴流出的水流流速、压强等运动要素不随时间发生变化，这样的出流称为恒定出流；反之称为非恒定出流。

根据孔口或管嘴出口断面是否低于下游液面，孔口和管嘴生流可分为自由出流和淹没出流。若孔口或管嘴水流流入大气中时称为自由出流；若孔口或管嘴在下游液面以下出流时，称为淹没出流。图 6-2(a)、(b)分别表示孔口自由出流和孔口淹没出流的情形。

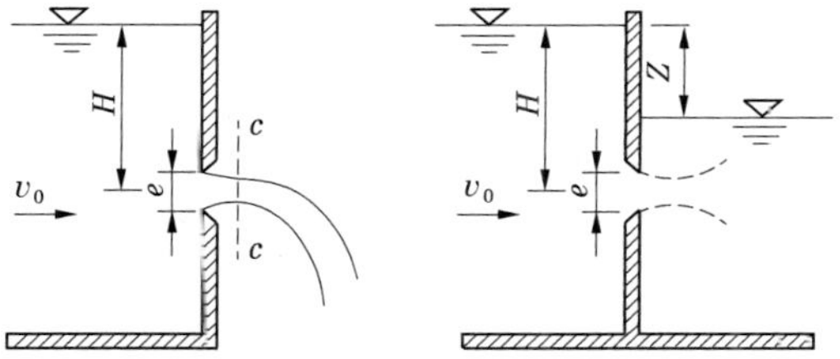


(a)孔口自由出流　　(b)孔口淹没出流

图 6-2

## 任务 6.2　恒定孔口出流水力计算

### 6.2.1　孔口的类型

在盛有液体的容器侧壁或底部开一孔，液体经孔口流出，称为孔口出流。孔口是工程上用来控制流量、调节流量的常用设施。若壁面厚度对水流无影响，孔壁与水流仅处于周线上接触，这种孔口称为薄壁孔口。

#### 6.2.1.1　小孔口出流与大孔口出流

根据孔口直径 $d$ 与孔口形心以上的水头 $H$ 的比值 $d/H$ 大小将孔口分为大孔口与小孔口两类。

孔口出流

(1) 当 $d \leq H/10$ 或 $d/H \leq 0.1$ 时，称为小孔口出流。小孔口出流过水断面上各点的水头可近似认为均等于 $H$，各点流速也近似认为相等。

(2) 当 $d > H/10$ 或 $d/H > 0.1$，称为大孔口出流。大孔口出流过水断面上各点的水头有明显差别，尤其是上、下缘水头的差值更大，各点的流速也不相等。

在水力计算中，对于大孔口出流，我们主要讨论闸孔出流，关于这部分内容将在项目 8 中予以介绍。

#### 6.2.1.2　完全收缩与不完全收缩

当孔口的全部边界都不与容器的底边、侧边或液面重合时，孔口的四周流线都发生收缩的现象称为完全收缩，图 6-3 中 $a$ 孔和 $b$ 孔为完全收缩。

当孔口的边界与容器的底边、侧边或液面重合时，即不符合完全收缩条件时称为不完全收缩，图 6-3 中 $c$ 孔和 $d$ 孔为不完全收缩。

#### 6.2.1.3　完善收缩与不完善收缩

完全收缩又可分为完善收缩与不完善收缩。

按液体流动惯性或流线的性质，自薄壁孔口出流的流束各方向是均匀收缩的，这种收缩称为完全收缩。当孔口与相邻壁面或液面的距离大于同方向孔口尺寸的 3 倍（$l>3a$，$l>3b$）为完善收缩，图 6-3 中 $a$ 孔为完善收缩。

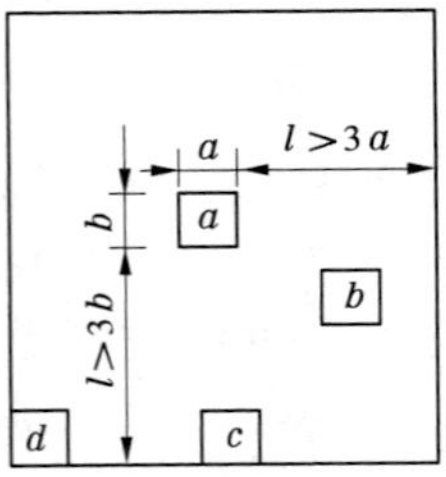


图 6-3

当孔口靠近边壁或切于边壁时，流束的一侧将切于壁面流出，流束不出现收缩或出现少量收缩，即流束的收缩受到壁面的影响，这种收缩称为不完善收缩。图 6-3 中 $b$ 孔为不完善收缩。

### 6.2.2　薄壁小孔口自由出流水力计算

液体在向容器的孔口方向流动时，远离孔口处流速较小，流线可近似认为与孔口中心线平行；接近孔口附近时，为了向孔口汇流，流线就开始逐渐弯曲收缩，以便调整流向。由于惯性作用，通过孔口平面后，流线还会继续收缩，然后流束又逐渐扩散，并在重力作用下跌落。因而在紧邻孔口平面之后，流束的横断面面积比孔口面积还要小，形成孔口出流过水断面的收缩现象，见图 6-4。圆形孔口的试验表明，在离孔口平面距离为 $d/2$（$d$ 为孔口直径）的 $c$—$c$ 断面处，流束收缩到最小值，断面 $c$—$c$ 称为收缩断面，该断面处流线近乎平行，符合渐变流条件。

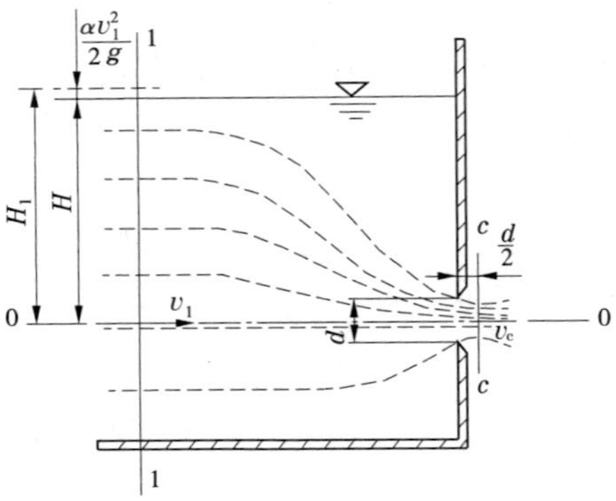

图 6-4

如图 6-4 所示，以通过孔口中心的水平面 0—0 为基准面，列断面 1—1 和断面 $c$—$c$ 的能量方程得：

$$H+\frac{\alpha_0 v_0^2}{2g}=0+\frac{p_c}{\gamma}+\frac{\alpha_c v_c^2}{2g}+h_w$$

式中　$H$——孔口中心至容器水面的高差，称为孔口的水头，m；

$\frac{\alpha_0 v_0^2}{2g}$——行近流速水头，m。

令 $H_0=H+\frac{\alpha_0 v_0^2}{2g}$，$H_0$ 为包括行近流速水头在内的孔口全水头，m。

由于断面 1—1 和断面 $c$—$c$ 之间的水流为急变流，水箱中的微小沿程水头损失可以忽略，水头损失只考虑局部水头损失，即

$$h_w=h_j=\zeta_0\frac{v_c^2}{2g}$$

对于薄壁小孔口

$$p_c=p_a$$

于是上面的能量方程可改写为

$$H+\frac{\alpha_0 v_0^2}{2g}=(\alpha_c+\zeta_0)\frac{v_c^2}{2g}$$

令 $H_0=H+\frac{\alpha_0 v_0^2}{2g}$，代入上式整理得

$$v_c=\frac{1}{\sqrt{\alpha_c+\zeta_0}}\sqrt{2gH_0}=\varphi\sqrt{2gH_0} \tag{6-1}$$

式中　$\zeta_0$——孔口的局部水头损失系数；

$\varphi$——流速系数，$\varphi=\frac{1}{\sqrt{\alpha_c+\zeta_0}}\approx\frac{1}{\sqrt{1+\zeta_0}}$。

可以看出，如不计损失，则 $\zeta_0=0$，而 $\varphi=1$，可见 $\varphi$ 是收缩断面的实际液体流速 $v_c$ 对理想液体流速 $\sqrt{2gH_0}$ 的比值。由试验测得孔口流速系数 $\varphi=0.97\sim0.98$。这样，可得水流经孔口的局部阻力系数 $\zeta_0=\frac{1}{\varphi^2}-1=\frac{1}{0.97^2}-1=0.06$。

设孔口断面的面积为 $A$，收缩断面的面积为 $A_c$，$\frac{A_c}{A}=\varepsilon$ 称为收缩系数，则孔口出流的流量为

$$Q=v_cA_c=\varepsilon A\varphi\sqrt{2gH_0}=\mu A\sqrt{2gH_0} \tag{6-2}$$

式中　$\mu$——孔口出流的流量系数，$\mu=\varepsilon\varphi$，对薄壁小孔口 $\mu=0.6\sim0.62$。

若行近流速水头 $\frac{\alpha_0 v_0^2}{2g}$ 很小，可以忽略不计，即 $H_0\approx H$，则

$$Q=\mu A\sqrt{2gH} \tag{6-3}$$

## 6.2.3　薄壁小孔口淹没出流水力计算

如图6-5所示，出孔水流淹没在下游水面之下，这种情况称为淹没出流。同自由出流一样，水流经孔口，由于惯性作用，孔后形成收缩断面，然后扩散。

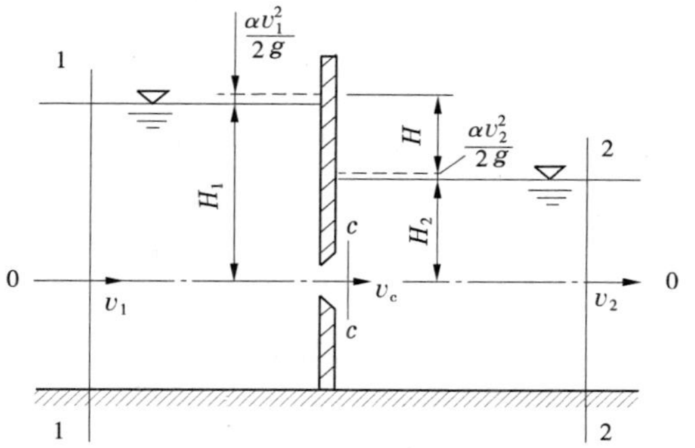


图6-5

选通过孔口中心所在的水平面为基准面，取符合渐变流条件的断面1—1、断面2—2列能量方程。

$$H_1+\frac{p_1}{\gamma}+\frac{\alpha_1 v_1^2}{2g}=H_2+\frac{p_2}{\gamma}+\frac{\alpha_2 v_2^2}{2g}+\zeta_0\frac{v_c^2}{2g}+\zeta_{se}\frac{v_c^2}{2g}$$

$$H_1-H_2+\frac{\alpha_1 v_1^2}{2g}-\frac{\alpha_2 v_2^2}{2g}=(\zeta_0+\zeta_{se})\frac{v_c^2}{2g}$$

令 $H_0=H+\frac{\alpha_1 v_1^2}{2g}-\frac{\alpha_2 v_2^2}{2g}$，其中 $H=H_1-H_2$ 为孔口上、下游水面的高差，当孔口两侧容器较大，$\frac{\alpha_1 v_1^2}{2g}\approx\frac{\alpha_2 v_2^2}{2g}\approx 0$ 时，即 $H_0=H$，则

$$H=(\zeta_0+\zeta_{se})\frac{v_c^2}{2g} \tag{6-4}$$

式中　$\zeta_0$——孔口的局部阻力系数；

$\zeta_{se}$——收缩断面突然扩大的局部阻力系数，当 $A_2\gg A_c$ 时，$\zeta_{se}=1$。

将局部阻力系数代入式(6-4)，经过整理，得

$$v_c=\frac{1}{\sqrt{1+\zeta_0}}\sqrt{2gH}=\varphi\sqrt{2gH}$$

则流量为

$$Q=A_c v_c=\varepsilon\varphi A\sqrt{2gH}=\mu A\sqrt{2gH} \tag{6-5}$$

比较孔口淹没出流与自由出流的基本计算公式，可见两式的形式完全相同，流速系数亦相同。但应注意，在自由出流情况下，孔口的水头 $H$ 系水面至孔口形心的深度；而在淹没出流情况下，孔口的水头 $H$ 则是孔口上、下游的水面高差。

### 6.2.4　小孔口的收缩系数及流量系数

流速系数 $\varphi$ 和流量系数 $\mu$ 值，决定于局部阻力系数 $\zeta_0$ 和收缩系数 $\varepsilon$。局部阻力系数及收缩系数都与雷诺数 $Re$ 及边界条件有关，而当 $Re$ 较大，流动在阻力平方区时，与 $Re$ 无关。因为工程中经常遇到的孔口出流问题，$Re$ 都足够大，可认为 $\varphi$ 及 $\mu$ 不再随 $Re$ 变化。因此，下面只分析边界条件的影响。

在边界条件中，影响 $\mu$ 的因素有孔口形状、孔口边缘情况和孔口在壁面上的位置三个方面。对于小孔口，试验证明，不同形状孔口的流量系数差别不大，但孔口边缘情况对收缩系数会有影响，薄壁孔口的收缩系数 $\varepsilon$ 最小，圆边孔口收缩系数 $\varepsilon$ 较大，甚至等于1。

根据试验结果，薄壁小孔口在全部、完善收缩情况下，各项系数值列于表6-1中。

**表6-1　薄壁小孔口出流各项系数**

| 收缩系数 $\varepsilon$ | 阻力系数 $\zeta$ | 流速系数 $\varphi$ | 流量系数 $\mu$ |
|---|---|---|---|
| 0.64 | 0.06 | 0.97 | 0.62 |

**【例6-1】**　一大水池的侧壁上开有一直径 $d=10$ mm 的小圆孔，水池水面比孔口中心高 $H=4$ m，若池壁厚度 $\delta=3$ mm，求出口流速及流量。

**解**：首先分析壁厚 $\delta$ 对出流的影响：

$\delta=3$ mm $<(3\sim4)d=(30\sim40)$ mm，则水流为孔口出流。

取 $\varepsilon=0.64$，$\varphi=0.97$，$\mu=0.62$。

收缩断面流速为

$$v_c=\varphi\sqrt{2gH}=0.97\times\sqrt{2\times9.8\times4}=8.59(\text{m/s})$$

流量为

$$Q=v_c\varepsilon A=8.59\times0.64\times\frac{3.14\times0.01^2}{4}=0.43\times10^{-3}(\text{m}^3/\text{s})$$

出口断面流速为

$$v=\frac{Q}{A}=v_c\varepsilon=8.59\times0.64=5.5(\text{m/s})$$

# 任务6.3　恒定管嘴出流水力计算

## 6.3.1　管嘴的分类及出流特征

当容器壁的厚度或在孔口上连接一段短管的长度为孔口直径的3～4倍时称为管嘴，流体经过管嘴流出的现象称为管嘴出流。

常见的管嘴出流有圆柱形外管嘴(见图6-6(a))、圆柱形内管嘴(见图6-6(b))、圆锥形收敛管嘴(见图6-6(c))、圆锥形扩散管嘴(见图6-6(d))和流线形管嘴(见图6-6(e))几种类型。各种管嘴的水力特征如下：

(1)圆柱形外管嘴水流进入管嘴后，同样形成收缩，并在收缩断面处主流与管壁分离，形成漩涡区，然后逐渐扩大，在管嘴出口断面上，水流充满整个断面流出。

(2)圆柱形内管嘴与圆柱形外管嘴相比，具有水头损失大、流速小、隐蔽性好的特点。

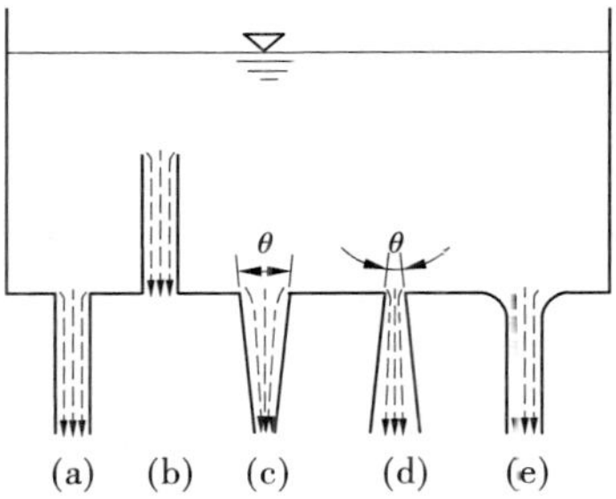

图6-6

(3)圆锥形扩张管嘴在收缩断面处形成真空，其真空值随圆锥角增大而加大，并具有较大的过流能力和较低的出口速度，适用于要求形成较大真空或者出口流速较小的情况，如引射器、水轮机尾水管和人工降雨设备。但扩张角 $\theta$ 不能太大，否则形成孔口出流，一般 $\theta=5°\sim7°$。

(4)圆锥形收敛管嘴具有较大的出口流速，适用于水力机械施工，如水力挖土机喷嘴以及消防用喷嘴等设备。

(5)流线形管嘴水流在管嘴内无收缩及扩大，阻力系数最小，常用于水坝泄水管。

## 6.3.2　管嘴自由出流与淹没出流的流量公式

恒定管嘴出流又可分为管嘴自由出流与淹没出流两类。图6-7(a)为管嘴自由出流，图6-7(b)为淹没出流。

如图6-7(a)所示为孔径 $d$ 的孔口上接了一圆柱形外伸管嘴，其出流与孔口出流类似。水流进入管嘴后继续收缩，在断面 $c—c$ 处形成收缩断面，然后流股逐渐扩散到全断面，从管嘴出口满管流出。断面 $c—c$ 处流股与管壁脱离形成真空，动水压强 $p_c$ 小于大气压强 $p_a$。

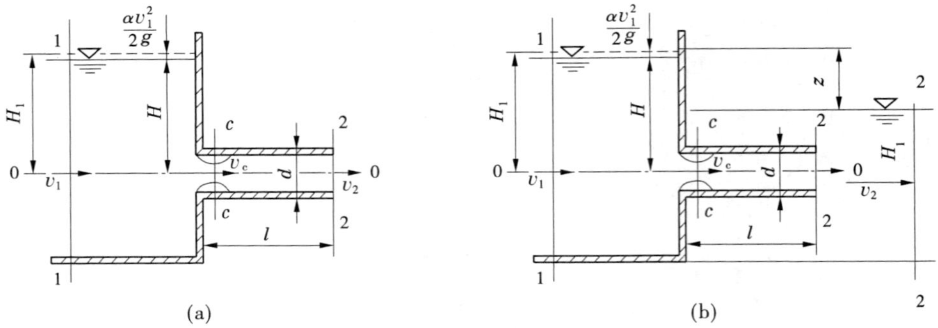


图 6-7

现以过管嘴中心的水平面为基准面 0—0，列断面 1—1 及管嘴出口断面 2—2 的能量方程

$$H+\frac{p_a}{\gamma}+\frac{\alpha_0 v_0^2}{2g}=0+\frac{p_2}{\gamma}+\frac{\alpha v^2}{2g}+h_w$$

式中　$h_w$——管嘴的水头损失，等于进口损失与收缩断面后的扩大损失之和，距离较短，忽略管嘴沿程水头损失，则 $h_w=h_j=\zeta\frac{v^2}{2g}$。

因 $p_2=p_a$，并令 $H_0=H+\frac{\alpha_0 v_0^2}{2g}$，则

$$v=\varphi_n\sqrt{2gH_0} \tag{6-6}$$

则流量为

$$Q=vA=\varphi_n A\sqrt{2gH_0}=\mu_n A\sqrt{2gH_0} \tag{6-7}$$

式中　$\varphi_n$——管嘴出流流速系数，对于圆柱形外管嘴，可取 $\zeta=0.5$，则 $\varphi_n=\frac{1}{\sqrt{\alpha+\zeta_0}}\approx\frac{1}{\sqrt{1+0.5}}=0.82$；

$\mu_n$——管嘴出流流量系数，因管嘴出流断面为满流，不发生收缩，故 $\mu_n=\varphi_n=0.82$。

同理，管嘴淹没出流计算公式为

$$Q=\mu_n A\sqrt{2gZ_0} \tag{6-8}$$

从式(6-7)和式(6-8)可以看出，管嘴自由出流和淹没出流的流量公式的形式一样，流量系数相同，只是作用水头不同。

式(6-7)适用于各种类型管嘴自由出流的水力计算。对于圆柱形外管嘴，试验表明：薄壁小孔自由出流时流量系数 $\mu=0.62$，$\mu_n=1.32\mu$，也就是说，在相同条件下，管嘴的过

流能力是孔口的1.32倍。

孔口外面加管嘴后，增加了阻力，但是流量反而增加，这是由于收缩断面处真空的作用，见图6-7，对收缩断面 $c—c$ 和出口断面2—2列能量方程

$$\frac{p_c}{\gamma}+\frac{\alpha v_c^{\ 2}}{2g}=\frac{\alpha v^2}{2g}+h_j$$

$$v_c=\frac{A}{A_c}v=\frac{1}{\varepsilon}v$$

式中 $\varepsilon$——管嘴收缩系数。

局部损失发生在水流扩大上，$h_j=\zeta_0\frac{v^2}{2g}$，则

$$\frac{p_c}{\gamma}=-\frac{\alpha v^2}{\varepsilon^2 2g}+\zeta_0\frac{v^2}{2g}+\frac{\alpha v^2}{2g}$$

根据式(6-6)，$v=\varphi_n\sqrt{2gH_0}$，即 $\frac{v^2}{2g}=\varphi_n^2H_0$，可得

$$\frac{p_c}{\gamma}=-\left[\frac{\alpha}{\varepsilon^2}-\alpha-\left(\frac{1}{\varepsilon}-1\right)^2\right]\varphi_n^{\ 2}H_0 \tag{6-9}$$

对圆柱形外管嘴，$\alpha=1.0$，$\varepsilon=0.64$，$\varphi=0.82$，代入式(6-8)得

$$\frac{p_c}{\gamma}=-0.75H_0$$

上式表明圆柱形外管嘴在收缩断面处出现了真空，其真空度为

$$\frac{p_v}{\gamma}=\frac{-p_c}{\gamma}=0.75H_0 \tag{6-10}$$

式(6-10)表明：圆柱形外管嘴收缩断面处真空度可达作用水头的0.75，相当于把管嘴的作用水头增大了75%，这就是相同直径、相同作用水头下的圆柱形外管嘴的流量比孔口大的原因。

从式(6-10)可知：作用水头 $H_0$ 愈大，收缩断面处的真空度亦愈大。但收缩断面的真空是有限制的，如长江中下游地区，当真空度达7 m水柱以上时，由于液体在低于饱和蒸汽压时会发生汽化，以及空气将会自管嘴出口处吸入，从而收缩断面处的真空被破坏，管嘴不能保持满管出流而如同孔口出流一样。因此，对收缩断面真空度的限制，决定了管嘴的作用水头 $H_0$ 有一个极限值。其次，管嘴的长度也有一定限制。长度过短，水流收缩后来不及扩大到整个管断面而形成孔口出流；长度过长，沿程损失增大比重，管嘴出流变为短管流动。所以，圆柱形外管嘴的正常工作条件是：

(1)作用水头 $H_0\leq 9$ m。

(2)管嘴长度 $l=(3\sim4)d$。

管嘴类型不同，流量系数 $\mu_n$ 也不同，常见的孔口、管嘴的水力特性值见表6-2。

**【例6-2】** 如例6-1中池壁厚度变为 $\delta=40$ mm，求出口流速及流量。

**解：** 由例6-1可知，当池壁厚度 $\delta=40$ mm时，为圆柱形管嘴出流，则

$$\mu_n=\varphi_n=0.82$$

出口断面流速为

$$v=\varphi_n\sqrt{2gH_0}=0.82\times\sqrt{2\times9.8\times4}=7.26(\mathrm{m/s})$$

流量为

$$Q=vA=7.26\times\frac{3.14\times0.01^2}{4}=5.70\times10^{-4}(\mathrm{m^3/s})$$

由此可见,在相同条件下,管嘴出流流量大于孔口出流流量。

**表 6-2　孔口、管嘴的水力特性值**

| 系数 | 圆柱形外管嘴 | 圆锥形扩张管嘴 | 圆锥形收敛管嘴 | 流线形圆管嘴 |
|---|---|---|---|---|
| 外形图 | 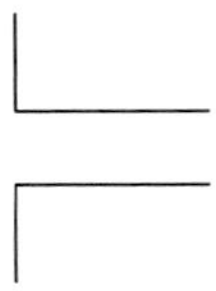 | 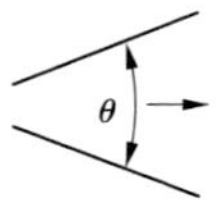 | 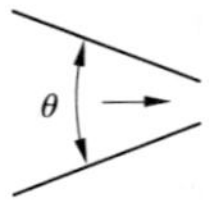 | 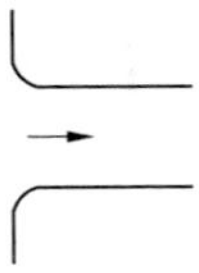 |
| 阻力系数 $\zeta$ | 0.50 | 3.00 ~ 4.00 | 0.09 | 0.04 |
| 收缩系数 $\varepsilon$ | 1.00 | 1.00 | 0.98 | 1.00 |
| 流速系数 | 0.82 | 0.45 ~ 0.50 | 0.96 | 0.98 |
| 流量系数 | 0.82 | 0.45 ~ 0.50 | 0.94 | 0.98 |

注:表中所列系数均是对管嘴出口断面而言的。

## 项目任务

自测题

### 一、思考题

1. 什么是小孔口、大孔口? 各有什么特点?

2. 小孔口自由出流与淹没出流计算公式有何不同?

3. 圆柱形外管嘴的正常工作条件是什么? 为什么必须有这样的限制条件?

4. 在作用水头和管(孔)径相同的条件下,管嘴出流和孔口出流相比,哪种情况通过的流量大? 为什么?

5. 管嘴出流有哪些类型? 各自有什么特点?

### 二、计算题

1. 有一直径 $d=3$ cm 的圆形薄壁孔口,在水头 $H=2.5$ m 作用下水流下泄流入一矩形水箱,水箱的横截面面积为 100 cm × 200 cm,现测得射流收缩断面的直径 $d_c=2.4$ cm,经 48 s 后水箱内水位上升了 3 cm,出流为自由出流,求该孔口的收缩系数 $\varepsilon$、流量系数 $\mu$、流速系数 $\varphi$ 及孔口局部阻力系数 $\zeta$。

2. 在水箱侧壁开一直径 $d=0.1$ m 的圆孔,孔口恒定水头 $H=6$ m,试求:(1)孔口流量 $Q_1$;(2)在此孔口外接一圆柱形管嘴的流量 $Q_2$;(3)管嘴收缩断面的真空值。

3. 如图 6-8 所示,两敞口水箱用一直径 $d_1=40$ mm 的薄壁圆形孔口连通,右侧水箱的

底部接一直径 $d_2=30$ mm 的圆柱形管嘴，长 $l=0.1$ m，孔口的上游水深 $H_1=3$ m，水流保持恒定，求管嘴的流量 $Q_2$ 和下游水深 $H_2$。

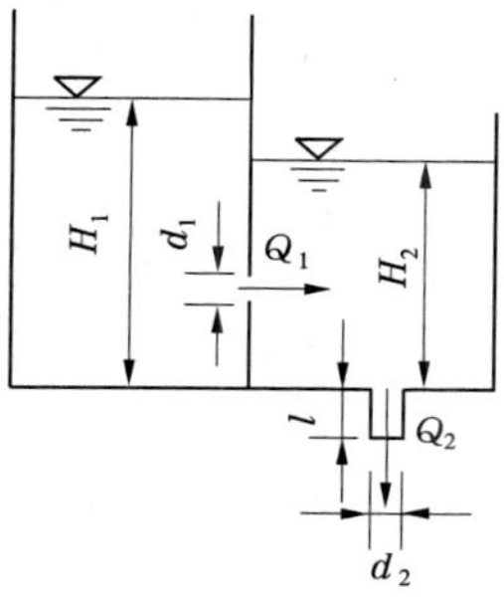


图6-8

# 项目 7　堰流水力分析与计算

【学习目标】

1. 熟悉堰流的特点、分类、堰流计算的基本公式；
2. 掌握实用堰流的水力计算；
3. 掌握有坎宽顶堰流与无坎宽顶堰流的水力计算；
4. 熟悉薄壁堰流水力计算；
5. 了解 WES 曲线型实用堰流的剖面设计原理及方法。

专家介绍

【技能目标】

1. 会判别薄壁堰、实用堰、宽顶堰三种堰型；
2. 能进行矩形薄壁堰流和三角形薄壁堰流的水力计算；
3. 能进行 WES 曲线型实用堰流的水力计算；
4. 能进行有坎宽顶堰流和无坎宽顶堰流的水力计算。

## 任务 7.1　堰流水力分析

堰流水力现象

在水利工程中，为了控制河流或渠道的水位及流量，常常需要修建水闸或溢流坝等建筑物。这类建筑物既可挡水，又能过水，当上游水位超过建筑物顶部（如溢流坝或闸坎顶部）时，水流将从其顶部一泄而过，一般把从顶部溢流的壅水建筑物称为堰。

堰流的水力计算任务，主要是确定堰的过水能力，即确定过堰流量与堰顶的作用水头、过水断面及局部能量损失等的相互关系。

### 7.1.1　堰流特点及分类

堰流特点

堰的上游水流受其约束，上游水位壅高，水流经堰顶泄流时，堰对水流有局部的侧向收缩或底坎垂向收缩约束，其溢流水面上缘不受任何约束，从而形成光滑、连续的自由降落水面，这种水流现象称为堰流，如图 7-1 所示。

堰流的水力特征主要表现为：上游水位壅高，水流接近堰顶部时，水流开始收缩，流速增大，由缓流逐渐过渡为急流，溢流水面不受任何约束而具有连续的自由表面，自由表面沿程呈降落趋势。

在图 7-1 中，堰前水面无明显降落的断面 0—0 叫作堰前断面，堰前断面距上游壁面的距离约为 $l=(3\sim5)H$；该断面堰顶以上的水深称为堰顶水头，以 $H$ 表示；堰前断面的流速称为行近流速，用 $v_0$ 表示；$P_1$ 表示堰顶到上游河床的高度，即为上游堰高；$P_2$ 表示堰顶

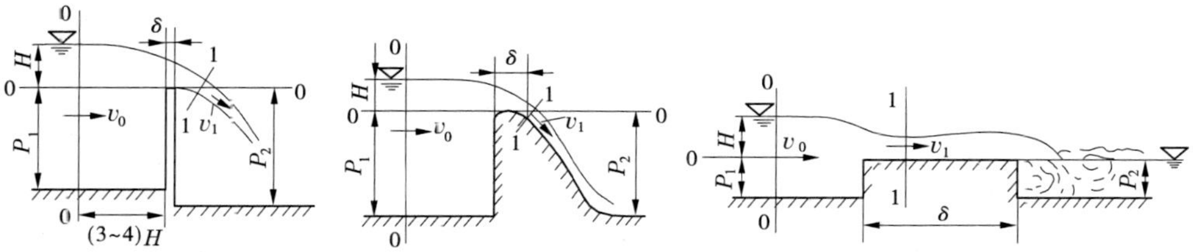


(a)薄壁堰流　　(b)实用堰流　　(c)宽顶堰流

图 7-1

到下游河床的高度,称为下游堰高;$\delta$ 表示沿水流方向水流溢过堰顶的厚度。

根据试验资料,流过堰顶的水流形态随堰坎厚度与堰顶水头之比 $\delta/H$ 而变化。因此,在水力计算中,常根据堰顶厚度 $\delta$ 与堰上水头 $H$ 的比值大小及相应的水流特征,将相应的堰流分为薄壁堰流、实用堰流和宽顶堰流三类。

(1)薄壁堰流。当 $\delta/H \leqslant 0.67$ 时,过堰水舌形状不受堰顶厚度 $\delta$ 的影响,水舌下缘与堰顶只有线的接触,水面呈单一降落曲线,这种堰流称为薄壁堰流,如图 7-1(a)所示。在实际应用中,因为薄壁堰流具有稳定的水位流量关系,因此常被用作实验室或实际测量中的量水工具。实际应用的薄壁堰,其堰顶常做成锐缘形,所以薄壁堰也称为锐缘堰。

(2)实用堰流。当 $0.67 < \delta/H \leqslant 2.5$ 时,随着堰坎厚度增大,过堰水流受到堰顶的约束和顶托,水舌与堰顶呈面的接触,但这种影响还不大,过堰水流的水面仍为重力作用下的单一降落曲线,这种堰流称为实用堰流,如图 7-1(b)所示。工程中常将实用堰的剖面做成折线型或曲线型,分别称为折线型实用堰和曲线型实用堰。

(3)宽顶堰流。当 $2.5 < \delta/H \leqslant 10$ 时,随着堰坎厚度的进一步增大,堰顶厚度对水流的顶托作用已经非常明显,进入堰顶的水流,由于受到堰顶垂直方向的约束,过水断面面积减小,流速加大,动能增加,势能必然减小;再加上水流进入堰顶时产生的局部水头损失,故水流在进口处出现第一次跌落。此后,由于堰顶对水流的顶托作用,在堰顶形成与堰顶接近平行的一段水面。当下游水位较低时,出堰水流又会出现第二次水面跌落,如图 7-1(c)所示。这种堰流称为宽顶堰流。试验表明,宽顶堰流的水头损失仍主要是局部水头损失,沿程水头损失可以忽略不计。在实际工程中,宽顶堰流又可以分为有坎宽顶堰流和无坎宽顶堰流两种。

当 $\delta/H > 10$ 后,水流的沿程水头损失已经不能忽略,水流不再属于堰流,而是明渠水流了。

## 7.1.2 堰流基本计算公式

堰流形式虽多,但其流动却具有一些共同特征。现用能量方程式来推求堰流计算的基本公式。

如图 7-1 所示,以通过堰顶的水平面为基准面,对堰前所在断面 0—0 和堰顶断面 1—1建立能量方程。其中断面 0—0 水流为渐变流;断面 1—1 水流属急变流,过水断面上的测压管水头 $z_1 + \frac{p_1}{\gamma}$不等于常数,用$\overline{z_1 + \frac{p_1}{\gamma}}$表示断面 1—1 上测压管水头的平均值,由此

可得

$$H+\frac{\alpha_0 v_0^2}{2g}=\overline{z_1+\frac{p_1}{\gamma}}+\frac{\alpha_1 v_1^2}{2g}+\zeta\frac{v_1^2}{2g} \tag{7-1}$$

式中 $v_0$——断面0—0的平均流速，即行近流速，m/s；

$v_1$——断面1—1的平均流速，m/s；

$\alpha_0$、$\alpha_1$——相应断面的动能修正系数；

$\zeta$——过堰的局部水头损失系数。

令 $H+\frac{\alpha_0 v_0^2}{2g}=H_0$，$H_0$ 称为堰的全水头，其中$\frac{\alpha_0 v_0^2}{2g}$为行近流速水头，令$\overline{z_1+\frac{p_1}{\gamma}}=\xi H_0$，$\xi$ 为修正系数，则式(7-1)可写为

$$H_0-\xi H_0=(\alpha_1+\zeta)\frac{v_1^2}{2g}$$

即

$$v_1=\frac{1}{\sqrt{\alpha_1+\zeta}}\sqrt{2gH_0(1-\xi)}$$

因为堰顶过水断面面积一般为矩形，设其过水断面净宽度为 $B$；断面1—1的水舌厚度用 $kH_0$ 表示，其中 $k$ 为反映堰顶水流垂直收缩系数，则断面1—1的过水断面面积为 $kH_0b$，故通过的流量

$$Q=kH_0bv_1=kH_0B\frac{1}{\sqrt{\alpha_1+\zeta}}\sqrt{2gH_0(1-\xi)}$$

令 $\varphi=\frac{1}{\sqrt{\alpha_1+\zeta}}$，$\varphi$ 称为流速系数，则流量为

$$Q=\varphi k\sqrt{1-\xi}\ B\sqrt{2g}H_0^{3/2}$$

令流量系数 $m=\varphi k\ \sqrt{1-\xi}$，可得下式

$$Q = mB\ \sqrt{2g}H_0^{3/2} \tag{7-2}$$

式(7-2)即为堰流水力计算的基本公式。对堰顶过水断面为矩形的薄壁堰流、实用堰流或宽顶堰流，都是适用的。由式(7-2)可以看出，过堰的流量与堰顶全水头的3/2次方是成比例的，即 $Q\propto H_0^{3/2}$。

从上面的推导可以看出：影响流量系数的主要因素是 $\varphi$、$k$、$\xi$，即 $m=f(\varphi,k,\xi)$。其中 $\varphi$ 主要是反映局部水头损失的影响；$k$ 主要反映的是堰顶水流垂直收缩的程度；$\xi$ 是用来表示堰顶断面的平均测压管水头与堰顶全水头之间的比例系数。概括起来说，所有这些因素除与堰顶水头 $H$ 有关外，还受堰的边界条件影响，即不同高度、不同类型的堰具有不同的流量系数。

在实际应用中，有时下游水位较高或下游堰高较小影响了堰的过流能力，这种堰称为淹没出流；反之叫作自由出流。有的堰的堰顶的过流宽度小于其上游渠道宽度或是堰顶设有边墩及闸墩，会引起水流的侧向收缩，并增加局部阻力，从而降低过流能力，这种堰称为有侧向收缩堰；反之，称为无侧向收缩堰。若考虑下游水位和侧向收缩对过堰水流的影响，堰流水力计算基本公式(7-2)可写为

$$Q = \sigma \varepsilon m B \sqrt{2g} H_0^{3/2} \tag{7-3}$$

式中 $B$——堰顶过水断面的净宽度,m;

$H_0$——包括流速水头在内的堰上总水头,m;

$\sigma$——淹没系数,当为自由出流时,$\sigma = 1.0$,当为淹没出流时,$\sigma < 1.0$;

$\varepsilon$——侧向收缩系数,当无侧向收缩影响时,$\varepsilon = 1.0$,当有侧向收缩影响时,$\varepsilon < 1.0$。

堰流水力计算的主要任务:一是计算堰流的过流能力 $Q$;二是确定堰流过水净宽 $B$;三是求堰顶作用水头 $H$,以确定堰顶高程。

无论进行哪种水力计算,关键问题是根据不同类型堰的几何边界条件和水流条件,确定相应的流量系数、淹没系数和侧收缩系数,再进行相关的水力计算。下面将分别讨论三种堰流的水力计算。

## 任务7.2 薄壁堰流水力分析与计算

薄壁堰特点

当堰顶厚度 $\delta/H \leq 0.67$ 时,属于薄壁堰流。薄壁堰流由于具有稳定的水头和流量关系,因此常作为水力模型试验或野外流量测量中一种有效的量水工具。另外,工程上广泛应用的曲线型实用堰,其外形一般按照矩形薄壁堰流水舌下缘曲线设计。所以,对薄壁堰流的研究具有实际意义。

薄壁堰是指垂直水流方向安装的具有一定形状缺口,并加工成薄壁堰口,过流时其水舌表面得到充分发展的量水建筑物。常用的薄壁堰,堰坎顶部的过水断面常做成矩形或三角形等形状。所以,根据薄壁堰的堰口形状,薄壁堰又可分为矩形薄壁堰和三角形薄壁堰等不同形式。其中,三角形薄壁堰多用于量测较小的流量,矩形薄壁堰和梯形薄壁堰则适用于量测较大流量。如图7-2所示,在实际应用中,矩形薄壁堰和直角三角形薄壁堰最为常见,下面分别介绍两种不同薄壁堰流的水力计算。

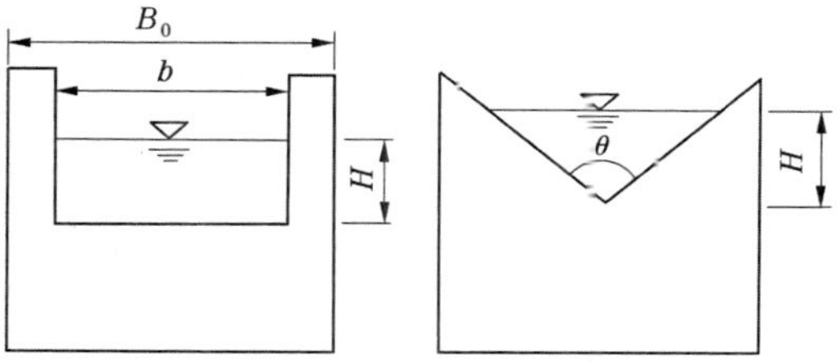


图7-2

### 7.2.1 矩形薄壁堰

当矩形薄壁堰为无侧收缩,自由出流时,水流最为稳定,测量精度也较高。所以,用来量水的矩形薄壁堰应使上游渠宽与堰宽相同,下游水位低于堰顶。此外。为了保证堰为自由出流,还应满足以下两个条件:

(1)堰上水头 $H$ 不宜过小,$H$ 应大于2.5 cm。若 $H$ 过小,由于溢流水舌受表面张力作用,将挑射不出,易发生贴附溢流,使出流很不稳定。

(2)堰后水舌下面的空间应与大气相通。否则由于溢流水舌把空气带走,压强降低,水舌下面形成局部真空,从而加大流量,这种出流也是不稳定的。通常的做法是在堰后侧壁上设置通气管,这是保证堰后水舌下面空间与大气相通的一种有效的措施。

图7-3是实验室测得的无侧收缩、非淹没矩形薄壁堰自由出流的水舌形状。

在无侧收缩、自由出流情况下，矩形薄壁堰流的计算公式为式(7-2)，即

$$Q = mB\sqrt{2g}H_0^{3/2}$$

为了便于根据直接测得的水头 $H$ 来计算流量。可改写式(7-2)，把行近流速的影响包括在流量系数中一并考虑，即

$$Q = mB\sqrt{2g}\left(H + \frac{\alpha_0 v_0^2}{2g}\right)^{3/2}$$

$$= m\left(1 + \frac{\alpha_0 v_0^2}{2gH}\right)^{3/2} B\sqrt{2g}H^{3/2}$$

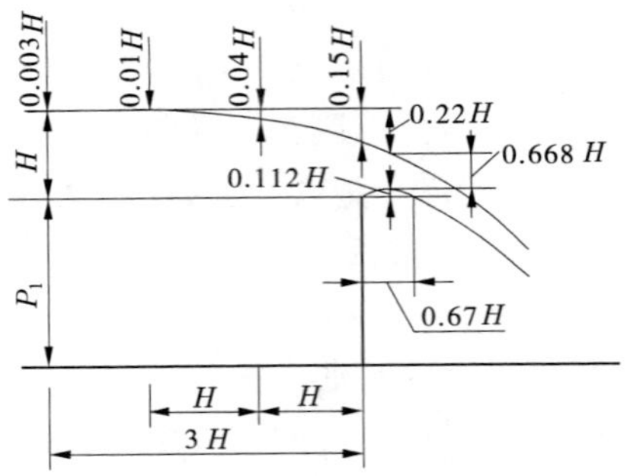


图 7-3

令 $m_0 = m\left(1 + \frac{\alpha_0 v_0^2}{2gH}\right)^{3/2}$，则矩形薄壁堰的水力计算公式可表达为

$$Q = m_0 B\sqrt{2g}H^{3/2} \tag{7-4}$$

$$m_0 = \frac{2}{3}\left(0.605 + \frac{0.001}{H} + 0.08\frac{H}{P_1}\right) \tag{7-5}$$

式中 $m_0$——包括行近流速影响的流量系数；

$H$——堰顶水头，m；

$P_1$——上游堰高，m。

式(7-5)适用于 $H \geqslant 0.025$ m，$H/P_1 \leqslant 2$ 及 $P_1 \geqslant 0.3$ m 的情况。

**【例 7-1】** 有一无侧收缩的矩形薄壁堰，堰宽 $B = 0.6$ m，上游堰高 $P_1 = 0.4$ m，堰为自由出流。已测得堰顶水头 $H = 0.2$ m。试求通过该矩形薄壁堰的流量。

**解**：因矩形薄壁堰流无侧收缩，且自由出流，$\frac{H}{P_1} = \frac{0.2}{0.4} = 0.5 < 2$，可按式(7-5)计算 $m_0$：

$$m_0 = \frac{2}{3}\left(0.605 + \frac{0.001}{H} + 0.08\frac{H}{P_1}\right)$$

$$= \frac{2}{3} \times \left(0.605 + \frac{0.001}{0.2} + 0.08 \times \frac{0.2}{0.4}\right)$$

$$= 0.433$$

把 $m_0$ 代入式(7-4)得

$$Q = m_0 B\sqrt{2g}H^{\frac{3}{2}} = 0.433 \times 0.6 \times \sqrt{2 \times 9.8} \times 0.2^{3/2} = 0.103(\mathrm{m^3/s})$$

### 7.2.2 三角形薄壁堰

当所需测量的流量较小时，若应用矩形薄壁堰，则水头过小，矩形薄壁堰流水舌在表面张力作用和动水压力的作用下很不稳定，甚至可能出现过堰水舌紧贴堰壁下泄形成所谓贴壁堰流。在这种情况下，不能保持稳定的水头流量关系，使矩形薄壁堰量测误差较大。因此，当流量小于 100 L/s 时，需改用三角形薄壁堰量测其流量。

三角形薄壁堰简称三角堰，其最大优点是过堰的水面宽度随水头而变。小水头时水

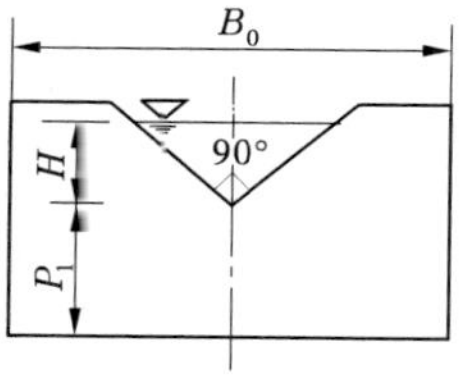

图7-4

面宽度小，流量的微小变化将引起水头的较大变化，因而测量的精度较高。因此，三角堰是测量较小流量的理想堰型。其堰口夹角可选取不同值，较常见的是直角三角形薄壁堰，如图7-4所示。

直角三角形薄壁堰过堰的流量计算公式为

$$Q = C_0 H^{2.5} \tag{7-6}$$

式中　$C_0$——直角三角形薄壁堰的流量系数，可按下式计算：

$$C_0 = 1.354 + \frac{0.004}{H} + \left(0.14 + \frac{0.2}{\sqrt{P_1}}\right)\left(\frac{H}{B_0} - 0.09\right)^2 \tag{7-7}$$

式中　$B_0$——堰上游引水渠宽，m；

其他符号意义同前。

式(7-7)在$0.5\ \mathrm{m} \leqslant B_0 \leqslant 1.2\ \mathrm{m}$，$0.1\ \mathrm{m} \leqslant P_1 \leqslant 0.75\ \mathrm{m}$，$0.07\ \mathrm{m} \leqslant H \leqslant 0.26\ \mathrm{m}$，$H \leqslant B_0/3$时适用。

汤普森试验得直角三角形薄壁堰的流量系数$C_0$近似值为1.4，即

$$Q = 1.4H^{2.5} \tag{7-8}$$

式(7-8)的适用条件为：$0.05\ \mathrm{m} < H < 0.25\ \mathrm{m}$；$P_1 \geqslant 2H$；$B_0 \geqslant (3 \sim 4)H$。

# 任务7.3　实用堰流水力分析与计算

## 7.3.1　实用堰流水力现象

实用堰是水利工程中最常见的堰型之一。作为挡水及泄水建筑物的溢流坝，就是实用堰的典型例子。实用堰的堰顶厚度$0.67H < \delta \leqslant 2.5H$，通过堰顶下泄的水流受堰顶的约束、顶托作用和重力作用，但重力作用占主导地位，堰顶水面线是单一降落的曲线。低溢流坝常用石料砌筑成折线形；较高的溢流坝为了增大过流能力，一般做成曲线形。因此，按照堰的专门用途和结构本身的稳定性要求，实用堰可分为折线型实用堰和曲线型实用堰两种。

## 7.3.2　实用堰流计算公式

实用堰常由闸墩及边墩分隔成为数个等宽的堰孔，如图7-5所示。由于边墩或闸墩的影响，当水流经过堰孔时，流线会发生侧向收缩，溢流宽度减小，增加局部水头损失，故在相同条件下，有侧收缩（有边墩或闸墩存在）的堰，其流量比无侧收缩堰的流量要小。此外，实用堰在应用中，还可能出现下游水位$h_t$过高或下游堰高$P_2$较小的情况，导致堰的过水能力减小，即形成所谓淹没出流的情况。

实用堰水力计算采用堰流计算公式的一般形式

$$Q = \sigma_s \varepsilon m B \sqrt{2g} H_0^{3/2} \tag{7-9}$$

式中，$B = nb$，其中$n$表示堰孔数，$b$为堰孔的单孔净宽。

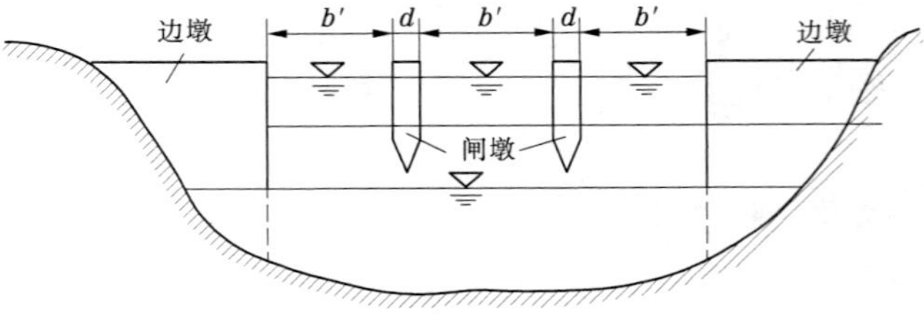


图 7-5

实用堰流水力计算的主要内容仍然是计算堰流的过流能力 $Q$，确定堰流过水净宽 $B$ 或堰顶高程。水力计算首先解决的问题仍是流量系数、淹没系数和侧收缩系数的确定。下面主要介绍曲线型实用堰的水力计算，折线型实用堰的水力计算可查看《水力计算手册》。

## 7.3.3 实用堰流剖面形状

曲线型实用堰比较合理的剖面形状应当具有过水能力大、堰面不出现过大的负压和经济、稳定等特点。

实用堰剖面形状

一般情况下，曲线型实用堰的剖面主要由以下几部分组成：上游直线段 $AB$、堰顶曲线段 $BC$、下游直线段 $CD$ 及下游反弧段 $DE$，如图 7-6(a)所示。上游段 $AB$ 常做成垂直的，有时根据堰的稳定和强度要求，也可做成倾斜的或折线形的。下游直线段 $CD$ 的坡度要依据堰的稳定和强度要求选定，一般采用 1:0.7～1:0.6；反弧段 $DE$ 与上游 $CD$ 段及下游河床平顺衔接，从而使下泄水流能够平稳地改变方向进入下游河道，减小对河床的冲刷，并有利于坝下游的消能。

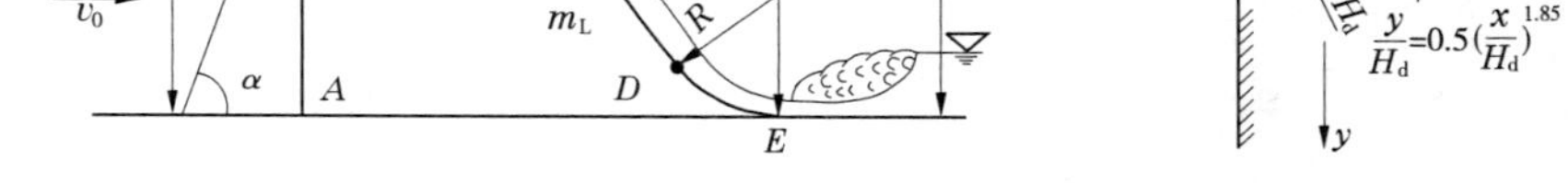


(a) (b)

图 7-6

堰顶曲线 $BC$ 对水流特性影响最大，是设计曲线型实用堰剖面形状的关键。国内外设计堰剖面形状有许多方法，主要区别就在于曲线段 $BC$ 如何确定。在曲线型实用堰剖面的各种定型设计中，我国常采用的有克里格－奥菲采洛夫剖面（简称克－奥剖面）和美国陆军工程兵团水道试验站的标准剖面，即 WES 剖面（见图 7-6(b)）。

WES 剖面与克－奥剖面相比，具有流量系数大、节省工程量、堰面负压较小、安全性和稳定性较好等优点。同时，WES 剖面可用曲线方程表示，便于控制。WES 剖面堰的堰顶曲线取决于所采用的设计水头 $H_d$。在实际工程中，堰顶水头随流量 $Q$ 的变动是在某一范围内变化（$H_{min} \sim H_{max}$）。如果以最大水头作为设计水头，即 $H_d = H_{max}$，实际工作水头总是小于设计水头，工作时压强一般高于大气压强，堰面一般不出现负压（或真空），即为非真空剖面堰，但流量系数减少，并且在这种情况下所得出的堰剖面偏肥，经济合理性较差。如果采用最小水头作为设计水头，即 $H_d = H_{min}$；实际中工作水头往往大于设计水头，堰面会产生较大负压，这样可以得到较大的流量系数，可增大堰的过水能力，即为真空性剖面堰，但严重时会危及坝的安全。因此，选定什么水头作为设计水头 $H_d$，才会使所设计的堰剖面在已知的水头变化范围内工作时，既有较大的流量系数，又不会使堰面产生过大的负压，这是剖面设计中应当注意的问题。一般情况下，对于上游堰高 $P_1 \geq 1.33H_d$ 的高堰，取 $H_d = (0.75 \sim 0.95)H_{max}$；对于上游堰高 $P_1 < 1.33H_d$ 的低堰，取 $H_d = (0.65 \sim 0.85)H_{max}$，$H_{max}$ 为校核流量下的堰上水头。

### 7.3.4 确定实用堰流流量系数

在不同的堰顶水头下泄流时，流量系数一般不为常数。试验表明，曲线型实用堰的流量系数主要取决于上游堰高与设计水头之比 $P_1/H_d$、堰顶全水头与设计水头之比 $H_0/H_d$，以及堰上游面的坡度。当堰顶水头 $H$ 等于设计水头 $H_d$ 时，其流量系数称为设计流量系数 $m_d$，即 $H = H_d$ 时，$m = m_d = 0.502$。当 $H \neq H_d$ 时，流量系数可按下式计算：

$$m = 0.502 \frac{m}{m_d} \tag{7-10}$$

式中，$m/m_d$ 与 $P_1/H_d$、$H_0/H_d$ 有关。

对于堰上游面垂直的 WES 剖面，当 $P_1 \geq 1.33H_d$ 时，称为高堰，计算中可不计行近流速水头，即 $H_0 \approx H$。因高堰的行近流速很小，水流充分收缩，流速系数只与 $H_0/H_d$ 有关，与 $P_1/H_d$ 无关，可由图 7-7 中曲线（a）查得 $m/m_d$，再根据式（7-10）计算。当 $H_0/H_d > 1$ 时，堰面压强减小，$m > m_d$，堰的过流能力增大。

当 $P_1 < 1.33H_d$，即低堰时，行近流速加大，流量系数随 $P_1/H_d$ 减小而减少；同时在相同的 $P_1/H_d$ 情况下，还随总水头 $H_0$（包括行近流速水头）与设计水头 $H_d$ 的比值而变化。流量系数仍可按式（7-10）计算，$m/m_d$ 可由图 7-7 中曲线（b）、（c）、（d）、（e）查得。

### 7.3.5 确定实用堰流侧收缩系数

一般溢流坝都设有边墩，多孔溢流坝还设有闸墩，边墩和闸墩都将会使水流在平面上发生收缩，减小了有效过水宽度，增大了局部水头损失，因而降低了过水能力。侧收缩系数就是用来考虑边墩及闸墩对过水能力的影响。试验证明：侧收缩系数 $\varepsilon$ 与边墩及闸墩头部的型式、堰孔的数目、堰孔的尺寸以及全水头 $H_0$ 有关。

WES 剖面型实用堰的侧收缩系数 $\varepsilon$，可按下面经验公式计算：

$$\varepsilon = 1 - 0.2[K_a + (n-1)K_p] \frac{H_0}{nb} \tag{7-11}$$

式中 $n$——堰孔数；

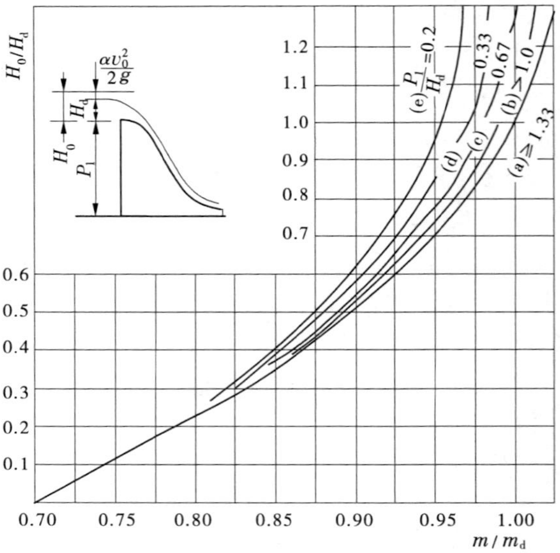


图 7-7

$b$——单孔净宽,m;

$H_0$——堰顶全水头,m;

$K_a$——边墩形状系数,与边墩的几何形状有关,查图 7-8 确定;

$K_p$——闸墩形状系数,与闸墩头部型式、堰上游面的相对位置及淹没程度 $h_s/H_0$ 有关,常用的闸墩头部形状见图 7-9,闸墩形状影响系数 $K_p$ 可查表 7-1。

式(7-11)适用于$\frac{H_0}{b}\leqslant 1.0$ 且 $B_0 \geqslant nb+(n-1)d$ 的情况($B_0$ 为堰上游渠槽宽度,$d$ 为闸墩厚度),当$\frac{H_0}{b}>1.0$ 时,应按$\frac{H_0}{b}=1.0$ 代入式(7-11)计算 $\varepsilon$ 值。

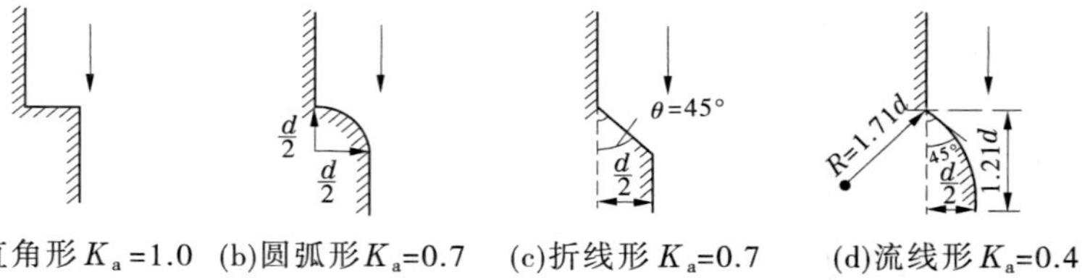


(a)直角形 $K_a$=1.0　(b)圆弧形 $K_a$=0.7　(c)折线形 $K_a$=0.7　(d)流线形 $K_a$=0.4

图 7-8

## 7.3.6　确定实用堰流淹没系数

曲线型实用堰淹没出流的条件是:下游水位高过堰顶并在堰下游发生淹没水跃。试验表明,对于 WES 剖面型实用堰,当下游堰高较大($P_2/H_0>2$),下游水位低于堰顶时,一定是自由出流,当下游水位超过堰顶,但 $h_s/H_0\leqslant 0.15$ 时为自由出流,而当 $h_s/H_0>0.15$ 时,堰下游形成淹没水跃,下游水位高于堰顶,过堰水流受到下游水位的顶托,降低了过水能力形成淹没出流;当下游护坦高程较高,即下游堰高较小($P_2/H_0<2$)时,即使下游水位

低于堰顶，过堰水流受下游护坦的影响，堰的过流能力也会降低，形成淹没出流。

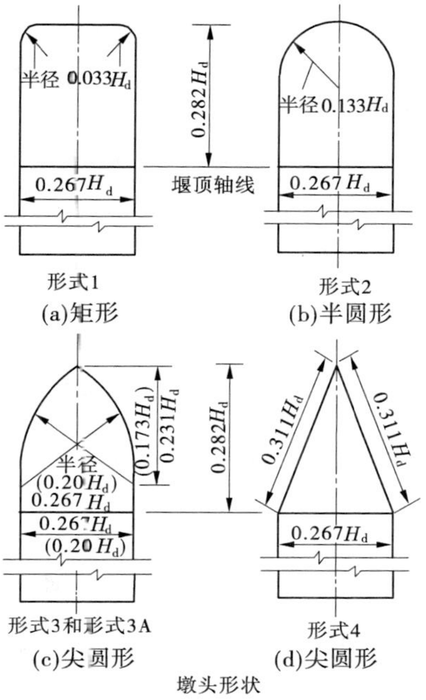


图 7-9

**表 7-1　闸墩形状影响系数 $K_p$ 值**

| 闸墩头部平面形状 | $a=H_0$ | $a=0.5H_0$ | 顶端与上游壁面齐平 | | | |
|---|---|---|---|---|---|---|
| | | | $\frac{h_s}{H_0}\leqslant 0.75$ | $\frac{h_s}{H_0}=0.80$ | $\frac{h_s}{H_0}=0.85$ | $\frac{h_s}{H_0}=0.90$ |
| 矩形 | 0.20 | 0.40 | 0.80 | 0.86 | 0.92 | 0.98 |
| 尖圆形或半圆形 | 0.15 | 0.30 | 0.45 | 0.51 | 0.57 | 0.63 |
| 尖圆形 | 0.15 | 0.15 | 0.25 | 0.32 | 0.39 | 0.46 |

注：表中数据适用于墩尾形状与墩头形状相同的情况；$h_s$ 为超过堰顶的下游水深，$a$ 为顶端伸出上游壁面距离。

实际计算中，一般是用淹没系数 $\sigma_s$ 来综合反映下游水位以及护坦高程对过水能力的影响。对于 WES 剖面，其淹没系数 $\sigma_s$ 与 $h_s/H_0$ 及 $P_2/H_0$ 有关，其关系如图 7-10 所示。从图中可以看出，当 $h_s/H_0\leqslant 0.15$ 及 $P_2/H_0>2$ 时，出流不受下游水位及护坦高程的影响，称为自由出流，淹没系数 $\sigma_s=1.0$。

## 7.3.7　实用堰流计算实例

**【例 7-2】** 某溢流坝是采用 WES 剖面设计的曲线型实用堰，闸墩头部为半圆形，边墩头部为圆弧形，堰上设置 3 孔闸门，每孔净宽 $b=10$ m，堰与非溢流的混凝土相接，堰高

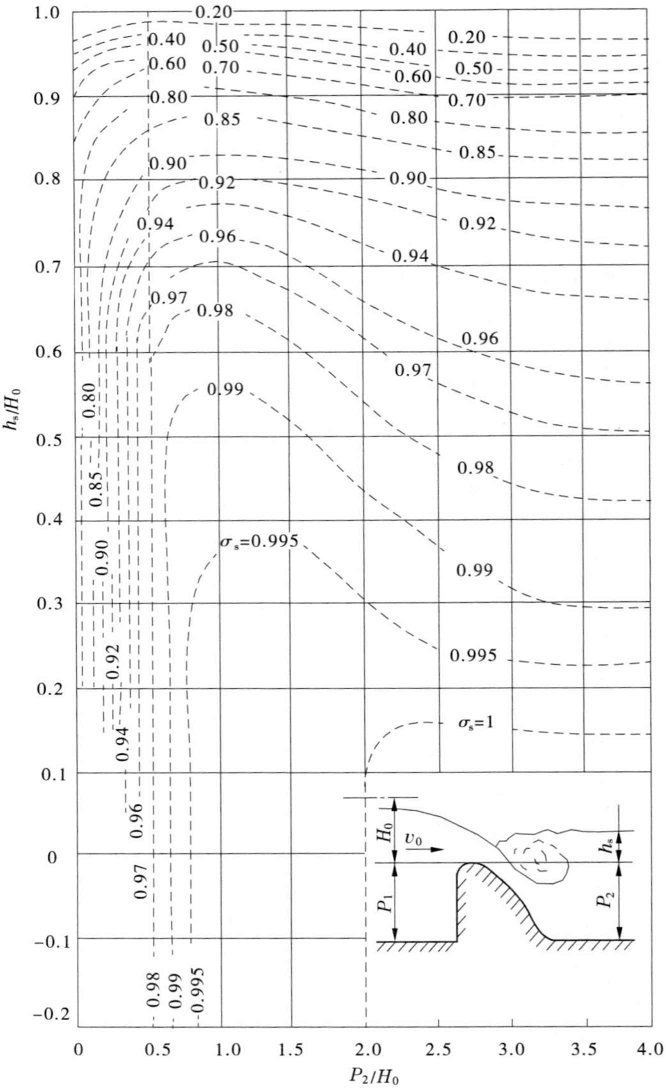


图 7-10

$P_1=P_2=12$ m，下游水深 $h_t=13$ m，设计水头 $H_d=3.24$ m，试求闸门全开，堰前水头 $H=3.50$ m 时，通过堰的流量。

**解**：因 $P_1/H_d=12/3.24=3.70>1.33$ 为高堰，可不计 $v_0$ 的影响，则

$$H_0\approx H=3.5\ \text{m}$$

(1) 确定流量系数 $m$。

因为 $H\neq H_d$，流量系数 $m$ 需根据式(7-10)确定。

对上游面是垂直的 WES 剖面堰，因 $P_1/H_d>1.33$，属于高堰范围，流量系数 $m$ 只与 $H_0/H_d$ 有关，与 $P_1/H_d$ 无关，可由图 7-7 的曲线(a)查得。

由 $H_0/H_d=3.5/3.24=1.08$，流量系数由图7-7查得 $\frac{m}{m_d}=1.013$，则

$$m=1.013\times0.502=0.509$$

(2)确定侧向收缩系数 $\varepsilon$。

边墩为圆弧形，查图7-8得 $K_a=0.7$。

闸墩形状为半圆形，闸墩与上游面齐平，因 $h_s/H_0=(13-12)/3.5=0.286<0.75$，查表7-1得 $K_p=0.45$。由式(7-11)计算得

$$\varepsilon=1-0.2[K_a+(n-1)K_p]\frac{H_0}{nb}$$

$$=1-0.2\times[0.7+(3-1)\times0.45]\times\frac{3.5}{3\times10}=0.963$$

(3)确定淹没系数。

因 $P_2/H_0=12/3.5=3.43>2$，$h_s/H_0=(13-12)/3.5=0.286<0.75$，所以为淹没出流，查图7-10得，$\sigma_s=0.991$。

(4)计算堰流泄流量。

$$Q=\sigma_s\varepsilon mB\sqrt{2g}H_0^{\frac{3}{2}}$$

$$=0.991\times0.963\times0.509\times3\times10\times\sqrt{2\times9.8}\times3.5^{3/2}$$

$$=422.44(\mathrm{m^3/s})$$

**【例7-3】** 某挡水坝中段为溢洪道，底坎采用WES剖面堰。已知设计流量 $Q=1\ 400\ \mathrm{m^3/s}$，上游水位为165.0 m，相应下游水位为110.0 m，筑坝处河床高程为100.0 m，堰上游为垂直线段，边墩头部为圆弧形，闸墩头部采用尖圆形，顶部与上游面齐平；闸孔数 $n=5$，每孔净宽 $b=12$ m，试确定堰顶高程。

**解**：因为上游水位高程减去堰上水头即为堰顶高程，所以堰顶高程的确定实际上是确定堰上设计水头 $H_d$。

采用WES堰，设为高堰，且假定为自由出流 $\sigma_s=1.0$。在设计情况下，则有

$$H_0=H_d, m=m_d=0.502$$

由堰流公式知

$$H_0=H_d=\left(\frac{Q}{\sigma_s\varepsilon mB\sqrt{2g}}\right)^{2/3}$$

由题意，边墩形状系数 $K_a=0.7$；闸墩头部形状为尖圆形，查得 $K_p=0.25$，则

$$\varepsilon=1-0.2[K_a+(n-1)K_p]\frac{H_0}{nb}$$

$$=1-0.2\times[0.7+(5-1)\times0.25]\times\frac{H_0}{5\times12}=1-0.005\ 67H_0$$

把上边两式合并求 $H_d$，得出一个关于 $H_d$ 的一元复杂方程，不能直接求解，水力计算常用的方法是试算法或迭代法。

(1)试算法确定堰顶高程。

在假设为自由出流、高堰情况下，假设 $H_d=3$ m，代入求侧向收缩系数 $\varepsilon$：

$$\varepsilon = 1 - 0.00567H_0 = 0.983$$

由求出的侧向收缩系数及已知的流量系数 $m_d = 0.502$，在自由出流情况下按堰流公式求流量 $Q$：

$$\begin{aligned} Q &= \sigma_s \varepsilon m B \sqrt{2g} H_0^{\frac{3}{2}} \\ &= 1.0 \times 0.983 \times 0.502 \times 5 \times 12 \times \sqrt{2 \times 9.8} \times 3^{3/2} \\ &= 681.11(\mathrm{m^3/s}) \end{aligned}$$

求出的流量 $Q$ 与已知的流量 $Q = 1\,400\ \mathrm{m^3/s}$ 不相等，需要重新假设 $H_d$ 直到求出的流量与已知的流量相等或很接近，并且保证所假设的自由出流、高堰情况也成立，此时的堰上设计水头才为所求。

(2)利用 Excel 单变量求解法确定堰顶高程。

采用一般试算法可能需要进行多次计算，计算工作量大。因此，利用 Excel 单变量求解可方便、快捷地求满足要求的堰上设计水头。具体计算方法如下：

①根据上面求设计水头的一般试算过程，设计 Excel 计算具体内容见表 7-2 第 5 行。

**表 7-2　确定堰顶高程试算表**

| | A | B | C | D | E | F | G | H |
|---|---|---|---|---|---|---|---|---|
| 1 | 输入已知条件 | | | | | | | |
| 2 | $Q =$ | 1 400 | $nb =$ | 60 | $z_{上} =$ | 165 | $K_a =$ | 0.7 |
| 3 | $\nabla_{河床} =$ | 100 | $m =$ | 0.502 | $z_{下} =$ | 110 | $K_p =$ | 0.25 |
| 4 | 试算法计算流量 | | | | | | | |
| 5 | $\sigma_s$ | $H_d$ | $\varepsilon$ | $Q$ | $\nabla_{顶}$ | $h_s/H_0$ | $P_1/H_d$ | |
| 6 | 1.0 | 3.0 | 0.983 | 681.11 | 162.00 | −17.33 | 20.67 | |
| 7 | 1.0 | 4.0 | 0.977 | 1 042.60 | 161.00 | −12.75 | 15.25 | |
| 8 | 1.0 | 4.9 | 0.972 | 1 406.20 | 160.10 | −10.22 | 12.27 | |

②在侧向收缩系数、流量、$\nabla_{顶}$、$h_s/H_0$、$P_1/H_d$ 对应的单元格 C6：G6 输入对应的 Excel 公式（见表 7-3）进行计算，由表 7-2 可以看出，当 $H_d = 3.0$ m 时，$h_s/H_0 < 0.15$，$P_1/H_d > 1.33$，为自由出流，且为高堰，$\sigma_s = 1.0$，对应流量 $Q = 681.11\ \mathrm{m^3/s} \neq 1\,400\ \mathrm{m^3/s}$，所设的水头不满足要求。

③以流量 $Q$ 所在的 D6 单元格为目标单元格，目标值为 1 400，可变单元格为 B6，

单变量求解结果列在表 7-2 中第 8 行：$H_d = 4.9$ m，$Q \approx 1\,400\ \mathrm{m^3/s}$，$\nabla_{顶} = 160.10$ m，且 $h_s/H_0 < 0.15$，$P_1/H_d > 1.33$。由计算结果可以看出原假定成立，则堰顶高程 $\nabla_{顶} = 160.10$ m 即为所求。计算成果见表 7-2。

表 7-2 计算过程中的 Excel 计算主要公式见表 7-3。

表 7-3　确定堰顶高程 Excel 计算主要公式

| 序号 | 水力参数 | 单元格 | Excel 公式 | 水力计算公式 |
|---|---|---|---|---|
| 1 | $\varepsilon$ | C4 | =1 - 2 * ($H$1 + 2 * $H$2) * B4/$D$1 | $=1-0.2[K_a+(n-1)K_p]\frac{H_0}{nb}$ |
| 2 | $Q$ | D4 | = A4 * C4 * $D$2 * $D$1 * 19.6^0.5 * B4^1.5 | $=\sigma_s\varepsilon mB\sqrt{2g}H_0^{\frac{3}{2}}$ |
| 3 | $\nabla_{顶}$ | E4 | = = $F$1 - B4 | $=z_{上}-H_d$ |
| 4 | $h_s/H_0$ | F4 | = ($F$2 - E4)/B4 | $=(z_{下}-\nabla_{顶})/H_0$ |
| 5 | $P_1/H_d$ | G4 | = (E4 - $B$2)/B4 | $=(\nabla_{顶}-\nabla_{河床})/H_d$ |

根据实用堰流计算公式，不但能进行流量计算，确定堰上水头 $H$，还可以进行堰顶过水净宽 $B$ 的确定。

# 任务 7.4　有坎宽顶堰流水力分析与计算

## 7.4.1　有坎宽顶堰流水力现象

当堰顶水平且厚度 $2.5<\delta/H\leqslant10$ 时，水流在进口处形成水面跌落，堰顶范围内会产生一段流线近似平行堰顶的渐变流动，这种堰流即为宽顶堰流。当河(渠)道上修建的水闸，工程中有拦沙要求时，闸底板常做成有坎宽顶堰，当闸门全开时，水流不受闸门控制，属于有坎宽顶堰流，如图 7-11(a)、(b)所示。

宽顶堰流特点

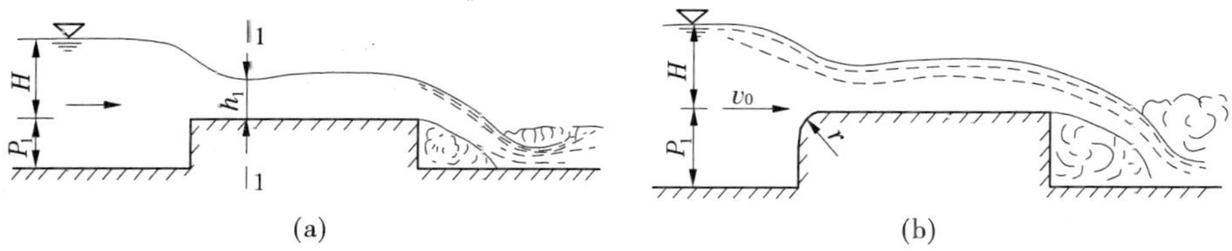


图 7-11

## 7.4.2　有坎宽顶堰流计算公式

在不同类型的宽顶堰中，当进口前沿较宽时，常设有边墩或闸墩，从而引起水流侧向收缩，因此在宽顶堰流的水力计算中要考虑侧向收缩的影响；当上游水位一定，下游水位抬高至某一位置时，宽顶堰会由自由出流转变为淹没出流，影响过水能力，因此在宽顶堰流的水力计算中同时要考虑淹没的影响，采用堰流的一般公式

$$Q=\sigma_s\varepsilon mB\sqrt{2g}H_0^{3/2}$$

## 7.4.3　有坎宽顶堰流流量系数的确定

宽顶堰的流量系数 $m$ 取决于堰的进口形式和上游相对堰高 $P_1/H$，可用下列经验公

式计算。

堰顶进口为直角的宽顶堰(见图 7-11(a)):

当$\frac{P_1}{H}<3$时

$$m = 0.32 + 0.01\frac{3-\frac{P_1}{H}}{0.46+0.75\frac{P_1}{H}} \tag{7-12}$$

当$\frac{P_1}{H}\geqslant 3$时

$$m = 0.32$$

堰顶进口为圆角的宽顶堰(见图 7-11(b)),并且$r\geqslant 0.2H$:

当$0<\frac{P_1}{H}<3$时

$$m = 0.36 + 0.01\frac{3-\frac{P_1}{H}}{1.2+1.5\frac{P_1}{H}} \tag{7-13}$$

当$\frac{P_1}{H}\geqslant 3$时

$$m = 0.36$$

堰顶为斜坡式宽顶堰(见图 7-12)的流量系数可由表 7-4 查出;堰顶为斜角式宽顶堰(见图 7-13)的流量系数可由表 7-5 查出。

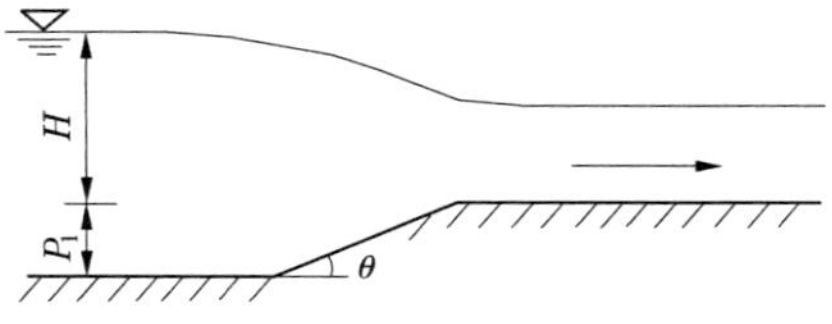


图 7-12

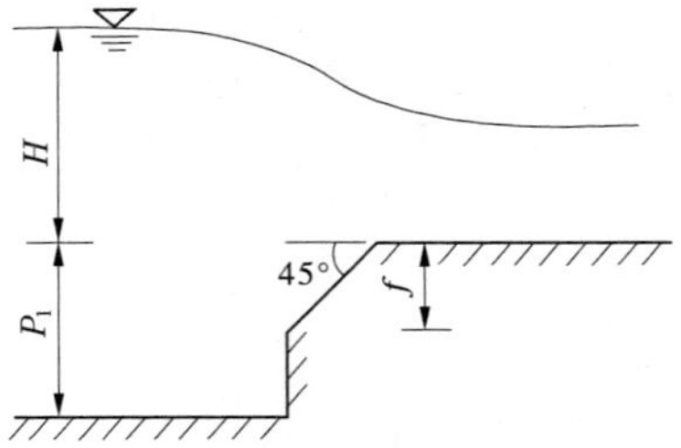


图 7-13

## 7.4.4　有坎宽顶堰流侧收缩系数的确定

宽顶堰流的侧收缩系数 $\varepsilon$ 是反映闸墩及边墩对宽顶堰流的影响。其计算公式如下

$$\varepsilon = 1 - \frac{\alpha_0}{\sqrt[3]{0.2+\frac{P_1}{H}}}\sqrt[4]{\frac{b}{B_0}}\left(1-\frac{b}{B_0}\right) \tag{7-14}$$

式中 $P_1$——上游堰高,m;

$H$——堰上水头,m;

$b$——溢流孔单孔净宽,m;

$B_0$——上游引水渠宽,m;

$\alpha_0$——考虑闸墩头及堰顶入口形状的系数,当闸墩(或边墩)头部为矩形时,$\alpha_0$ = 0.19,当闸墩(或边墩)头部为曲线型,堰顶为直角或圆弧形入口时,$\alpha_0$ = 0.10。

**表7-4 上游斜坡式进口的宽顶堰流量系数 $m$ 值**

| $P_1/H$ | $\cot\theta$ | | | | |
|---|---|---|---|---|---|
| | 0.5 | 1.0 | 1.5 | 2.0 | ≥2.5 |
| 0 | 0.385 | 0.385 | 0.385 | 0.385 | 0.385 |
| 0.2 | 0.372 | 0.377 | 0.380 | 0.382 | 0.382 |
| 0.4 | 0.365 | 0.373 | 0.377 | 0.380 | 0.381 |
| 0.6 | 0.361 | 0.370 | 0.376 | 0.379 | 0.380 |
| 0.8 | 0.357 | 0.368 | 0.375 | 0.378 | 0.379 |
| 1.0 | 0.355 | 0.367 | 0.374 | 0.377 | 0.378 |
| 2.0 | 0.349 | 0.363 | 0.371 | 0.375 | 0.377 |
| 4.0 | 0.345 | 0.361 | 0.370 | 0.374 | 0.376 |
| 6.0 | 0.344 | 0.360 | 0.369 | 0.374 | 0.376 |
| 8.0 | 0.343 | 0.360 | 0.369 | 0.374 | 0.376 |
| ∞ | 0.340 | 0.358 | 0.368 | 0.373 | 0.375 |

**表7-5 上游45°斜角式进口的宽顶堰流量系数 $m$ 值**

| $P_1/H$ | $f/H$ | | | |
|---|---|---|---|---|
| | 0.025 | 0.050 | 0.100 | ≥2.0 |
| 0 | 0.385 | 0.385 | 0.385 | 0.385 |
| 0.2 | 0.371 | 0.374 | 0.376 | 0.377 |
| 0.4 | 0.364 | 0.367 | 0.370 | 0.373 |
| 0.6 | 0.359 | 0.363 | 0.367 | 0.370 |
| 0.8 | 0.356 | 0.360 | 0.365 | 0.368 |
| 1.0 | 0.353 | 0.358 | 0.363 | 0.367 |
| 2.0 | 0.347 | 0.353 | 0.358 | 0.363 |
| 4.0 | 0.342 | 0.349 | 0.355 | 0.361 |
| 6.0 | 0.341 | 0.348 | 0.354 | 0.360 |
| ∞ | 0.337 | 0.345 | 0.352 | 0.358 |

式(7-14)的适用条件为：$b/B_0 \geqslant 0.2$ 且 $P_1/H < 3.0$。当 $b/B_0 < 0.2$ 时，以 $b/B_0 = 0.2$ 代之；当 $P_1/H > 3$ 时，以 $P_1/H = 3$ 代之。

#### 7.4.4.1 单孔宽顶堰(无闸墩)侧收缩系数

对于单孔宽顶堰，无闸墩的情况，采用式(7-14)计算时，$b$ 采用两边墩间的宽度，$B_0$ 可采用堰上游的水面宽度。

#### 7.4.4.2 多孔宽顶堰(有边墩及闸墩)侧收缩系数

对于多孔宽顶堰，其收缩系数应取边孔及中孔的加权平均值：

$$\bar{\varepsilon} = \frac{(n-1)\varepsilon' + \varepsilon''}{n} \tag{7-15}$$

式中 $n$——宽顶堰溢流孔数；

$\varepsilon'$——中孔侧收缩系数；

$\varepsilon''$——边孔侧收缩系数。

需要注意的是，用式(7-15)计算中孔侧收缩系数 $\varepsilon'$ 时，$B_0 = b + \delta$，$\delta$ 为闸墩厚度；计算边孔侧收缩系数 $\varepsilon''$ 时，$B_0 = b' + 2\Delta$，$\Delta$ 为边墩的计算厚度，取边墩边缘与堰上游同侧水边线之间的距离。

### 7.4.5 有坎宽顶堰流淹没系数的确定

当下游水位低于堰顶时，进入堰顶水流，因受堰坎垂直方向的约束，进口处水面发生跌落，并在距进口约 $2H$ 处形成收缩断面，且收缩断面1—1的水深 $h_c < h_k$，堰顶水流为急流，在出口后产生第二次水面跌落，此种情况为自由出流；当下游水位高于堰顶，但仍低于 $K—K$ 线时，收缩断面水深仍小于临界水深，堰顶水流还为急流状态，此种情况也为自由出流，如图 7-14(a)所示；当下游水位继续上升到高于 $K—K$ 线时，堰顶产生波状水跃，如图 7-14(b)所示。水跃位置随下游水深 $h_t$ 增加而向上游移动。水跃移动到收缩断面 1—1 的上游，收缩断面水深大于临界水深，堰顶水流变为缓流状态，此种情况为淹没出流，如图 7-14(c)所示。试验证明：宽顶堰的淹没条件为

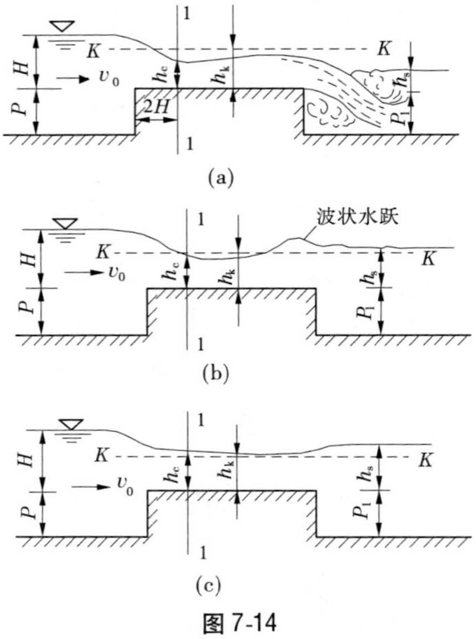

图 7-14

$$h_s/H_0 \geqslant 0.8$$

宽顶堰流的淹没系数 $\sigma_s$ 随着 $h_s/H_0$ 增大而减少。可按照表 7-6 来选用。

表7-6　宽顶堰流的淹没系数 $\sigma_s$ 值

| $h_s/H_0$ | ≤0.80 | 0.81 | 0.82 | 0.83 | 0.84 | 0.85 | 0.86 | 0.87 | 0.88 | 0.89 |
|---|---|---|---|---|---|---|---|---|---|---|
| $\sigma_s$ | 1.00 | 0.995 | 0.99 | 0.98 | 0.97 | 0.96 | 0.95 | 0.93 | 0.90 | 0.87 |
| $h_s/H_0$ | 0.90 | 0.91 | 0.92 | 0.93 | 0.94 | 0.95 | 0.96 | 0.97 | 0.98 | |
| $\sigma_s$ | 0.84 | 0.82 | 0.78 | 0.74 | 0.70 | 0.65 | 0.59 | 0.50 | 0.40 | |

### 7.4.6　有坎宽顶堰流计算实例

**【例7-4】**　有一带底坎的宽顶堰上有三孔进水闸（见图7-15），已知当闸门全开时，上游水深 $H_1=3.1$ m，下游水深 $h_t=2.7$ m，上游坎高 $P_1=0.6$ m，下游坎高 $P_2=0.5$ m，闸孔净宽 $b=2$ m，边墩及闸墩头部均为半圆形，墩厚 $b=1.2$ m，上游引水渠为矩形过水断面，渠道宽 $B_0'=9.6$ m，试求过堰流量 $Q$。

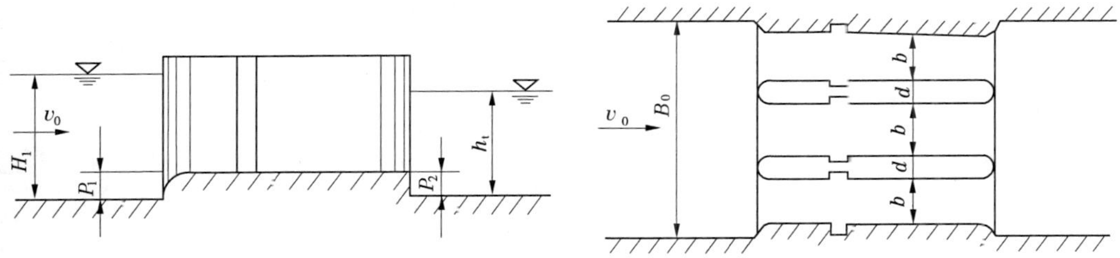


图7-15

**解**：闸门全开为宽顶堰流，则计算公式为

$$Q=\sigma_s\varepsilon mB\sqrt{2g}H_0^{3/2}$$

堰上水头为

$$H=H_1-P_1=3.1-0.6=2.5(\text{m})$$

因 $Q$ 未知，行近流速 $v_0$ 暂忽略不计，故 $H_0\approx H=2.5$ m。

(1)确定流量系数。

因进口为圆形，$P_1/H=0.6/2.5=0.24<3$，则流量系数 $m$ 为

$$m=0.36+0.01\frac{3-\dfrac{P_1}{H}}{1.2+1.5\dfrac{P_1}{H}}=0.36+0.01\times\frac{3-0.24}{1.2+1.5\times0.24}=0.378$$

(2)确定侧收缩系数。

边墩头部为半圆形，则

$$\Delta=\frac{B_0'-(3b+2d)}{2}=\frac{9.6-(3\times2+2\times1.2)}{2}=0.6(\text{m})$$

$$B_0=b+2\Delta=2+2\times0.6=3.2(\text{m})$$

墩头为圆弧形，$\alpha_0=0.1$，则

$$\varepsilon''=1-\frac{\alpha_0}{\sqrt[3]{0.2+\frac{P_1}{H}}}\sqrt[4]{\frac{b}{B_0}}\left(1-\frac{b}{B_0}\right)$$

$$=1-\frac{0.10}{\sqrt[3]{0.2+0.24}}\times\sqrt[4]{\frac{2}{3.2}}\times\left(1-\frac{2}{3.2}\right)=0.956$$

闸墩为半圆形，则 $B_0=b+d=2+1.2=3.2(\mathrm{m})$

$$\varepsilon'=1-\frac{\alpha_0}{\sqrt[3]{0.2+\frac{P_1}{H}}}\sqrt[4]{\frac{b}{B_0}}\left(1-\frac{b}{B_0}\right)$$

$$=1-\frac{0.10}{\sqrt[3]{0.2+0.24}}\sqrt[4]{\frac{2}{3.2}}\left(1-\frac{2}{3.2}\right)=0.956$$

$$\bar{\varepsilon}_1=\frac{(n-1)\varepsilon'+\varepsilon''}{n}=\frac{(3-1)\times0.956+0.956}{3}=0.956$$

(3)淹没系数及流量确定。

判别是否淹没：

$$h_s=h_t-P_2=2.7-0.5=2.2(\mathrm{m})$$

$h_s/H_0=2.2/2.5=0.88>0.8$，为淹没宽顶堰出流。查表7-6得 $\sigma_s=0.90$，则

$$Q=\sigma_s\varepsilon mB\sqrt{2g}H_0^{3/2}$$

$$=0.90\times0.956\times0.378\times3\times2\times\sqrt{2\times9.8}\times2.5^{3/2}$$

$$=34.15(\mathrm{m^3/s})$$

考虑行近流速的影响

$$v_{01}=\frac{Q}{A}=\frac{Q}{H_1\times B_0'}=\frac{34.15}{3.1\times9.6}=1.148(\mathrm{m/s})$$

$$H_{01}=H+\frac{\alpha_1v_{01}^2}{2g}=2.5+\frac{1.0\times1.148^2}{2\times9.8}=2.567(\mathrm{m})$$

由 $\frac{h_s}{H_{01}}=\frac{2.2}{2.567}=0.857$，查表7-6得 $\sigma_{s1}=0.953$，则

$$Q_1=\sigma_{s1}\varepsilon mB\sqrt{2g}H_{01}^{3/2}$$

$$=0.953\times0.956\times0.378\times3\times2\times\sqrt{2\times9.8}\times2.567^{3/2}$$

$$=37.62(\mathrm{m^3/s})$$

由 $Q_1$ 可再求出 $v_{02}=1.264\ \mathrm{m/s}$，$H_{02}=2.582\ \mathrm{m}$，$\sigma_{s2}=0.958$，$Q_2=38.18\ \mathrm{m^3/s}$。$Q_1$ 与 $Q_2$ 很接近，所以取 $Q=38.18\ \mathrm{m^3/s}$。

# 任务7.5　无坎宽顶堰流水力分析与计算

## 7.5.1　无坎宽顶堰流水力现象

无坎宽顶堰流

当明渠水流流经桥墩、渡槽、隧洞、涵洞等进口建筑物时，由于进口处水流受平面上的束窄产生侧向收缩，使过水断面减小，流速增大，部分势能转化为动能，会形成水面跌落，这种水流现象为无坎宽顶堰流。

在水利工程中，无坎宽顶堰流的现象和形式很多，如图7-16所示，水流经隧洞、涵闸及施工围堰、渡槽等进口的水流在平面上受到束约，水面发生降落，且在 $2.5 < \delta/H \leqslant 10$ 范围，均属无坎宽顶堰流。

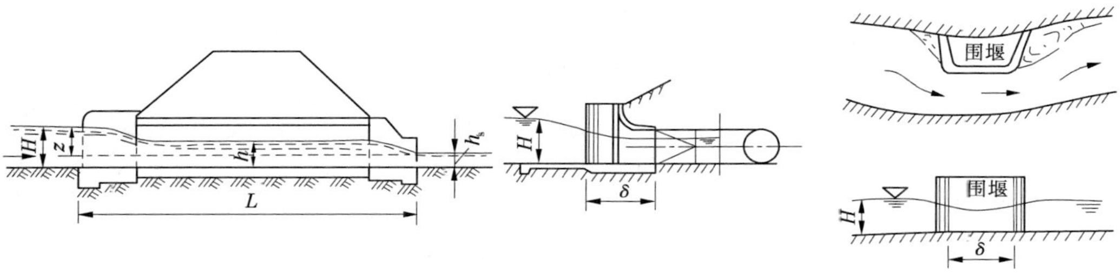


图7-16

## 7.5.2　无坎宽顶堰流计算公式

无坎宽顶堰流的水力计算公式与有坎宽顶堰流计算公式相同，但在计算中习惯上将侧收缩的影响包括在流量系数中，即 $m' = \varepsilon_1 m$，无坎宽顶堰流的水力计算公式也可表达为

$$Q = \sigma_s m' B \sqrt{2g} H_0^{\frac{3}{2}} \tag{7-16}$$

式中　$m'$——包括侧收缩系数的流量系数。

无坎宽顶堰流计算过堰泄流量、堰上水头、堰顶过水净宽时，主要是确定淹没系数 $\sigma_s$ 及流量系数 $m'$，无坎宽顶堰的淹没条件及淹没系数可近似按有坎宽顶堰确定，无坎宽顶堰分单孔和多孔，下面介绍无坎宽顶堰流量系数 $m'$ 的确定。

## 7.5.3　单孔无坎宽顶堰流流量系数的确定

无坎宽顶堰的流量系数 $m'$，与进口翼墙的形式及平面收缩的程度有关，常见的进口翼墙形式主要有四种，分别是直角形翼墙、八字形翼墙、圆弧形翼墙及斜墙形翼墙，如图7-17～图7-20所示。

直角形翼墙、八字形翼墙、圆弧形翼墙及斜墙形翼墙的流量系数分别列于表7-7～表7-10中。单孔无坎宽顶堰的流量系数可直接查相应表求得。

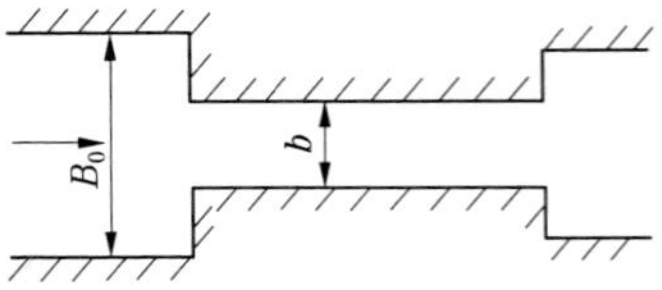


图 7-17

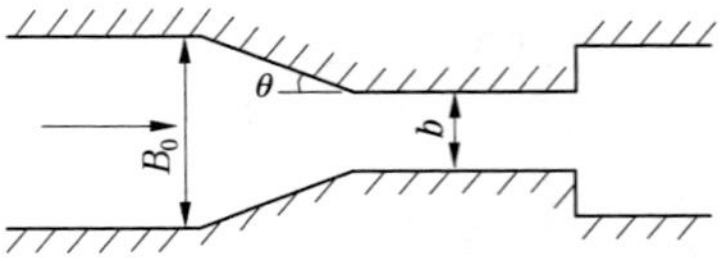


图 7-18

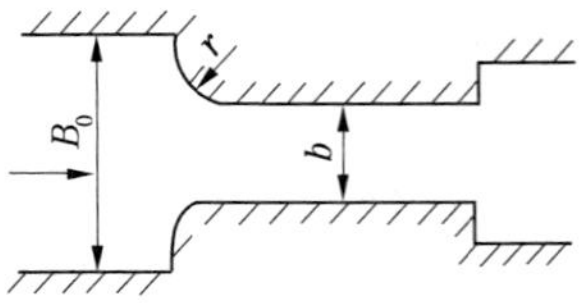


图 7-19

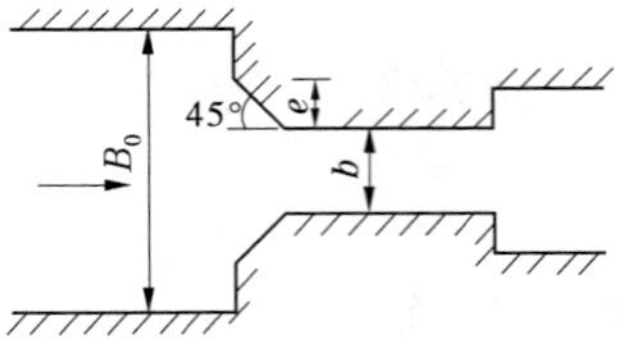


图 7-20

**表 7-7　直角形翼墙的流量系数 $m'$ 值**

| $b/B_0$ | 0 | 0.1 | 0.2 | 0.3 | 0.4 | 0.5 | 0.6 | 0.7 | 0.8 | 0.9 | 1.0 |
|---|---|---|---|---|---|---|---|---|---|---|---|
| $m'$ | 0.320 | 0.322 | 0.324 | 0.327 | 0.330 | 0.334 | 0.340 | 0.346 | 0.355 | 0.367 | 0.385 |

注：$b$ 为堰孔净宽；$B_0$ 为上游渠道底宽。

**表 7-8　八字形翼墙的流量系数 $m'$ 值**

| $\cot\theta$ | $b/B_0$ | | | | | | | | | | |
|---|---|---|---|---|---|---|---|---|---|---|---|
| | 0 | 0.1 | 0.2 | 0.3 | 0.4 | 0.5 | 0.6 | 0.7 | 0.8 | 0.9 | 1.0 |
| 0.5 | 0.343 | 0.344 | 0.346 | 0.348 | 0.350 | 0.352 | 0.356 | 0.360 | 0.365 | 0.373 | 0.385 |
| 1.0 | 0.350 | 0.351 | 0.352 | 0.354 | 0.356 | 0.358 | 0.361 | 0.364 | 0.369 | 0.375 | 0.385 |
| 2.0 | 0.353 | 0.354 | 0.355 | 0.357 | 0.358 | 0.360 | 0.363 | 0.366 | 0.370 | 0.376 | 0.385 |
| 3.0 | 0.350 | 0.351 | 0.352 | 0.354 | 0.356 | 0.358 | 0.361 | 0.364 | 0.369 | 0.375 | 0.385 |

注：$\theta$ 为翼墙收缩角。

**表 7-9　圆弧形翼墙的流量系数 $m'$ 值**

| $r/b$ | $b/B_0$ | | | | | | | | | | |
|---|---|---|---|---|---|---|---|---|---|---|---|
| | 0 | 0.1 | 0.2 | 0.3 | 0.4 | 0.5 | 0.6 | 0.7 | 0.8 | 0.9 | 1.0 |
| 0 | 0.320 | 0.322 | 0.324 | 0.327 | 0.330 | 0.334 | 0.340 | 0.346 | 0.355 | 0.367 | 0.385 |
| 0.05 | 0.335 | 0.337 | 0.338 | 0.340 | 0.343 | 0.346 | 0.350 | 0.355 | 0.362 | 0.371 | 0.385 |
| 0.10 | 0.342 | 0.344 | 0.345 | 0.347 | 0.349 | 0.352 | 0.354 | 0.359 | 0.365 | 0.373 | 0.385 |
| 0.20 | 0.349 | 0.350 | 0.351 | 0.353 | 0.355 | 0.357 | 0.360 | 0.363 | 0.368 | 0.375 | 0.385 |
| 0.30 | 0.354 | 0.355 | 0.356 | 0.357 | 0.359 | 0.361 | 0.363 | 0.366 | 0.371 | 0.376 | 0.385 |
| 0.40 | 0.357 | 0.358 | 0.359 | 0.360 | 0.362 | 0.363 | 0.365 | 0.368 | 0.372 | 0.377 | 0.385 |
| ≥0.50 | 0.360 | 0.361 | 0.362 | 0.363 | 0.364 | 0.366 | 0.368 | 0.370 | 0.373 | 0.378 | 0.385 |

注：$r$ 为圆弧形翼墙的半径。

**表7-10　斜墙形翼墙的流量系数 $m'$ 值**

| $e/b$ | $b/B_0$ | | | | | | | | | | |
|---|---|---|---|---|---|---|---|---|---|---|---|
| | 0 | 0.1 | 0.2 | 0.3 | 0.4 | 0.5 | 0.6 | 0.7 | 0.8 | 0.9 | 1.0 |
| 0 | 0.320 | 0.322 | 0.324 | 0.327 | 0.330 | 0.334 | 0.340 | 0.346 | 0.355 | 0.367 | 0.385 |
| 0.025 | 0.335 | 0.337 | 0.338 | 0.341 | 0.343 | 0.346 | 0.350 | 0.355 | 0.362 | 0.371 | 0.385 |
| 0.050 | 0.340 | 0.341 | 0.343 | 0.345 | 0.347 | 0.350 | 0.354 | 0.358 | 0.364 | 0.372 | 0.385 |
| 0.100 | 0.345 | 0.346 | 0.348 | 0.349 | 0.351 | 0.354 | 0.357 | 0.361 | 0.366 | 0.374 | 0.385 |
| >0.200 | 0.350 | 0.351 | 0.352 | 0.354 | 0.356 | 0.358 | 0.361 | 0.364 | 0.369 | 0.375 | 0.385 |

注：表中 $e$ 的意义见图7-20。

### 7.5.4　多孔无坎宽顶堰流流量系数的确定

对于多孔无坎宽顶堰的流量系数应取边孔和中孔平均值，按下式计算

$$m' = \frac{1}{n}[m_m(n-1) + m_s] \tag{7-17}$$

式中　$n$——闸孔数；

$m_m$——中孔的流量系数，将中墩的1/2看成边墩，如图7-21所示，根据进口翼墙形式查表7-7～表7-10求 $m_m$，表中 $b/B_0$ 用 $b/(b+d)$ 代替，$b$ 为闸孔净宽，$d$ 为墩厚；

$m_s$——边孔的流量系数，根据进口翼墙形式查表7-7～表7-10，表中 $b/B_0$ 用 $b/(b+2\Delta b)$ 代替，$\Delta b$ 为边墩边缘与堰上游同侧引水渠水边线间的距离。

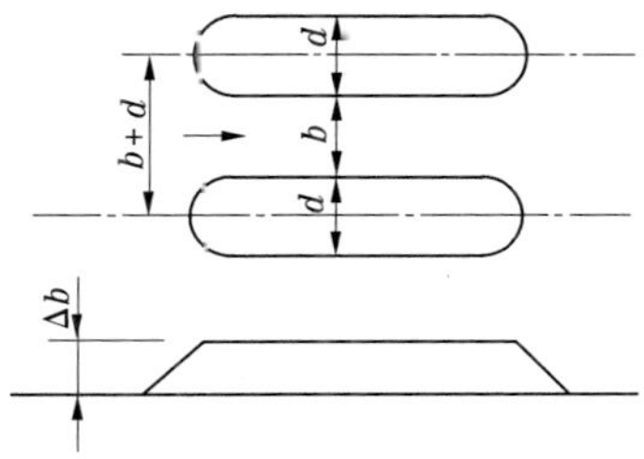


图7-21

### 7.5.5　无坎宽顶堰流计算实例

**【例7-5】**　某泄洪排沙闸，共4孔，每孔净宽 $b=14$ m，闸墩头部为半圆形，墩厚为 $d=5$ m，上游翼墙为八字形，收缩角 $\theta=30°$，翼墙计算厚度 $\Delta b=4$ m，上游河道近似为矩形断面，河宽 $B_0=80$ m，闸室下游连接一陡坡渠道 $i=2\%$，如图7-22所示，闸底板高程为100.00 m，闸门全开，当上游水位为111.00 m时，下泄流量为多少？

**解：** 由基本资料知，闸室下游连接一陡坡渠道，下游水流为急流。所以，闸门全开时通过的水流应为多孔无坎宽顶堰自由出流。则计算公式为

$$Q = m'B\sqrt{2g}H_0^{3/2}$$

(1)确定中孔流量系数 $m_m$。

因闸墩为半圆形，中孔流量系数 $m_m$ 可查表7-9确定。

$$\frac{r}{b} = \frac{\frac{d}{2}}{b} = \frac{\frac{5}{2}}{14} = 0.179$$

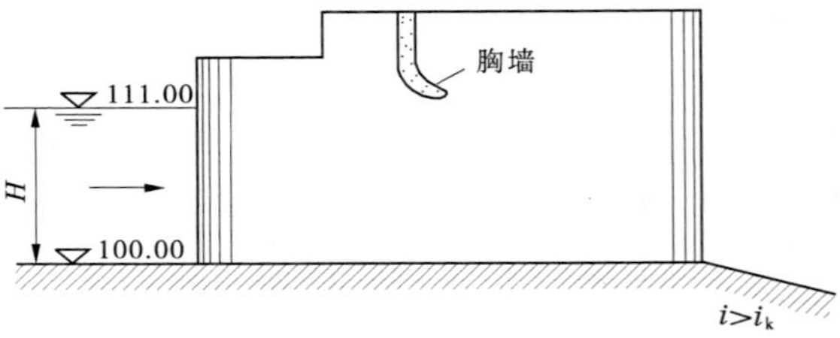


图 7-22

$$\frac{b}{B_0}=\frac{b}{b+d}=\frac{14}{14+5}=0.737$$

由 $r/b$、$b/B_0$ 查表 7-8 得 $m_m=0.363$。

(2)确定边孔流量系数 $m_s$。

因上游翼墙为八字形,边孔流量系数 $m_s$ 可查表 7-8 确定。

$$\frac{b}{B_0}=\frac{b}{b+2\Delta b}=\frac{14}{14+2\times 4}=0.637$$

$$\cot\theta=\cot 30°=1.732$$

由 $b/B_0$、$\cot\theta$ 查表 7-8 得 $m_s=0.363$。

(3)确定流量系数加权平均值 $m'$。

各孔流量系数的加权平均值 $m'$ 为

$$m'=\frac{1}{n}[m_m(n-1)+m_s]=\frac{1}{4}\times[0.363+(4-1)\times 0.363]=0.363$$

(4)确定流量。

因堰前过水断面不大,要考虑行近流速的影响,但流量未知,$v_0$ 无法确定,故采用迭代试算法计算流量,即设行近流速 $v_0$ 求堰前总水头 $H_0$,然后求流量 $Q$,由流量再求 $v_0$、$H_0$、$Q$,直到前后求出的流量很接近位置。具体计算如下:

假设 $v_{01}=0$,$H_{01}=H=111.00-100.00=11.00$(m),则

$$Q_1=m'B\sqrt{2g}H_{01}^{3/2}=0.363\times 4\times 14\times\sqrt{2\times 9.8}\times 11.00^{3/2}=3\ 283.31(\mathrm{m^3/s})$$

由所得流量 $Q_1$ 计算 $v_{02}$

$$v_{02}=\frac{Q_1}{A}=\frac{Q_1}{HB_0}=\frac{3\ 283.31}{11.00\times 80}=3.73(\mathrm{m/s})$$

$$H_{02}=H_{01}+\frac{\alpha_1 v_{02}^2}{2g}=11.00+\frac{1.0\times 3.73^2}{2\times 9.8}=11.71(\mathrm{m})$$

$$Q_2=m'B\sqrt{2g}H_{02}^{3/2}=0.363\times 4\times 14\times\sqrt{2\times 9.8}\times 11.71^{3/2}=3\ 606.37(\mathrm{m^3/s})$$

因 $Q_1$ 与 $Q_2$ 相差较大,故需继续迭代试算,迭代计算可以用 Excel 拖动填充计算完成。第一次计算时先在行近流速 $v_0$ 所在单元格 B5 中输入设定的数值 0.00,具体步骤如表 7-11 所示。

**表 7-11　迭代试算计算流量**

| | A | B | C | D | E | F | G | H |
|---|---|---|---|---|---|---|---|---|
| 1 | 输入已知条件 | | | | | | | |
| 2 | $B_0$ = | 80 | $H$ = | 11 | | | | |
| 3 | $m'$ = | 0.363 | nb = | 56 | | | | |
| 4 | 迭代法计算流量 | | | | | | | |
| 5 | $v_0$(m/s) | 0.00 | 3.73 | 4.10 | 4.18 | 4.19 | 4.20 | 4.20 |
| 6 | $H_0$($m^3$/s) | 11.00 | 11.71 | 11.86 | 11.89 | 11.90 | 11.90 | 11.90 |
| 7 | $Q$($m^3$/s) | 3 283.31 | 3 606.38 | 3 674.33 | 3 689.49 | 3 692.92 | 3 693.69 | 3 693.87 |

迭代试算过程中 Excel 主要公式如表 7-12 所示。

由 Excel 计算表 7-11 可知，$Q_6$ 与 $Q_7$ 的值非常接近，取 $Q = 3\ 693.87\ m^3/s$。

**表 7-12　迭代试算实用堰流量 Excel 计算主要公式**

| 序号 | 水力参数 | 单元格 | Excel 公式 | 水力计算公式 |
|---|---|---|---|---|
| 1 | $H_0$ | B6 | = $ D $ 2 + B5^2/19.6 | $= H + \frac{\alpha_0 v_0^2}{2g}$ |
| 2 | $Q$ | B7 | = $ B $ 3 * $ D $ 3 * 19.6^0.5 * B6^1.5 | $= m'B\sqrt{2g}H_0^{\frac{3}{2}}$ |
| 3 | $v_0$ | C5 | = B7/( $ B $ 2 * $ D $ 2) | $= \frac{Q}{HB_0}$ |

## 项目任务

自测题

### 一、思考题

1. 什么是堰流？堰流有哪些特点？
2. 堰流的类型有哪些？堰流计算的基本公式是什么？
3. 曲线型实用堰剖面由哪几部分组成？
4. 实用堰流流量系数的影响因素主要有哪些？
5. 宽顶堰流有哪些过流特征？宽顶堰流有哪些类型？
6. 宽顶堰流的淹没条件是什么？
7. 在相同条件下，实用堰与宽顶堰的过流能力哪个大？为什么？

### 二、计算题

1. 某一无侧收缩的矩形薄壁堰，已知上游堰高 $P_1$ 为 0.7 m，堰宽 $b$ 为 0.5 m，下游水位不影响堰顶出流，当堰顶水头 $H$ 为 0.4 m 时，试计算通过堰的流量。

2. 有一三角形薄壁堰，顶角为 90°，当自由出流时量得过堰流量 $Q$ 为 40 L/s，该三角形薄壁堰的作用水头 $H$ 为多少?

3. 某河中筑有单孔 WES 曲线型实用堰,已知:筑堰处河底高程为 12.20 m,堰顶高程为 20.00 m,上游设计水位为 21.31 m,下游水位为 16.35 m,坝前河道断面近似为矩形,河宽 $B=100$ m,边墩头部为圆弧形。试求上游为设计水位时,通过流量 $Q=100$ m$^3$/s 所需要的堰顶宽度 $b$ 为多少?

4. 某溢流坝是采用 WES 剖面设计的曲线型实用堰,其设计流量为 $Q_P=2\ 000$ m$^3$/s。已知上游设计水位为 170.0 m。相应的下游水位为 110.0 m,坝址处河床高程为 100.0 m,堰上设置 6 孔闸门,每孔净宽 $b=10$ m,闸墩头部为半圆形,边墩头部为圆弧形。试确定:(1)堰顶高程;(2)当上游水位为 171.5 m,下游水位为 113.0 m 时,计算所通过的流量。

5. 某上游堰面垂直的 WES 标准剖面堰,上、下游堰高 $P_1=P_2=40$ m,闸墩头部为半圆形,边墩为圆弧形,共 7 孔,每孔净宽 6 m,已知堰上实际水头 $H=4$ m(设计水头 $H_d=4$ m),下游水位超过堰顶 $h_s=2$ m,试求过堰流量 $Q$。

6. 某一渠首引水闸,底坎采用堰顶头部为直角形的宽顶堰,堰高 $P_1$ 为 0.5 m,引水闸宽度与上、下游引水渠宽度相同,均为 3 m,闸前设计水位为 252.20 m,堰顶高程为 250.95 m,下游水深为 1.65 m,引水闸闸前行近流速水头忽略不计。闸门全开时,过闸流量 $Q$ 为多少?

7. 一圆角形堰头的无侧收缩宽顶堰,堰高 $P_1=P_2=3.40$ m,堰头圆弧半径 $r$ 为 0.5 m,堰上水头 $H$ 为 0.9 m,通过堰顶流量 $Q$ 为 22 m$^3$/s。试求堰宽 $b$ 及不使堰流为淹没出流的下游最大水深 $h_t$。

8. 某灌溉进水闸为三孔,如图 7-23 所示,每孔净宽 $b=10$ m,闸墩头部为半圆形,闸墩厚 $d=3$ m,边墩头部为圆弧形,边墩的计算厚度 $\Delta=2$ m,闸前行近流速 $v_0=0.5$ m/s,闸底坎头部圆弧半径 $r=2$ m,闸底坎形式及其他参数如图 7-23 所示。试确定相应于不同下游水位时的过闸流量:(1)下游水位为 17.75 m;(2)下游水位为 16.70 m。

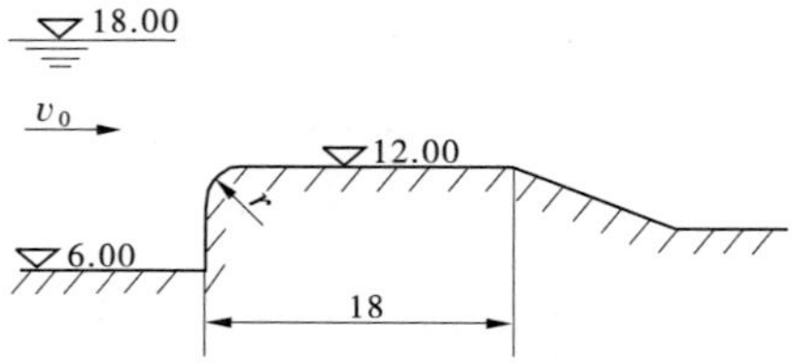

图 7-23 (单位:m)

**三、实训题**

1)基本资料(见项目 2 实训题)

2)计算任务

确定堰顶高程并设计堰的剖面形状、闸墩厚度及墩头半径。

# 项目 8　闸孔出流水力分析与计算

【学习目标】

1. 熟悉闸孔出流的特点及水力计算的基本公式；
2. 掌握闸孔出流的判别条件；
3. 掌握宽顶堰型闸孔出流的水力计算；
4. 掌握曲线型实用堰流型闸孔出流的水力计算。

专家介绍

【技能目标】

1. 会判别闸孔出流和堰流；
2. 能进行闸孔出流的水力计算；
3. 会判别闸孔出流是否有淹没影响；
4. 能进行水闸、溢流坝泄水孔水力计算。

水闸是修建在河道和渠道上利用闸门控制流量和调节水位的低水头水工建筑物。关闭闸门可以拦洪、挡潮或抬高上游水位，以满足灌溉、发电、航运、水产、环保、工业和生活用水等需要；开启闸门，可以宣泄洪水、涝水、弃水或废水，也可对下游河道或渠道供水。在水利工程中，水闸作为挡水、泄水或取水的建筑物，应用广泛。

闸孔出流水力分析与计算项目的主要任务是掌握闸孔出流与堰流关系、闸孔出流情况判别、闸孔出流水力计算公式及影响因素分析，平板闸门、弧形闸门流量系数确定方法；会结合工程资料进行闸孔出流水流现象分析，能进行平板闸门、弧形闸门闸孔出流的过流能力计算。

## 任务 8.1　闸孔出流水力分析

### 8.1.1　闸孔出流水力现象

闸孔出流

在水利工程中，为了控制和调节河渠中的水位和流量，常修建水闸水工建筑物。水流由闸门或胸墙底缘和闸底板之间的孔口流出，水面受到闸门或胸墙控制，呈不连续自由水面，这种水流现象称为闸孔出流，见图 8-1。

闸孔出流与堰流是两种不同的水流现象，这两种水力现象既有区别又存在着许多共同点。

闸孔出流与堰流的区别：堰流时由于闸门对水流不起控制作用，水面线为一条光滑的降落曲线；闸孔出流时由于水流受到闸门的控制作用，闸孔上、下游的水面是不连续的。也正是由于堰流和闸孔出流这种边界条件的差异，它们的水流特征及过水能力也不相同。

闸孔出流与堰流的共同点：首先，堰流和闸孔出流都是由于水闸或溢流坝等水工建筑

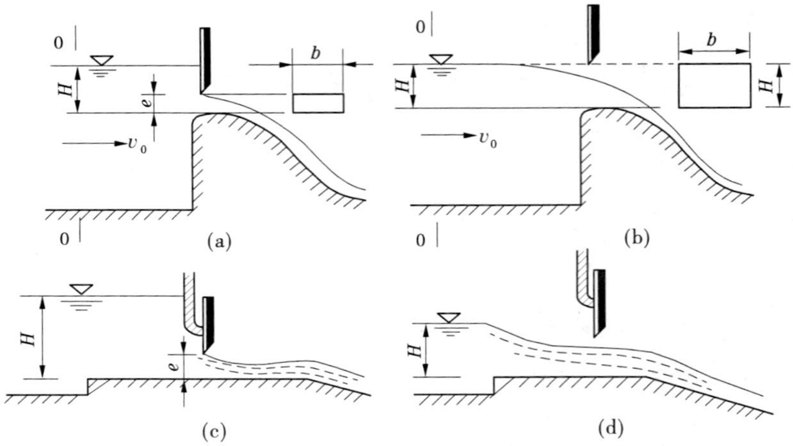


图 8-1

物壅高了上游水位,在重力作用下所形成的水流运动。从能量的角度看,堰流与闸孔出流的过程都是一种势能转化为动能的过程;其次,这两种水流都是在较短的距离内流线发生急剧弯曲,离心惯性力对建筑物表面的压强分布及建筑物的过水能力均有一定影响,因而都属于明渠急变流;再次,两者出流过程的能量损失主要是局部水头损失,沿程水头损失可忽略不计。

实际工程中,对具有闸门控制的同一建筑物而言,在一定的边界条件下,堰流和闸孔出流可以相互转化。在某种条件下出流属于闸孔出流,当条件改变时,也可变成堰流。当闸孔出流的闸门的开启度 $e$ 增大到一定值时,闸前水面下降不受闸门底缘约束,则水流就由闸孔出流转化为堰流;反之,如原为堰流,当闸门的开启高度减小,闸门底缘对水流起控制作用时,水流则转化为闸孔出流(见图 8-1)。堰流与闸孔出流两种流态相互转化的条件,除与闸门的相对开启高 $e/H$ 有关外,还与闸底坎及闸门的(或胸墙)的形式有关。另外,上游来流是涨水或降水也影响流态转换的界限值。经过大量试验研究,一般采用闸门开启度 $e$ 和堰顶以上水头 $H$ 的比值作为判别堰流和闸孔出流的界限:

(1)闸底坎为平顶型堰(宽顶堰)(见图 8-1(c)、(d))时:①$\frac{e}{H}\leqslant 0.65$,为闸孔出流;②$\frac{e}{H}>0.65$,为堰流。

(2)闸底坎为曲线型堰(见图 8-1(a)、(b))时:①$\frac{e}{H}\leqslant 0.75$,为闸孔出流;②$\frac{e}{H}>0.75$,为堰流。

闸孔出流是泄水、引水等水利工程中极为常见的水流现象,其水力计算的主要任务是研究闸孔过流能力的问题。本项目将运用水力分析的基本原理,分析闸孔出流的水力特性、影响因素,并介绍相应的有关水力计算方法。

## 8.1.2 闸孔出流水力计算公式

实际工程中,水闸的闸底坎一般为宽顶堰(包括无坎宽顶堰)或曲线型实用堰;闸门形式主要有平板闸门和弧形闸门两种类型。当闸门部分开启，出闸水流受到闸门控制时即为闸孔出流，如果闸前水头 $H$ 和闸门的开启度 $e$ 不随时间而变，闸孔出流的流速和流量不随时间变化，即为恒定闸孔出流，否则称为非恒定闸孔出流；当下游水位较低不影响闸孔出流的泄流量时，称为闸孔自由出流，否则称为闸孔淹没出流。

闸孔出流水力计算的目的是：恒定闸孔出流时，研究分析过闸泄流量大小与闸门的开启度、闸孔尺寸、闸门类型、闸底坎形式、上下游水位及闸孔出流情况等的关系，并给出相应的水力计算公式。下面分别对不同的闸底坎形式及不同闸门类型的闸孔出流的过流能力问题进行讨论。

**8.1.2.1　底坎为宽顶堰型的闸孔出流**

如图8-2所示为恒定闸孔出流，闸底坎为无坎宽顶堰，闸门为平板闸门，$e$ 为闸门开启度，$H$ 为闸前水头。水流由闸门底缘流出时，由于受闸门的约束，流线发生急剧弯曲收缩，出闸后由于惯性作用流线继续收缩，在距闸门$(0.5\sim1)e$处为水深最小的收缩断面 $c—c$。收缩断面 $c—c$ 处的水深 $h_c$ 一般小于临界水深 $h_k$，水流为急流状态。而闸孔下游渠槽中的水深 $h_t$ 一般大于临界水深 $h_k$，水流呈缓流状态，因此闸后水流从急流到缓流要发生水跃。水跃位置随下游水深 $h_t$ 变化而变化，下游水深增大，水跃向上游移动；下游水深减小，水跃向下游移动，水跃发生的位置不同对闸孔出流泄流能力的影响不一样，所以，闸孔出流受水跃位置的影响可分为自由出流和淹没出流两种。若收缩断面水深 $h_c$ 所对应的共轭水深为 $h''_c$，试验证明：

(1)当 $h''_c>h_t$ 时，水跃发生在收缩断面下游，称为远驱水跃，如图8-2(a)所示，此时水跃对应的下游水位不影响闸孔的过流能力为闸孔自由出流。

(2)当 $h''_c=h_t$ 时，水跃发生在收缩断面处，称为临界式水跃，如图8-2(b)所示，这种情况下水跃对应的下游水位也不影响闸孔的过流能力为闸孔的自由出流。

三种水跃

(3)当 $h''_c<h_t$ 时，水跃发生在收缩断面上游，称为淹没水跃，如图8-2(c)所示，此时收缩断面被水跃的表面漩滚淹没，水跃前端接触闸门，下游水位使闸孔的过流能力减小为闸孔淹没出流。

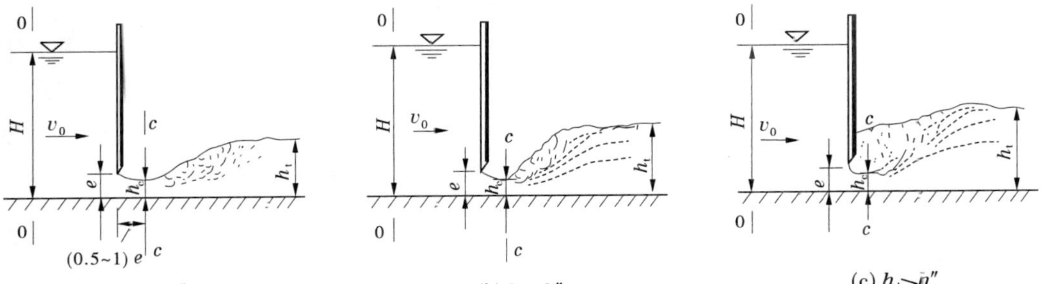


(a) $h_t<h''_c$　　(b) $h_t=h''_c$　　(c) $h_t>h''_c$

图8-2

从上面的分析可以看出，判别闸孔是自由出流或淹没出流，先求出收缩断面水深 $h_c$ 和其相应的共轭水深 $h''_c$，然后比较 $h''_c$ 和下游水深 $h_t$ 的大小，即可判别闸孔出流情况。

上述判别条件适用于不同闸门类型的无底坎或有底坎宽顶堰型闸孔出流。

1. 底坎为宽顶堰型闸孔自由出流的水力计算

应用能量方程和连续性方程推导闸孔出流的基本计算公式。如图 8-2(a)所示,取闸门上游的渐变流过水断面 0—0 和收缩断面 c—c,以闸底板平面为基准面,对过水断面 0—0 及闸后收缩断面 c—c 列能量方程

$$H+\frac{\alpha_0 v_0^2}{2g}=h_c+\frac{\alpha_c v_c^2}{2g}+h_w$$

式中　$h_w$——水流从断面 0—0 到断面 c—c 间的水头损失,因为这一段水流为急变流,而且距离较短,可以只考虑局部水头损失,即

$$h_w=h_j=\zeta\frac{v_c^2}{2g}$$

令闸前全水头 $H_0=H+\frac{\alpha_0 v_0^2}{2g}$,则上式可整理为

$$v_c=\frac{1}{\sqrt{\alpha_c+\zeta}}\sqrt{2g(H_0-h_c)}=\varphi\sqrt{2g(H_0-h_c)} \tag{8-1}$$

式中　$\varphi$——流速系数,$\varphi=\frac{1}{\sqrt{\alpha_c+\zeta}}$。

根据连续方程

$$Q=v_cA_c=v_cBh_c$$

式中　$B$——闸孔的过水净宽度。

当闸门孔数为 $n$,每孔净宽为 $b$ 时,$B=nb$,则

$$Q=Bh_c\varphi\sqrt{2g(H_0-h_c)}$$

收缩断面水深 $h_c$ 与闸门的开启度 $e$ 成正比,令 $\varepsilon'=\frac{h_c}{e}$称为闸门的垂直收缩系数,则

$$h_c=\varepsilon' e \tag{8-2}$$

$$Q=\varphi\varepsilon' Be\sqrt{2g(H_0-h_c)}$$

令 $\mu'=\varphi\varepsilon'$,则式(8-2)可写成

$$Q=\mu' Be\sqrt{2g(H_0-h_c)} \tag{8-3}$$

式中　$\mu'$——闸孔出流的基本流量系数,是综合反映闸底坎形式、闸门形式和闸门相对开启度对泄流量的影响系数。

为了应用方便,式(8-3)还可写成更为简单的形式:

$$Q=\mu' Be\sqrt{2g(H_0-h_c)}=\mu' Be\sqrt{2g(H_0-\varepsilon' e)}=\mu' Be\sqrt{2gH_0\left(1-\varepsilon'\frac{e}{H_0}\right)}$$

令 $\mu=\mu'\sqrt{\left(1-\varepsilon'\frac{e}{H_0}\right)}$为闸孔出流的流量系数,则得

$$Q=\mu Be\sqrt{2gH_0} \tag{8-4}$$

式(8-4)即为平顶堰型闸孔自由出流的基本计算公式。该式表明:闸孔出流的流量与闸前全水头的$\frac{1}{2}$次方成比例,即 $Q\propto H_0^{1/2}$。当闸前水头 $H$ 较大或上游闸底坎高度 $P_1$ 较

大，而闸门开启度 $e$ 较小时，行近流速水头 $\frac{\alpha_0 v_0^2}{2g}$ 可以忽略不计，即可用 $H = H_0$ 代入公式进行计算。对于有边墩或闸墩的闸孔出流，因为侧向收缩相对垂直收缩程度来说影响很小，一般情况下不予考虑侧向收缩的影响。

流量系数 $\mu$ 的影响因素有垂向收缩系数 $\varepsilon'$、流速系数 $\varphi$ 及闸门相对开启度 $e/H$。闸门垂向收缩系数 $\varepsilon'$ 反映了流线的收缩程度，它和闸门的相对开启度和闸孔入口的边界条件有关。流速系数 $\varphi$ 反映了闸孔出流局部水头损失和收缩断面流速分布不均匀的影响，其值的大小主要取决于闸孔入口的边界条件，初步设计时对于平板闸门，闸底板与渠底齐平的无底坎的宽顶堰型闸孔出流，可取 $\varphi = 0.95 \sim 1.0$；闸底板高于渠底有底坎的宽顶堰型闸孔出流，可取 $\varphi = 0.85 \sim 0.95$；无坎跌水处，可取 $\varphi = 0.97 \sim 1.00$。

流量系数 $\mu$ 综合反映了水流能量损失及收缩程度对泄流能力的影响，对于不同的闸门形式，垂向收缩系数 $\varepsilon'$ 及流量系数 $\mu$ 的确定方法不一样。

(1)平板闸门下的闸孔出流。

在无侧收缩的条件下，对于无坎平板闸门的垂直收缩系数 $\varepsilon'$ 可按表8-1选用。

**表8-1　无坎平板闸门的垂直收缩系数 $\varepsilon'$ 值**

| $e/H$ | 0.10 | 0.15 | 0.20 | 0.25 | 0.30 | 0.35 | 0.40 |
|---|---|---|---|---|---|---|---|
| $\varepsilon'$ | 0.615 | 0.618 | 0.620 | 0.622 | 0.625 | 0.628 | 0.630 |
| $e/H$ | 0.45 | 0.50 | 0.55 | 0.60 | 0.65 | 0.70 | 0.75 |
| $\varepsilon'$ | 0.638 | 0.645 | 0.650 | 0.660 | 0.675 | 0.690 | 0.705 |

对于平板闸门的闸孔出流，流量系数 $\mu$ 可按下式计算：

$$\mu = 0.60 - 0.176\frac{e}{H} \tag{8-5}$$

(2)弧形闸门下的闸孔出流。

弧形闸门是挡水面为圆柱体的部分弧形面，是工程上常用的一种闸门，见图8-3。对于弧形闸门的垂直收缩系数 $\varepsilon'$，主要与闸门下缘切线与水平方向夹角 $\theta$ 的大小有关，可按表8-2确定。

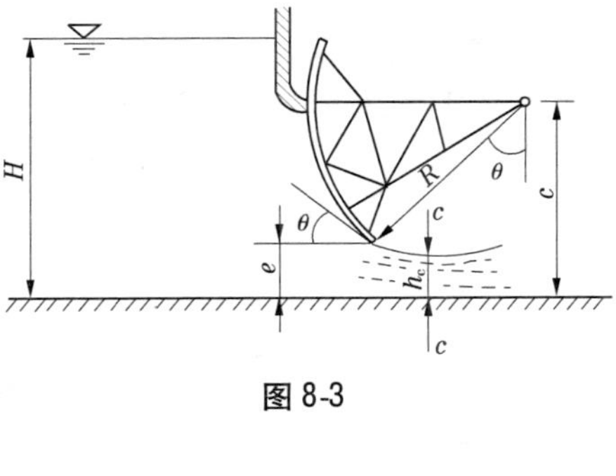


图8-3

表 8-2　弧形闸门的垂直收缩系数 $\varepsilon'$ 值

| $\theta$ | 35° | 40° | 45° | 50° | 55° | 60° |
|---|---|---|---|---|---|---|
| $\varepsilon'$ | 0.789 | 0.766 | 0.742 | 0.720 | 0.698 | 0.678 |
| $\theta$ | 65° | 70° | 75° | 80° | 85° | 90° |
| $\varepsilon'$ | 0.662 | 0.646 | 0.635 | 0.627 | 0.622 | 0.620 |

$\theta$ 值可按下式计算(式中符号意义见图 8-3)：

$$\cos\theta = \frac{c - e}{R}$$

式中　$c$——弧形闸门的转轴高度,m；

$R$——弧形闸门的半径,m。

对于弧形闸门的闸孔出流,流量系数 $\mu$ 可按南京水利科学研究院的经验公式计算：

当 $\cos\theta = 0 \sim 0.3$ 时

$$\mu = 0.6 - 0.176\frac{e}{H} + \left(0.15 - 0.2\frac{e}{H}\right)\cos\theta \tag{8-6}$$

当 $\cos\theta = 0.3 \sim 0.7$ 时

$$\mu = 0.545 - 0.136\frac{e}{H} + 0.334\left(1 - \frac{e}{H}\right)\cos\theta \tag{8-7}$$

2. 底坎为宽顶堰型闸孔淹没出流的水力计算

当下游水深大于收缩断面的共轭水深,即 $h''_c < h_t$ 时,闸孔出流为淹没出流,如图 8-4 所示。试验证明:在这种情况下,闸孔被淹没后,收缩断面 $c$—$c$ 的实际水深增大,则闸孔的作用水头会减小,故淹没出流的流量小于自由出流的流量。但由于闸孔淹没出流的作用水头较难确定,在实际计算中,将计算平底闸孔自由出流的公式右端乘以一个淹没系数 $\sigma_s$,即可求得淹没闸孔出流的流量,即

$$Q = \sigma_s \mu Be\sqrt{2gH_0} \tag{8-8}$$

式中　$\sigma_s$——淹没系数,反映了下游水深对过闸水流的淹没影响程度,$\sigma_s$ 与 $\frac{h_t - h''_c}{H - h''_c}$ 有关,可查图 8-5 确定。

#### 8.1.2.2　底坎为曲线型实用堰的闸孔出流

曲线型坎上的闸门一般安装在堰坎顶部,如图 8-6 所示。当闸孔泄流时,由于闸前水流是在整个堰前水深范围内向闸孔汇集的,因此出闸水流的收缩比平底上的闸孔出流更充分、更完善。但是出闸后的水舌在重力作用下,紧贴堰面下泄,厚度逐渐变薄,不像平底上的闸孔出流那样出现明显的收缩断面。

曲线型坎上的闸孔出流也分为自由出流和淹没出流两种。但在实际工程中,下游水位过高而使曲线型坎顶闸孔形成淹没出流的情况是十分少见的。只有在一些低堰上的闸孔出流才有可能为淹没出流。淹没出流时,下游水位必须超过坎顶一定高度,否则仍为自由出流。因此,对曲线型坎顶的闸孔只讨论其自由出流的情况,其计算公式为式(8-4),流

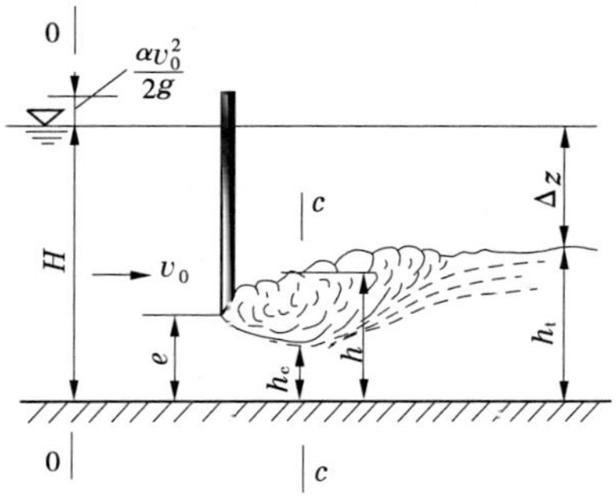


图 8-4

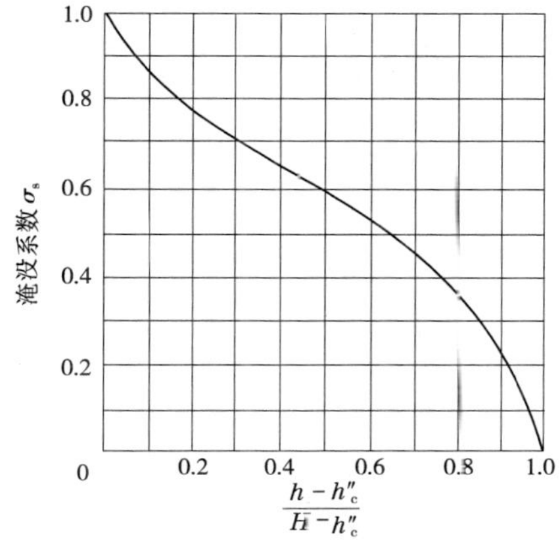


图 8-5

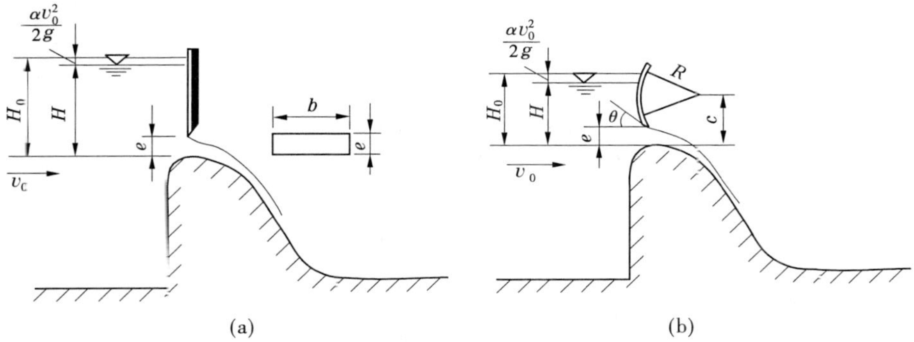


图 8-6

量系数的确定采用如下方法。

（1）平板闸门的流量系数。

对于曲线型坎上平板闸门闸孔出流的流量系数可按下式计算：

$$\mu = 0.65 - 0.186\frac{e}{H} + \left(0.25 - 0.375\frac{e}{H}\right)\cos\theta \tag{8-9}$$

式中　$\theta$——闸门底缘切线与水平线的夹角，如图 8-7 所示。

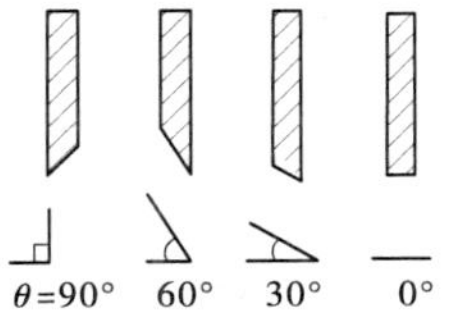


图 8-7

式(8-9)适用条件为 $e/H = 0.05 \sim 0.75$，$\theta = 0° \sim 90°$。

（2）弧形闸门的流量系数。

对于曲线型坎上弧形闸门闸孔出流的流量系数还有待进一步研究，初步计算时，可采用式(8-10)计算，也可直接查表 8-3 选用，重要的工程则需要通过试验确定。

$$\mu = 0.685 - 0.19\frac{e}{H} \tag{8-10}$$

表 8-3　曲线型实用堰上弧形闸门流量系数 $\mu$ 值

| $e/H$ | 0.05 | 0.10 | 0.15 | 0.20 | 0.25 | 0.30 | 0.35 | 0.40 | 0.50 | 0.60 | 0.70 |
|---|---|---|---|---|---|---|---|---|---|---|---|
| $\mu$ | 0.721 | 0.700 | 0.683 | 0.667 | 0.652 | 0.638 | 0.625 | 0.610 | 0.584 | 0.559 | 0.535 |

# 任务 8.2　闸孔出流的水力计算实例

## 8.2.1　平板闸门水力计算

**【例 8-1】** 有一带底坎的宽顶堰上有三孔进水闸(见图 8-8),已知当闸门开启度 $e=0.5$ m,上游水深 $h=3.0$ m,下游水深 $h_t=1.2$ m,上游坎高 $P_1=0.5$ m,下游坎高 $P_2=0.4$ m,闸孔净宽 $b=3$ m,流速系数 $\varphi=0.9$,若闸前行近流速水头忽略不计,试求过堰流量 $Q$。

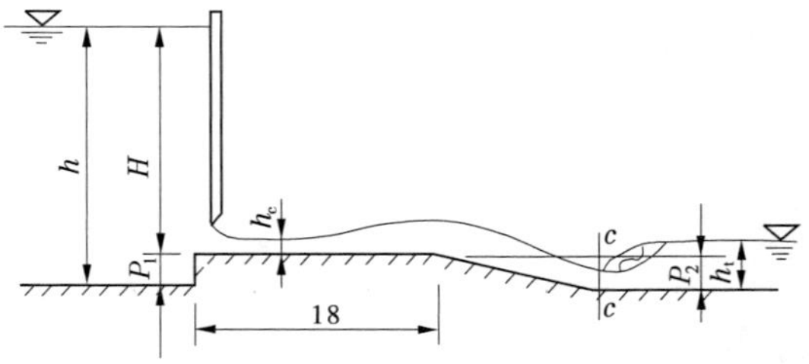


图 8-8

**解:**(1)判别出流流态。

因 $\dfrac{e}{H}=\dfrac{0.5}{3.0-0.5}=0.2<0.65$,故为闸孔出流。

闸前行近流速水头忽略不计,则

$$H_0\approx H=3.0-0.5=2.5(\mathrm{m})$$

(2)判别闸孔出流特点。

由 $e/H=0.2$ 查表 8-1 得,平板闸门垂直收缩系数 $\varepsilon'=0.620$,则收缩断面水深

$$h_c=\varepsilon' e=0.620\times0.5=0.31(\mathrm{m})$$

$$v_c=\varphi\sqrt{2g(H_0-h_c)}=0.9\times\sqrt{2\times9.8\times(2.5-0.31)}=5.90(\mathrm{m/s})$$

$$h_c''=\frac{h_c}{2}\left(\sqrt{1+8\frac{v_c^2}{gh_c}}-1\right)=\frac{0.31}{2}\times\left(\sqrt{1+8\times\frac{5.90^2}{9.8\times0.31}}-1\right)=1.34(\mathrm{m})$$

因 $h_c''>h_t=1.2$ m,故为自由出流。

(3)计算流量。

因底坎为宽顶堰式,闸门为平板闸门,则流量系数为

$$\mu=0.60-0.176\frac{e}{H}=0.60-0.176\times\frac{0.5}{2.5}=0.565$$

则流量为

$$Q=\mu Be\sqrt{2gH_0}=0.565\times3\times3\times0.5\times\sqrt{2\times9.8\times2.5}=17.80(\mathrm{m^3/s})$$

【例8-2】 某矩形渠道中修建一水闸，共两孔，每孔净宽 $b=3$ m，闸门为平板闸门，闸底板与渠底齐平，闸前水深 $H=6$ m，闸门开启度 $e=1.5$ m，流速系数 $\varphi=0.9$，试计算当下游水深 $h_t=4$ m 时，闸孔的泄流量（不计行近流速水头）。

**解**：(1)判别出流流态。

因 $\frac{e}{H}=\frac{1.5}{6}=0.25<0.65$，故为闸孔出流。

闸前行近流速水头忽略不计，则 $H_0\approx H=6$ m。

(2)判别闸孔出流特点。

由 $e/H=0.25$ 查表8-1得闸门垂直收缩系数 $\varepsilon'=0.622$，则收缩断面水深

$$h_c=\varepsilon' e=0.622\times1.5=0.933(\text{m})$$

$$v_c=\varphi\sqrt{2g(H_0-h_c)}=0.9\times\sqrt{2\times9.8\times(6-0.933)}=8.969(\text{m/s})$$

$$h_c''=\frac{h_c}{2}\left(\sqrt{1+8\frac{v_c^2}{gh_c}}-1\right)=\frac{0.933}{2}\times\left(\sqrt{1+8\times\frac{8.969^2}{9.8\times0.933}}-1\right)=3.475(\text{m})$$

因 $h_c''<h_t=4$ m，故为淹没出流。

由 $\frac{h_t-h_c''}{H-h_c''}=\frac{4-3.475}{6-3.475}=0.2$，查图8-5淹没系数 $\sigma_s=0.76$。

(3)计算流量。

由式(8-5)计算流量系数：

$$\mu=0.60-0.176\frac{e}{H}=0.60-0.176\times\frac{1.5}{6}=0.556$$

则流量为

$$Q=\sigma_s\mu Be\sqrt{2gH_0}=0.76\times0.556\times2\times3\times1.5\times\sqrt{2\times9.8\times6}=41.24(\text{m}^3/\text{s})$$

## 8.2.2 弧形闸门水力计算

【例8-3】 某水闸底坎与渠底齐平，如图8-9所示。闸底板高程为104.0 m，共3孔，每孔宽 $b=5$ m，闸前水位109.0 m，弧形闸门半径 $R=7.0$ m，转轴高程107.0 m。当闸门开启度 $e=1.0$ m，流速系数 $\varphi=0.97$，不计闸前行近流速，试求：

(1)当下游水位为105.0 m时的闸孔泄流量。

(2)当下游水位为108.0 m时的闸孔泄流量。

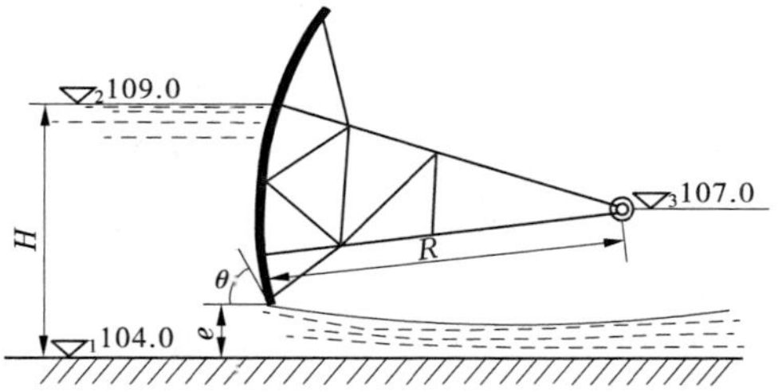


图8-9

**解**:(1)判别出流流态

$$H = 109.0 - 104.0 = 5.0(\text{m})$$

闸前行近流速水头忽略不计,则 $H_0 \approx H = 5.0$ m。

因 $\frac{e}{H} = \frac{1.0}{5.0} = 0.2 < 0.65$,故为闸孔出流。

(2)判别闸孔出流特点。

$$c = 107.0 - 104.0 = 3.0(\text{m})$$

$$\cos\theta = \frac{c-e}{R} = \frac{3.0-1.0}{7} = 0.286$$

$$\theta = 73.4°$$

由 $\theta$ 值查表 8-2 内插得弧形闸门垂直收缩系数 $\varepsilon' = 0.639$,则收缩断面水深

$$h_c = \varepsilon' e = 0.639 \times 1.0 = 0.639(\text{m}),取\ \varphi = 0.97$$

$$v_c = \varphi\sqrt{2g(H_0 - h_c)} = 0.97 \times \sqrt{2 \times 9.8 \times (5 - 0.639)} = 8.97(\text{m/s})$$

$$Fr_c = \frac{v_c}{\sqrt{gh_c}} = \frac{8.97}{\sqrt{9.8 \times 0.639}} = 3.58$$

$$h_c'' = \frac{h_c}{2}\left(\sqrt{1 + 8Fr_c^2} - 1\right) = \frac{0.639}{2} \times \left(\sqrt{1 + 8 \times 3.58^2} - 1\right) = 2.93(\text{m})$$

(3)计算流量。

当下游水位为 105.0 m 时,因 $h_c'' > h_t = 105.0 - 104.0 = 1.0(\text{m})$,故为自由出流。

由式(8-6)计算流量系数

$$\mu = 0.6 - 0.176\frac{e}{H} + \left(0.15 - 0.2\frac{e}{H}\right)\cos\theta$$

$$= 0.6 - 0.176 \times \frac{1.0}{5.0} + \left(0.15 - 0.2 \times \frac{1.0}{5.0}\right) \times 0.286 = 0.596$$

则流量为

$$Q = \mu Be\sqrt{2gH_0} = 0.596 \times 3 \times 5 \times 1.0 \times \sqrt{2 \times 9.8 \times 5} = 88.5(\text{m}^3/\text{s})$$

当下游水位为 108.0 m 时,因 $h_c'' < h_t = 108.0 - 104.0 = 4.0(\text{m})$,故为淹没出流。

由 $\frac{h_t - h_c''}{H - h_c''} = \frac{4 - 2.93}{5 - 2.93} = 0.52$,查图 8-5 得淹没系数 $\sigma_s = 0.59$。则流量为

$$Q = \sigma_s \mu Be\sqrt{2gH_0} = 0.59 \times 0.596 \times 3 \times 5 \times 1.0 \times \sqrt{2 \times 9.8 \times 5} = 52.22(\text{m}^3/\text{s})$$

**【例 8-4】** 某曲线型实用堰设有弧形闸门,共 7 孔,每孔净宽 $b = 5$ m,闸前水头 $H = 5.6$ m,闸孔开启度 $e = 1.5$ m,下游水位很低,为自由出流,不计行近流速,试求闸孔泄流量。

**解**:(1)判别出流流态。

因 $\frac{e}{H} = \frac{1.5}{5.6} = 0.268 < 0.65$,故为闸孔出流。

闸前行近流速水头忽略不计,则 $H_0 \approx H = 5.6$ m。

(2)计算闸孔泄流量。

由式(8-10)计算流量系数

$$\mu = 0.685 - 0.19\frac{e}{H} = 0.685 - 0.19 \times \frac{1.5}{5.6} = 0.634$$

则流量为

$$Q = \mu Be\sqrt{2gH_0} = 0.634 \times 7 \times 5 \times 1.5 \times \sqrt{2 \times 9.8 \times 5.6} = 348.71\,(\mathrm{m^3/s})$$

## 项目任务

自测题

### 一、思考题

1. 什么是闸孔出流？堰流和闸孔出流的共同点和不同点是什么？
2. 如何判别堰流和闸孔出流？
3. 宽顶堰式底坎的闸孔出流下游产生哪些类型的水跃？
4. 宽顶堰式底坎的闸孔出流下游为淹没出流需要满足什么条件？
5. 比较堰流和闸孔出流水力计算公式的基本形式，说明各自的特点。
6. 闸孔出流是否考虑侧收缩对过流能力的影响？为什么？

### 二、计算题

1. 某渠道有一平底水闸，共 3 孔，每孔净宽 $b=5$ m，采用平板闸门控制，已知闸前水深 $H=4.5$ m，下游水深 $h_t=1.5$ m，若忽略行近流速水头，试计算当闸门开启度 $e=0.9$ m 时的闸孔泄流量。

2. 某水利枢纽设有一平底冲沙闸，采用弧形闸门控制，如图 8-10 所示，共 5 孔，每孔净宽 $b=8$ m，弧形闸门半径 $R$ 为 15 m，门轴高程为 16.0 m，上游水位为 18.0 m，闸底板高程为 6.0 m，不计行近流速水头的影响，当闸孔开度 $e=2$ m，下游水位为 8.5 m 时，试计算通过闸孔的流量 $Q$。

3. 某水库溢流坝，采用曲线型堰，共 5 孔，每孔净宽 $b=7$ m，坝顶设弧形闸门。试求坝顶水头 $H=5$ m，各孔均匀开启，闸门开启度 $e=1$ m 时，通过闸孔的流量（不计行近流速水头，下游为自由出流）。

4. 某矩形断面渠道上建一平底引水闸，共两孔，每孔净宽 $b=5$ m。采用平板闸门（见图 8-11）。闸前水头 $H=8$ m，若两孔闸门同时开启，开启度 $e=2$ m。求下列两种情况的闸孔泄流量：(1) 闸下游水深 $h_t=3.5$ m（不计闸前行近流速）；(2) $h_t=5.5$ m（不计闸前行近流速）。

5. 一溢流坝为曲线型，堰顶设有平板闸门，共 7 孔，每孔净宽 5 m，闸门上游面底缘切线与水平面夹角 $\theta=0°$，已知闸上水头 $H=5.6$ m，闸孔开启度 $e=1.5$ m，下游水位很低，为自由出流，不计行近流速水头影响，试求：(1) 闸孔泄流量；(2) 改成弧形闸门后的闸孔泄流量。

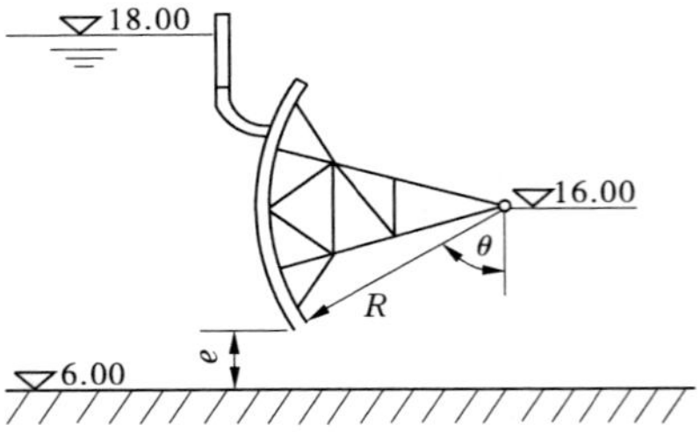


图 8-10

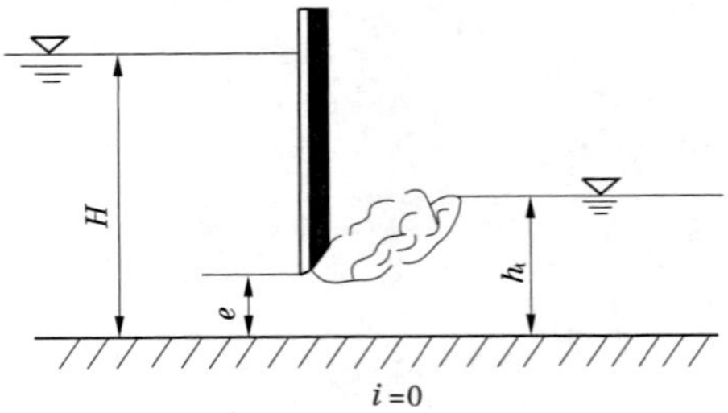


图 8-11

**三、实训题**

1)基本资料(见项目 2 项目任务的实训题)

2)计算任务

(1)当 5 孔闸门开度 $e$ 均为 1.5 m、2.5 m、3.0 m 和 3.5 m 时,做出溢流坝顶闸孔出流的 $Z \sim Q$ 关系曲线及闸门全开时的 $Z \sim Q$ 关系曲线。

(2)粗略估算当闸门开度 $e = 1.5$ m 时,将库水位由正常蓄水位降至防洪限制水位所需的时间。

# 项目 9　泄水建筑物下游消能水力分析与计算

【学习目标】

1. 掌握泄水建筑物下游水流衔接与消能的主要形式；
2. 熟悉底流式衔接与消能的水力计算；
3. 了解挑流消能的水力计算。

【技能目标】

1. 通过计算能判别泄水建筑物下游水流衔接与消能的主要形式；
2. 能计算各种消能形式，特别是底流式消能。

专家介绍

## 任务 9.1　泄水建筑物下游消能基本形式

### 9.1.1　泄水建筑物下游水流衔接问题的重要性

为了控制、利用水流，在河、渠中修建了堰、闸等水工建筑物，使上游水位抬高，上、下游形成明显的落差，从而改变了原河渠的水力特性，主要表现在以下两个方面：

(1)修建挡水建筑物之后，必然壅高上游水位，使挡水建筑物上游积聚了较大的水流能量(主要是势能)，而挡水建筑物又不可能将上游源源不断的来水全部拦蓄在水库以内，必然要从溢洪道、泄洪洞、坝身泄水孔等泄水建筑物泄出一部分弃水或洪流，在泄水工程中，上游水流积聚的势能必将转化为动能，使下泄水流具有较高的流速。

(2)天然河渠经过长时期的过流和调整，形成了河床的断面形状、尺寸、底坡、粗糙系数及其他地形地质条件相适应的正常流动情况。一般来讲，这种正常流动情况下，水流分布比较均匀，流速较小。河渠上修建建筑物后，根据水利工程枢纽布置的要求，并为了节省工程造价，建筑物泄水宽度总是小于原有河床宽度，这就使得下泄流量相对集中，单宽流量较大，超过天然河床的原有流速，改变了原河床的流速分布，如此一来，就产生了从泄水建筑物泄出的高速集中水流如何顺利地衔接过渡到下游正常流动情况这一问题，即泄水建筑物下泄水流的衔接过渡问题。

如图 9-1 中所示的溢流堰，单位重量的水体自堰前断面 0—0 下泄到下游收缩断面 1—1 的能量为 $E_1$(主要是动能)，到下游恢复正常流动的断面 2—2 处能量为 $E_2$，两者的差值 $\Delta E$ 叫作余能。若溢流堰泄流时上、下游落差为 50 m，忽略断面 0—0 和断面 2—2 的流速水头及流动过程中的能量损失，则余能近似等于上、下游水位差，即 $\Delta E = 50$ m。若下泄的单宽流量 $q = 80\ \text{m}^3/(\text{s}\cdot\text{m})$，那么在单位宽度河床上每秒钟从断面 1—1 到断面 2—2 应消除的余能为

$$N = \gamma q \Delta E = 9.8 \times 80 \times 50 = 39\ 200(\text{kW})$$

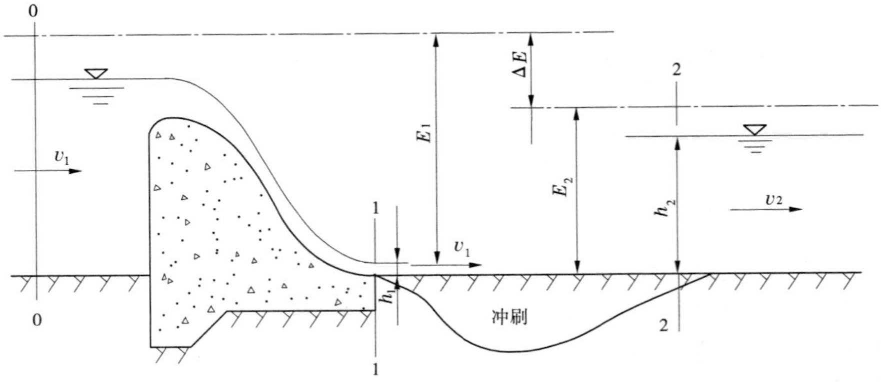


图 9-1

这样巨大的能量如不设法消除，在自然衔接的过程中必然会严重冲刷河床、河岸，危及建筑物的安全。此外，考虑工程造价及建筑物的平面布置合理性等因素，泄水建筑物的泄流宽度一般都小于原河渠宽度，使下泄水流的流量集中，单宽流量增大，从而使下泄水流流速很高，动能很大，下泄至下游河道时与河道中的水流状态不相适应。如不妥善解决，将会导致以下严重的后果：

(1)下游河床及其岸坡将遭受高速水流的冲刷破坏，会危及建筑物本身安全。

(2)因溢流宽度缩窄，单宽流量集中，下游水流运动的平面分布更加复杂化，不利于整个枢纽的运行。

因此，泄水建筑物下游水流衔接与消能的主要任务就是在确保闸坝安全、工程费用较省而又合乎流态要求的条件下，设计布置消除余能的具体方式。通过采取一定的工程措施，利用有效的衔接方式，使下泄水流挟带的余能在较短的距离内转化为热能、声能逸散于空气之中，避免冲刷河床岸坡，保证水工建筑物的安全。因此，必须解决下面两个问题：

(1)解决水流从高水位向低水位过渡时的水流衔接问题。

(2)因单宽流量集中以及较大的水位差转化为较大动能时对下游河道的冲刷，即消能问题。

只有解决好上述问题，才可保证建筑物的安全以及避免下泄水流对枢纽其他建筑物(电站和航运建筑物)的不利影响，这是研究水流衔接与消能的基本任务。

水流的衔接与消能是一个问题的两个方面，二者不是孤立的，一定的衔接形式恰好表明了相应消能机制的实质，解决消能问题，同时伴随着解决水流的衔接问题。

## 9.1.2 泄水建筑物下游水流衔接与消能的主要形式

泄水建筑物下游水流的衔接形式与所采取的消能措施密切相关。水利工程中采取的衔接消能措施种类很多，目前，实际工程中常采用的水流衔接与消能形式主要有以下三种。

底流消能

### 9.1.2.1 底流式衔接与消能

水流自闸、坝下泄时，势能逐渐转化为动能，流速增大，水深减小，到达断面 $c—c$，水深最小，称该断面为收缩断面，其水深以 $h_c$ 表示，$h_c$ 一般都小于临界水深，水流属于急流，而下游河渠中的水深 $h_t$ 常大于临界水深，属于缓流。由急流向缓流过渡，必然要发生水跃，如图 9-2（a）所示。底流式衔接与消能就是在建筑物下游修建消力池（水池，见图 9-2（b）、（c）），控制水跃在消力池内发生，利用水跃消能（可消耗大部分下泄水流能量），同时可以减小急流范围，使水流安全地与下游缓流衔接。在这种衔接与消能过程中，因为水流主流靠近河床底部，因此称这种衔接与消能为底流式衔接与消能。底流式衔接与消能多用于中、低水头及下游地质条件较差的泄水建筑物的消能。

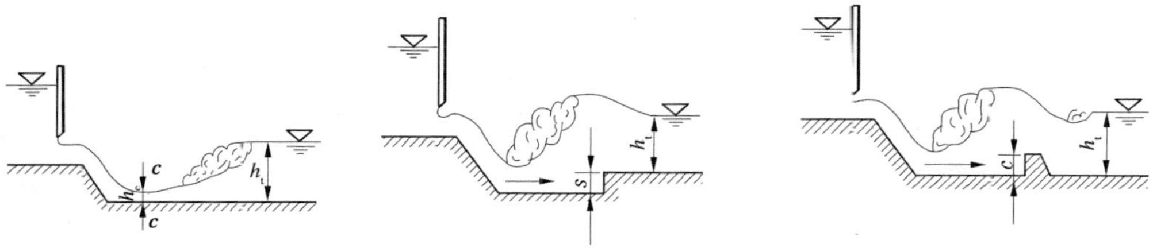


(a)　(b)　(c)

图 9-2

9.1.2.2　挑流式衔接与消能

这种消能方式是利用在泄水建筑物末端修建的反弧坎，将下泄的水流挑离建筑物，使之落入下游较远的河道中，如图 9-3 所示。挑射的水流在空中受到空气阻力，水舌扩散，消耗一部分能量。落入下游水流中后，与下游水体碰撞，产生剧烈的混掺紊动，又消耗大量的能量，从而达到消能的目的。因为是被挑向下游与下游水流进行衔接，因此称这种衔接与消能为挑流式衔接与消能。挑流式衔接与消能多用于高水头且下游河床地质条件好的泄水建筑物下游的消能。

挑流消能

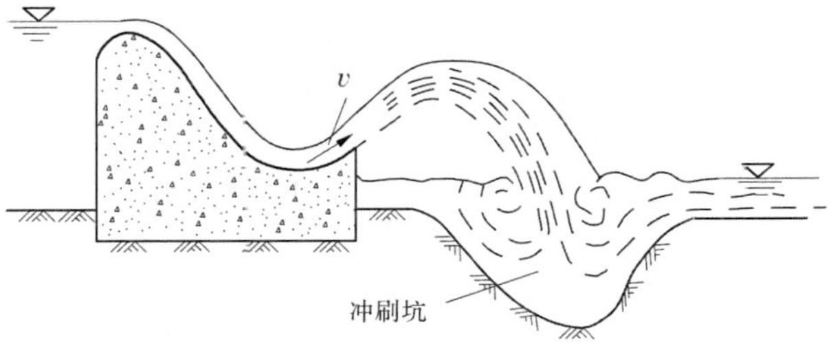


图 9-3

9.1.2.3　面流式衔接与消能

当下游水深较大且较稳定时，常将建筑物末端做成垂直跌坎，跌坎顶部低于下游水位，如图 9-4 所示。下泄的水流被送到下游水流表层，底部形成巨大的漩滚，然后主流在垂直方向逐渐扩散，并与下游水流衔接。其消能是在底部漩滚和主流扩散的过程中实现的。因为高流速的

面流消能

主流位于表层，故称这种消能衔接形式为面流式衔接与消能。

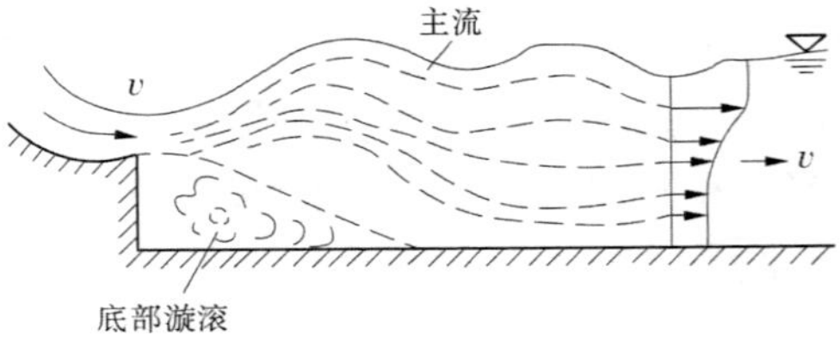


图 9-4

除上述三种基本消能形式外，还可以将这三者相互结合起来得到综合式消能措施。图 9-5 所示就是一种底流与面流相结合的形式，称为戽流式衔接与消能。

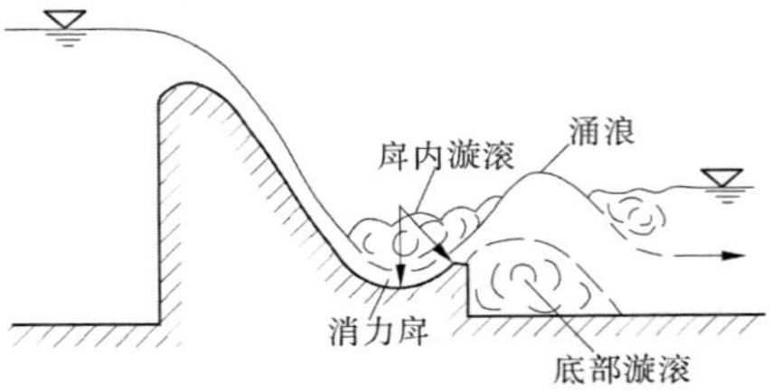


图 9-5

本项目只介绍常用的底流式衔接与消能和挑流式衔接与消能的水力计算方法。其他消能方式的水力计算，可查阅《水力计算手册》或《水利技术标准汇编》。

## 任务 9.2　衔接形式水力计算及判断

由前述知道，闸、坝等泄水建筑物下泄水流要经过收缩断面 $c—c$ 并且发生水跃，以水跃的形式与下游水流衔接。研究表明：水跃发生在收缩断面前后的位置不同，则发生不同的水跃衔接形式，而水跃衔接形式决定了是否需要采取消能措施，判断会发生哪一种水跃衔接形式又与收缩断面水深 $h_c$ 有关，所以底流式衔接与消能的水力计算第一步要求计算收缩断面水深 $h_c$，第二步由 $h_c$ 计算 $h''_c$ 并判别水跃衔接形式，由水跃衔接形式决定是否需要进行消能，第三步才是进行消能计算。下面按步骤分别叙述。

### 9.2.1　收缩断面水深 $h_c$ 的计算

以图 9-6 所示的溢流坝为例，建立收缩断面水深计算的基本方程。

选通过收缩断面底部的水平面为基准面，对断面 0—0 和断面 $c—c$ 列能量方程，可得下式

$$E_0 = h_c + \frac{\alpha_c v_c^2}{2g} + h_w \tag{9-1}$$

式中　$h_c$、$v_c$ ——收缩断面的水深与流速；

$h_w$ ——断面 0—0 至断面 $c—c$ 间的水头损失；

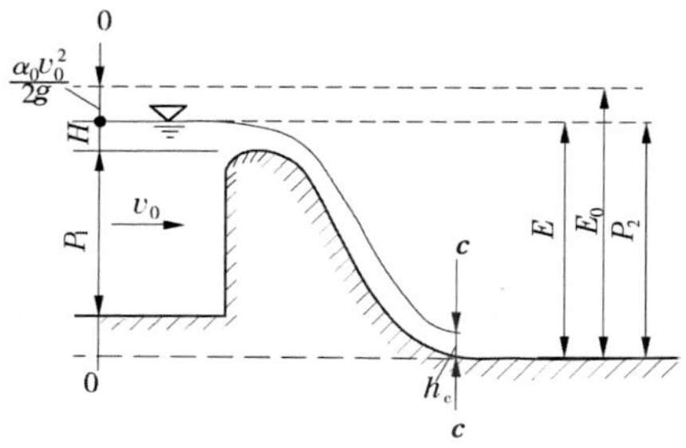


图 9-6

$E_0$——堰前总水头。

由图 9-6 可以看出

$$E_0 = P_2 + H_0 = P_2 + H + \frac{\alpha_0 v_0^2}{2g}$$

令 $h_w = \zeta v_c^2/2g$，流速系数 $\varphi = 1/\sqrt{\alpha + \zeta}$，则式(9-1)可写为

$$E_0 = h_c + \frac{Q^2}{2gA_c^2\varphi^2} \tag{9-2}$$

式中　$Q$——下泄流量；

$A_c$——收缩断面面积。

对矩形断面：$A_c = bh_c$，取单宽流量 $q = \frac{Q}{b}$，则

$$E_0 = h_c + \frac{q^2}{2g\varphi^2 h_c^2} \tag{9-3}$$

得

$$h_c = \frac{\frac{q}{\varphi\sqrt{2g}}}{\sqrt{E_0 - h_c}} \tag{9-4}$$

式中　$\varphi$——泄水建筑物的流速系数，$\varphi$ 值的大小主要取决于建筑物的型式和尺寸，初估可按表 9-1 选，也可用经验公式计算，对于高坝可采用式(9-5)计算，对于坝前水流无明显掺气，且 $P_1/H<30$ 的曲线型实用堰，可采用式(9-6)计算：

$$\varphi = 0.2(\frac{q^{\frac{2}{3}}}{s}) \tag{9-5}$$

$$\varphi = 1 - 0.0155\frac{P_1}{H} \tag{9-6}$$

式(9-4)是 $h_c$ 的三次方程，不便直接求解，一般采用逐次渐近法求 $h_c$。

计算步骤如下：

(1)令 $h_c=0$，代入式(9-4)的右边计算得 $h_{c1}$。

(2)将 $h_{c1}$ 仍代入式(9-4)的右边计算得 $h_{c2}$，比较 $h_{c1}$ 和 $h_{c2}$，如二者相等，则 $h_{c2}$ 即为所求 $h_c$。否则，再将 $h_{c2}$ 代入式(9-4)的右边计算得 $h_{c3}$，再比较，如不满足，再计算，就这样逐次渐近，直至二者近似相等。

### 9.2.2　衔接形式的判断

闸、坝等泄水建筑物下游发生水跃，水跃发生的位置有三种情况：正好在收缩断面处开始发生，在收缩断面以前发生，在收缩断面以后发生，这是三种不同的水跃形式，

**表 9-1　泄水建筑物的流速系数 $\varphi$ 值**

| 建筑物泄流方式 | 图形 | $\varphi$ 值 |
| --- | --- | --- |
| 表面光滑的曲线型实用堰平板闸闸孔自由出流 | 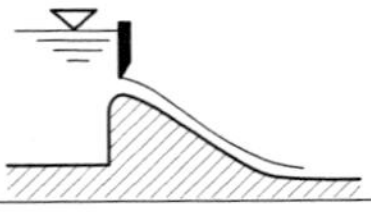 | 0.85 ~ 0.95 |
| 表面光滑的曲线型实用堰自由出流：<br>(1)溢流面长度较短。<br>(2)溢流面长度中等。<br>(3)溢流面长度较长 | 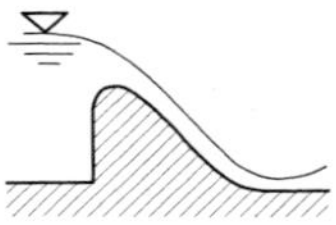 | <br>1.00<br>0.95<br>0.90 |
| 平板闸闸孔自由出流 | 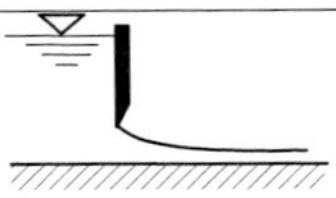 | 0.97 ~ 1.00 |
| 折线形断面实用堰自由出流 | 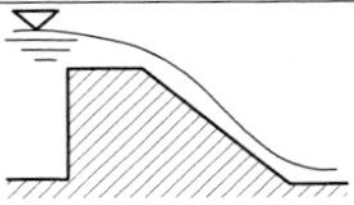 | 0.80 ~ 0.90 |
| 宽顶堰自由出流 | 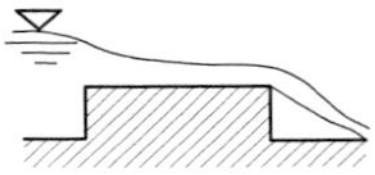 | 0.85 ~ 0.95 |
| 无闸门跌水 | 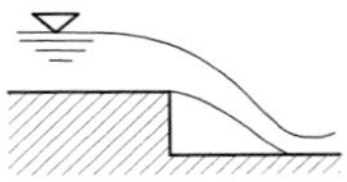 | 1.00 |
| 末端设闸门的跌水 | 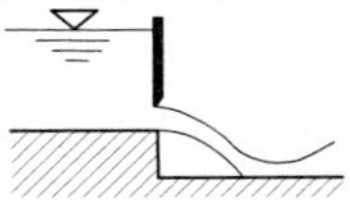 | 0.97 ~ 1.00 |

会发生何种形式的水跃，取决于建筑物下游收缩断面水深 $h_c$ 的共轭水深 $h''_c$ 与下游水深 $h_t$ 的大小关系。判断方法是：先以 $h_c = h'$（以收缩断面水深作为跃前水深），将 $h_c$ 代入水跃方程求得跃后水深 $h''_c$，然后将求得的 $h''_c$ 与下游水深 $h_t$ 比较，可出现 $h_t = h''_c$、$h_t < h''_c$、$h_t > h''_c$ 三种情况，由此可判断出发生何种水跃（$h''_c$ 求解方程见项目 7）。

（1）$h_t = h''_c$。表明此时下游水深 $h_t$ 正好等于收缩断面水深 $h_c$ 所对应的跃后水深 $h''_c$，水跃恰好在收缩断面处开始发生，称这种水跃为临界式水跃，这种水流衔接称为临界式水跃衔接，如图 9-7(a)所示。

（2）$h_t < h''_c$。这时，下游水深 $h_t$ 小于与收缩断面水深 $h_c$ 相对应的共轭水深 $h''_c$。下游水深 $h_t$ 即为实际跃后水深，由水跃函数曲线可知，较小的跃后水深要求较大的跃前水深与之相

对应,因而 $h'$ 应大于 $h_c$,所以应从收缩断面后,在水深增大到正好等于 $h_t$ 的共轭水深 $h_c''$ 时开始发生水跃,如图 9-7(b)所示,称这种水跃为远离式水跃,这种衔接称为远离式水跃衔接。

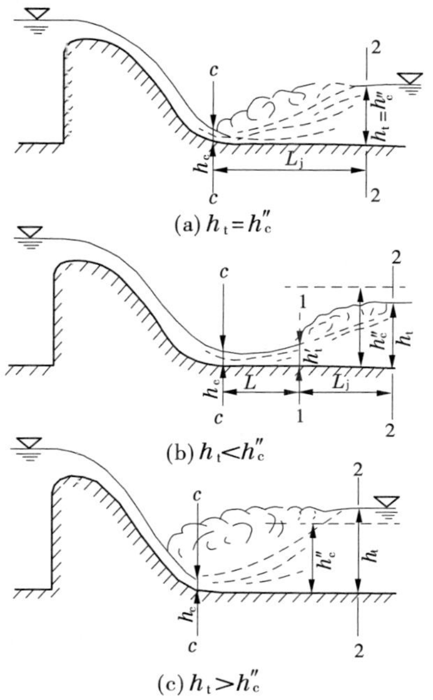

图 9-7

(3) $h_t > h_c''$。这种情况与上一种情况正好相反。水跃被水深较大的下游水流向上推移,收缩断面被淹没,因而称这种水跃为淹没式水跃,这种衔接为淹没式水跃衔接,如图 9-7(c)所示。

令 $\sigma = \dfrac{h_t}{h_c}$,称 $\sigma$ 为水跃的淹没系数,它表示水跃的淹没程度。

理论和试验研究表明,临界式水跃的水流能量损失最大,其消能效果最好。但临界式水跃不稳定,当流量稍有增大或下游水深稍有减小时,很容易转变为远离式水跃。而远离式水跃的消能效果较差,而且从收缩断面到跃前断面为急流,流速较大,对河床的冲刷能力很强,不利于建筑物的安全。对于淹没式水跃,当淹没系数 $\sigma > 1.2$ 时,消能率降低,但当淹没系数 $\sigma = 1.05 \sim 1.10$ 时,淹没式水跃的消能效果接近临界式水跃,而且不易变为远离式水跃。

综上所述,远离式水跃衔接形式最为不利,工程中应避免出现;临界式水跃衔接形式不稳定,很容易转变为远离式水跃衔接,也应避免出现;所以选取淹没系数 $\sigma = 1.05 \sim 1.10$ 的稍有淹没程度的淹没式水跃衔接形式为最好。因此,当建筑物下游水流的自然衔接形式经判断为远离式水跃衔接或临界式水跃衔接时,则需要设置消能工(消能工程),即要进行相应的消能水力计算,避免出现这两种水流衔接形式。设置底流式消能工的目的就是迫使建筑物下游发生淹没系数 $\sigma = 1.05 \sim 1.10$ 的稍有淹没程度的淹没式水跃,使水流成为稍有淹没程度的淹没式水跃衔接。

### 9.2.3　实例分析

**【例 9-1】**　某水闸单宽流量 $q=12.50\ m^3/(s\cdot m)$，上游水位 28.00 m，下游水位 24.50 m，渠底高程 21.00 m，闸底高程 22.00 m，$\varphi=0.95$，如图 9-8 所示，求闸下游收缩断面水深 $h_c$。判断闸下游水流衔接形式。

**解：** 首先计算 $E_0$。计算下游坝高 $P_1$：

$$P_1=22.00-21.00=1.00(m)$$

计算闸前水深 $H_0$：

$$H=28.00-22.00=6.00(m)$$

$$v_0=\frac{q}{H}=\frac{12.50}{6.00}=2.08(m/s)$$

$$H_0=H+\frac{v_0{}^2}{2g}=6.00+\frac{2.08^2}{19.6}=6.22(m)$$

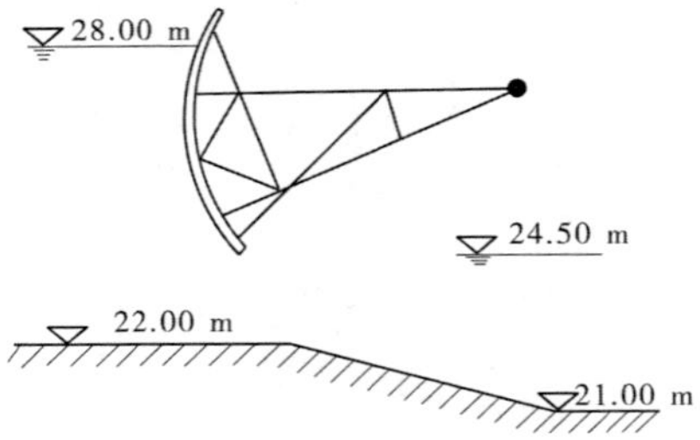


图 9-8

故　$E_0=P_1+H_0=1.00+6.22=7.22(m)$

用渐进法求 $h_c$：

$$h_c=\frac{\frac{q}{\varphi\sqrt{2g}}}{\sqrt{E_0-h_c}}=\frac{\frac{12.5}{0.95\sqrt{2\times9.8}}}{\sqrt{E_0-h_c}}=\frac{2.972}{\sqrt{E_0-h_c}}$$

令式中根号内的 $h_c=0$，则

第一次　$$h_{c1}=\frac{2.972}{\sqrt{7.22-0}}=1.106(m)$$

第二次　$$h_{c2}=\frac{2.972}{\sqrt{7.22-1.106}}=1.202(m)$$

第三次　$$h_{c3}=\frac{2.972}{\sqrt{7.22-1.106}}=1.211(m)$$

因 $h_{c3}$ 与 $h_{c2}$ 很接近，故取 $h_c=1.211$ m

可以使用 Excel 快速完成迭代过程（见表 9-2），初设水深 $h_{c1}=0$，填充到 A3 单元格；B3 单元格用公式：=$B$1/($F$1*SQRT(2*9.8*($D$1-A3)))；选中 B3 单元格，向右拖动填充 C3 至 F3 单元格完成迭代计算，计算结果 $h_c=1.213$ m。

**表 9-2　收缩断面水深计算表**

B3　fx　=$B$1/($F$1*SQRT(2*9.8*($D$1-A3)))

| | A | B | C | D | E | F | G |
|---|---|---|---|---|---|---|---|
| 1 | q= | 12.5 | E0= | 7.22 | Ψ= | 0.95 | |
| 2 | hc1 | hc2 | hc3 | hc4 | hc5 | hc6 | |
| 3 | 0 | 1.106088 | 1.201984 | 1.211523 | 1.212484 | 1.212581 | |

将 $h_c=1.211$ m 代入水跃方程得 $h_c''$：

$$h_c''=\frac{h_c}{2}\left(\sqrt{1+\frac{8q^2}{gh_c^3}}-1\right)$$

$$= \frac{1.211}{2} \times \left( \sqrt{1 + \frac{8 \times 12.5^2}{9.8 \times 1.213^3}} - 1 \right) = 4.55(\mathrm{m})$$

$$h_t = 24.50 - 21.00 = 3.50(\mathrm{m})$$

$h_t < h_c''$，因此闸下游发生远离式水跃，需设置底流式消能工。

# 任务9.3　底流式消能水力计算

如果判定泄水建筑物下游发生临界式或远离式水跃，则需增加下游水深迫使其能发生淹没系数 $\sigma = 1.05 \sim 1.10$ 的淹没式水跃，但没有必要增加整个河道的水深，只需在靠近建筑物下游较短的距离内建一消力池（水池），使池内水深增大到能够产生 $\sigma = 1.05 \sim 1.10$ 的淹没式水跃即可，底流式消能就是利用上述建消力池的方法，使池内恰好产生淹没式水跃，达到消能的目的。消力池的水力计算就是求消力池的池深和池长。由于池内水流湍急，池底需进行强化加固，这种加固结构称为护坦。

实际工程中常见的消力池有以下三种：

（1）挖深式消力池（又称消力池）。主要适用于河床易开挖且造价又比较经济的情况，在泄水建筑物下游原河床下挖即降低护坦高程，形成所需消力池，使池内产生所需水跃，见图9-9（a）。

（2）坎式消力池（又称消力坎）。当河床不易开挖或开挖太深造价不经济时，可在原河床上修建一道坎（墙），使坎前形成消力池，壅高池内水深，使池内产生所需水跃，见图9-9（b）。

（3）综合式消力池。当单纯开挖，开挖量太大，单纯建坎，坎又太高，不经济，且坎后易形成远离式水跃，冲刷河床，可二者兼用。这种既降低护坦高程，又修建消力坎的消力池称为综合式消力池，如图9-9（c）所示。

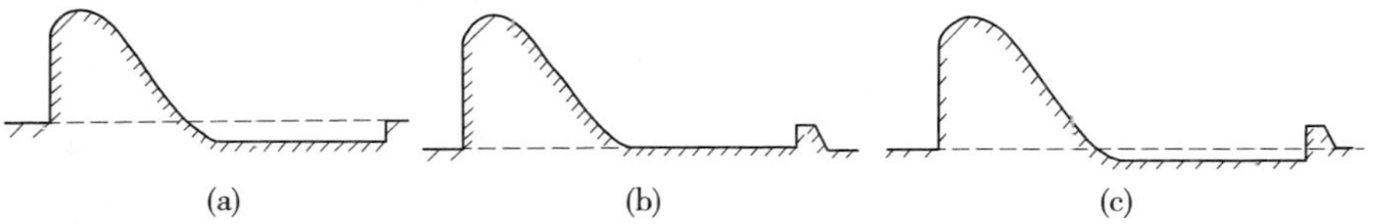


图9-9

本任务只讨论矩形断面的挖深式消力池和坎式消力池的水力计算。消力池的水力计算主要包括池深（或坎高）及池长的计算。

## 9.3.1　挖深式消力池的水力计算

### 9.3.1.1　消力池深度 $S$ 的计算

将下游河床下挖一深度 $S$ 后，形成消力池，池内水流现象如图9-10所示。出池水流由于垂向收缩，过水断面面积减小，动能增加，形成一水面跌落 $\Delta z$，其出池水流可视为宽顶堰流，由图9-10中可得池末水深 $h_T$。

$$h_T = S + h_t + \Delta z \tag{9-7}$$

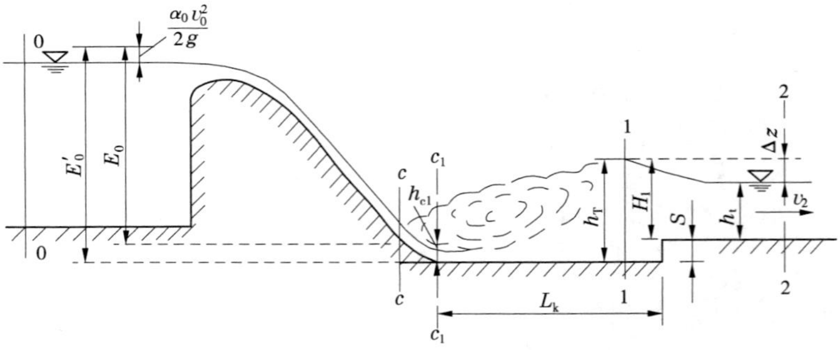

图 9-10

为保证池内发生稍有淹没的淹没式水跃，要求池末水深 $h_T > h''_c$，即要求

$$h_T = \sigma h''_c = S + h_t + \Delta z$$

式中　$\sigma$ ——淹没系数，通常取 1.05 ~ 1.10。

由上述条件可得池深 $S$ 的计算公式为

$$S = \sigma h''_c - (h_t + \Delta z) \tag{9-8}$$

水面跌落 $\Delta z$ 的计算公式，可通过对消力池出口断面 1—1 及下游断面 2—2 列能量方程(以通过断面 2—2 底部的水平面为基准面)得

$$\Delta z + \frac{v_1^2}{2g} = \frac{v_2^2}{2g} + \zeta \frac{v_2^2}{2g}$$

将 $v_1 = \dfrac{q}{h_T}$，$v_2 = \dfrac{q}{h_t}$，$\varphi' = \dfrac{1}{\sqrt{1+\zeta}}$ 代入上式得

$$\Delta z = \frac{q^2}{2g}\left[\frac{1}{(\varphi' h_t)^2} - \frac{1}{(\sigma h''_c)^2}\right] \tag{9-9}$$

式中　$\varphi'$ ——消力池出口的流速系数，一般取 0.95。

应当注意的是，应用式(9-8)和式(9-9)求解池深 $S$ 时，式中的 $h''_c$ 应是护坦降低以后的收缩断面水深 $h_c$ 对应的跃后水深。而护坦高程降低 $S$ 值后，$E_0$ 增至 $E_0 + S$，收缩断面位置下移，据式(9-4)可知 $h_c$ 值必然发生改变，与其对应的 $h''_c$ 值也随之改变。显然，$S$ 与 $h''_c$ 之间是一复杂的隐函数关系，所以求解 $S$ 一般采用试算法。

求解 $S$ 试算步骤如下：

(1)估算池深 $S$。初估时可用略去 $\Delta z$ 的近似式为

$$S = \sigma h''_c - h_t \tag{9-10}$$

式中，取 $\sigma = 1.05$，$h''_c$ 近似用建池前 $h''_c$ 代替建池后 $h''_c$，仅供估算用。

(2)计算建池后的 $h_c$ 和 $h''_c$。

$$h_c = \frac{\dfrac{q}{\varphi\sqrt{2g}}}{\sqrt{E'_0 - h_c}} \tag{9-11}$$

式中，$E'_0 = E_0 + S$。

$$h''_c = \frac{h_c}{2}\left(\sqrt{1+\frac{8q^2}{gh_c^3}}-1\right)$$

(3)计算 $\Delta z$（建池后 $h''_c$）。

$$\Delta z = \frac{q^2}{2g}\left[\frac{1}{(\varphi' h_t)^2}-\frac{1}{(\sigma h''_c)^2}\right)$$

(4)计算 $\sigma$（建池后 $h''_c$）。

$$\sigma = \frac{S+h_t+\Delta z}{h''_c} \tag{9-12}$$

若 $\sigma$ 在 1.05 ~ 1.10 的范围内，则消力池深度 $S$ 满足要求，否则调整 $S$，步骤重复(2) ~ (4)，直到满足要求。

#### 9.3.1.2 消力池长度 $L_k$ 的计算（适用消力池、消力坎）

消力池除需具有足够的深度外，还需有足够的长度，以保证水跃不冲出池外，而对下游河床产生不利影响。试验表明，池内淹没水跃因受池末端竖立壁坎产生的反向力作用，由池内收缩断面算起的水跃长度 $L'_j$ 比平底渠道中产生的自由水跃长度 $L_j$ 短20% ~30%，则

$$L'_j = (0.7 \sim 0.8)L_j$$

当泄水建筑物为曲线型实用堰时，消力池长度 $L_k$ 等于池内水跃长度 $L'_j$，即

$$L_k = L'_j = (0.7 \sim 0.8)L_j \tag{9-13}$$

式中 $L_j$——平底渠中自由水跃长度，详见项目7，$L_j = 6.9(h''_c - h_c)$，$h''_c$和 $h_c$ 分别为建池后跃后水深和跃前水深。

当泄水建筑物为跌坎或宽顶堰时，消力池长度还应考虑跌坎或宽顶堰到收缩断面间的距离，具体计算请参阅《水力计算手册》或其他有关水力学书籍。

#### 9.3.1.3 消力池的设计流量 $Q_s$、$Q_L$

上述消力池池深、池长的计算是在固定某一流量情况下进行的，而建好后的消力池要通过一定范围内的各种流量，那么用哪一个流量来计算池深和池长，才能使全部流量变化范围内都能保证在池内发生稍有淹没的淹没式水跃呢？显然，应考虑最不利的情况，即要选取具有最大池深和最大池长的流量作为消力池的设计流量（$Q_s$：池深设计流量；$Q_L$：池长设计流量）。

由简化公式（$S=\sigma h''_c - h_t$）可知，（$\sigma h''_c - h_t$）差值最大时池深 $S$ 最大，因此（$\sigma h_c - h_t$）差值最大时所对应的流量就是设计流量，所以只要在包含 $Q_{max}$、$Q_{min}$ 在内的流量变化范围内选取几个 $Q$ 值，算出相应的 $h''_c$、$h_t$，绘出 $Q$ 与（$\sigma h''_c - h_t$）的关系曲线，从曲线上选取最大（$\sigma h''_c - h_t$）对应的流量，即为消力池池深的设计流量 $Q_s$。实践表明，池深的设计流量一般比 $Q_{max}$ 小。

需注意的是，池长的设计流量不等于池深的设计流量，即 $Q_L \neq Q_s$，一般情况下，水跃长度随流量增大而增大，因此池长的设计流量 $Q_L$ 就是建筑物所通过的最大流量 $Q_{max}$。

综上所述，给出底流式衔接与消能水力计算的思路步骤：

(1)求建池前 $h_c$（式(9-4)）。

(2)求建池前 $h''_c$（项目5），判断水跃衔接形式。

(3)经判别为临界式水跃或远离式水跃时拟建消力池：①求池深 $S$（依次应用式(9-9)、

式(9-10)、式(9-11)、式(9-12))；②求池长 $L_k$(式(9-13))。

#### 9.3.1.4　实例分析

**【例 9-2】**　已知条件同例 9-1，拟在闸下游建一挖深式消力池，求消力池尺寸(出池水流流速系数 $\varphi'=0.95$)。

**解：**(1)确定池深 $S$。

①估算池深 $S$。

$$S=\sigma h_c''-h_t=1.05\times4.56-3.50=1.288(\text{m})$$

②计算建池后的 $h_c''$。

$$E_0'=E_0+S=7.22+1.288=8.508(\text{m})$$

将 $E_0'$、$q$、$\varphi$ 代入 $h_c=\dfrac{\dfrac{q}{\varphi\sqrt{2g}}}{\sqrt{E_0'-h_c}}$ 经计算求得 $h_c=1.091$ m。

$$h_c''=\frac{h_c}{2}\left(\sqrt{1+\frac{8q^2}{gh_c^3}}-1\right)=\frac{1.091}{2}\times\left(\sqrt{1+\frac{8\times12.5^2}{9.8\times1.091^3}}-1\right)=4.89(\text{m})$$

③计算 $\Delta z$。

$$\Delta z=\frac{q^2}{2g}\left[\frac{1}{(\varphi'h_t)^2}-\frac{1}{(\sigma h_c'')^2}\right]=\frac{12.5^2}{2\times9.8}\times\left[\frac{1}{(0.95\times3.5)^2}-\frac{1}{(1.05\times4.89)^2}\right]=0.419(\text{m})$$

④计算 $\sigma$。

$$\sigma=\frac{S+h_t+\Delta z}{h_c}=\frac{1.288+3.5+0.419}{4.89}=1.065$$

$\sigma$ 在 1.05 ~ 1.10 范围内，所以池深满足要求，为方便施工，池深取 $S=1.3$ m。

(2)确定池长。

$$L_k=(0.7\sim0.8)L_j$$

$$L_j=6.9(h_c''-h_c)=6.9\times(4.89-1.091)=26.21(\text{m})$$

$$L_k=(0.7\sim0.8)L_j=0.7\times26.21\sim0.8\times26.21=18.35\sim20.97(\text{m})$$

取池长 $L_k=20$ m。

### 9.3.2　坎式消力池的水力计算

#### 9.3.2.1　坎高 $C$ 的计算

当河床不易开挖或开挖不经济时，可在护坦末端修筑消力坎，壅高坎前水位形成消力池，以保证在建筑物下游产生稍有淹没的淹没式水跃。池内水流现象如图 9-11 所示，坎式消力池池内水流现象与挖深式消力池基本相同，但出池水流是折线型实用堰流。

同理，为保证池内产生稍有淹没的淹没式水跃，坎前水深 $h_T$ 应为

$$h_T=\sigma h_c''$$

由图 9-11 可知

$$h_T=C+H_1$$

式中　$C$——坎高；

$H_1$——坎顶水头。

则坎高

$$C=\sigma h''-H_1$$

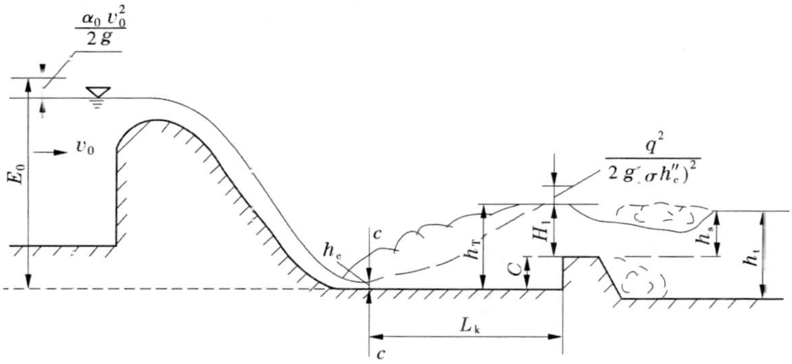


图 9-11

坎顶水头 $H_1$ 可用堰流公式计算

$$H_1 = H_{10} - \frac{v_0^2}{2g} = \left(\frac{q}{\sigma_s m_1 \sqrt{2g}}\right)^{2/3} - \frac{q^2}{2g\ (\sigma h''_c)^2}$$

则

$$C = \sigma h''_c + \frac{q^2}{2g\ (\sigma h''_c)^2} - \left(\frac{q}{\sigma_s m_1 \sqrt{2g}}\right)^{2/3} \tag{9-14}$$

式中　$m_1$——折线型实用堰的流量系数，一般取 $m_1 = 0.42$。

$\sigma_s$——消力坎淹没系数，其大小与下游水深和坎高有关，$\sigma_s = f\left(\frac{h_t - c}{H_{10}}\right) = f\left(\frac{h_s}{H_{10}}\right)$。

试验表明：当 $\frac{h_s}{H_{10}} \leqslant 0.45$ 时，出池水流为堰流自由出流，$\sigma_s = 1$；当 $\frac{h_s}{H_{10}} > 0.45$ 时，出池水流为堰流淹没出流，$\sigma_s$ 值可根据相对淹没度 $\frac{h_s}{H_{10}}$ 查表 9-3 确定。

表 9-3　消力坎的淹没系数 $\sigma_s$ 值

| $h_s/H_{10}$ | ≤0.45 | 0.50 | 0.55 | 0.60 | 0.65 | 0.70 | 0.72 | 0.74 | 0.76 | 0.78 |
|---|---|---|---|---|---|---|---|---|---|---|
| $\sigma_s$ | 1.00 | 0.990 | 0.985 | 0.975 | 0.960 | 0.940 | 0.930 | 0.915 | 0.900 | 0.885 |
| $h_s/H_{10}$ | 0.80 | 0.82 | 0.84 | 0.86 | 0.88 | 0.90 | 0.92 | 0.95 | 1.00 | |
| $\sigma_s$ | 0.865 | 0.845 | 0.815 | 0.785 | 0.750 | 0.710 | 0.651 | 0.535 | 0 | |

计算时，开始坎高尚未确定，无法判别过坎水流是否为堰流淹没出流，一般先按堰流自由出流考虑，取 $\sigma_s = 1$，利用式(9-14)可求出坎高 $C_1$。而后求出 $\frac{h_t - C_1}{H_{10}}$ 的数值，判别过坎水流是否为堰流自由出流。

若 $\frac{h_t - C_1}{H_{10}} \leqslant 0.45$，为堰流自由出流，$C_1$ 即为所求的消力坎高度。

应当指出的是，如果消力坎出池水流为自由出流，则应校核坎后的水流衔接情况，当坎后为临界或远离式水跃衔接时，必须设置第二道消力坎或采取其他消能措施。

若 $\frac{h_t - C_1}{H_{10}} > 0.45$，为堰流淹没出流。淹没的影响会使坎上水头 $H_1$ 增大，要使消力池内水跃的淹没系数 $\sigma_s$ 不变，需要降低坎高 $C_1$。重新计算坎高见例 9-3。消力坎的流速系数一般取 0.90～0.95。

#### 9.3.2.2　坎式消力池池长 $L_k$ 的计算

计算方法同挖深式消力池。

#### 9.3.2.3　坎式消力池设计流量 $Q_c$、$Q_L$ 的确定

坎高 $C$ 的设计流量 $Q_c$ 的确定：选取包括 $Q_{max}$ 和 $Q_{min}$ 在内的若干 $Q$ 值，分别计算出其相应的坎高 $C$ 值，绘制 $Q \sim C$ 曲线，最大 $C$ 值对应的流量即为坎高的设计流量。实践表明，一般情况下 $Q_c < Q_{max}$。

坎式消力池池长的设计流量 $Q_L$ 即是消力池通过的最大流量，须知 $Q_L \neq Q_c$。

#### 9.3.2.4　实例分析

**【例 9-3】** 某 WES 剖面堰堰顶高程 456.50 m，下游河床底部高程 420.00 m，泄流单宽流量为 20.00 $m^3/(s \cdot m)$ 时，堰上水头 4.50 m，下游水深 8.30 m，流速系数 $\varphi = 0.9$，试判断是否需建消力池，若需建请按消力坎式消力池设计尺寸。

**解**：(1) 判断下游水流衔接情况。

因为
$$\frac{P_1}{H} = \frac{456.50 - 420.00}{4.50} = 8.11 > 1.33$$

所以为高坝，可忽略行近流速水头，$H_0 \approx H = 4.50$ m。

$$E_0 = P_2 + H_0 = (456.50 - 420.00) + 4.50 = 41.00(\mathrm{m})$$

$$h_c = \frac{\frac{q}{\varphi\sqrt{2g}}}{\sqrt{E_0 - h_c}} = \frac{\frac{20}{0.9 \times \sqrt{19.6}}}{\sqrt{41.00 - h_c}}$$

经计算得 $h_c = 0.79$ m。

$$h''_c = \frac{h_c}{2}\left(\sqrt{1 + \frac{8q^2}{gh_c^3}} - 1\right) = \frac{0.79}{2} \times \left(\sqrt{1 + \frac{8 \times 20^2}{9.8 \times 0.79^3}} - 1\right) = 9.78(\mathrm{m}) > h_t = 8.30\ \mathrm{m}$$

故下游发生远离式水跃，需建消力池。

(2) 确定消力坎式消力池尺寸。

①坎高计算：

$$C = \sigma h''_c + \frac{q^2}{2g\,(\sigma h''_c)^2} - H_{10}$$

$$H_{10} = \left(\frac{q}{\sigma_s m_1 \sqrt{2g}}\right)^{2/3}$$

设消力坎为自由出流，$\sigma_s = 1$，取 $m_1 = 0.42$，则

$$H_{10} = \left(\frac{20}{0.42 \times \sqrt{2 \times 9.8}}\right)^{2/3} = 4.87(\mathrm{m})$$

$$C_1 = 1.05 \times 9.78 + \frac{20^2}{2 \times 9.8 \times (1.05 \times 9.78)^2} - 4.87 = 5.59(\mathrm{m})$$

$$h_s = h_t - C_1 = 8.30 - 5.59 = 2.71(\text{m})$$

$$\frac{h_s}{H_{10}} = \frac{2.71}{4.87} = 0.556 > 0.45$$

所以,消力坎为淹没出流,$\sigma_s < 1$,采用逐次渐近法重算坎高。

据 $\frac{h_s}{H_{10}} = 0.556$,查表9-3得 $\sigma_s = 0.984$,则

$$H_{10} = \left(\frac{20}{0.984 \times 0.42 \times \sqrt{2 \times 9.8}}\right)^{2/3} = 4.92(\text{m})$$

$$C_2 = 1.05 \times 9.78 + \frac{20^2}{2 \times 9.8 \times (1.05 \times 9.78)^2} - 4.92 = 5.54(\text{m})$$

$$h_s = h_t - C_2 = 8.30 - 5.54 = 2.76(\text{m})$$

由 $\frac{h_s}{H_{10}} = \frac{2.76}{4.92} = 0.561$,查表9-3得 $\sigma_s = 0.983$,则

$$H_{10} = \left(\frac{20}{0.983 \times 0.42 \times \sqrt{2 \times 9.8}}\right)^{2/3} = 4.93(\text{m})$$

$$C_3 = 1.05 \times 9.78 + \frac{20^2}{2 \times 9.8 \times (1.05 \times 9.78)^2} - 4.93 = 5.53(\text{m})$$

因 $C_3$ 与 $C_2$ 很接近,故取 $C = 5.53$ m,实际坎高可取为5.50 m。

②池长计算:

$$L_k = (0.7 \sim 0.8)L_j$$

$$L_j = 6.9(h_c'' - h_c) = 6.9 \times (9.78 - 0.79) = 62.03(\text{m})$$

$$L_k = 0.7 \times 62.03 \sim 0.8 \times 62.03 = 43.42 \sim 49.62(\text{m})$$

取池长为46 m。

### 9.3.3 底流式衔接与消能计算机求解法简介

底流式衔接与消能的计算机求解法,目前有好几种,这里只给大家介绍一种,即 Microsoft Excel(简称 Excel)计算方法。

“拖动填充”是 Excel 的重要计算工具,操作为:在活动单元格或当前选定区域的右下角有一个黑色的小方框“#”,将鼠标移到黑色的小方框“#”附近,当鼠标指针变成黑十字型时,按住鼠标左键拖动至需要填充数据的单元格,最后放开鼠标按键。在拖动过程中引用的相对单元格会随行和列的变化而变动,如果引用绝对单元格,则单元格不随行和列的改变而变化。

实现 Excel 拖放填充操作,必须保证“单元格拖放功能”处于打开状态。如果“单元格拖放功能”处于关闭状态,可以按以下操作步骤打开:在“工具”菜单上单击“选项”,再单击“编辑”选项卡,选中或清除“单元格拖放功能”复选框,Excel 默认功能处于启动状态。

“单变量求解”是一组命令的组成部分,这些命令有时也称作假设分析工具。如果已知单个公式的预期结果,而确定此公式结果的输入值未知,则可使用“单变量求解”功能反求输入值。使用“单变量求解”功能,通过单击“工具”菜单上的“单变量求解”即可。

当进行单变量求解时，Microsoft Excel 会不断改变特定单元格中的值，直到依赖于此单元格的公式返回所需的结果。

**【例 9-4】** 在矩形河槽中筑一曲线型溢流堰，单宽流量 $q=15\ m^3/(s \cdot m)$，坝顶高出下游河床 $P_2=15$ m，堰上全水头 $H_0=3.63$ m，下游水深 $h_t=5.5$ m，流速系数 $\varphi=0.936$。试判断：

(1) 溢流堰下游是否需要修建消力池？

(2) 如果需要修建消力池，试设计挖深式消力池的尺寸。

**解：**(1) 判断是否需要修建消力池。

①计算收缩断面水深 $h_c$。

收缩断面水深 $h_c$ 的计算公式为式(9-3)，即

$$E_0 = h_c + \frac{q^2}{2gh_c^2\varphi^2}$$

式中 $$E_0 = H_0 + P_2 = 3.63 + 15 = 18.63(\text{m})$$

式(9-3)是关于收缩断面水深 $h_c$ 的三次方程。应利用 Excel 的“单变量求解”功能求解收缩断面水深 $h_c$。

按图 9-12 所示输入已知数据 $q=15\ m^3/(s \cdot m)$，$E_0=H_0+P_2=18.63$ m、$\varphi=0.936$、$h_t=5.5$ m。

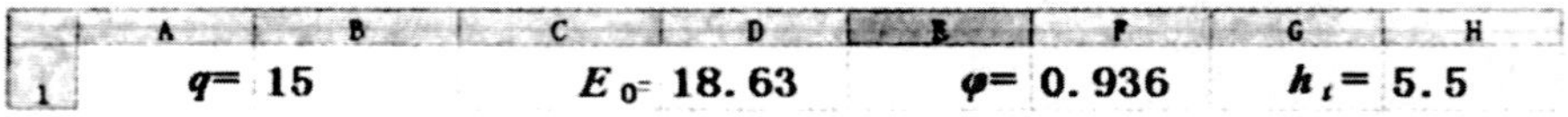


**图 9-12　计算收缩断面水深已知数据填充图**

任意设收缩断面水深 $h_c$，求与之相应的堰上总水头 $E_0$。设收缩断面水深 $h_c=0.5$ m，按表 9-4 在 B3 单元格中输入计算 $E_0$ 的 Excel 计算公式，得堰前总水头 $E_0=52.912$ m，计算结果见图 9-13(a)。

**表 9-4　收缩断面水深的 Excel 计算公式**

| 计算内容 | 计算公式 | 相应的 Excel 计算公式 |
|---|---|---|
| $E_0$ | $E_0 = h_c + \frac{q^2}{2gh_c^2\varphi^2}$ | = A3 + $ B $ 1 * $ B $ 1/(2 * 9.8 * $ F $ 1^2 * A3^2) |
| $h''_c$ | $h''_c = \frac{h_c}{2}\left[\sqrt{1+\frac{8q^2}{gh_c^3}}-1\right]$ | = A3/2 * (SQRB(1 + 8 * $ B $ 1^2/(9.8 * A3^3)) - 1 |

收缩断面水深 $h_c=0.5$ m，计算得到的 $E_0$ 值和已知 $E_0=18.63$ m 不相符，应利用Excel“单变量求解”功能求解收缩断面水深 $h_c$。

利用 Excel“单变量求解”功能求解收缩断面水深 $h_c$。单击 B3 单元格使成为活单元格，然后在“工具”菜单上，单击“单变量求解”，弹出“单变量求解”对话框，在“单变量求解”对话框中的“目标单元格”中输入 B3，在“目标值”中输入 18.63(堰上总水头 $E_0=$

18.63 m)，在“可变单元格”中输入$A$3(收缩断面水深 $h_c$ 所在单元格)，单击“确定”按钮，弹出“单变量求解状态”对话框，单击“单变量求解状态”对话框的“确定”按钮，即可完成计算任务。计算收缩断面水深 $h_c=0.859$ m，见图9-13(b)。

| | A | B | C | D | E | F | G | H |
|---|---|---|---|---|---|---|---|---|
| 1 | q= | 15 | E₀= | 18.63 | φ= | 0.936 | ht= | 5.5 |
| 2 | hc | E₀ | | | | | | |
| 3 | 0.500 | 52.912 | | | | | | |

(a)

| | A | B | C | D | E | F | G | H |
|---|---|---|---|---|---|---|---|---|
| 1 | q= | 15 | E₀= | 18.63 | φ= | 0.936 | ht= | 5.5 |
| 2 | hc | E₀ | | | | | | |
| 3 | 0.859 | 18.630 | | | | | | |

(b)

图9-13 收缩断面水深计算图

②计算收缩断面水深 $h_c$ 对应的跃后水深 $h''_c$，判断是否需要修建消力池。

收缩断面水深 $h_c$ 对应的跃后水深公式为

$$h''_c=\frac{h_c}{2}\left[\sqrt{1+\frac{8q^2}{gh_c^3}}-1\right]$$

计算跃后水深 $h''_c$，只要在C3单元格中输入表9-5提供的Excel计算公式，便可得到跃后水深 $h''_c$ 的数值，跃后水深 $h''_c=6.896$ m，如图9-14所示。

表9-5 计算消力池池深的Excel计算公式

| 计算内容 | 计算公式 | 相应的Excel计算公式 | 备注 |
|---|---|---|---|
| $E'_0$ | $E_0+d$ | =$D$1+A3 | |
| $h_c$ | $\sqrt{\frac{q^2}{2g\varphi^2(E'_0-h_c)}}$ | =SQRT($B$1*$E$1/(2*9.8*$F$1*$F$1)/$B$3-C3)) | C4单元格的公式 |
| $h''_c$ | $\frac{h_c}{2}\left[\sqrt{1+\frac{8q^2}{gh_c^3}}-1\right]$ | =$C$10/2*(SQRT(1+8*$B$1*$B$1/(9.8*$C$10^3))-1) | |
| $\Delta z_1$ | $\frac{q^2}{2g(\varphi'h_t)^2}$ | =$B$1*$B$1/(2*9.8*0.95^2*$H$1^2) | |
| $\Delta z_2$ | $\frac{q^2}{2g(\sigma h''_c)^2}$ | =$B$1*$B$1/(2*9.8*1.05^2*$D$3*$D$3) | |
| $\Delta z$ | $\frac{q^2}{2g(\varphi'h_t)^2}-\frac{q^2}{2g(\sigma h''_c)^2}$ | =E3-F3 | |
| $h_T$ | $S+h_t+\Delta z$ | =A3+G3+$H$1 | |
| $\sigma$ | $\frac{S+h_t+\Delta z}{h''_c}$ | =H3/D3 | |

C3　=A3/2*(SQRT(1+8*$B$1^2/(9.8*A3^3))-1)

| | A | B | C | D | E | F | G | H |
|---|---|---|---|---|---|---|---|---|
| 1 | q= | 15 | | E0= 18.63 | | φ= 0.936 | | ht= 5.5 |
| 2 | hc | E0 | hc″ | | | | | |
| 3 | 0.859 | 18.630 | 6.896 | | | | | |

图 9-14　跃后水深的计算成果图

因为 $h_c'' > h_t = 5.5$ m，所以下游发生远驱式水跃，需要修建消力池。

(2)挖深式消力池池深计算。

①输入已知数据。将 $q = 15$ m$^3$/(s·m)、$E_0 = H_0 + P_2 = 18.63$ m、$\varphi = 0.936$、$h_t = 5.5$ m，按图 9-15(a)所示输入。

②假设消力池池深 $d$，计算挖深后的堰上水头 $E_0'$ 和下游收缩断面水深 $h_c$。

任意设池深 $d = 1.5$ m，输入到 A3 中，在 B3 中输入表 9-5 提供的 Excel 计算公式，得 $E_0' = 20.130$ m，如图 9-15(a)所示。

用迭代法计算 $d = 1.5$ m 的下游收缩断面水深 $h_c$。将式(9-3)改写成下面的迭代公式，即

$$h_c = \sqrt{\frac{q^2}{2g\varphi^2(E_0' - h_c)}}$$

其迭代过程为：任意设收缩断面水深代入上式右端，算出 $h_{c2}$；再用 $h_{c2}$ 代入上式右端，算出 $h_{c3}$；再用 $h_{c3}$ 代入上式右端，算出 $h_{c4}$，重复上述步骤，直到最后两次迭代的收缩断面水深的误差能满足精度要求。

设初始的收缩断面水深 $h_{c1} = 2$ m，输入在 C3 单元格中，在 C4 单元格中输入表 9-5 所列的 Excel 计算公式，得 $h_{c2} = 0.850\ 1$，见图 9-15(a)；用 $h_{c2}$ 计算 $h_{c3}$ 以及后面的迭代计算可以使用 Excel 的“拖动填充“功能。方法是：单击 C4 单元格，向下拖动填充 C5 ~ C10 单元格，见图 9-15(a)。

收缩断面水深的初始值设置为多少，对最终计算结果的影响极小，由图 9-15(b)的迭代过程可以看出，迭代次数的多少取决于计算精度的要求。工程中，一般只要迭代 3 ~ 4 次就能得到较为准确的结果。本例中选中 C4 单元格为活动单元格，向下拖动填充至 C10 单元格。经多次迭代的 C10 单元格中的数值作为收缩断面水深 $h_c$ 的最终计算值，一般能满足计算精度要求。所以，设池深 $d = 1.5$ m，下游收缩断面水深 $h_c = 0.823\ 8$ m。

③计算池深 $d = 1.5$ m，下游收缩断面水深 $h_c = 0.823\ 8$ m 时所对应的跃后水深 $h_c''$ 及 $\Delta z_1$、$\Delta z_2$、$\Delta z$、$h_T$、$\sigma$，判断池深 $d = 1.5$ m 是否满足消能要求。

在 D3 至 I3 单元格中输入表 9-5 提供的 Excel 计算公式，依次计算 $h_c''$、$\Delta z_1$、$\Delta z_2$、$\Delta z$、$h_T$、$\sigma$，见图 9-15(b)。

由图 9-15(b)可知，当池深 $d = 1.5$ m 时，淹没系数 $\sigma = 1.021$，不在 1.05 ~ 1.1 范围内，所以假设的消力池深度 $d = 1.5$ m 不满足消能要求，需要利用 Excel“单变量求解”功能求解使 $\sigma$ 在 1.05 ~ 1.1 范围内的消力池深度。

| | A | B | C | D | E | F | G | H | I |
|---|---|---|---|---|---|---|---|---|---|
| 1 | $q=$ | 15 | $E_0=$ | 18.63 | $\varphi=$ | 0.936 | $h_t=$ | 5.5 | |
| 2 | $d$ | $E_0'$ | $h_c$ | $h_c''$ | $\Delta z_1$ | $\Delta z_2$ | $\Delta z$ | $h_T$ | $\sigma$ |
| 3 | 1.500 | 20.130 | 2.0000 | | | | | | |
| 4 | | | 0.8501 | | | | | | |
| 5 | | | 0.8244 | | | | | | |
| 6 | | | 0.8238 | | | | | | |
| 7 | | | 0.8238 | | | | | | |
| 8 | | | 0.8238 | | | | | | |
| 9 | | | 0.8238 | | | | | | |
| 10 | | | 0.8238 | | | | | | |

(a)

| | A | B | C | D | E | F | G | H | I |
|---|---|---|---|---|---|---|---|---|---|
| 1 | $q=$ | 15 | $E_0=$ | 18.63 | $\varphi=$ | 0.936 | $h_t=$ | 5.5 | |
| 2 | $d$ | $E_0'$ | $h_c$ | $h_c''$ | $\Delta z_1$ | $\Delta z_2$ | $\Delta z$ | $h_T$ | $\sigma$ |
| 3 | 1.500 | 20.130 | 2.0000 | 7.065 | 0.420 | 0.209 | 0.212 | 7.212 | 1.021 |
| 4 | | | 0.8501 | | | | | | |
| 5 | | | 0.8244 | | | | | | |
| 6 | | | 0.8238 | | | | | | |
| 7 | | | 0.8238 | | | | | | |
| 8 | | | 0.8238 | | | | | | |
| 9 | | | 0.8238 | | | | | | |
| 10 | | | 0.8238 | | | | | | |

(b)

| | A | B | C | D | E | F | G | H | I |
|---|---|---|---|---|---|---|---|---|---|
| 1 | $q=$ | 15 | $E_0=$ | 18.63 | $\varphi=$ | 0.936 | $h_t=$ | 5.5 | |
| 2 | $d$ | $E_0'$ | $h_c$ | $h_c''$ | $\Delta z_1$ | $\Delta z_2$ | $\Delta z$ | $h_T$ | $\sigma$ |
| 3 | 1.810 | 20.440 | 2.0000 | 7.099 | 0.420 | 0.207 | 0.214 | 7.524 | 1.060 |
| 4 | | | 0.8430 | | | | | | |
| 5 | | | 0.8177 | | | | | | |
| 6 | | | 0.8172 | | | | | | |
| 7 | | | 0.8172 | | | | | | |
| 8 | | | 0.8172 | | | | | | |
| 9 | | | 0.8172 | | | | | | |
| 10 | | | 0.8172 | | | | | | |

(c)

图9-15　挖深式消力池池深计算图

④计算使淹没系数 $\sigma$ 在1.05～1.1范围内的池深 $d$。

· 单击I3单元格，使其成为活动单元格；

· 在“工具”菜单上，单击“单变量求解”，弹出“单变量求解”对话框；

· 在“单变量求解”对话框的“目标单元格”中输入I3（淹没系数所在单元格），淹没系数 $\sigma$ 在1.05～1.1范围内，可以任取一值，假设取 $\sigma$ =1.06，输入到“目标值”中，“可变单元格”中输入$A$3（池深 $d$ 所在单元格），单击“确定”按钮，弹出“单变量求解状态”对话框；

· 在“单变量求解状态”对话框中，单击“确定”按钮，即可完成计算任务，池深 $d$ = 1.81 m，结果见图 9-15(c)。

· 从图 9-15(c)可知，池深 $d$ = 1.81 m 时，淹没系数 = 1.06，因此消力池深度 $d$ 满足要求。

## 9.3.4 底流式消能的其他形式及辅助设施

### 9.3.4.1 特例的消力池型式

1. 斜坡消力池

所谓斜坡消力池，是指消力池护坦不采用平底，而采用有一定坡度的倾斜护坦，如图 9-16所示。当下游水位偏高时，水跃发生在倾斜护坦较后的某个位置。目前，斜坡护坦上水跃的水力计算尚无完善的方法。设计时可用试算法，先假定跃前水深 $h'$，计算跃前断面的弗劳德数 $Fr_1$，根据 $Fr_1$ 和护坦的倾斜坡度 $i_0$ 值，由图 9-17(a)求出两个共轭水深的比值 $\frac{h''}{h'}$，进而求得 $h''$；由图 9-17(b)可求出水跃长度 $L_j$ 与第二共轭水深 $h''$ 的比值 $L_j/h''$，算出水跃长度 $L_j$；根据 $h''$ 和 $L_j$ 反求跃前水深 $h'$，用以与假定的跃前水深 $h'$ 相比较，如不符合，则重设 $h'$，再次计算，直到假定的 $h'$ 与算得 $h'$ 的近似相等。

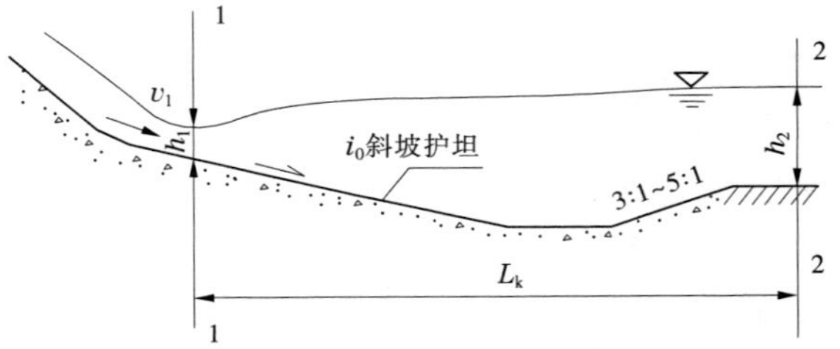


图 9-16

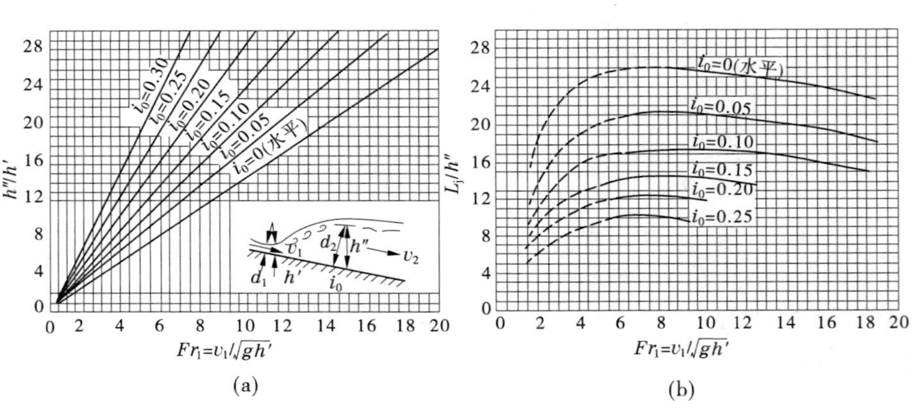


图 9-17

2. 戽式消力池

当下游水深较大，且有一定变化范围时，可在泄水建筑物末端修建一个具有较大反弧半径和挑角的低鼻坎的凹面戽斗，即消力戽。受一定下游水深的顶托作用，从泄水建筑物下泄的高速水流在戽内形成剧烈的表面旋滚，主流沿鼻坎挑起，形成涌浪并向下游扩散，戽坎下出戽主流与河床之间产生一个反向旋滚，有时涌浪之后还会产生一个微弱的表面旋滚。消力戽就是利用这三个旋滚和一个涌浪产生强烈的紊动摩擦和扩散作用，取得良好的消能效果，典型的戽流流态如图9-18所示。

当下泄单宽流量过大时，为了加大戽内旋滚体积，增加消能效果，从戽体最低断面开始，设置一段水平池底，使戽体形似消力池，但却保持戽流特点，因而称为戽式消力池，如图9-19所示。其水力计算请参阅有关水力计算手册或文献。

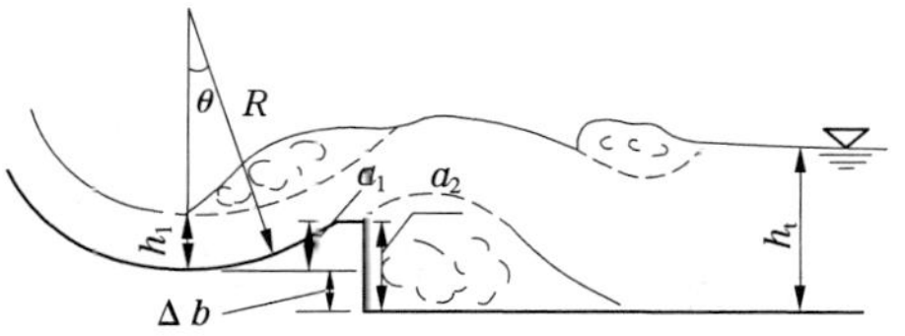


图9-18

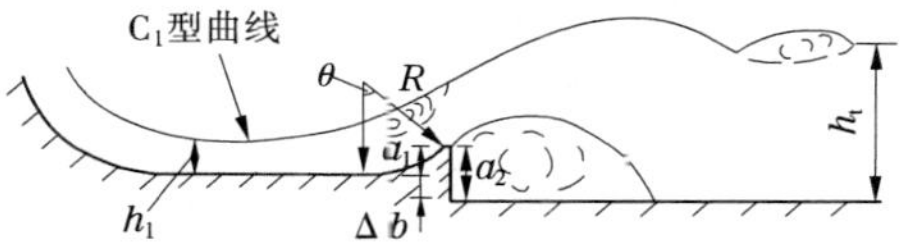


图9-19

3. 窄缝式消能

窄缝式消能工是一种高效的收缩式消能工，它借助侧壁的收缩，迫使水流变形，增强紊动和掺气，形成竖向扩散和纵向扩散的挑流流态，减小单位面积的入水能量，减轻对下游河床的冲刷，特别适合解决高山狭谷河流的消能泄洪问题。另外，窄缝式消能工也便于水流转向，容易顺应下游河道。自1954年葡萄牙的卡勃利尔（Cabril）拱坝首先采用窄缝消能工以来，至少已有20多个枢纽采用了窄缝消能技术，但是到现在为止，窄缝消能工并无成熟的设计方法，一般都是参照已有的工程经验，选择收缩段的体型和尺寸，然后通过水力模型试验进行检验、修改和最终定案。

### 9.3.4.2　底流式消能的辅助消能工

为提高消能效果，可在消力池中设置辅助消能工，如趾墩、消力墩、池末齿坎等，如图9-20所示。

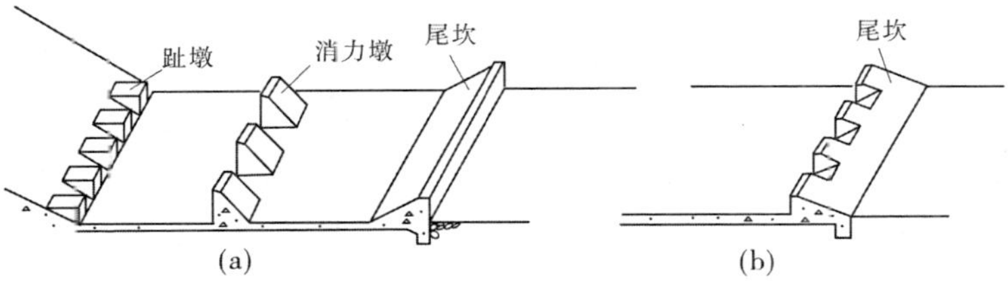


图9-20

1. 趾墩

趾墩又称分流墩，常布置在消力池入口处。它的作用是发散入池水股，加剧消力池中水流的紊动混掺作用，提高消能效率。对于单独加设的趾墩，可以增大收缩断面水深 $h_c$，使共轭水深 $h''_c$ 减小，因此可以减小消力池的深度 $S$。

2. 消力墩

消力墩常布置在消力池内的护坦上。它的作用除分散水流，形成更多漩涡以提高消能效果外，还有迎拒水流，对水流产生反冲击力。根据动量方程分析可知，消力墩对水流的反冲击力将降低水跃的共轭水深，从而可以减小消力池的池深 $S$。

3. 尾坎

尾坎的作用是将池末流速较大的底部水流挑起，改变下游的流速分布，使面层流速较大，底部流速较小，从而减轻出池水流对池后河床或海漫的冲刷作用。

辅助消能工的水力计算，可查阅有关水力计算手册。

4. 护坦下游的河床加固

由于出消力池水流紊动仍很剧烈，底部流速较大，故对河床仍有较强的冲刷能力。所以，在消力池后，除岩质较好，足以抵抗冲刷外，一般都要设置较为简易的河床保护段，这段保护段称为海漫。海漫不是依靠漩滚来消能，而是通过加糙、加固过流边界，促使流速加速衰减，并改变流速分布，使海漫末端的流速沿水深的分布接近天然河床，以减小水流的冲刷能力，保护河床。因此，海漫通常用粗石料或表面凹凸不平的混凝土块铺砌而成，如图 9-21 所示。海漫长度一般采用经验公式估算。

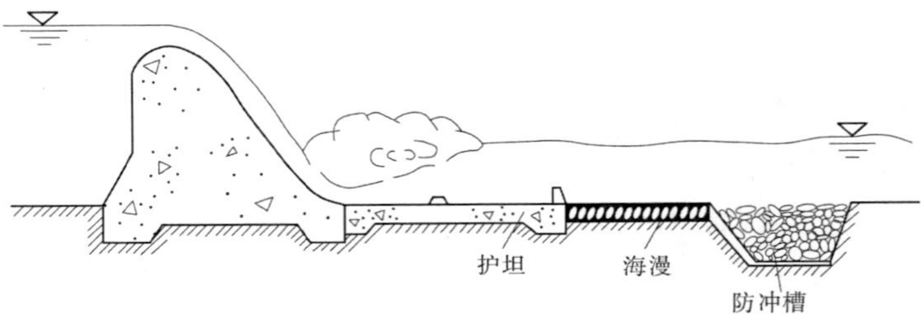


图 9-21

海漫下游水流仍具有一定冲刷能力，会在海漫末端形成冲刷坑。为保护海漫基础的稳定，海漫后一般应设置比冲刷坑略深的齿槽或防冲槽。具体设计可参阅有关书籍。

## 任务 9.4　挑流消能水力计算

将泄水建筑物出口部分设计成向上翘起的鼻坎形式，将下泄的急流抛向空中，经较远距离空中运动后，落入离建筑物较远的河渠中与下游水流相衔接，这种消能方式称为挑流消能方式。挑流消能通过鼻坎可在挑流范围内有效地控制射流落入下游河床的位置、范围及流量分布，对尾水变幅适应性强，结构简单，施工、维修方便。但其下游冲刷较严重，堆积物较多，尾水波动与雾化都较大。挑流消能应用较广，适于中、高水头，大、中、小流量的各类建筑物。鼻坎形式很多，常用的有连续式鼻坎、差动式鼻坎，还有扭曲鼻坎、斜切鼻坎、扩散式鼻坎和窄缝式鼻坎等(见图 9-22)。

挑流消能能耗大体分三部分：急流沿固体边界的摩擦消能，射流在空中与空气摩擦、掺气、扩散消能，射流落入下游尾水中淹没紊动扩散消能。

挑流消能时，水流经鼻坎抛向空中，掺入大量空气，形成扩散的水流，从而消耗一部分能量。空中水流下落潜入下游河渠以后，水流继续扩散，在跌入部位上、下游形成两个漩滚区，如图 9-22 所示，当潜入下游河渠的水流速度大于河床的抗冲能力时，就会在下潜水

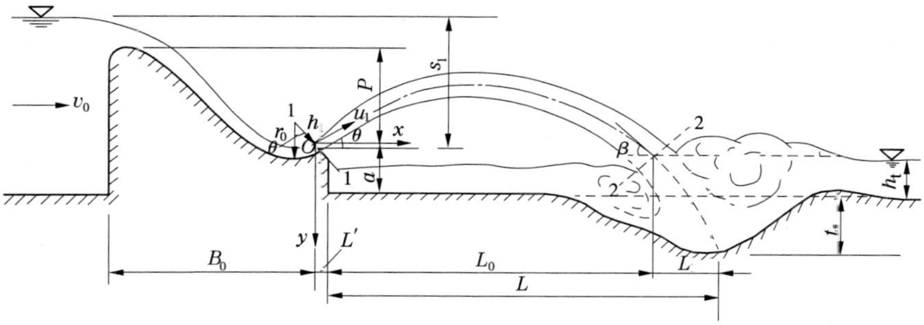


图 9-22

流集中的区域形成冲刷坑，冲刷坑会不断发展，直到平衡状态，形成稳定的冲刷坑，空中下落水流的大部分能量消耗在冲刷坑内的紊动摩擦和旋滚区内。

挑流消能设计的主要任务是：选择鼻坎形式（见图 9-23），确定鼻坎高程、反弧半径、挑角，计算挑距和下游冲刷坑深度等。通过这些数据，分析计算冲刷坑深度与建筑物下游底部形成的坡度，如果坡度过大，建筑物下游河床覆盖层会不断跌入冲刷坑，并被带到下游和河渠中，从而影响建筑物的安全。

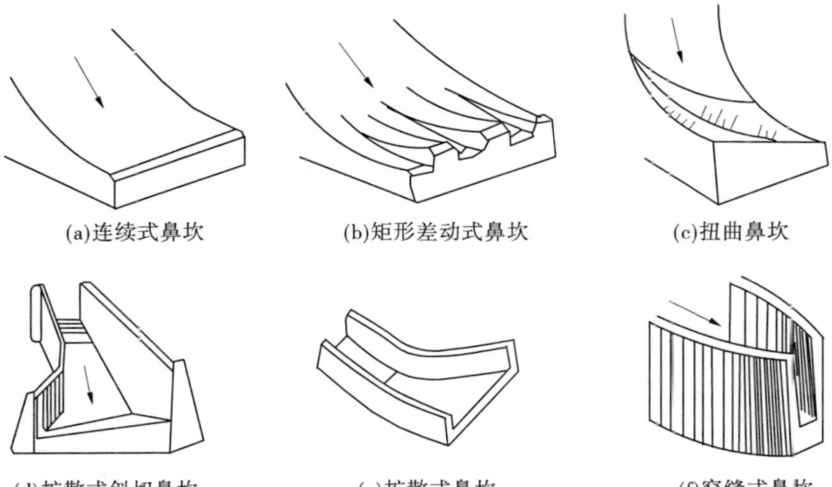

(a)连续式鼻坎　(b)矩形差动式鼻坎　(c)扭曲鼻坎

(d)扩散式斜切鼻坎　(e)扩散式鼻坎　(f)窄缝式鼻坎

图 9-23

## 9.4.1　挑流射程的计算

挑流射程是指挑流鼻坎下游壁面至冲刷坑最深点的水平距离。如图 9-22 所示，挑流射程 $L$ 应包括空中射程 $L_0$ 和水下射程 $L_1$，即

$$L = L_0 + L_1 \tag{9-15}$$

下面计算最常用的连续式鼻坎的挑流射程。

9.4.1.1　**空中射程 $L_0$**

连续式鼻坎沿整个宽度上具有同一反弧半径 $R$ 和挑射角 $\theta$,挑射的水流在空中按抛物线运动,经过分析,空中挑距应为

$$L_0 = \varphi^2 \sin 2\theta (s_1 - h_1 \cos\theta) \left[ 1 + \sqrt{1 + \frac{a - h_t + \frac{h_1}{2}\cos\theta}{\varphi^2 \sin^2\theta (s_1 - h_1\cos\theta)}} \right] \tag{9-16}$$

对于高坝,$s_1 \gg h_1$,略去 $h_1$ 得

$$L_0 = \varphi^2 s_1 \sin 2\theta \left[ 1 + \sqrt{1 + \frac{a - h_t}{\varphi^2 s_1 \sin^2\theta}} \right] \tag{9-17}$$

式中　$s_1$——上游水面至挑坎顶部的高差;

$\varphi$——坝面流速系数;

$a$——挑坎顶部与下游渠底的高差。

坝面流速系数 $\varphi$ 可由下面经验公式计算:

(1)长江水利委员会长江科学院在分析模型试验和原型观测资料的基础上,得出了如下坝面流速系数 $\varphi$ 经验公式:

$$\varphi = \sqrt[3]{1 - \frac{0.055}{K_E^{0.5}}} \tag{9-18}$$

式中　$K_E$——流能比,$K_E = \frac{q}{\sqrt{g}\, s_1^{1.5}}$;

$q$——单宽流量。

式(9-18)适用于 $K_E = 0.004 \sim 0.15$,当 $K_E > 0.15$ 时,取 $\varphi = 0.95$。

(2)东北勘测设计院科研所推荐公式:

$$\varphi = 1 - \frac{0.0077}{\left( \frac{q^{\frac{2}{3}}}{s_0} \right)^{1.15}} \tag{9-19}$$

式中　$s_0$——坝面流程,可近似按 $s_0 = \sqrt{P^2 + B_0^2}$ 计算;

$P$——挑坎顶部以上的坝高;

$B_0$——溢流面顺水流方向的水平投影长度。

式(9-19)的适用范围是 $\frac{q^{\frac{2}{3}}}{S_0} = 0.025 \sim 0.25$,当 $\frac{q^{\frac{2}{3}}}{S_0} > 0.25$ 时,可取 $\varphi = 0.95$。

9.4.1.2　**水下射程 $L_1$**

水股潜入下游水体后,属于潜没射流,不符合自由抛射体运动规律,一般近似认为沿入射角 $\beta$ 方向作直线运动,指向冲刷坑的最深点。水下射程为

$$L_1 = \frac{t_s + h_t}{\tan\beta} \tag{9-20}$$

式中　$t_s$——冲刷坑深度;

$h_t$——下游渠道水深。

$$\tan\beta = \sqrt{\tan^2\theta + \frac{a - h_t}{\varphi^2 s_1 \cos^2\theta}} \tag{9-21}$$

$$L_1 = \frac{t_s + h_t}{\sqrt{\tan^2\theta + \frac{a - h_t}{\varphi^2 s_1 \cos^2\theta}}} \tag{9-22}$$

根据式(9-16)和式(9-22)分别求出空中射程和水下射程,二者之和就是总射程。

## 9.4.2 挑流射程影响因素分析

影响挑流射程的因素是多方面的,现对其中的主要因素分析如下。

### 9.4.2.1 鼻坎的挑角

当鼻坎的高程一定时,不考虑空气阻力等因素,按自由抛体的理论计算,其射程最远的挑角应是45°。但由于射出的不是一个质点,而是一股沿程扩散和掺气的水流,并且出口断面1—1上各点的流速又不相同,因此抛射距离最远的挑角实际小于45°。若挑角$\theta$愈大,由式(9-21)可以看出入水角$\beta$愈大,则水下射程减小,并且水流对河床的冲刷力愈强;另外,当通过的流量不大时,由于动能不足,在鼻坎的反弧段上会形成漩滚,然后跌在脚下造成冲刷,影响建筑物的安全。所以,根据试验,鼻坎的适宜挑角是15°～35°,重要工程应通过试验确定。

### 9.4.2.2 鼻坎的高程

鼻坎高程愈低,则$s_1$愈大,鼻坎出口断面上的流速$v$也愈大,因而有利于增加射程。同时,降低挑坎高程可以减小工程量,降低造价。但是,一方面挑坎过低可能会使水股下缘通气不充分,水舌与建筑间形成封闭空间,造成真空,在水舌外缘大气压力作用下减小射程,降低挑流效果;另一方面,当下游水位超过鼻坎高程到一定程度时也可能使水流挑不出去,达不到挑流消能的目的。因此,工程中一般取挑坎的最低高程等于或稍高于下游最高水位。

### 9.4.2.3 反弧半径

反弧半径$R$大小,对射程远近是有一定影响的。根据经验,一般取$R=(4\sim10)h$,$h$为校核洪水位时反弧段最低处的水深。当流速高或单宽流量较大时,$R$取较大值。

## 9.4.3 冲刷坑深度$t_s$的计算

$t_s$取决于冲刷能力和河床的抗冲能力,其影响因素较复杂,它与单宽流量、上下游水位差、河床地质条件、下游河渠水深、鼻坎形式、溢流坝面等因素有关,工程中采用经验公式进行计算,《混凝土重力坝设计规范》(SL 319—2005)中规定为

$$t_s = k q^{0.5} z^{0.25} - h_t \tag{9-23}$$

式中 $t_s$——冲刷坑深度;

$z$——上下游水位差;

$k$——抗冲刷系数,与岩层性质有关,可查表9-6。

表 9-6　岩基构造特性与抗冲刷系数 $k$

| 岩基构造特性描述 | 岩基类型 | $k$ 值 |
| --- | --- | --- |
| 节理很发育,裂隙很杂乱,岩石呈碎块状,裂隙内部为黏土填充,包括松软结构、松散结构和破碎带 | Ⅳ | 1.5~2.0 |
| 节理较发育,岩石呈块状,部分裂隙为黏土填充 | Ⅲ | 1.2~1.5 |
| 节理发育,岩石呈大块状,裂隙密闭,少有充填 | Ⅱ | 0.9~1.2 |
| 节理不发育,多为密闭状,延展不长,岩石呈巨块状 | Ⅰ | <1.0 |

## 9.4.4　挑流消能分析和计算过程

冲刷坑对坝身的影响,一般用挑坎末端至冲刷坑最深点的平均坡度表示,即

$$i = \frac{t_s}{L_0 + L_1} \tag{9-24}$$

按照式(9-24)计算出的值愈大,坝身愈不安全。根据工程实践经验,一般取许可的最大临界坡 $i_c = 1/5 \sim 1/2.5$。当 $i < i_c$ 时,就认为冲刷坑不会危及坝身的安全。

在进行挑流消能计算时,应首先确定冲刷坑深度 $t_s$,再分别求出空中射程 $L_0$ 和水下射程 $L_1$,最后用式(9-24)求出挑坎末端至冲刷坑最深点的平均坡度 $i$,判断冲刷坑深度对坝身的影响。由于影响冲刷坑的因素比较复杂,往往还需要通过模型试验来确定冲刷坑的深度。

**【例 9-5】**　某空腹重力坝(见图 9-24),坝前正常蓄水位 176.00 m,闸门全开下泄流量 1 600 m³/s,泄流坝段总宽度 50 m。下游河床是坚硬但节理、裂隙均较发育的岩石。试计算下泄水流射程和冲刷坑深度并检验冲刷坑是否危及坝身安全。

**解**:根据所给条件算出下列数据:

单宽流量为

$$q = 1\ 600/50 = 32(\mathrm{m^3/(s \cdot m)})$$

下游坎高为

$$a = 145.15 - 116.00 = 29.15(\mathrm{m})$$

下游水深为

$$h_t = 127.00 - 116.00 = 11.00(\mathrm{m})$$

上游水面至挑坎顶部的高差为

$$s_1 = 176.00 - 145.15 = 30.85(\mathrm{m})$$

上、下游水位差为

$$z = 176.00 - 127.00 = 49.00(\mathrm{m})$$

(1)计算空中挑距。

流能比为

$$K_E = \frac{q}{\sqrt{g}s_1^{1.5}} = \frac{32}{\sqrt{9.8} \times 30.85^{1.5}} = 0.060$$

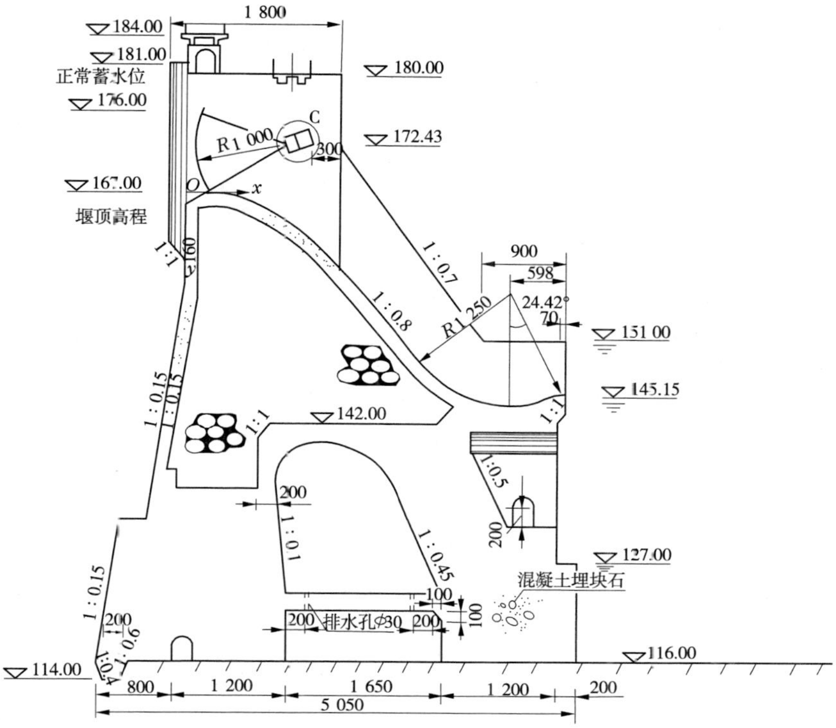


图9-24 （单位:尺寸,cm;高程,m）

流速系数为

$$\varphi = \sqrt[3]{1 - \frac{0.055}{K_E^{0.5}}} = \sqrt[3]{1 - \frac{0.055}{0.060^{0.5}}} = 0.919$$

所以,空中挑距为

$$L_0 = \varphi^2 s_1 \sin 2\theta \left[1 + \sqrt{1 + \frac{a - h_t}{\varphi^2 s_1 \sin^2\theta}}\right]$$

$$L_0 = 0.919^2 \times 30.85 \times \sin(2 \times 24.42°) \times \left[1 + \sqrt{1 + \frac{29.15 - 11.00}{0.919^2 \times 30.85 \times \sin^2 24.42°}}\right]$$

$= 63.81(\mathrm{m})$

(2)估算冲刷坑深度 $t_s$。

因岩石坚硬完整性较差,选 $k = 1.25$。

$$t_s = k q^{0.5} z^{0.25} - h_t = 1.25 \times 32^{0.5} \times 49.00^{0.25} - 11.00$$
$$= 7.71(\mathrm{m})$$

(3)计算水下挑距。

$$\tan\beta = \sqrt{\tan^2\theta + \frac{a - h_t}{\varphi^2 s_1 \cos^2\theta}}$$

$$\tan\beta = \sqrt{\tan^2 24.42° + \frac{29.15 - 11.00}{0.919^2 \times 30.85 \times \cos^2 24.42°}} = 1.023$$

$$L_1 = \frac{t_s + h_t}{\tan\beta} = \frac{7.71 + 11.00}{1.023} = 18.29(\text{m})$$

总挑距为

$$L = L_0 + L_1 = 63.81 + 18.29 = 82.10(\text{m})$$

(4)校核冲刷坑对坝身的影响。

$$i = \frac{t_s}{L} = \frac{7.71}{82.10} = 0.094 < 0.2 \sim 0.4\text{，坝身安全}$$

**【例 9-6】** 某溢流堰坝顶高程 161.00 m，下游河床是坚硬但节理、裂隙均较发育的岩石，其高程为 120.00 m，拟采用挑流消能。初拟挑角 $\theta = 25°$，挑坎高程为 138.00 m。当上游水位为 170.15 m，下游水位为 132.50 m，单宽流量为 49 $m^3/(s \cdot m)$ 时，试计算下泄水流射程和冲刷坑深度并检验冲刷坑是否危及坝身安全。

**解**：根据所给条件算出下列数据：

上游水位与挑坎顶点高差为

$$s_1 = 170.15 - 138.00 = 32.15(\text{m})$$

坎高为

$$a = 138.00 - 120.00 = 18.00(\text{m})$$

下游水深为

$$h_t = 132.50 - 120.00 = 12.50(\text{m})$$

上、下游水位差为

$$z = 170.15 - 132.50 = 37.65(\text{m})$$

(1)计算空中挑距。

流能比为

$$K_E = \frac{q}{\sqrt{g}s_1^{1.5}} = \frac{49}{\sqrt{9.8} \times 32.15^{1.5}} = 0.086$$

流速系数为

$$\varphi = \sqrt[3]{1 - \frac{0.055}{K_E^{0.5}}} = \sqrt[3]{1 - \frac{0.055}{0.086^{0.5}}} = 0.933$$

所以，空中挑距为

$$L_0 = \varphi^2 s_1 \sin 2\theta \left[1 + \sqrt{1 + \frac{a - h_t}{\varphi^2 s_1 \sin^2\theta}}\right]$$

$$L_0 = 0.933^2 \times 32.15 \times 0.766 \times \left[1 + \sqrt{1 + \frac{18.00 - 12.50}{0.933^2 \times 32.15 \times \sin^2 25°}}\right]$$

$$= 52.51(\text{m})$$

(2)估算冲刷坑深度 $t_s$。

因岩石坚硬完整性较差，选 $k = 1.25$，则

$$t_s = k q^{0.5} z^{0.25} - h_t = 1.25 \times 49^{0.5} \times 37.65^{0.25} - 12.50$$

$$= 9.17(\text{m})$$

(3) 计算水下挑距。

$$\tan\beta = \sqrt{\tan^2\theta + \frac{a - h_t}{\varphi^2 s_1 \cos^2\theta}}$$

$$\tan\beta = \sqrt{\tan^2 25° + \frac{18.00 - 12.50}{0.933^2 \times 32.15 \times \cos^2 25°}} = 0.676$$

$$L_1 = \frac{t_s + h_t}{\tan\beta} = \frac{9.17 + 12.50}{0.676} = 32.06(\text{m})$$

总挑距为

$$L = L_0 + L_1 = 52.51 + 32.06 = 84.57(\text{m})$$

(4) 校核冲刷坑对坝身的影响。

$$i = \frac{t_s}{L} = \frac{9.17}{84.57} = 0.108 < 0.2 \sim 0.4$$

故可以认为冲刷坑不会危及坝身安全。

## 项目任务

自测题

### 一、思考题

1. 工程中常见的水流衔接与消能措施有哪些？

2. 底流式消能要求泄水建筑物下游的水流衔接是什么形式？若不满足，可采取哪些工程措施？

3. 底流式消能工的作用是什么？

### 二、计算题

1. 在河道上建一无侧收缩曲线型实用堰，堰高 $P_1 = P_2 = 10$ m。当单宽流量 $q = 8\ \text{m}^3/(\text{s·m})$ 时，堰的流量系数 $m = 0.45$、流速系数 $\varphi = 0.95$。若下游水深分别为：$h_{t1} = 5$ m，$h_{t2} = 4.6$ m，$h_{t3} = 3.5$ m，试分别判别下游水流衔接形式。

2. 在一跌水出口处设平板闸门，如图 9-25 所示。流量 $Q = 10\ \text{m}^3/\text{s}$；跌坎高 $P = 2$ m；下游水深 $h_t = 1.4$ m；河槽为矩形断面，底宽 $b = 4$ m；闸前水头 $H = 1.6$ m；行近流速 $v_0 = 1.0$ m/s；流速系数 $\varphi = 0.95$。试计算收缩断面水深 $h_c$，并判别衔接形式。

3. 拟建一无侧收缩溢流堰，堰高 $P_1 = P_2 = 9$ m。当通过单宽流量 $q = 8.27\ \text{m}^3/(\text{s·m})$ 时，堰的流量系数 $m = 0.49$，流速系数 $\varphi = 0.95$，下游河道水深 $h_t = 3.5$ m。要求：(1) 判断溢流堰出流与下游水流衔接形式；(2) 若采用挖深式消力池，试设计消力池的尺寸。

4. 一单孔平板泄洪闸，上游水位为 31 m，闸底高程和河床高程均为 24.0 m，下游水位为 27.0 m，且为自由出流下游发生远离式水跃，初步设计消力池底部高程为 22.5 m，消能段与闸孔等宽（见图 9-26）。当闸门开启度 $e = 1$ m 时，不计闸前行近流速，验算消力池的深度能否满足消能要求。

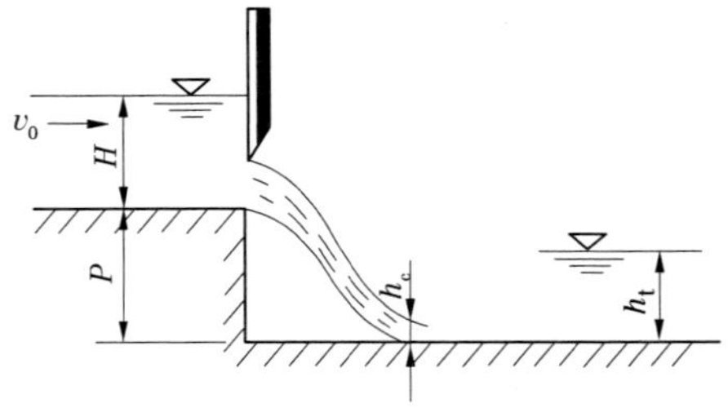


图 9-25

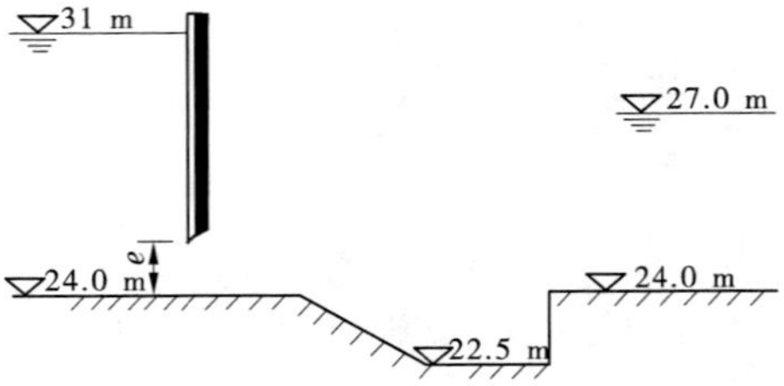


图 9-26

5. 在某矩形渠道修建一平板泄洪闸，已知闸前水头 $H=5$ m，下游水深 $h_t=2.5$ m，闸门开启度 $e=2$ m，不计闸前行近流速。(1)试判断下游的衔接形式；(2)若为远驱式水跃，试设计消力坎式消力池。

6. 一溢洪道矩形陡槽，上游水位 156 m，由水面曲线分析计算陡槽末端水深 $h=0.8$ m，流速 $v=20$ m/s。今在陡槽末端设计一挑流鼻坎，挑射角 $\theta=30°$，其他有关高程如图 9-27所示，流速系数 $\varphi=0.95$，鼻坎下游岩石破碎且松散（冲刷系数 $k=1.5$）。试求：(1)冲刷坑深度 $t_s$；(2)挑流射程 $L$；(3)检查冲刷坑的安全性。

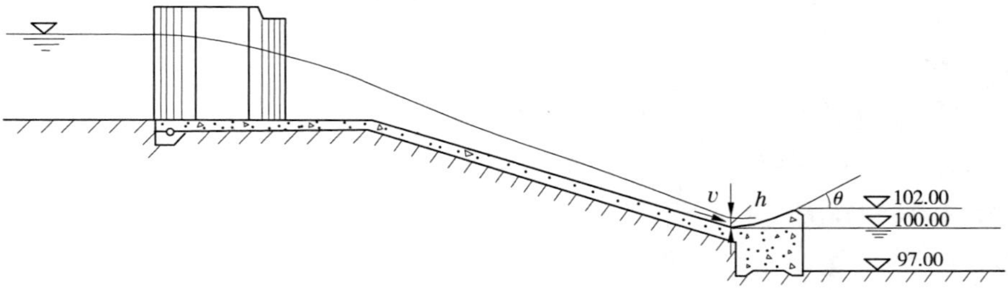


图 9-27

## 三、实训题

1)基本资料(见项目 2 项目任务实训题)

2)计算任务

设计消能工：分别作消力池、消力坎式消力池方案的计算（确定池深、坎高、池长及边墙高度）。

# 项目 10　渗流水力分析与计算

【学习目标】

1. 掌握渗流的基本概念；
2. 熟悉达西定律；
3. 掌握恒定均匀渗流的基本知识；
4. 掌握恒定非均匀渐变渗流的基本知识；
5. 了解渗流的基本计算。

【技能目标】

1. 会分析、计算、绘制恒定渐变渗流浸润线；
2. 能完成完全井的分析计算；
3. 能完成非完全井的分析计算；
4. 能完成排水廊道的分析计算；
5. 能完成井群等的分析计算。

专家介绍

## 任务 10.1　渗流水力分析

### 10.1.1　渗流基本概念

#### 10.1.1.1　水利工程中的渗流问题

水在有空隙的介质中的流动称为渗流，所谓孔隙介质，是由颗粒状或碎块状材料组成，并含有许多孔隙或裂隙的物质。土和有裂隙的岩石就是最常见的孔隙介质，水在土或岩石空隙中的流动是渗流的一个重要部分，简称地下水运动。

一般水利工程中把土壤中孔隙的体积 $\omega$ 和土壤的总体积 $W$ 之比叫作孔隙率，用 $n$ 表示，即

$$n = \frac{\omega}{W} \tag{10-1}$$

各种常见土壤的孔隙率见表 10-1。

表 10-1　各种常见土壤的孔隙率

| 土壤种类 | 黏土 | 粉砂 | 中粗混合砂 | 均匀砂 |
|---|---|---|---|---|
| 孔隙率 | 0.45～0.55 | 0.40～0.50 | 0.35～0.40 | 0.30～0.40 |
| 土壤种类 | 细、中混合砂 | 砾石 | 砾石和砂 | 砂岩 |
| 孔隙率 | 0.30～0.35 | 0.30～0.40 | 0.20～0.35 | 0.10～0.20 |

渗流对水利工程设计、施工、管理等方面都十分重要。渗流在水利、土建、石油、化工、地质、采矿、环保等许多部门广泛应用。

地下水运动是水利工程最关注的渗流问题,水利工程中有许多问题都涉及渗流运动。例如,修建土石坝挡水后,水就可能通过上游挡水坝面体深入,通过坝体渗透到下游,渗流在坝体内形成自由水面,这个自由水面和坝体横剖面的相交线,叫浸润线。由于土体的物理力学特性在空隙中充满水的饱和状态下会急剧下降,并会造成渗漏损失,所以实际工程中尽量通过在上游截断渗流,在下游排出渗流的方法降低浸润线。在水闸和重力坝中也存在渗流问题,水闸和重力坝挡水后,水流会通过建筑物周边产生渗流,甚至建筑物本身也有渗流问题,要采取一系列截渗和排渗措施,保证建筑物的安全。

在地下水水源的利用方面,渗流涉及水井和集水廊道等集水构筑物的设计、出水量计算等方面的问题;在建筑物施工时涉及基坑的排水、降低地下水位等方面的问题。

#### 10.1.1.2　水在土壤中的存在形式

土壤空隙中的地下水可处于各种不同的状态,可以分为气态水、附着水、薄膜水、毛细水和重力水。

气态水是水以气态的形式分布于土壤空隙中;附着水和薄膜水由于分子力的作用而聚集于土壤颗粒表面;毛细水是由于表面张力作用产生的毛细管作用而运动的水。以上几种存在于土壤中的水,数量比较少或对水利工程的影响轻微,一般可以忽略不计。

当孔隙介质中含水量较大,受重力作用而运动的水称为重力水。重力水在实际工程中具有重要意义。所以,地下水分析和计算的主要对象是重力水的运动。

#### 10.1.1.3　土壤的渗流特性及分类

渗流运动的特性与孔隙介质的粒径、级配、均匀性,孔隙的大小、形状,孔隙系数等因素密切相关。

自然界的土壤成分、结构和分布十分复杂。为了使问题简化,在能够满足工程精度要求的情况下,渗流分析计算中假定研究的土壤是均质和各向同性的。所谓均质土壤,是指土类和状态相同,各处渗流特性相同的土;所谓各向同性土壤,是指土中一点处各个方向渗流特性相同的土壤。严格地讲,只有等直径圆球颗粒规则排列的土壤才是均质各向同性的土壤。

所以,渗流分析与计算是针对均质各向同性土壤中重力水的恒定流动。

#### 10.1.1.4　渗流模型

实际土壤的颗粒、形状和大小的差别较大,颗粒间孔隙的形状、大小和分布也极不规则,因此实际渗流运动相当复杂。水利工程中常以理想化的渗流模型来简化实际渗流。渗流模型主要包括以下几个方面:

(1)不考虑实际渗流过程,只考虑主要流向。

(2)忽略土壤颗粒的存在,而假设渗流是充满整个孔隙介质的连续水流。其实质是将未充满全部空间的渗流看成连续空间的连续介质运动。

引入渗流模型后,水力分析与计算的过水断面、流线、流束、断面平均流速等均可以应用到渗流运动的分析与计算中。

渗流模型中某一微小过水断面的渗流流速定义为

$$v = \frac{\Delta Q}{\Delta A} \tag{10-2}$$

式中 $v$——渗流模型定义的流速；

$\Delta Q$——通过微小过水断面的渗流流量；

$\Delta A$——由土壤颗粒和孔隙组成的微小过水断面面积，它比实际孔隙组成的过水断面面积 $\Delta A'$要大。

对于土壤中一微小过流断面，实际渗流流速 $u$ 可表示为

$$u = \frac{\Delta Q}{\Delta A'} = \frac{v}{n} \tag{10-3}$$

由于 $n<1$，所以渗流模型流速小于实际渗流流速，见图 10-1。

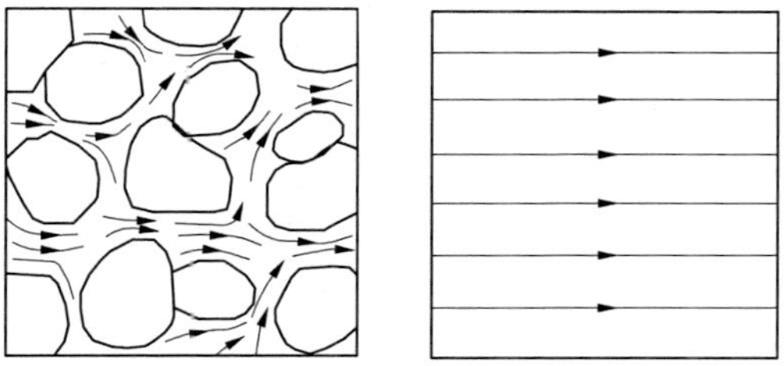
(a) (b)

图 10-1

一般不加说明，渗流流速是指模型中的渗流流速。为了使假想的渗流模型在水力特征方面和真实渗流相一致，渗流模型必须满足下列条件：

(1)通过渗流模型的流量与实际渗流流量相等。

(2)对于某一作用面，从渗流模型得出的动水压力与实际渗流的动水压力相等。

(3)渗流模型得出的水头损失与实际渗流的水头损失相等。

根据渗流模型的概念，渗流和一般水流运动一样，也可分为恒定渗流和非恒定渗流、均匀渗流和非均匀渗流、渐变渗流和急变渗流、有压渗流和无压渗流。

渗流的流速往往很小，通常不超过每秒几毫米，因此其动能可以忽略不计。在通常情况下，渗流总水头就等于位置水头 $z$ 和压强水头 $p/\gamma$ 之和，也就是测压管水头，即

$$H = z + \frac{p}{\rho g} + \frac{u^2}{2g} = z + \frac{p}{\rho g} \tag{10-4}$$

所以，渗流的总水头线与测压管水头线(或浸润线)重合，并且只能沿流程下降。

## 10.1.2 达西定律

### 10.1.2.1 达西试验与达西定律

早在 1852～1855 年，法国工程师达西通过试验研究，总结出渗流水头损失与渗流流速、流量之间的基本关系式，即达西定律。达西定律为解决生产实践中渗流的基本问题奠定了基础。

达西试验装置如图 10-2 所示,一上端开口的直立圆筒,内装颗粒均匀的砂土,上部由进水管 A 供水,并用溢流管 B 溢流以保持水位恒定,渗透过砂体的水通过底部滤水网 C 流入容器 D,并由此测定渗流流量。筒侧壁装有两个间距为 $l$ 的测压管,用以测量断面 1—1 和断面 2—2 上的渗透压强。由于达西试验中的渗流流速很小,流速水头可以忽略,因此断面 1—1 和断面 2—2 的测压管水头差 $\Delta H$ 就是渗流在 $l$ 长度的水头损失 $h_w$,其水力坡度 $J$ 为

$$J = \frac{h_w}{l} = \frac{h_1 - h_2}{l} \tag{10-5}$$

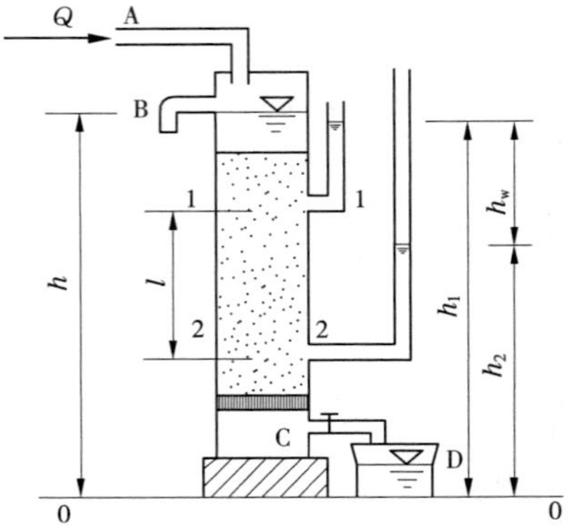


图 10-2

试验表明,对于不同直径的圆筒和不同类型的土壤,通过的渗流量 $Q$ 均与圆筒的横断面面积 $A$ 及水头损失 $h_w$ 成正比,与两断面间的距离 $l$ 成反比,并与土壤的渗透性质有关,于是渗流量 $Q$ 为

$$Q = kA\frac{h_w}{l} = kAJ \tag{10-6}$$

或

$$v = kJ \tag{10-7}$$

式中 $k$——土壤的渗流系数,反映土壤透水性质的比例系数,具有流速的量纲;

$v$——渗流的断面平均流速。

式(10-7)即为达西公式。它表明,在均质孔隙介质中,渗流流速与水力坡度成正比,并与土壤渗流系数有关。

达西试验中的渗流为均匀渗流,各点运动状态相同,任意空间点处的渗流流速 $u$(点流速)等于断面平均流速 $v$,由于水力坡度 $J = -\mathrm{d}H/\mathrm{d}s$,所以达西定律又可表示为

$$u = v = kJ = -k\frac{\mathrm{d}H}{\mathrm{d}s} \tag{10-8}$$

$$Q = kAJ = -kA\frac{\mathrm{d}H}{\mathrm{d}s} \tag{10-9}$$

#### 10.1.2.2 达西定律的适用条件

达西试验是用均匀砂土在均匀渗流条件下进行的。经后人的大量试验研究,认为可

以推广到黏土、细缝岩石等其他空隙介质。渗流与管流、明渠水流一样,也有层流和紊流之分,达西定律只适用于层流。达西定律表明渗流流速与渗透坡降成正比,所以达西定律又称为渗流的线性定律。对于透水性能好、渗流量大、渗流流速较大的渗流,可能发生紊流,达西定律就不再适用。

由于实际土壤孔隙的大小、形状、方向、分布等情况十分复杂,而且变化范围较大,渗流从达西定律的层流渗流转变为紊流渗流是逐渐的,可以参照水流雷诺数的概念,建立渗流雷诺数 $Re$,在考虑土壤孔隙率影响的情况下,巴甫洛夫斯基给出了渗流雷诺数 $Re$ 的表达式为

$$Re = \frac{1}{0.75n + 0.23}\frac{vd}{\nu} \tag{10-10}$$

式中 $n$——土壤的孔隙率;

$d$——土壤的有效粒径,可用 $d_{10}$ 代替;

$v$——渗流断面平均流速;

$\nu$——水的运动黏滞系数。

试验表明,渗流 $Re_k = 7 \sim 9$,当渗流 $Re < Re_k$ 时,属于层流渗流,否则为紊流渗流。

工程上所遇到的较多渗流问题都属于层流,但是卵石、砾石等大颗粒土壤中的渗流有可能出现湍流,属于非线性渗流。

**10.1.2.3 渗流系数**

渗流系数是反映土壤渗流特性的一个综合指标,其数值大小对于渗流计算结果影响很大。因渗流系数的影响因素很多,要精确确定其数值比较困难,工程上一般采用以下方法来确定:

(1)经验公式法。这一方法是根据土壤颗粒的大小、形状、结构、孔隙率和温度等参数所组成的经验公式来计算渗流系数的值。这类公式很多,各有其局限性,只能作粗略估算。

(2)实验室测定法。在天然土壤中取土样,利用如图10-2所示的达西试验装置,测定水头损失 $h_w$ 与渗流量 $Q$,用式(10-6)来计算 $k$ 值。此法简便易测,但由于被测定的土样只是天然土壤中的一小块,而且取样和运送时还可能破坏原土壤的结构。因此,取土样时应尽量保持原土壤的结构,并取足够数量的具有代表性的土样进行测定,才能得到较为可靠的 $k$ 值。

(3)现场测定法。在现场利用钻井或原有井做抽水试验或灌水试验,测出流量和水头值,然后应用井的有关公式计算出渗流系数值。此法虽不如实验室测定法简便易行,但在测定过程中可使土壤结构保持原状,测得的数值更接近真实值,是测定 $k$ 值最有效的方法。由于此法规模大,所需人力、物力较多,一般只在重要工程中应用。

渗流系数 $k$ 常用单位为 m/d 或 cm/s,一般在进行渗流近似计算时,可采用表10-2中的 $k$ 值作参考。

表 10-2　土壤的渗流系数值

| 土壤名称 | 渗流系数 $k$ | |
|---|---|---|
| | m/d | cm/s |
| 黏土 | <0.005 | $<6\times10^{-6}$ |
| 亚黏土 | 0.005 ~ 0.1 | $6\times10^{-6}\sim1\times10^{-4}$ |
| 轻亚黏土 | 0.1 ~ 0.5 | $1\times10^{-4}\sim6\times10^{-4}$ |
| 黄土 | 0.25 ~ 0.5 | $3\times10^{-4}\sim6\times10^{-4}$ |
| 粉砂 | 0.5 ~ 1.0 | $6\times10^{-4}\sim1\times10^{-3}$ |
| 细砂 | 1.0 ~ 5.0 | $1\times10^{-3}\sim6\times10^{-3}$ |
| 中砂 | 5.0 ~ 20.0 | $6\times10^{-3}\sim2\times10^{-2}$ |
| 均质中砂 | 35 ~ 50 | $4\times10^{-2}\sim6\times10^{-2}$ |
| 粗砂 | 20 ~ 50 | $2\times10^{-2}\sim6\times10^{-2}$ |
| 均质粗砂 | 60 ~ 75 | $7\times10^{-2}\sim8\times10^{-2}$ |
| 圆砾 | 50 ~ 100 | $6\times10^{-2}\sim1\times10^{-1}$ |
| 卵石 | 100 ~ 500 | $1\times10^{-1}\sim6\times10^{-1}$ |
| 无填充物卵石 | 500 ~ 1 000 | $6\times10^{-1}\sim1\times10$ |
| 稍有裂隙的岩石 | 20 ~ 60 | $2\times10^{-2}\sim7\times10^{-2}$ |
| 裂隙多的岩石 | >60 | $>7\times10^{-2}$ |

### 10.1.3　恒定均匀渗流和非均匀渐变渗流

采用渗流模型后，可用研究明渠水流的方法将渗流分成均匀流和非均匀流。渗流的各水力要素（如流速、压强）沿流程不变则称为均匀渗流，反之称为非均匀渗流。非均匀渗流中，若流线近于平行直线则称为非均匀渐变渗流，反之称为非均匀急变渗流。由于渗流服从达西定律，使渗流的均匀流和非均匀流具有与明渠水流不同的特点。

#### 10.1.3.1　均匀渗流

如图 10-3 所示，在正坡（$i>0$）不透水基底上形成无压均匀渗流。因均匀流水深 $h_0$ 沿流程不变，浸润线是一条直线且平行于不透水基底，水力坡度 $J=-\mathrm{d}H/\mathrm{d}s=i$。根据达西定律式（10-7），断面平均流速 $v$ 为

$$v = ki \qquad (10\text{-}11)$$

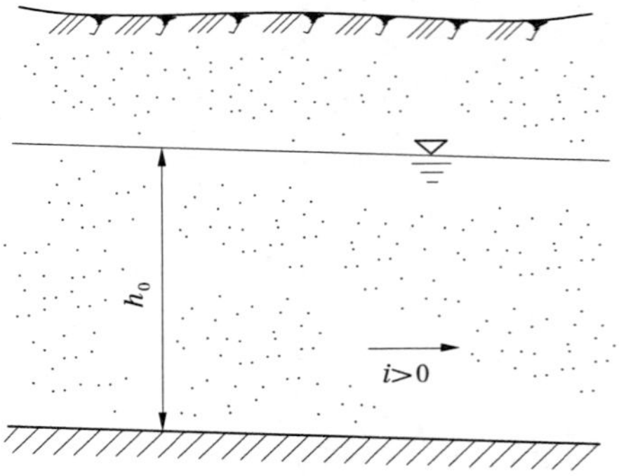

图 10-3

通过过水断面 $A_0$ 的流量为

$$Q = kiA_0 \qquad (10\text{-}12)$$

对于矩形断面，$A_0=bh_0$，故单宽渗流量 $q$ 为

$$q = kh_0 i \qquad (10\text{-}13)$$

式中　$h_0$——均匀渗流水深；

$k$——土壤的渗透系数；

$i$——不透水基底坡度。

在均匀渗流中，断面上的压强为静压分布，断面内任一点的测压管坡度也是相同的，均匀渗流区域中任一点的渗流流速都是相等的。

#### 10.1.3.2 非均匀渐变渗流

如图 10-4 所示为非均匀渐变渗流，任取两断面断面 1—1 和断面 2—2，在渐变渗流断面上压强分布近似服从静水压强的分布规律，因此断面上各点的测压管水头皆为 $H$；沿底部流线相距 ds 的断面 2—2 上各点的测压管水头为 $H + \mathrm{d}H$。由于渐变渗流流线几乎为平行的直线，可以认为断面 1—1 与断面 2—2 之间，沿一切流线的距离均近似为 0。从而任一过水断面上各点的测压管水力坡度为

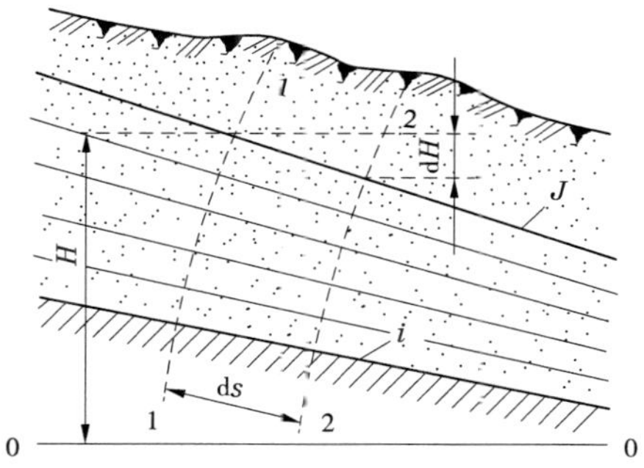


图 10-4

$$J = -\frac{\mathrm{d}H}{\mathrm{d}s} = 常数$$

根据达西定律，过水断面上各点的渗流流速 $u$ 都相等，断面平均流速 $v$ 就等于点流速 $u$，即

$$v = u = kJ \tag{10-14}$$

式(10-14)称为裘皮幼公式，是 1857 年由法国学者裘皮幼推导出来的。虽然它与达西公式具有相同的表达形式，但在含义上却有所不同：达西公式适用于均匀渗流，裘皮幼公式适用于渐变渗流；在均匀渗流中，渗流区内任意点的渗流速度 $u$ 都相等，在渐变渗流中，只是同一过水断面上的各点渗流速度 $u$ 相等，并等于断面平均流速 $v$。

#### 10.1.3.3 渐变渗流的基本微分方程

渐变渗流的微分方程可用裘皮幼公式来推导。如图 10-5 所示，无压渗流，取断面 2—2，距起始断面 1—1 沿底坡的距离为 $s$，其水深为 $h$，断面底部至基准面的垂直高度为 $z$，不透水层坡度为 $i$。对于任一过水断面 $H = z + h$，则

$$\frac{\mathrm{d}H}{\mathrm{d}s} = \frac{\mathrm{d}z}{\mathrm{d}s} + \frac{\mathrm{d}h}{\mathrm{d}s}$$

与明渠流相似，定其底坡 $i = -\mathrm{d}z/\mathrm{d}s$，故

$$J = -\frac{\mathrm{d}H}{\mathrm{d}s} = i - \frac{\mathrm{d}h}{\mathrm{d}s}$$

根据式(10-14)得

$$v = kJ = k\left(i - \frac{\mathrm{d}h}{\mathrm{d}s}\right) \tag{10-15a}$$

或

$$Q = Av = Ak\left(i - \frac{\mathrm{d}h}{\mathrm{d}s}\right) \tag{10-15b}$$

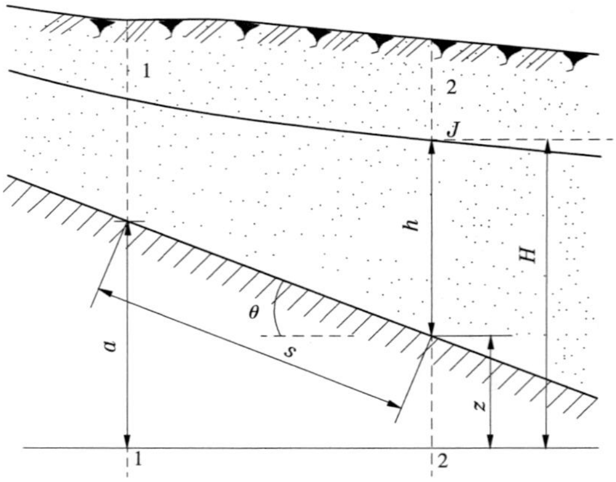


图 10-5

这就是适用于各种底坡的恒定非均匀渐变渗流的基本微分方程，也是分析和计算非均匀渐变渗流水面线（浸润线）的理论依据。

## 任务 10.2　恒定渐变渗流浸润线的分析与计算

在无压渗流中，重力水的自由表面称为浸润面。在流动的纵剖面上它是一条曲线，称为浸润线。工程中若需要解决浸润线的问题，可以从裘皮幼公式出发，建立非均匀渐变渗流的微分方程，积分可得浸润线。

分析渗流浸润线形状的方法与分析明渠水面曲线形状的方法相似。所不同的是，渗流的流速水头可以忽略不计，断面单位能量 $E_s = h + \frac{\alpha v^2}{2g} \approx h$，断面单位能量曲线变成直线，不存在极小值，或者说，其极小值为零，因此渗流中不存在临界水深、临界底坡、缓坡、急坡、缓流、急流、临界流等概念，在不透水层坡度上仅有顺坡、平坡和逆坡三种底坡。实际水深仅和均匀渗流正常水深 $h_0$ 作比较。

在顺坡上可以发生均匀渗流，其正常水深为 $h_0$，渗流水深 $h$ 的变化范围有两种情况，即 $h > h_0$ 和 $h < h_0$。对于平坡和逆坡，不可能发生均匀渗流，不存在 $h_0$，渗流水深的变化范围只有 $0 < h_0 < \infty$ 一种情况。因此，渗流的浸润线共有四种类型，其中，顺坡两种、平坡和逆坡各一种。下面分别对三种不同的坡度进行讨论。

### 10.2.1　顺坡（$i > 0$）的浸润线

顺坡中可以发生均匀渗流，其水深 $h_0$ 沿程不变，则有

$$Q = kA_0J = kA_0i \tag{10-16}$$

式中　$A_0$——相应于正常水深 $h_0$ 的过水断面面积；

$i$——不透水层底坡。

将式（10-16）代入式（10-15a），渗流区的过水断面是宽度为 $b$ 的宽矩形，可得

$$kh_0bi = khb(i - \frac{dh}{ds})$$

$$\frac{dh}{ds} = i(1 - \frac{h_0}{h}) \quad (10\text{-}17)$$

令 $\eta = h/h_0$，则式(10-17)可写为

$$\frac{dh}{ds} = i(1 - \frac{1}{\eta}) \quad (10\text{-}18)$$

式(10-18)就是顺坡渗流浸润线的微分方程，正常水深的 $N$—$N$ 线将顺坡上渗流区分为 a、b 两个区。$N$—$N$ 线以上，水深 $h > h_0$，称为 a 区；$N$—$N$ 线以下，水深 $h < h_0$，称为 b 区，如图 10-6 所示。

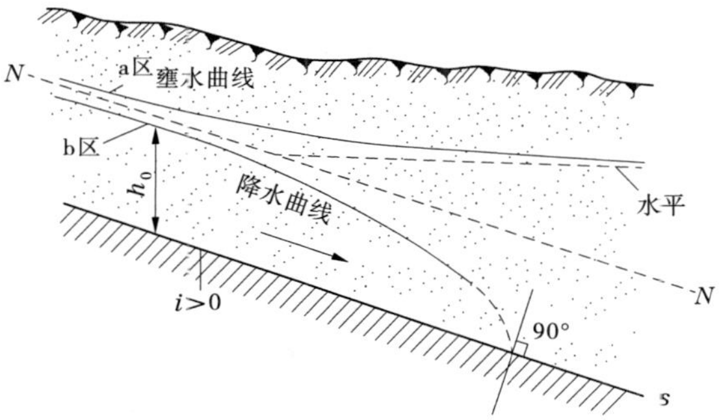


图 10-6

正坡 a 区浸润线是壅水曲线，上游以正常水深 $N$—$N$ 线为渐近线，下游以水平直线为渐近线，如图 10-6 所示。

正坡 b 区浸润线是降水曲线，上游以正常水深 $N$—$N$ 线为渐近线，下游与渠底呈正交趋势，如图 10-6 所示。

设顺坡渗流从上游到下游有断面 1—1 和断面 2—2，见图 10-7，则浸润线方程为

$$\Delta s = \frac{h_0}{i}\left(\eta_2 - \eta_1 + \ln\frac{\eta_2 - 1}{\eta_1 - 1}\right) = \frac{h_0}{i}\left(\eta_2 - \eta_1 + 2.3\lg\frac{\eta_2 - 1}{\eta_1 - 1}\right) \quad (10\text{-}19)$$

式中，$\eta_1 = h_1/h_0$，$\eta_2 = h_2/h_0$。

**【例 10-1】** 一渠道水位高于河道水位，渠道渗水沿透水土层下渗入河道，土壤渗透系数 $k = 0.004\ 5$ cm/s，其不透水层底坡 $i = 0.03$，如图 10-8 所示。渠道与河道之间的距离 $s = 210$ m，渠道水深 $h_1 = 1.30$ m，渗流在河岸出流处的深度 $h_2 = 2.15$ m。设渗流为平面渗流，分析计算单位渠长的渗流流量并绘制浸润线。

**解：** 因 $h_1 < h_2$，故渗流的浸润线为正坡 a 区壅水曲线。

(1) 求正常水深。

由顺坡渗流的浸润线方程式(10-19)得

$$i\Delta s - h_2 + h_1 = h_0\ln\frac{h_2 - h_0}{h_1 - h_0}$$

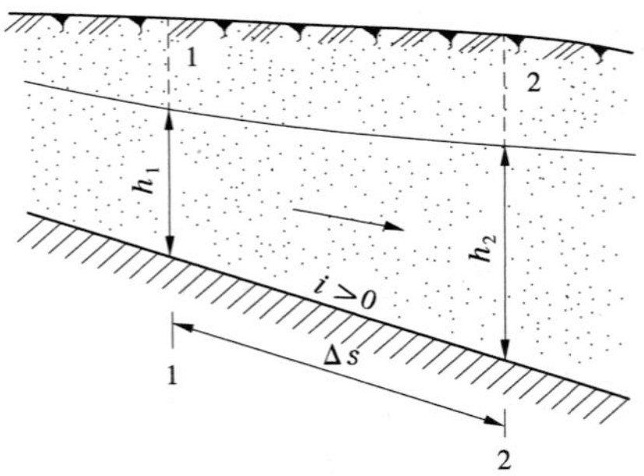


图 10-7

令 $$f_1(h_0) = i\Delta s - h_2 + h_1, f_2(h_0) = h_0 \ln \frac{h_2 - h_0}{h_1 - h_0}$$

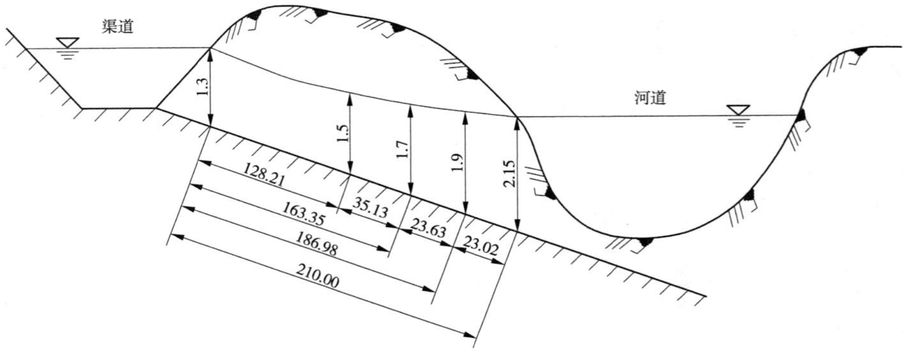


图 10-8 （单位:m）

试算或使用 Excel 单变量求解，当$f_1(h_0) = f_2(h_0)$时，得 $h_0 = 1.287$ m。

(2)求单宽渗流量。

对于宽度为 $b$ 的宽矩形断面，$A_0 = bh_0$代入式(10-13)可得

$$q = kih_0 = 0.0045 \times 0.03 \times 1.287 \times 10^2 = 0.0174(\text{cm}^3/(\text{s} \cdot \text{cm}))$$

(3)计算浸润线。

浸润线为壅水曲线，采用分段求和法计算浸润线。

设 $h_2 = 1.50$ m，则

$$\eta_1 = h_1 / h_0 = 1.30/1.287 = 1.010, \eta_2 = h_2 / h_0 = 1.5/1.287 = 1.165$$

$$\Delta s_{1-2} = \frac{h_0}{i}(\eta_2 - \eta_1 + \ln \frac{\eta_2 - 1}{\eta_1 - 1}) = \frac{1.287}{0.03} \times (1.165 - 1.010 + \ln \frac{1.165 - 1}{1.010 - 1})$$

$$= 128.21(\text{m})$$

分别继续设沿程水深 $h_2 = 1.70$ m、1.90 m、2.15 m，依次据式(10-19)计算 $\Delta s_{2-3}$、$\Delta s_{3-4}$、$\Delta s_{4-5}$，分别为 35.13 m、23.63 m、23.02 m。流程和分别为 128.21 m、163.35 m、186.98 m、210.00 m。其计算结果见表 10-3。

表 10-3　渗流流量及浸润线计算结果

| | A | B | C | D | E | F |
|---|---|---|---|---|---|---|
| 1 | $k=$ | 0.004 5 cm/s | $i=$ | 0.03 | $s=$ | 210 m |
| 2 | $h_1=$ | 1.30 m | $h_2=$ | 2.15 m | | |
| 3 | $h_0$(m) | $f_1(h_0)$(m) | $f_2(h_0)$(m) | $\eta_1$ | $\eta_2$ | $q(cm^3/(s\cdot cm))$ |
| 4 | 1.287 | 5.45 | 5.45 | 1.010 | 1.670 | 0.017 4 |
| 5 | 浸润线计算 | | | | | |
| 6 | 断面 | $h$(m) | $\eta_1$ | $\eta_2$ | $\Delta s$(m) | $s$(m) |
| 7 | 1 | 1.30 | | | 0 | 0 |
| 8 | 2 | 1.50 | 1.010 | 1.165 | 128.21 | 128.21 |
| 9 | 3 | 1.70 | 1.165 | 1.320 | 35.13 | 163.35 |
| 10 | 4 | 1.90 | 1.320 | 1.476 | 23.63 | 186.98 |
| 11 | 5 | 2.15 | 1.476 | 1.670 | 23.02 | 210.00 |

注：初设 $h_0$ 时要考虑是 a 区浸润线，初设值要满足 $h_0<h_1<h_2$。

和明渠水面线类似，可使用 Excel 单变量求解、拖动填充功能计算渗流、正常水深、渗流流量和浸润线，主要计算公式见表 10-4。

表 10-4　渗流流量及浸润线 Excel 计算主要公式

| 序号 | 计算参数 | 单元格 | Excel 公式 | 水力计算公式 |
|---|---|---|---|---|
| 1 | $f_1(h_0)$ | B4 | = D1 * F1 - D2 + B2 | $=i\Delta s-h_2+h_1$ |
| 2 | $f_2(h_0)$ | C4 | = A4 * LN((D2 - A4)/(B2 - A4)) | $=h_0\ln\dfrac{h_2-h_0}{h_1-h_0}$ |
| 3 | $\Delta s$ | E8 | = $ A $ 4/$ D $ 1 * (D8 - C8 + LN((D8 - 1)/(C8 - 1))) | $=\dfrac{h_0}{i}(\eta_2-\eta_1+\ln\dfrac{\eta_2-1}{\eta_1-1})$ |
| 4 | $s$ | F8 | = E8 + F7 | $=\sum\Delta s$ |

## 10.2.2　平坡($i=0$)的浸润线

将 $i=0$、$A=bh$ 代入式(10-15b)，经整理得

$$\frac{dh}{ds}=-\frac{Q}{kbh}=-\frac{q}{kh} \tag{10-20}$$

式中，$q=Q/b$，即单宽渗流流量。

平坡浸润线是降水曲线，上游取决于边界条件，以水平线为渐近线。由线下游与底坡呈正交趋势，如图 10-9 所示。

设平坡渗流从上游到下游有断面 1—1 和断面 2—2，则浸润线方程为

$$\Delta s = \frac{k}{2q}(h_1^2 - h_2^2) \tag{10-21}$$

### 10.2.3 逆坡（$i<0$）的浸润线

由式(10-15b)，其中 $A=bh$，经整理可得

$$\frac{\mathrm{d}h}{\mathrm{d}s} = i - \frac{Q}{kbh} < 0 \tag{10-22}$$

式(10-22)说明逆坡浸润线是降水曲线，上游取决于边界条件，以水平线为渐近线。下游与底坡呈正交趋势，如图 10-10 所示。

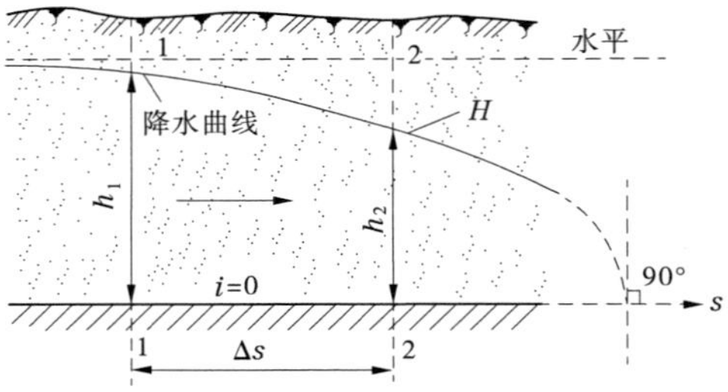


图 10-9

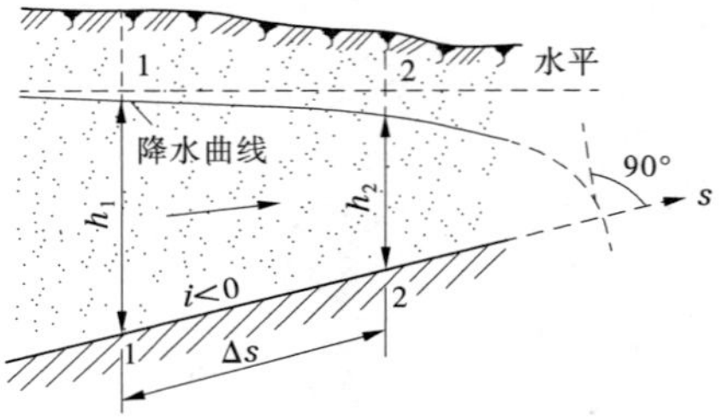


图 10-10

为计算浸润线，虚拟一个底坡为 $i'(i'>0)$ 的等宽均匀渗流，且 $i=-i'$，单宽流量可用均匀流的关系表示，其正常水深为 $h_0'$，可推求的逆坡浸润线方程为

$$\Delta s = \frac{h_0'}{i'}\left(\eta_1' - \eta_2' + \ln\frac{1+\eta_2'}{1+\eta_1'}\right) = \frac{h_0'}{i'}\left(\eta_1' - \eta_2' + 2.3\lg\frac{1+\eta_2'}{1+\eta_1'}\right) \tag{10-23}$$

式中，$\eta_1' = h_1/h_0'$，$\eta_2' = h_2/h_0'$。

## 任务 10.3 排水廊道和井的水力计算

井和排水廊道是在给水工程中用以采集地下水的建筑物，应用广泛。从这些建筑物中抽水，会使附近的天然地下水位降落，也起着施工排水的作用。

### 10.3.1 排水廊道

如图 10-11 所示，有一排水廊道，横断面为矩形，廊道底位于水平不透水层上，即底坡 $i=0$，由式(10-15b)可得

$$Q = bhk\left(0 - \frac{\mathrm{d}h}{\mathrm{d}s}\right) \tag{10-24}$$

设 $q$ 为集水廊道从一侧渗入的单宽流量，式(10-24)可写成

$$q = -kh\frac{\mathrm{d}h}{\mathrm{d}s} \tag{10-25}$$

由于在 $xOz$ 坐标系中，$z$ 坐标与流向相反，如图 10-11 所示，故 $\mathrm{d}h/\mathrm{d}s = -\mathrm{d}z/\mathrm{d}x$，并将

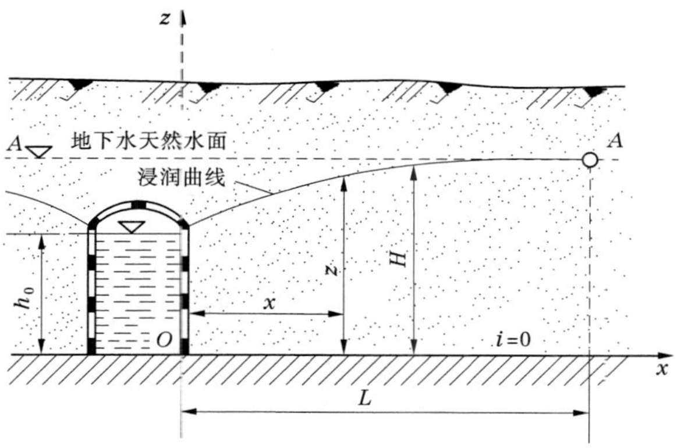


图10-11

式(10-25)分离变量并积分,代入边界条件 $x=0$,$z=h_0$,得集水廊道浸润线方程为

$$z^2 - h_0^2 = \frac{2q}{k}x \tag{10-26}$$

当 $x$ 越大时,距离排水廊道越远,地下水位的降落就越小。当距离集水廊道 $L$ 处,地下水位降落趋近于零时,$z$ 等于含水层厚度 $H$,$L$ 称为集水廊道的影响范围,距离超过 $L$ 的区域地下水位不受影响。将 $x=L$,$z=H$ 代入式(10-26)中可得集水廊道从一侧流入的单位长度的渗流量(或称产水量)为

$$q = \frac{k(H^2 - h_0^2)}{2L} \tag{10-27}$$

设 $\bar{J} = \dfrac{H - h_0}{L}$ 是浸润线的平均坡度,则式(10-27)可改写为

$$q = \frac{k}{2}(H + h_0)\bar{J} \tag{10-28}$$

式(10-28)可用来初步估算 $q$。$\bar{J}$ 可根据以下数值选取:对于粗砂及卵石,为 0.003~0.005;对于砂土,为 0.005~0.015;对于亚砂土,为 0.03;对于亚黏土,为 0.05~0.10;对于黏土,为 0.15。

## 10.3.2 普通井

在地表的无压透水层中所挖掘的井称为普通井。井用来吸取无压地下水。井的断面通常为圆形,水由透水的井壁进入井中。挖掘的普通井直达不透水层的称为普通完全井,否则称为不完全井。

### 10.3.2.1 普通完全井

如图10-12所示,井底位于水平的不透水层上,不透水层底坡为平坡,$i=0$,含水层的厚度为 $H$,未抽水前地下水位为天然水面 $A$—$A$。从井中抽水后,井中水位降落深度为 $S$,井中水深为 $h_0$,井周围水面降落,形成以井中心为轴线的漏斗形浸润面。设在离井中心 $r$ 处渗流的浸润面上点的标高为 $z$,显然过水断面为一圆柱面,其面积为 $A=2\pi rz$,圆柱过水断面上各点的测压管水头都是 $z$,其水力坡度 $J = -\mathrm{d}H/\mathrm{d}s = \mathrm{d}z/\mathrm{d}r$。应用式(10-15b),可

得出渐变渗流流量为

$$Q = Av = 2\pi rzk\frac{dz}{dr}$$

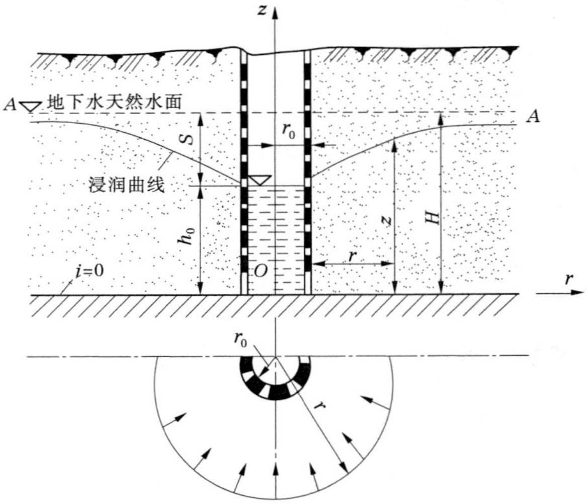


图 10-12

分离变量并进行积分，到井壁处，当 $r = r_0$ 时，$z = h_0$，则得井的浸润线方程为

$$z^2 - {h_0}^2 = \frac{Q}{\pi k}\ln\frac{r}{r_0} \tag{10-29}$$

设在浸润面上，有半径 $r = R$ 的一个圆，在 $R$ 范围以外，浸润漏斗的下降 $H - z$ 趋于零，即天然地下水不受影响，$R$ 称为井的影响半径，井的产水量 $Q$ 确定前，必须首先确定影响半径 $R$。将 $r = R$ 时 $z = H$ 这一边界条件代入式(10-29)中可得

$$Q = 1.36\frac{k(H^2 - h_0^2)}{\lg\frac{R}{r_0}} \tag{10-30}$$

式(10-30)即为完全井的产水量公式，称为裘皮幼产水量公式。

在一定产水量 $Q$ 时，设恒定产水后，地下水位的降落深度为 $S$，则 $S = H - h_0$，从而有

$$H^2 - h_0^2 = (H + h_0)(H - h_0) = (H + H - S)S = 2H(1 - \frac{S}{2H})S$$

将上式代入式(10-30)得

$$Q = 2.73\frac{kHS}{\lg\frac{R}{r_0}}(1 - \frac{S}{2H}) \tag{10-31}$$

当 $\frac{S}{2H} \ll 1$ 时，式(10-31)可简化为

$$Q = 2.73\frac{kHS}{\lg\frac{R}{r_0}} \tag{10-32}$$

式(10-32)表明,$k$、$H$ 及 $S$ 是影响产水量 $Q$ 的主要因素,并与 $Q$ 成正比。

影响半径由抽水试验测定。在估算时,可根据土壤情况选取,对于粗砂,$R=700\sim1\ 000$ m;对于中砂,$R=250\sim500$ m;对于细砂,$R=100\sim200$ m,也可以用经验公式估算:

$$R = 3\ 000S\sqrt{k} \tag{10-33}$$

或

$$R = 575S\sqrt{Hk} \tag{10-34}$$

式(10-33)、式(10-34)中,$S$、$H$、$R$ 的单位使用 m;$k$ 的单位使用 m/s。

**【例 10-2】** 某普通完全井的含水层厚度 $H$ 为 7 m,其渗透系数 $k$ 为 0.03 cm/s,井的半径 $r_0$ 为 0.4 m,抽水时井中水深 $h_0$ 为 4.5 m。分析计算井的产水量。

**解:** 井中水位降深 $S=H-h_0=7-4.5=2.5$(m),由式(10-33)估算影响半径 $R$ 得

$$R = 3\ 000S\sqrt{k} = 3\ 000\times2.5\times\sqrt{0.000\ 3} = 129.9(\text{m})$$

由式(10-30)得

$$Q = \frac{1.36k(H^2-h_0^2)}{\lg\frac{R}{r_0}} = \frac{1.36\times0.000\ 3\times(7^2-4.5^2)}{\lg\frac{129.9}{0.4}} = 0.004\ 7(\text{m}^3/\text{s})$$

10.3.2.2　**非完全井**

对于非完全井,如图 10-13 所示,产水量除来自井壁四周外,井底还有部分水渗入,不能应用渐变流的裘皮幼公式来进行分析计算。目前,多采用裘皮幼公式乘以一个大于 1 的系数来确定其产水量,较为常用的经验公式为

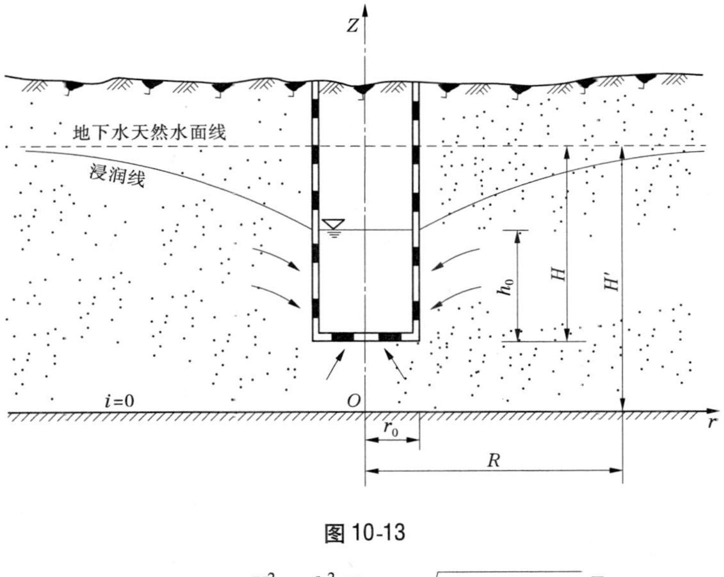


图 10-13

$$Q = 1.36k\frac{H^2-h_0^2}{\lg\frac{R}{r_0}}\left[1+7\sqrt{\frac{r_0}{2H}}\cos\left(\frac{\pi H}{2H'}\right)\right] \tag{10-35}$$

式中　$H'$——地下水位至不透水层的厚度;

其余符号含义同完全井。

# 任务 10.4 井群的水力计算

在实际工程供水或基坑开挖排水时，多采用多个井同时抽水，井与井按一定规律排列，间距不大，这种布置称为井群。井群中多个井同时工作，各井之间相互影响，渗流区地下水流比较复杂，其浸润面的形状也十分复杂。流体力学中把微小质团不转动的流动叫有势流动，也叫无涡流，在均质同性土中符合达西定律的渗流运动称为有势流动。解决井群方法要利用势流叠加原理。

在水平不透水层上有 $n$ 个普通完全井，在井群的影响范围内取一点 $A$，各井出水量以及到 $A$ 点的水平距离分别为 $Q_1, Q_2, \cdots, Q_n; r_1, r_2, \cdots, r_n$，如图 10-14 所示。

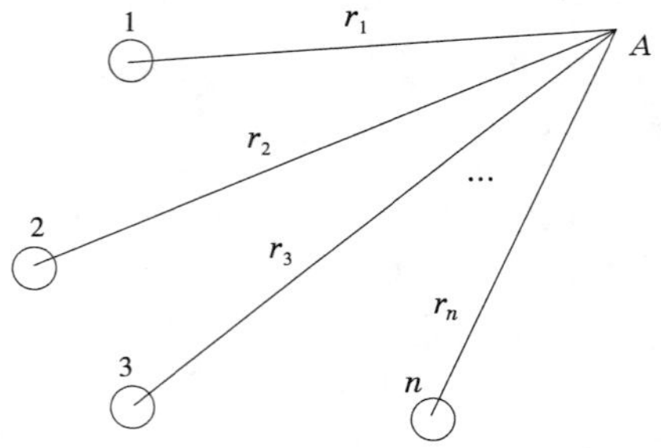

图 10-14

对于单个完全井，由于渗流可以看作是有势流，所以有流速势函数存在，将式(10-29)分离变量积分可得

$$\frac{1}{2}kz^2 = \frac{Q}{2\pi}\ln r + C$$

令 $\varphi = \frac{1}{2}kz^2$，$\varphi$ 为完全井的势函数，则单个完全井的势函数为

$$\varphi_i = \frac{Q_i}{2\pi}\ln r_i + C$$

根据势流叠加原理，$n$ 个完全井同时工作时，任一点的势函数等于各井单独工作时在该点的势函数之和，则有

$$\varphi = \sum \varphi_i = \sum_{i=1}^{n} \frac{1}{2}kz_i^2 = \frac{Q_i}{2\pi}\ln r_i + C \tag{10-36}$$

$$\varphi = \frac{Q}{2\pi n}\ln(r_1 r_2 r_3 \cdots r_n) + C \tag{10-37}$$

设井群也有影响半径 $R$，一般情况下，井群的影响半径 $R$ 远大于井群之间的距离，设在井群影响半径上设一点 $A$，见图 10-14，此时，可以近似认为：$r_1 \approx r_2 \approx r_3 \approx \cdots \approx r_n \approx R$。代入式(10-37)，得到井群影响半径处的势函数值为

$$\varphi_R = \frac{Q}{2\pi n}\ln R^n + C = \frac{Q}{2\pi}\ln R + C$$

设井群中任一点势函数的降落值为

$$\varphi_R - \varphi = \frac{Q}{2\pi}\left[\ln R - \frac{1}{n}\ln(r_1 r_2 r_3 \cdots r_n)\right] \tag{10-38}$$

把井群视为一个整体，按照势函数定义：$\varphi_R = \frac{1}{2}kH^2$，代入式(10-38)，整理后得

$$z^2 = H^2 - \frac{Q}{\pi k}\left[\ln R - \frac{1}{n}\ln(r_1 r_2 \cdots r_n)\right] \tag{10-39}$$

或

$$z^2 = H^2 - 0.73\frac{Q}{k}\left[\lg R - \frac{1}{n}\lg(r_1 r_2 \cdots r_n)\right] \tag{10-40}$$

式(10-39)、式(10-40)即为普通完全井井群的浸润线方程,可用来确定普通完全井井群中某点的水位 $z$ 值。

通过式(10-39)不难得到井群的总出水量为

$$Q = 1.36\frac{k(H^2 - z^2)}{\lg R - \frac{1}{2}\lg(r_1 r_2 \cdots r_n)} \tag{10-41}$$

式中　$Q$——井群总产水量,$m^3/s$;

$n$——井群井的数目;

$R$——井群的影响半径,m;

$H$——含水层的厚度,m;

$z$——井群抽水时,含水层浸润面上某点 $A$ 的水位,m;

$r_1, r_2, \cdots, r_n$——某点 $A$ 至各井的距离,m。

井群的影响半径可由抽水试验测定或按式(10-33)、式(10-34)估算。

**【例 10-3】**　有 6 口完全井群环形布置在圆形基坑周围用以基坑排水,如图 10-15 所示。各井距基坑中心的距离 $r$ 为 20 m,基础含水层的厚度 $H$ 为 12 m,地基土壤主要是细砂,渗流系数 $k$ 为 0.005 cm/s。当各井同时抽水,每个井的出水量 $Q_0$ 为 0.8 L/s 时,求基坑中心的地下水位降深。

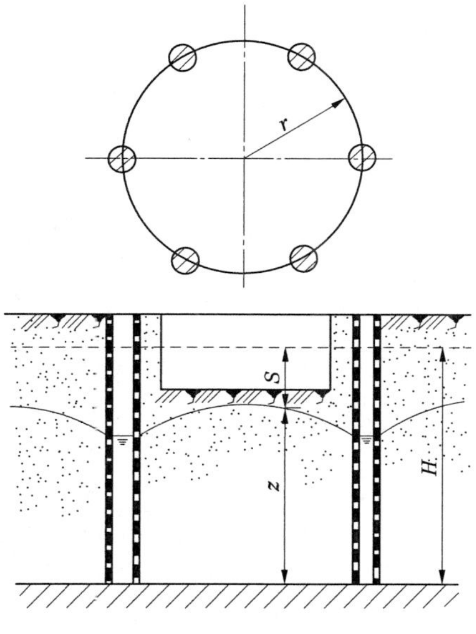


图 10-15

**解:**各井同时抽水,井群抽水量

$$Q = nQ_0 = 6 \times 0.8 = 4.8(\text{L/s}) = 0.004\,8\ m^3/s$$

基础土壤为细砂,根据经验,设影响井的半径 $R = 150$ m,$r_1 = r_2 = \cdots = r_n = 20$ m,由

式(10-40)得

$$z^2 = H^2 - 0.73\frac{Q}{k}\left(\lg R - \frac{1}{n}\lg r^n\right) = 12^2 - 0.73 \times \frac{0.004\ 8}{0.000\ 05} \times (\lg 150 - \frac{1}{6}\lg 20^6)$$

$$= 82.68(\mathrm{m}^2)$$

则 $$z = 9.09\ \mathrm{m}$$

因此,基坑中心地下水位降深

$$S = H - z = 12 - 9.09 = 2.91(\mathrm{m})$$

## 项目任务

自测题

**一、思考题**

1. 水利工程中存在的渗流问题主要有哪些?
2. 水利工程中理想化的渗流模型主要包括哪几个方面?
3. 达西公式的意义是什么?
4. 达西定律的适用条件是什么?
5. 工程上一般采用哪些方法来确定渗流系数?

**二、计算题**

1. 如图 10-16 所示,两水池 $A$、$B$,中间为一水平不透水层上的沙壤土沙丘。已知 $A$ 水池水位为 15 m,$B$ 水池水位为 10 m,不透水层高程为 5 m,沙壤土的渗透系数 $k = 0.000\ 5$ cm/s,两水池的间距 $l = 500$ m。求单宽流量 $q$。

2. 如图 10-17 所示,一不透水层底坡 $i = 0.002\ 5$,土壤渗透系数 $k = 5 \times 10^{-3}$ cm/s,在相距 500 m 的两个钻孔中水深分别为 $h_1 = 3$ m,$h_2 = 2$ m。试求单宽流量 $q$ 及 $L = 250$ m 处的水深 $h$。

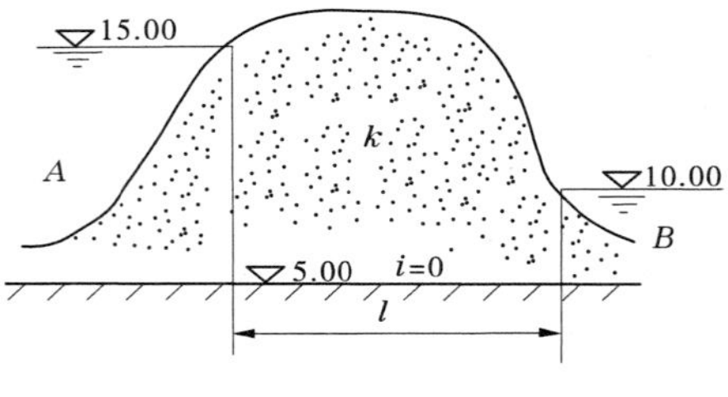


图 10-16

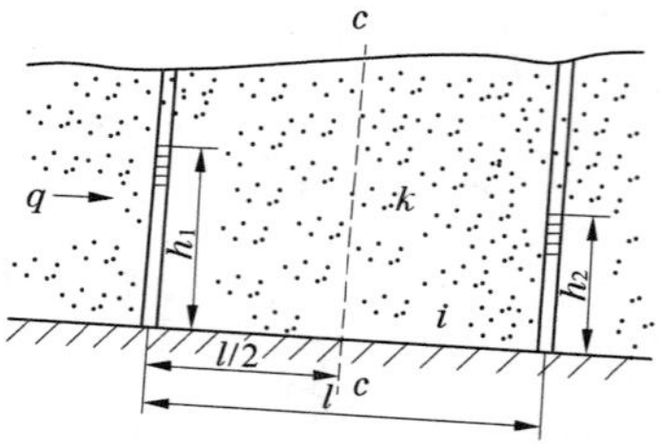


图 10-17

3. 有一普通完全井,半径 $r_0 = 0.1$ m,$H = 8$ m,$h_0 = 2$ m,渗透系数 $k = 0.001$ cm/s,影响半径 $R = 200$ m。求渗流量 $Q$。

4. 为降低基坑地下水位,在基坑周围布设 8 个普通完全井,沿矩形边界排列,如图 10-18所示,各井抽水量相等,总流量 $Q_0 = 0.02\ \mathrm{m^3/s}$,井的半径 $r_0 = 0.15$ m,地下水含水层厚度 $H = 15$ m,渗透系数 $k = 0.001$ m/s。设井群的影响半径为 $R = 500$ m,求井群中心点 $O$ 处地下水位降落值 $\Delta h$。

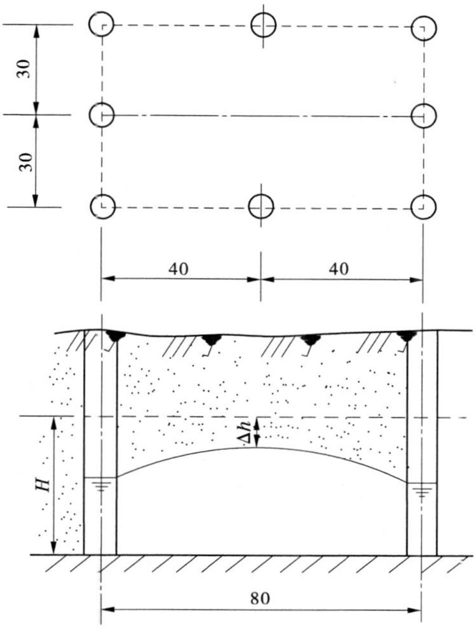


图 10-18 （单位：m）

# 项目 11　高速水流基础

【学习目标】

1. 掌握气蚀的概念；
2. 理解气蚀产生的原因；
3. 掌握减免气蚀的措施；
4. 理解掺气水流现象；
5. 掌握掺气水流对水工建筑物的影响。

专家介绍

【技能目标】

1. 能分析水工建筑物明渠高速水流现象；
2. 能进行水工建筑物明渠高速水流计算；
3. 能进行明渠掺气水深计算。

## 任务 11.1　水工建筑物的气蚀现象分析与计算

### 11.1.1　水工建筑物的气蚀现象

随着材料科学、施工技术的不断进步及施工设备的先进化，水工大坝的高度纪录不断被刷新。据不完全统计，目前世界上已经建成 200 m 以上的高坝 29 座，其中坝高在 200 ~ 250 m的有 23 座，250 ~ 300 m 的有 6 座。这种高坝泄水建筑物，水头都比较高，有几十米甚至百米以上，水流的流速甚至高达每秒三四十米，这种流速较高而出现空化、掺气、冲击波、强烈脉动等一种或多种特殊现象的水流，称为高速水流。随着水利水电事业的发展和技术进步，高速水流及其防护措施在水利水电工程中越来越受到重视。高速水流产生的水力分析与计算问题，主要有：

(1) 由于强烈脉动，轻型建筑物发生振动。

(2) 出现掺气及气穴现象，水流的连续性遭到破坏，从而形成包括液相和气相的两相流，气穴现象还可导致边界材料的气蚀破坏。

(3) 高速明渠水流中还会出现冲击波和滚波等特殊波动现象。

在水工建筑物破坏中，泄水建筑物的破坏最为普遍。泄水建筑物承担宣泄上游来水的作用，同时它受到下泄水流，特别是高速水流的冲刷作用，其本身及下游河道中，水流冲刷造成的破坏随处可见而又难以避免，有时甚至是大坝失事的主要原因。泄水建筑物的破坏往往是多种因素造成的，如冲刷、磨损、空蚀、振动等，对于具体的工程而言，往往是某一种因素在起主导作用，其他作用兼而有之。目前，国内外水工界在建坝过程中遇到的问题，随着大坝高度纪录的不断刷新，尤其是对于高泄量、高流速的泄洪设施的设计，如泄流面的抗冲刷问题、抗磨蚀问题、抗气蚀问题。

在挑流鼻坎的侧面和背面、底孔闸门槽下游边墙、泄洪洞的转弯段、溢洪道的变坡段和不平整处等这些高中水头泄水建筑物部位，当设计体型不当或施工中存在质量问题时，在高速水流通过后，常常在混凝土或金属表面出现斑点、蜂窝状麻面或严重破坏，这些现象都是气蚀引起的。气蚀的发生会直接影响建筑物的正常运转，甚至可能造成整个建筑物的失事，国内外有很多泄水建筑物发生气蚀破坏的实例。例如，美国的格兰峡重力坝和胡佛重力坝泄洪洞的空蚀破坏。中国的刘家峡、碧口、鲁布革水电站右岸泄洪洞气蚀破坏。美国包尔德坝东岸泄洪洞第一次放水流量是设计流量的1/5，但在隧洞的转弯处发生了气蚀现象，致使该处的混凝土被剥蚀，产生一个长35 m、宽9.2 m，最深处达13.7 m的大坑。苏联伏尔加水电站溢流坝，气蚀使左侧一孔闸墩受到破坏，造成深度1 m的坑穴，内部钢筋也暴露了出来。湖南省某溢流坝在1962年汛期过水后，矩形差动式鼻坎发生严重破坏，钢筋成排被切断，混凝土大块剥蚀，总剥蚀体积近24 $m^3$，坑深最大达1.1 m，1963年改造后齿坎侧壁仍发生严重剥蚀。因此，对高速水流的气蚀问题必须引起足够的重视。

### 11.1.2 产生气蚀的原因

水的沸点与压强有关，压强增大，沸点温度增高；压强减小，沸点温度降低。例如，当水面为工程大气压时，温度升高至100 ℃，水就会沸腾，而在高海拔地区，大气压低于工程大气压，温度升高小于100 ℃水就沸腾了。这种在一定温度下使液体汽化的相应压强称为蒸汽压强，常用$p_v$表示。同样道理，如果温度一定，当压强减小到一定值时，水体也会沸腾汽化，对于同一种液体，随着温度升高，蒸汽压强也增大。水的蒸汽压强（以相对压强表示）如表11-1所示。

**表11-1 不同温度的蒸汽压强**

| $t$(℃) | 0 | 5 | 10 | 15 | 20 | 25 | 30 | 35 |
|---|---|---|---|---|---|---|---|---|
| $p_v/\gamma$ | 0.062 | 0.089 | 0.125 | 0.174 | 0.238 | 0.323 | 0.433 | 0.573 |

当运动的水流处于低压区时，如果压强降低到相应温度的蒸汽压强，即$p \le p_v$，水流也会汽化放出大量气泡，这种现象叫气穴现象。特别说明的是，水流内部放出的气泡并不是外面的空气掺到水流里面去的，而是自然状态下的水体中含有大量的极微小的气核，其直径很小，为$1\times10^{-3}\sim1\times10^{-4}$ mm，不溶解于水，一般是观察不出来的。当水体的压强降低到相应温度的蒸汽压强时，气核便膨胀变大，形成可以观察到的气泡从水体中释放出来。气核的存在是形成气穴的内在原因，而压强降低到蒸汽压强是形成气穴的外在条件。

随着高速水流的强烈紊动，在低压区连续不断地释放出气泡，当水流把气泡带到高压区时，由于压强的变化气泡会在极短的时间（约$1\times10^{-3}$ s）内溃灭，四周水流质点会以极快的速度填充气泡空间，使这些水流质点的动量在极短的时间内变为零，动量在极短时间内发生很大的变化，因此会产生极大的冲击力。当气泡在建筑物边界及其附近处溃灭时，冲击力就会不断地作用在固体边界上，造成固体表面的严重剥蚀，这是产生气蚀的根本原因。

### 11.1.3 易发生气蚀的部位

气穴是造成气蚀的前提,气穴在低压区出现。关于低压区的部分,可以根据能量守恒和转化规律进行分析。若不计能量损失,微小流束的能量方程为

$$z + \frac{p}{\gamma} + \frac{u^2}{2g} = \text{常数}$$

它清楚地说明:低压区出现在位置高和流速较大的地方,因此建筑物顶部较低部容易发生气蚀;水轮机安装高出下游尾水位愈多,尾水管发生空蚀的可能性愈大。在边界轮廓变化,局部流速很大处,特别在边界突然变化或变化较急时,水流发生脱离现象,常常伴有局部低压漩涡区,在漩涡区下游就容易发生气穴。如溢流坝的顶部(见图 11-1)和有压管道的收缩段(流速增大)就容易引起气蚀。此外,水流中的局部负压区与固体边界有密切关系。在泄水建筑物的边界发生急剧变化的地方,流线与边界脱离,形成漩涡就会产生低压区,都容易产生气穴,在其下游高压区往往发生气蚀。如图 11-1 所示,底孔、水轮机和尾水管进口和弯段凸缘、闸门槽后的边墙、泄洪洞分插段、消力齿墩的顶部及两侧、差动式鼻坎的侧壁及其他溢流边界表面局部不平整部位的下游,都是容易发生气蚀的部位。

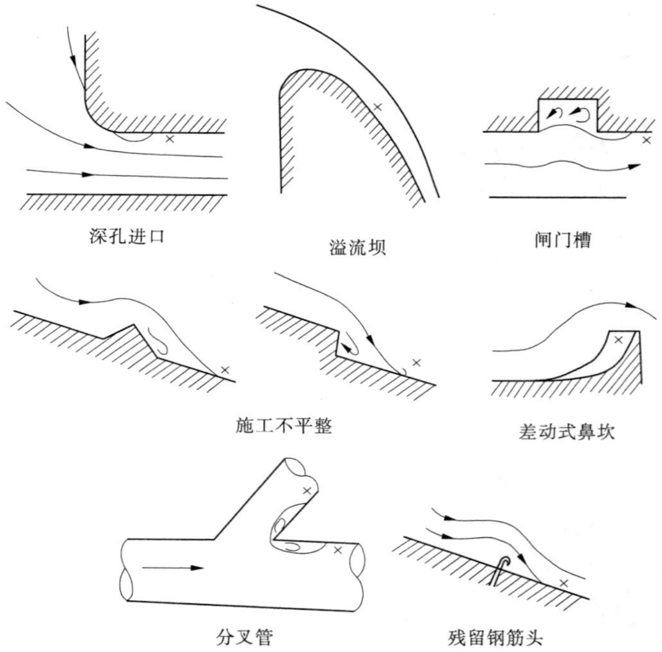


图 11-1

### 11.1.4 减免气蚀的措施

根据气蚀发生的原因和易于发生气蚀的部位,减免气蚀的措施主要有以下几方面。

#### 11.1.4.1 体型设计要合理、保证施工质量

免除气蚀的关键在于如何避免在水流中出现过低的局部低压区,因此设计建筑物时,在照顾运转要求的前提下,要尽可能注意边界轮廓线的合理性(如切忌锐弯、突然收缩和水流严重分离等);在施工时,要严格控制边界表面平整、光洁的程度,提高建筑物表面平整度。在凸起处应研磨成具有一定坡度的平面,施工后过水表面不应有钢筋头等突起物。对已发生气蚀的建筑物,如溢流坝顶部、泄水道进口、弯段及收缩段等处的压强,要经校核计算或模型试验。

#### 11.1.4.2 选用高强度抗气蚀能力的材料

使用高强度或其他适当材料衬护,可减轻剥蚀,延长机械和建筑物的寿命。一般通过提高混凝土强度等级,增大混凝土抗蚀强度。此外,采用环氧砂浆或合成塑胶护面,或以钢板、橡皮板衬砌,均能提高抗气蚀能力。

#### 11.1.4.3 人工对低压区通气

对水流的局部低压区通入空气,一方面可减小负压,另一方面可对气泡溃灭时的冲击起缓冲作用,因此可有效地减免气蚀。实践证明,水流掺气有减轻负压的作用,同时可缓冲气穴溃灭时的冲击力,从而减小产生气穴的可能性。有试验表明,当水中掺气量为1.5% ~2.0%时,试件气蚀破坏减少1/10;当掺气量达到7% ~8%时,则气蚀现象基本消失。这说明人工通气是减轻或避免气蚀的有效办法。近20多年来,不少高水头的溢流坝和泄水洞已研究采取此措施。

我国在高压闸门后一般设有通气孔。对管道的收缩段、转弯段、分叉段及其他可能产生低压区,原则上均可设通气孔。20世纪60年代初,开始在气蚀区上游的溢流边界底部设置掺气槽,使水流形成掺气水流,从而免除气蚀。几十年来的实践证明,掺气减蚀是一种行之有效的防气蚀措施。

### 11.1.5 气穴数计算

设计高流速泄水建筑物时,需要预估建筑物建成运用时是否会发生气蚀,这就要求预估水流中是否会发生气穴的问题。前面已经讲到,气穴的发生条件是:水流中的局部动水压强应不大于蒸汽压强$p \leq p_v$,只要测出水流中低压区的压强值,就可以判断是否会发生气穴现象。但是,水流中的局部低压区的压强难以得知,所以工程实践中常采用一个纯数,作为衡量实际水流趋向发生气穴程度的指标,叫气穴数,以$K$表示。

$$K = \frac{p - p_v}{\frac{1}{2}\rho v^2} \tag{11-1}$$

式中 $p$——水流中某一点的时均动水压强(绝对压强);

$p_v$——蒸汽压强;

$\rho$——水的密度。

$v$——水流的平均流速;

显然,对于一定的水流就可算出相应的气穴数。在水温变化不大时,流速愈大、压强(或)愈小时,气穴数愈小,愈趋向于发生气穴。

当气穴数降至某一数值时，开始发生气穴，这时的气穴数称为初生气穴数（或临界气穴数）。当实际水流的气穴数 $K$ 小于临界气穴数 $K_c$ 时，就要发生气穴现象。值得注意的是，边界条件不同，流速和压强分布不同，初生气穴数就不一样。通常，各种边界条件下水流的初生气穴数要通过试验来确定。对于一般的溢流坝面，$K_c=0.3\sim0.5$；对于闸门槽、消力齿墙，$K_c$ 值一般大于 0.6；对于螺旋桨或水轮机叶片，$K_c$ 值小于 0.2。试验表明，在相同的边界压强和气温下，初始气穴数越小，越不容易发生气穴和气蚀。

对于不同的边界形状，初生气穴较小的，出现气穴的可能性就较小。因此，可以通过初生气穴数的比较，来选定抗蚀较好的过水边界形式。

# 任务 11.2　明渠高速掺气水流现象分析与计算

## 11.2.1　水流掺气的现象

高水头的明流泄水道，在泄放高速水流中，空气常会大量掺入水流，形成乳白色的水汽混合流动，这种水流称为掺气水流。

根据水流条件，掺气水流可分为大气中射流的碎裂掺气；水股射入水体时的卷吸掺气；在明渠水流如溢流坝、陡槽、高压闸门下游的明流隧洞中的均匀流或渐变流的沿程掺气以及急变流（如水跃、桥墩和闸门槽）的局部掺气等。本任务主要介绍明渠水流均匀流和渐变流的沿程掺气问题。

为什么明渠高速水流能够形成掺气水流，原因比较复杂，曾出现不同的理论，与实际情况比较符合的紊流边界层理论认为，从水流底部边界开始的紊流边界层发展到水面以后，当水流紊动引起的横向流动（或动能）足以克服水面的表面张力及水滴自重时，水滴就会跃离水面进入空中，当其回落至水中时带入空气，从而使水流掺气。

高速水流掺气的发生和发展过程以图 11-2 所示的溢洪道为例说明。

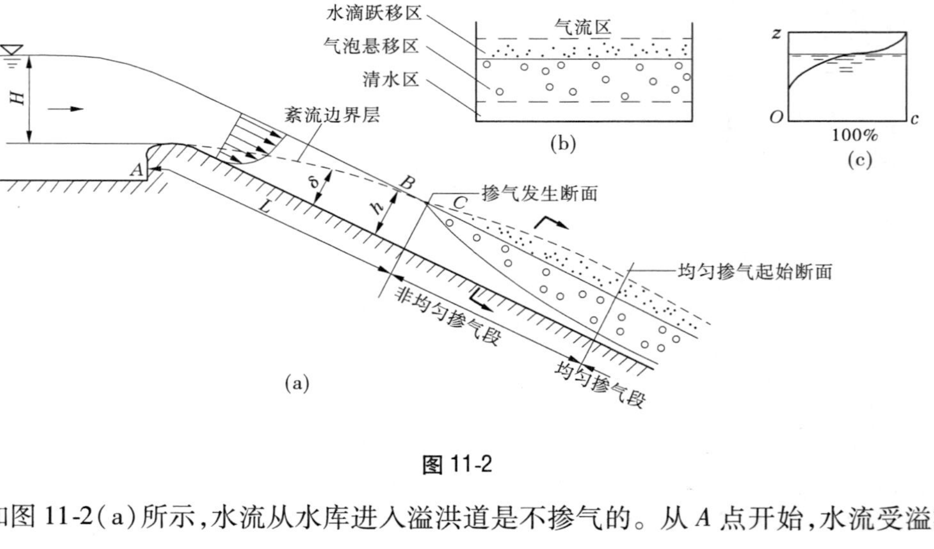


图 11-2

如图 11-2（a）所示，水流从水库进入溢洪道是不掺气的。从 $A$ 点开始，水流受溢洪道底面的影响，紊流边界层沿底面向下游发展，到 $B$ 点边界层厚度发展到水面。在 $B$ 点以上不可能发生掺气水流。自 $B$ 点开始向下游，流速愈大，水流紊动愈强烈。如果在 $C$ 点水流的紊动强度足以使液体质点跃出水面，在回落时带入空气，那么 $C$ 点将成为掺气发生点。在 $C$ 点下游是非均匀掺气段，经过一段距离后，从表面卷入的空气量与逸出的空气量达到平衡，便形成均匀掺气段。

高速水流的紊动形成的掺气水流不仅从底部发生，而且也从边墙和闸墩开始。当水深较大时，会出现中间水流还没有掺气，而靠近边墙和闸墩下游首先形成掺气水流的现象。

明渠掺气水流目前尚不能完全用紊流边界层理论来解决，解决工程中的问题还只能借助依据试验和原型观测的资料建立的经验公式。

我国科研人员曾对国内外一些高坝溢流原型资料进行整理，提出确定混凝土坝面溢流掺气发生点位置为

$$S = (10 \sim 15)q^{2/3} \tag{11-2}$$

式中　$S$——掺气发生点与坝顶的距离；

$q$——紊流流量。

水流掺气后的结构如图 11-2(b)所示。在过水断面上，掺气水流可分为三个区：最上部是腾空而起的带雾状的水滴，叫水滴跃移区；中部是含有许多气泡的水流，叫气泡悬移区；最下部是纯水区（或清水区）。当水深较浅，高度掺气时，还有可能出现只有水滴跃移区和气泡悬移区，没有纯水区。

水流掺气后，空气所占水气混合体的体积比称为掺气浓度，以符号 $C_a$ 表示。$C_a$ 值沿水深的变化如图 11-2(c)所示。若以 $C_a = 99\%$ 以下的深度定义为掺气水深，以 $h_a$ 表示，则过水断面上（取单位宽度）平均掺气浓度为

$$\overline{C_a} = \frac{1}{h_a}\int_0^{h_a} C_a \mathrm{d}h$$

以下讨论问题均采用平均掺气浓度。

水气混合体中水的体积所占的比例称为含水比，以符号 $\beta$ 表示，则

$$\beta = 1 - C_a \tag{11-3}$$

对于矩形明槽，若全掺气水流的水深为 $h_a$，断面平均流速为 $v_0$；纯水水流的水深为 $h$，断面平均流速为 $v$，根据含水比的定义可知：

$$\beta = \frac{vh}{v_a h_a}$$

若近似设 $v = v_a$，则

$$\beta = \frac{h}{h_a} \tag{11-4}$$

也可以写为

$$h_a = \frac{h}{\beta} = \frac{h}{1 - C_a} \tag{11-5}$$

### 11.2.2　掺气水流对水工建筑物的影响

水流掺气后，改变了水流原有的性质，对水工建筑物有以下几方面的影响：

(1)水流掺气后,可减小水流的负压值,减轻或消除气蚀对水工建筑物的破坏作用。

(2)水流掺气能消耗部分水流的能量,增强了消能效果,并且水气混合流的容重小于纯水的容重,可以减轻水流对下游河道的冲刷。

(3)水流掺气后使水体膨胀,水深加大,要求明槽边墙的设计高度增加,提高了工程造价;在明流隧洞,则要求增加断面净空,加大开挖面,以免由于隧洞过流断面不足引起水流封顶,造成明流与满流周期性交替的不稳定状态。这时会出现不稳定的气囊,使隧洞顶部将受到正、负压的交替变化作用,还可能引起隧洞和工作闸门的振动,流态不稳定对下游消能也有着不良影响。

总之,水流掺气对水工建筑物的影响既有利,又有弊。认识了掺气水流的规律,就可以充分利用它有利的一面,例如在负压区设通气孔或在气蚀区设掺气槽,是工程中广泛采用的减免气蚀的积极措施;对于不利的方面也应估计到,认真对待,避免或减小不良后果产生。

## 11.2.3 掺气水深的计算

掺气水流是水气的混合流动,它破坏了水流的连续性,从理论上分析是很复杂的。工程上,对于明槽中的掺气水流,主要是解决掺气后的水深和流速的计算问题。目前,掺气水流的流速一般仍按清水计算,不考虑掺气影响。掺气水深的计算,目前设计中多为参考一些原型观测和试验资料所得的经验公式。

### 11.2.3.1 陡槽和溢流堰面掺气水深的计算

通常,掺气水深以 $h_a$ 表示,不含气的清水深度以 $h$ 表示,令掺气水流的含水比 $\beta$ 为

$$\beta = \frac{h}{h_a}$$

如果知道 $\beta$ 值,则可由不含水气的水深 $h$,推算出掺气后的深度:

$$h_a = \frac{h}{\beta}$$

根据原型观测和试验资料分析,一般认为含水比 $\beta$ 主要与弗劳德数 $Fr$ 和槽壁的粗糙度有关。目前,确定 $\beta$ 值的经验公式不少,工程上应用较广的有总结原型陡槽掺气资料得到的霍尔公式:

$$\beta = \frac{1}{1 + k\frac{v^2}{gR}} \tag{11-6}$$

式中 $v$、$R$——按不掺气水流计算的断面平均流速、水力半径;

$k$——系数,取决于槽壁材料的性质,见表 11-2。

表 11-2 $k$ 值

| 槽壁材料 | $k$ 值 | 槽壁材料 | $k$ 值 |
|---|---|---|---|
| 水槽 | 0.003 ~ 0.004 | 粗混凝土或光滑砌石 | 0.008 ~ 0.012 |
| 普通混凝土 | 0.004 ~ 0.006 | 粗砌石或浆砌块石 | 0.015 ~ 0.020 |

王俊勇认为，影响掺气水流的主要因素为弗劳德数 $Fr$、粗糙系数 $n$ 及宽深比 $b/h$，根据国内外 13 个陡槽掺气水流实测资料分析，提出含水比 $\beta$ 的表达式为

$$\beta = 0.937\left(Fr^2\varphi\frac{b}{h}\right)^{-0.088} \tag{11-7}$$

$$Fr = \frac{v}{\sqrt{gh}}$$

$$\varphi = \frac{n\sqrt{g}}{R^{\frac{1}{6}}}$$

式中　$v$、$R$——不考虑掺气水流的流速、水力半径；

$n$——陡槽粗糙系数；

$g$——重力加速度。

对于溢流坝面，我国制定的《混凝土重力坝设计规范》（SL 319—2005）规定用下式计算掺气水深：

$$h_a = \left(1 + \frac{\eta v}{100}\right)h \tag{11-8}$$

式中　$\eta$——掺气修正系数，一般为 1.0 ~ 1.4，视流速和断面收缩情况而定，当流速大于 20 m/s 时，宜采用较大值；

$h$——不含气的清水水深。

11.2.3.2　**深孔闸门后无压隧洞掺气水深的计算**

深孔闸门后，进入底坡平缓的明流隧洞的水流与陡槽、溢流堰面水流特点不同，它在闸门处的流速很高，以后水深沿程增加，流速沿程减小。有些实测资料论定，深孔闸门后掺气增加的水深计算式为

$$\Delta h = h_a - h \tag{10-9}$$

式中　$h$——未掺气的清水水深；

$\Delta h$——掺气水深。

对于混凝土隧洞，当粗糙系数 $n = 0.014$，$\Delta \approx 0.002$ m 时，先求出未掺气的水深 $h$，然后可由下面公式计算出掺气后的水深 $h_a$：

$$\lg\frac{h_a - h}{\Delta} = 1.77 + 0.008\,1\frac{v^2}{gR} \tag{10-10}$$

式中　$v$、$R$——未掺气的清水断面平均流速、水力半径；

$\Delta$——边壁粗糙度。

上述计算方法适用范围是：$h > 1.2$ m；$0.6\text{ m} < R < 1.4$ m；$15\text{ m/s} < v < 30$ m/s。

设计无压隧洞时，为防止产生明、满流交替的有害作用，必须留有足够的洞顶净空，其高度至少为 0.4 m，或不小于隧洞断面高度的 0.15，较高流速的隧洞，应使掺气水面线以上的净空面积为隧洞过水断面面积的 15% ~ 25%，具体可根据流速和水深的大小来选定。

# 项目任务

## 一、思考题

1. 什么是高速水流?
2. 高速水流产生的水力分析与计算问题主要有哪些?
3. 产生气蚀的原因有哪些?
4. 水工建筑物易发生气蚀的部位有哪些?
5. 减免气蚀的措施有什么?
6. 掺气水流对水工建筑物的影响有哪些方面?

自测题

## 二、计算题

1. 有一高水头泄洪隧洞,在进口段设有事故闸门,泄放最大流量时,闸门槽前流速为 16.4 m/s,断面最高点的压强为 213 kPa(相对压强)。试问若采用流线型门槽(初始气穴数 $K_c=1.14$)是否会发生气蚀?(水温为 15 ℃)

2. 由一混凝土矩形陡槽,槽宽 $b=15$ m,断面平均流速为 22.3 m/s 时,实测水流水深 $h=3.30$ m。试计算掺气水流的水深,并与实测水深比较。

# 附录　希腊字母读音表

| 序号 | 大写 | 小写 | 英文注音 | 国际音标注音 | 中文注音 |
|---|---|---|---|---|---|
| 1 | Α | α | alpha | a:lf | 阿尔法 |
| 2 | Β | β | beta | bet | 贝塔 |
| 3 | Γ | γ | gamma | ga:m | 伽马 |
| 4 | Δ | δ | delta | delt | 德尔塔 |
| 5 | Ε | ε | epsilon | ep`silon | 艾普西隆 |
| 6 | Ζ | ζ | zeta | zat | 泽塔 |
| 7 | Η | η | eta | eit | 伊塔 |
| 8 | Θ | θ | theta | θit | 西塔 |
| 9 | Ι | ι | iota | aiot | 约(yāo)塔 |
| 10 | Κ | κ | kappa | kap | 卡帕 |
| 11 | Λ | λ | lambda | lambd | 拉姆达 |
| 12 | Μ | μ | mu | mju | 谬 |
| 13 | Ν | ν | nu | nju | 纽 |
| 14 | Ξ | ξ | xi | ksi | 克西 |
| 15 | Ο | ο | omicron | omik`ron | 奥米克戎 |
| 16 | Π | π | pi | pai | 派 |
| 17 | Ρ | ρ | rho | rou | 柔 |
| 18 | Σ | σ, ς | sigma | `sigma | 西格马 |
| 19 | Τ | τ | tau | tau | 陶 |
| 20 | Υ | υ | upsilon | jɹ:p`sailon | 宇普西隆 |
| 21 | Φ | φ | phi | fai | 斐 |
| 22 | Χ | χ | chi | phai | 希 |
| 23 | Ψ | ψ | psi | psai | 普西 |
| 24 | Ω | ω | omega | o`miga | 奥米伽 |

# 参考文献

[1] 罗全胜,王勤香.水力分析与计算[M].郑州:黄河水利出版社,2011.
[2] 陈明杰.水力分析与计算[M].北京:中国水利水电出版社,2010.
[3] 赵建东,者建伦.水力学[M].北京:高等教育出版社,2007.
[4] 陈一华,高玉清.水力学[M].武汉:华中科技大学出版社,2013.
[5] 李炜.水力计算手册[M].北京:中国水利水电出版社,2006.
[6] 者建伦,张春娟,于金凤.工程水力学[M].郑州:黄河水利出版社,2011.
[7] 吕宏兴,裴国霞,杨玲霞.水力学[M].北京:中国农业出版社,2002.
[8] 张志昌.水力学习题解析[M].北京:中国水利水电出版社,2012.
[9] 何文学.水力学[M].北京:中国水利水电出版社,2010.
[10] 武汉水利电力学院水力学教研室.水力计算手册[M].北京:水利电力出版社,1983.
[11] 吴持恭.水力学[M].3 版.北京:高等教育出版社,2003.
[12] 罗全胜.水力计算[M].北京:中国水利水电出版社,2001.
[13] 刘纯义,熊宜福.水力学[M].北京:中国水利水电出版社,2005.
[14] 李大美,杨小亭.水力学[M].武汉:武汉大学出版社,2004.
[15] 张耀先,丁新求.水力学[M].郑州:黄河水利出版社,2002.
[16] 邓小玲.水力学[M].北京:科学出版社,2005.
[17] 中华人民共和国水利部.水闸设计规范:SL 265—2016[S].北京:中国水利水电出版社,2016.
[18] 中华人民共和国水利部.水工隧洞设计规范:SL 279—2016[S].北京:中国水利水电出版社,2016.
[19] 中华人民共和国水利部.溢洪道设计规范:SL 253—2016[S].北京:中国水利水电出版社,2000.
[20] 刘润生,何建京,王忖,等.水力学[M].2 版.南京:河海大学出版社,2007.
[21] 李序量.水力学[M].3 版.北京:中国水利水电出版社,1991.
[22] 华东水利学院.水工设计手册:第一卷[M].北京:水利电力出版社,1987.
[23] http://resource.jingpinke.com/